北京大学化学实验类教材

综合化学实验

范星河　李国宝　主编

内容简介

近几年我国的科学技术和工业生产迅速发展。基础理论扎实、知识面广、实际操作技能强、有创新能力的人才备受社会欢迎。综合化学实验是对基础化学实验完成后的中高年级学生开设的一门实验课。其课程内容涵盖无机化学、分析化学、物理化学、有机化学、高分子化学、生物化学、应用化学等专业知识和前沿领域,并介绍了现代大型仪器的使用操作。目的是扩大学生的知识面,增强学生的实际操作技能,提高他们的综合素质和动手能力,以便更能适应现代科技发展和尽快适应研究室的科研环境需要。

本书参编作者二十余位,均为北大化学院教学和科研一线教师。全书包括综合实验师生守则和安全知识、实验部分、常用实验技术指导三大部分。基中实验部分为本书核心,共收录 59 个基本综合性实验、18 个设计型综合实验和 17 个研究型综合实验。综合化学实验既要体现内容的新颖性和综合性,又要适应学生课程安排的特点。本书的实验内容主要来自三个方面:一是我院各科研课题组研究成果的改进,由各科研组的老师设计;二是各二级学科专业实验重要内容的扩展和更新,由各专业实验老师根据学科发展需要而重新设计;三是根据教学大纲的总体要求,从科研文献资料中选择和改进了少量实验内容作为设计型综合实验和研究型综合实验。

另外,本书末还给出了一些化学常用技术指导,并对如何进行科研提供了有用的建议。

图书在版编目(CIP)数据

综合化学实验/范星河,李国宝主编. —北京:北京大学出版社,2009.4
(北京大学化学实验类教材)
ISBN 978-7-301-15091-7

Ⅰ. 综… Ⅱ. ①范…②李… Ⅲ. 化学实验－高等学校－教材 Ⅳ. O6-3

中国版本图书馆 CIP 数据核字(2009)第 043972 号

书　　　名:	综合化学实验
著作责任者:	范星河　李国宝　主编
责任编辑:	郑月娥
标准书号:	ISBN 978-7-301-15091-7/O・0776
出版发行:	北京大学出版社
地　　　址:	北京市海淀区成府路 205 号　100871
网　　　址:	http://www.pup.cn
电　　　话:	邮购部 62752015　发行部 62750672　编辑部 62752038　出版部 62754962
电子信箱:	zye@pup.pku.edu.cn
印　刷　者:	北京大学印刷厂
经　销　者:	新华书店
	787 毫米×980 毫米　16 开本　23.25 印张　493 千字
	2009 年 4 月第 1 版　2009 年 4 月第 1 次印刷
定　　　价:	43.00 元

未经许可,不得以任何方式复制或抄袭本书之部分或全部内容。
版权所有,侵权必究
举报电话:(010)62752024　电子信箱: fd@pup.pku.edu.cn

重 要 说 明

《综合化学实验》一书中所含的实验是供本科学生在实验安全课程合格的情况下、在化学实验教员直接指导下使用的。本书中所叙述的实验及所用物质如使用不当或没有按照要求操作,可能会有危险。要仔细阅读安全事项并严格按照操作步骤操作。书中提供的案例只作教学用,不得用作其他商业行为。另外,书中资料及操作步骤只作为开发一些好实验方法的起点。本教材不为任何人提供法律依据,也不对教材所列的资料的正确程度及精确性负任何责任。实验室安全事项目的在于为安全操作提供一些基本的原则,不应该认为所有安全注意事项都已包括在本教材中,还可能需要别的安全保护措施。

本教材编写参考了国内外同类教材资料。书中部分内容来自相关文献经整理成文,若能对准备进入科研工作岗位的本科同学有所帮助,则心愿已足!限于作者的水平,在内容的选取、编排和归类总结上难于做到真正全面丰富,而已选入文献的内容也在所难免存在不妥、疏漏及不当之处,殷切希望文献作者、读者及各方面的专家提出批评意见和建议。另外,书中收集的资料在整理时已标注了出处,但肯定也有少量遗漏或标注错误,请原作者谅解!恳请这部分原作者及时与我们联系,以便本书再版时能够进一步完善。最后,我们再次对引用的书刊和文献的作者表示衷心感谢!

前　言

高等教育肩负着培养具有创新精神和实践能力的高级专门人才的任务,实验教学是实现素质教育和创新人才培养目标的重要环节,实验教学相对于理论教学具有直观性、实践性、综合性、设计性与创新性,在加强对学生的素质教育与培养创新能力方面有着重要的、不可替代的作用。实验教学改革是教学改革的重要方面,也是目前我国高等教育发展面临的难题之一。

《教育部关于开展高等学校实验教学示范中心建设和评审工作的通知》指出,先进的实验教学体系、内容和方法"应当从人才培养体系整体出发,建立以能力培养为主线,分层次、多模块、相互衔接的科学系统的实验教学体系,……加强综合性、设计性、创新性实验。建立新型的适应学生能力培养、鼓励探索的多元实验考核方法和实验教学模式,推进学生自主学习、合作学习、研究性学习"。

培养具有较强的动手能力、实践能力、创新能力和独立工作能力的本科生一直是我们化学类等专业致力于发展的目标。综合化学实验课教学是培养这些能力的主要手段之一,也是化学类本科学生培养的主要环节之一。

北京大学化学与分子工程学院自 2000 年开始探讨实验课组织和教学模式,将全院的实验室根据学科的内在联系和技术的系统性逐步形成了基础实验、专业实验、研究类实验和综合化学实验。

综合化学实验是几个实验的有机组合,涉及到同一门课程的不同实验,或是多门课程的不同实验,而这些实验间具有一定的内在联系。目前,北京大学化学与分子工程学院综合化学实验课程内容涵盖无机化学、有机化学、分析化学、高分子化学、应用化学、物理化学等全院各专业与化学相关的全部实验内容。综合化学实验对学生掌握知识的广度和深度提出了更高的要求,实验突出了知识间的内在联系。经过综合化学实验的训练,学生对分属于各个学科的知识有了更深的了解,有利于其把握其中的联系。综合化学实验的开展,需要学生掌握相关的理论知识,完成一定的验证型实验,掌握基本实验方法与技巧。综上所述,综合化学实验能提高学生的学习主动性和创造性。

北京大学化学与分子工程学院开设综合化学实验的目的:1) 着眼于学生综合实践能力的培养,特别是创新意识和创新能力的培养;2) 让学生能综合应用化学知识、多种化学研究方法和技术,培养学生综合分析问题、解决问题的能力,培养学生的科研能力和探索精神;3) 为过渡到毕业论文专题研究打下良好基础。

北京大学化学与分子工程学院综合化学实验分为基本综合实验（包括设计型综合实验）和研究型综合实验二类：1) 基本综合实验有详细的实验步骤（做什么和怎么做），学生按照实验讲义的步骤即可完成实验过程。设计型综合实验只有实验大纲（步骤框架），实验大纲中的每一步有详细的实验内容（告诉学生做什么，但由学生自己设计怎么做）和要求（做这一步的目的及对结果的要求，如数据的精确度等）。学生根据实验讲义的大纲设计具体实验步骤，在与教师讨论后，再行实验。2) 研究型综合实验是一种探索性的研究实验，教师与学生互动，由学生查阅有关资料、设计实验方案、拟订具体实验步骤。

本书按照系统性、综合性的实验教学大纲设计和编制综合化学实验课内容。每个综合化学实验依据基础性、综合性和创新性层次整理形成。通过本课程的学习使学生学习和掌握化学理论知识和化学实验的基本操作，培养训练化学实验技能，扩大学生的知识面，倡导严谨的科学态度和科学的思维方法；通过安装实验装置，观察和记录实验现象，分析、讨论实验结果等过程，培养学生的动手能力、分析问题和解决问题的能力，逐步达到独立完成科研工作的能力，使综合化学实验教学成为培养优秀本科生的重要平台，为今后从事化学科学领域的各项工作打好基础。

综合化学实验目的是便于学生系统地理解和掌握化学实验技术；便于学生进行综合性、创新性、研究性实验活动；更加有效地整合实验室资源，提高实验设备的利用率；有利于促进教师的科研成果服务于本科教学；锻炼学生主动探索精神和综合实践能力；调动学生的科研兴趣；为毕业专题研究打下良好的基础。

目前，北京大学综合化学实验的选课系统采用网选系统，有关该课程的简述、教学大纲、实验项目设置、实验教学队伍、实验室信息发布、实验安排、实验教学课件等信息可以参见：http://ecc.pku.edu.cn/。

本教材的特点：

(1) 教材体系新、内容精，注重避免同层次的重复，增加了新知识和新理论。

(2) 教材体现了教学新体系的特色，具有先进性、科学性和系统性，并积淀了我院几十年来化学实验教学的宝贵经验。

(3) 反映了各学科领域中的新成果、新技术、新方法以及现代实验技术和手段。

(4) 教材强调前后知识的衔接与呼应，具有较强的条理性、系统性和逻辑性。

(5) 文字规范、精练简明、深入浅出、通俗易懂，富有启发性。

编者
2008 年 11 月于北京大学

目　录

第1章　引言 ··· (1)
　　第1节　综合化学实验课程建设 ··· (1)
　　第2节　综合化学实验师生职责 ··· (5)
　　第3节　实验室安全事项 ·· (7)
　　第4节　综合化学实验安全防护知识 ··· (10)
　　第5节　预习、实验操作和实验报告要求 ···································· (14)
第2章　基本综合性实验 ··· (16)
分析化学实验 ·· (17)
　　实验1　柑橘中微量金属元素的提取、分离及其含量与结构的测定 ··· (17)
　　实验2　电分析化学法测定鲜橘汁中的维生素C含量 ················· (20)
　　实验3　气相色谱-质谱联用仪鉴定柑橘皮挥发油的化学成分 ··· (23)
　　实验4　环境样品中多环芳烃提取方法研究 ······························· (25)
　　实验5　酪氨酸酶的提取及其催化活性研究 ······························· (32)
　　实验6　新鲜鸡蛋中蛋白质含量及营养元素含量的测定 ············ (36)
　　实验7　循环伏安法测定菲醌的电化学性能 ······························· (41)
无机化学实验 ·· (45)
　　实验8　1,3,5-三甲苯三羰基钼[1,3,5-$C_6H_3(CH_3)_3$]$Mo(CO)_3$的
　　　　　　制备与鉴定 ·· (45)
　　实验9　[Co(Ⅱ)(Salen)]载氧体的制备及吸氧性质的测定 ········ (50)
　　实验10　Cr(Ⅲ)配合物八面体晶体场分裂能(Δ_o)的测定 ········· (56)
　　实验11　PKU系列孔道型硼铝酸盐的合成及表征 ····················· (59)
　　实验12　ZnS:Cu(Ⅰ)纳米微粒的制备及光学性质 ···················· (65)
　　实验13　醋酸亚铬二水合物的合成与表征 ································· (68)
　　实验14　高铁酸钾K_2FeO_4的制备与表征 ··································· (75)
　　实验15　硫氧化镧铽荧光粉的固相合成和发光性能的测试 ····· (79)
　　实验16　室温自旋交叉化合物[Fe(Htrz)₃](ClO₄)₂的合成与表征 ··· (84)
　　实验17　乙酰丙酮铽的合成和光谱表征 ····································· (90)
　　实验18　异金属三核氧心羧酸配合物的合成和表征 ················· (93)

有机化学实验 (98)

- 实验 19　（对氨基苯基）二苯基甲醇的制备 (98)
- 实验 20　C_{60} 衍生物的光化学合成和表征 (101)
- 实验 21　CBS 体系催化的潜手性酮的不对称还原反应 (107)
- 实验 22　β-环糊精存在下硼氢化钠对酮的不对称还原 (111)
- 实验 23　对-叔丁基杯芳烃八分离 C_{60} (113)
- 实验 24　金属催化的偶联反应——Suzuki 反应 (120)
- 实验 25　手性酮催化的非官能化烯烃的不对称环氧化 (123)
- 实验 26　双 β-二酮红光材料的合成与发光性质 (127)

物理化学实验 (131)

- 实验 27　TiO_2 微粉的制备、表面电性质及其悬浮体的稳定性 (131)
- 实验 28　X 射线相定量法测活性组分在载体表面的分散阈值 (135)
- 实验 29　铂电极表面的电化学反应 (139)
- 实验 30　电解 MnO_2 的制备与在 KOH 溶液中的电化学行为 (145)
- 实验 31　高聚物与表面活性剂双水相体系的制备及蛋白质分配系数的测定 (147)
- 实验 32　集成运算放大器电路在电化学研究方法中的应用 (151)
- 实验 33　接触角和低能固体表面润湿临界表面张力的测定 (158)
- 实验 34　三十六烷在石墨表面自组装结构的扫描隧道显微镜(STM)观测 (162)
- 实验 35　水热法制备纳米 SnO_2 微粉 (168)
- 实验 36　碳氟表面活性剂的制备及其与碳氢表面活性剂混合水溶液在油面上的铺展性能与铺展系数的测定 (172)
- 实验 37　自组装膜的制备及其表征 (175)

高分子化学实验 (180)

- 实验 38　半晶性高分子凝聚态结构和相转变的表征 (180)
- 实验 39　苯乙烯悬浮聚合 (186)
- 实验 40　超支化聚醚醚酮的合成 (188)
- 实验 41　醋酸乙烯酯的溶液聚合及聚乙烯醇的制备 (191)
- 实验 42　单分散交联聚苯乙烯微球的制备 (194)
- 实验 43　多方位高分子材料力学性能测试 (198)
- 实验 44　甲基丙烯酸甲酯的铸板聚合 (202)
- 实验 45　具有非寻常液晶性的甲壳型液晶高分子的合成与表征 (205)
- 实验 46　聚丙烯酸联苯酯的合成及其液晶相的表征 (211)
- 实验 47　聚合物结晶速度实验 (216)
- 实验 48　聚乙烯树脂流动性实验 (224)

实验49　聚乙烯亚胺-DNA复合物的Zeta电势和粒径分析 …………………… (229)
　　实验50　利用熵驱动的开环聚合反应 …………………………………………… (234)
　　实验51　双螺杆反应挤出法制备聚乳酸的研究 ………………………………… (240)
　　实验52　温度及pH敏感水凝胶的制备与溶胀性能 …………………………… (244)
　　实验53　用原子转移自由基聚合方法合成窄分布聚甲基丙烯酸甲酯 ………… (247)
　　实验54　蒸气压渗透计测定低分子量聚合物 …………………………………… (251)
应用化学实验 ……………………………………………………………………………… (257)
　　实验55　定标器的使用及计数管工作曲线的测量 ……………………………… (257)
　　实验56　放射性药物在动物体内的分布 ………………………………………… (260)
　　实验57　利用(n,γ)反应浓集放射性核素^{56}Mn ……………………………… (262)
　　实验58　气液吸收及化学反应平衡测定 ………………………………………… (264)
　　实验59　亚化学计量同位素稀释法测定稳定铟的含量 ………………………… (273)
第3章　设计性综合实验 …………………………………………………………… (275)
　　实验一　苯酚制备邻、对硝基苯酚 ……………………………………………… (277)
　　实验二　1-氯-3-溴-5-碘苯的合成 ……………………………………………… (277)
　　实验三　$CaSnO_3$的软化学制备与表征 ………………………………………… (278)
　　实验四　哒嗪酮类衍生物的合成 ………………………………………………… (278)
　　实验五　电动势法研究甲酸溴化反应动力学 …………………………………… (279)
　　实验六　电化学方法合成聚苯胺电致变色膜 …………………………………… (279)
　　实验七　聚丙烯催化裂解的动力学方法研究 …………………………………… (279)
　　实验八　水介质中2,6-二甲基苯酚的氧化偶合聚合 …………………………… (280)
　　实验九　乙酰二茂铁的制备和电化学性质研究 ………………………………… (280)
　　实验十　反应性微凝胶的制备与应用 …………………………………………… (281)
　　实验十一　手性席夫碱Ni(Ⅱ)络合物的合成与表征 …………………………… (281)
　　实验十二　氧化钛及碳/氧化钛复合材料的光催化性能 ………………………… (282)
　　实验十三　Y_2O_3:Eu胶体纳米圆盘的制备、自组装行为和光学性质 ………… (282)
　　实验十四　高稳定性微孔磁性甲酸配位聚合物的合成、结构与性质研究 …… (282)
　　实验十五　脯氨酸催化的直接不对称羟醛缩合反应 …………………………… (283)
　　实验十六　有序介孔二氧化硅薄膜制备及其组装化学 ………………………… (283)
　　实验十七　手性Co(Ⅲ)络合物的不对称自催化合成和表征 …………………… (283)
　　实验十八　玉米中天然色素的提取、分离和分析 ……………………………… (284)
第4章　研究型综合化学实验(案例) ……………………………………………… (285)
　　案例1　$Ln_4Cu_{3-x}Zn_xMoO_{12}$(Ln=Pr、Nd、Sm、Eu、Gd、Tb、Dy、Ho、Er、Tm)
　　　　　　系列化合物的合成与性质表征 ………………………………………… (291)

案例 2　贵金属纳米复合催化剂的合成及性能探索 (291)
案例 3　表面碳层对氧化钛物化性质和光催化性能的影响 (292)
案例 4　基于原子力显微镜刻蚀和微接触印刷技术的无机功能纳米结构制备 (293)
案例 5　基于原子力显微镜刻蚀技术的碳纳米管的定点修饰 (294)
案例 6　铽钴锰氧化物晶体结构、特性研究 (296)
案例 7　Micrandilactone A 简单模型分子的合成 (296)
案例 8　适配子 SPR 生物传感器的固定化方法 (299)
案例 9　新型含环状 PEO 枝接型共聚物的形态结构研究 (300)
案例 10　稀土金属配合物的制备及反应性研究 (302)
案例 11　全同手性碳纳米管的制备 (303)
案例 12　关于碳纳米管复合物的电化学研究 (304)
案例 13　磁性微球的制备、功能化及应用 (305)
案例 14　有机锂试剂与六羰基金属络合物的反应 (306)
案例 15　二维纳米网络结构的制备与性质 (309)
案例 16　电纺纳米纤维膜荧光传感器性能及其分析应用 (310)
案例 17　新型电纺材料的制备和传感性能研究 (311)

第 5 章　技术服务指南 (313)
第 1 节　常用有机溶剂纯化处理 (313)
第 2 节　常用仪器技术服务指南 (317)
第 3 节　后处理常用方法 (350)
第 4 节　双溶剂重结晶指南 (355)
第 5 节　培养单晶指南 (357)
第 6 节　实验技术与方法网页 (358)

编后语 (359)

第 1 章 引　　言

欢迎选择"综合化学实验"！本课程是对本科 2 年级（下）至本科 4 年级（上）的综合实验化学各种技术灵活应用的集中介绍。本课程有两个目标：首先，可以给有兴趣的、受过正规化学实验系列课程训练的、具有一定实验技巧和经验的 2～4 年级学生提供一个动手从事化学实验的训练机会。其次，通过本课程学习使他们掌握科学研究的基本思路与方法，为独立从事毕业论文研究做前期准备工作。在综合化学实验中，将要学习各种基本实验操作，直至达到化学研究的专业水平。综合化学实验不仅要完成化学实验和书写实验报告，而且更注重对开展实验所必需的技术和技能的熟练掌握。

在学完本课程后，你将掌握实验室的许多基本技能和技术。在成为真正的专家之前，你同样可以达到对实验技术非常熟练的程度。我们并没有希望你通过本课程的学习就能在今后的化学研究中对所有的问题独立予以解决，你尚需要更多的训练和实践！我们的目标是你能达到这样一种境界：在遇到不熟悉的问题或技术时，能寻求合适的方法来尝试解决。祝你好运！

第 1 节　综合化学实验课程建设

一、课程建设基本框架

1. 综合化学实验基本指导思想

综合化学实验（comprehensive chemical experiments）是在学生掌握实验基本原理、基本操作的基础上，在化学一级学科层面上安排，与科学前沿紧密结合，旨在提高学生综合运用基础知识和基本技能，培养学生科研素质和创新能力的实验课。

综合实验的基本要求，就是将比较多的基本理论、基本实验技能融会贯通在一个实验中，使实验内容综合联系化学、材料、生命、环境、能源等学科，反映化学各二级学科重大进展、前沿和交叉领域，集合成、分离与提纯、物理性质测定、化学性质研究、结构表征、性质解释等为一体，具有综合性、系统性、创新性。

基于综合实验的综合性与创新性，其内容可分为基本综合实验（包括设计型综合实验）和研究型综合实验两个层次，前者为跨学科、多技能综合训练，后者则与科研课题或生产实际密切结合。学生在教师指导下独立进行综合和创新性研究，真正感受从事化学研究的真谛，培养爱科学、学科学、用科学的积极性和主动性,培养科学素养,提高进行科学研究的能力。

2. 综合化学实验设计的基本原则

(1) 综合化学实验首先应体现综合的要求,要求在综合利用 2~3 个学科的知识的基础上,将较多的实验原理、实验方法融为一体。

(2) 实验应是从基本合成到化学性质研究,再到物理化学参数测量,再到结构测量,再到性质解释的,具有系统性的完整的实验体系。

(3) 综合化学实验应紧密与化学学院的科研接轨,应突出创新思维的培养。

(4) 综合化学实验应按一定比例体现化学、应化或化工特色,使学生能够根据自己的兴趣和爱好选做。

(5) 综合化学实验应具有较大数量,根据教育部年更新率达 30% 的要求,保证实验教材可 4~5 年后更新。

(6) 综合化学实验应注重与开放实验的紧密衔接。

3. 教学目的与要求

课程性质:化学院 2 年级(下)至 4 年级(上)的必修实验课程。

预修课程:化学基础实验。

教学目的:本课程结合当今化学各学科相互交叉渗透的发展趋势,在巩固和强化基本化学操作技能的基础上,提高学生的综合素质。

基本内容:实验内容打破原先专业化倾向严重的问题,在每个实验内容中综合化学各学科,包括无机、分析、有机、高分子、物化、应化、材料等的相关知识点,让学生在新的高度理解、认识和灵活运用各化学学科知识和实验技术,培养学生分析问题和解决问题的能力。

基本要求:要求学生在巩固已掌握的化学基础知识和基本实验操作技能基础上,学习化学实验的设计思想和综合运用各种实验技术和基础知识。熟悉、了解和掌握化学学科的发展动态、基本的研究方法和相关的实验手段。

教学方式:实验基本原理和技术手段在实验进行前由任课教员讲解;实验过程以学生亲自动手操作为主,并辅助一些教师演示和讨论。学生需完成实验报告或论文报告。

考核方式:根据实验预习、操作、结果和实验报告进行综合评分。

4. 教学理念

以学生为本,以培养学生能力为宗旨;通过实验教学达到:拓展知识领域,训练操作技能,鼓励个性发展,培养创新精神,锻炼意志作风,养成良好的职业习惯。逐步形成严格、规范、高效的管理体系,良好的示范效应,一定的社会服务功能,以培养学生能力为核心的、国内一流的、开放性、服务型的综合化学实验教学体系。

5. 课程简介

北京大学化学与分子工程学院综合化学实验是为深化教学改革,按"一体化、多层次、开放式"的实验教学模式,按照培养化学专业基础研究型人才的教学目标,全面培养学生的创新意识、实验能力和科学素质而开设的实验课程。本课程改变了原来面向高年级本科生的专门化实验课中专业倾向过重、综合训练不足的情况,按照根据化学学科的整体性组织和安排实验教学的宗旨,编写和开设了具有贴近科学研究特点的综合性的化学实验。自2000年开设综合化学实验课以来,本课程先后开设了30个、总学时超过400学时的实验,除少部分是先行实验课中未涉及而又属于化学学科中应该了解或掌握的基本实验技术和方法的基础实验外,都是体现了一定的综合性,本着"新而精"的原则选择或新编的综合性实验。另外,还有由本院各课题组提供的20个、200学时的新实验,这些实验或来自各课题组的科研成果,或是选取各领域的科研前沿资料编写的具有综合训练意义的实验。将随着实验室教学条件的完善,陆续向学生开放。

本学院综合化学实验课所开设的综合性实验,在内容上和方法上都至少跨化学的两个二级学科,涉及无机、分析、有机、物化、结构、仪器分析、高分子、环化、生化、放化、材料等诸多化学领域。综合化学实验的选择与设计本着专、精、新、顺的原则,即以专业的方法解决某一实验主题;实验内容能够展现相关领域的科学研究思想与研究成果的精华;实验内容具有较好的新颖性和前沿性;各二级学科和各种实验方法的综合应顺畅、自然而不勉强。在内容上,有些是无机化学和有机化学结合,有些是物化和分析交叉,有些是合成与表征、分离与鉴定融合。有的实验则是化学和生化、医药、环境、材料等学科的关联和交叉。来自科研成果的新实验,大多涉及化学学科发展的前沿,即以科学研究成果为载体和依托,将基本化学概念和原理、实验技能和实验技术展示出来,使学生获得新概念、新思路和新方法。在方法上,除常用的化学方法外,还涉及一些现代分析、测试方法,如分子光谱、核磁共振、X射线衍射、热分析等,并应用许多先进的分析仪器和设备。

本课程建设了网上选课系统,学生根据个人对各类实验的兴趣或个人发展的需要从每学期开设的16个左右的实验中自由选做60学时的实验。实验教学中注重对学生综合实验能力的培养,注意指导学生参阅文献、设计方案、对实验结果进行分析和讨论。在各实验环节中,既强调动手,又强调动脑,"手脑并用、手脑协调、手脑并重",特别强调提高对关键实验步骤所涉及的理论问题的辨析能力,让学生真正感受到化学家或化学工作者从事化学工作的氛围。

本课程还将陆续开设一部分设计型综合化学实验,只提供实验主题、背景知识和参考文献,给学生留有充分的发挥主动性的空间,以突出和加强对学生的创新精神、创新意识和创造能力的培养,提高学生思考问题、解决问题和独立工作的能力,并进一步培养学生的创新意识、科研能力和团队精神。

另外,本课程每学期还开设了部分研究型综合化学实验,希望通过加大先进的实验技术和现代化教育手段的应用力度,改善实验条件,提高实验教学水平,逐步实施开放式教学。

二、课程教材使用说明

本课程教材是为本科中高年级综合化学实验的学生设计的,书中描述的实验技术涉及无机化学、分析化学、有机化学、高分子化学、物理化学、应用化学和材料化学。许多实验技术对于非化学专业的本科学生同样也是非常重要的。本教材希望编写成具有一定的可读性,特别适用于准备进入实验室的学生使用。它包含有相当优秀的实践性建议和很好的解释说明,而且它的内容非常有趣。这是一本学习新的实验技术的启蒙教材。相对于本科专业教学实验,它不仅可以帮你熟悉教学实验室,也可以帮你熟悉科研环境。

本课程教材中列举了一部分设计型综合实验,只提供实验主题、背景知识等,给学生留有充分的发挥主动性的空间,以突出和加强对学生的创新精神、创新意识和创造能力的培养。另外,也介绍了几例研究型综合化学实验申请书,它是一种探索性的研究实验,类似于研究生的初级研究课题。

在开始进入实验室之前,必须事先阅读教材中引言的有关章节,特别是实验安全规程。由于在实验室中的时间有限,及时完成这些材料的阅读非常重要。引言的阅读不仅对成功学习本课程是必要的,而且可以帮助你成长为一个实验化学家。一般地,仅仅靠简单的教材阅读是难以完全领会一个实验概念的,但是通过阅读、实验室中的实践和实验后的报告,你一定会掌握本课程中的大部分内容。在开始每个实验时,都有教员对当天实验的简短讲解,你应该认真听讲,以获得对重要技术的感性认识。

就像整个课程一样,这本教材将向你介绍化学研究的环境。我们没有花时间来讨论基本理论和概念,相反,着重集中在化学的实践方面。为了便于实践学习,本书共分4个部分,这里作一简单介绍。第1部分,你正在阅读的"引言"部分,将使你对本课程的目标及思想方法有所认识。第2部分是整个课程的主体。其中大部分实验是在一线从事科研工作的教师总结的原创性研究项目。通过这部分实验,向你介绍一些实际的、令人兴奋的原创性研究的开展。第3部分为过渡到毕业论文的设计型综合化学实验和研究型综合化学实验。第4部分为"技术指南",将逐步向你介绍化学实验室中经常遇到的一些通用技术及仪器的操作方法。这些介绍有助于你熟练掌握核磁共振(NMR)波谱、红外(IR)光谱、气相色谱(GC)和紫外-可见(UV-Vis)光谱等仪器及其他一些常用仪器的使用。

学生选择综合化学实验内容应根据各自的具体情况,在总学时条件下总的原则为:

(1) 前沿性。选择有代表性、有特色和能反映当前较新方向的内容。

(2) 实效性。化学研究实际上是综合运用各种反应、各种分析方法来解决某一问题,因此选取含有多步合成和(或)多种分析方法的综合性实验,以提高化学合成工作的能力及解决综合问题的能力。

(3) 完整性。完成每一系列反应的基本操作,并综合运用各种现代分析测试手段如NMR、MS、GC-MS、IR、UV、HPLC及旋光仪等,监测反应过程、产物和副产物的分离纯化及其检测表征。

(4) 适用性。各实验在训练内容上具有不同的侧重点和不同的难度,学生应根据自己今后的发展方向,选择有一定时间长度、有一定内容深度、有一定操作难度的实验。

(5) 灵活性。全部实验内容分为两部分，一部分为基本内容，保持相对稳定，另一部分为机动内容(设计型综合化学实验)，根据学生情况(科学发展、学生对象、设备条件等)进行适当选择。

第 2 节　综合化学实验师生职责

一、教员职责

(1) 认真地进行实验前的准备工作。教员在学生进入实验室之前，要认真地对所用的试剂、器皿、消耗品等进行检查；认真检查每套仪器设备运行状况，并对实验内容进行验证。

(2) 每次实验课提前 15 分钟到实验室，穿实验服、佩带胸卡。

(3) 实验前点名，要检查每位学生的实验预习本，还要评出学生的预习成绩。

(4) 认真准备实验讲解提纲。教员应特别重视实验前的讲解与讨论。讲解应简明扼要，内容包括：实验方法原理、仪器设备工作原理、实验内容、实验操作和注意事项等。提倡采用启发和引导式的讲解模式，包括提问或讨论等，并事先写出讲纲。有专用教学记录(有关实验讲解、可能出现的问题、实验安全、化学药品毒性、学生实验情况记录等)。

(5) 认真负责地指导实验。实验过程中教员要从理论知识、方法原理、操作技能、仪器使用方法等方面引导学生；围绕实验内容，与学生展开交流讨论，根据评分标准评定每个学生的现场实验操作成绩。

(6) 教员实验期间不能离开实验室做其他工作，不得安排与实验课无关的事情；调动或更改实验内容和时间，必须经实验主持人同意。

(7) 实验报告：手写/电子版，具体由任课教员确定。每位教员必须认真负责收集所带实验每位学生的实验报告(固定存放)，认真批改实验报告。对不交报告的学生必须要求写出书面说明，如无书面说明，该次实验则按零分处理。同时，在上交的学生实验报告相应位置处由实验教员写一说明材料放入。对实验报告中的问题和错误必须指出，对错误较多的实验报告要退还给学生重做。

(8) 根据评分标准，公正、客观、严格评定学生成绩。在实验报告上评定成绩，并签上姓名和日期。优秀率(85 分以上)原则上不超过 30%，不及格率(60 分以下)不超过 10%。报告成绩时请给出分数分布表。

(9) 严格遵守实验室的有关规章制度，包括：仪器设备管理制度、学生实验制度、实验室安全卫生制度、仪器出借损坏丢失赔偿办法。仪器设备在使用过程出现异常现象，应在使用登记本上登记，并及时与管理员联系。实验结束后，及时清点使用过的仪器设备和器皿，若损坏或丢失应及时登记并按章赔偿，检查完毕应让学生在使用登记本上签名后离开。

(10) 教员每人实验交教案一份(电子版即可，内容包括教学目的、实验背景知识、参考文献要点、讲解要点、实验安排、操作注意事项、化合物数据、试剂毒害性及安全措施)。

(11) 杜绝安全事故的发生,特别注意仪器设备的使用安全和学生的人身安全。涉及安全的问题与注意事项,不仅讲解时要交代清楚,教员还要经常检查与督促。

二、学生守则

(1) 实验学生提前 5 分钟进入实验室;课前须作好预习(有手写预习报告),不预习者教员有权禁止做实验。

(2) 无正当理由迟到 20 分钟(以教员表为准)以上者禁止做实验。

(3) 未经有关教员同意,学生不得私自调换实验时间。选课结束后不得私自换选实验。

(4) 实验前,学生要静听教员讲解,明确实验目的、要求和有关注意事项。

(5) 学生在进行实验时要注意安全,必须穿实验服做实验,严格按规定的要求进行,不得做规定以外的实验。凡遇疑难问题,应及时请教教员。

(6) 学生在实验时要按照要求仔细观察实验现象,正确记录实验所得数据与结果。实验时要保持安静,不准大声喧哗,严禁在室内嬉戏打闹;严禁带食物进入实验室。

(7) 要爱护室内一切仪器、设备、药品、材料与用具,不得任意拿用别人的器材。如有实验用品缺损、不合规格等问题时,应及时报告,请求更换或补充。使用材料、药品要力求节约,不要过量,以免浪费。

(8) 实验期间不得擅自离开实验室,不得做与实验无关的事情。

(9) 要保持室内清洁,固形废物要收集于废物桶,废液要倒入废液缸,严禁随地乱扔杂物或将废液倒入水槽中。

(10) 实验中,凡人为损坏或遗失仪器、设备及常用工具时,视情节轻重,按有关规定办理赔偿。

(11) 实验结束时,应将所用实验物品全面清理(包括清洗),放回原处,经教员或实验员检验后,方可离开实验室。

(12) 实验室是重点防护场所,非实验时间,除本室管理人员严禁外人随意进入;实验时间内,非实验的人员不得入内。每次实验完毕后必须全面整理和打扫清洁卫生,并关好水龙头,切断电源,进行安全检查,确认无误后,方能关窗锁门,离开实验室。

(13) 必须按时(实验结束一周,或任课教员要求)交实验报告,实验报告必须交到教员信箱或教员本人手中;无实验报告者不予评定成绩。

(14) 实验报告:对实验原理有系统、清晰的认识,明确实验过程和实验注意事项。掌握实验涉及仪器的使用方法。通过自己查阅资料,确定部分或全部实验的参数。

(15) 考核方式:根据实验预习、实验操作、实验报告、实验结果分析等进行综合考评。按百分制评分,实验过程 40 分,安全卫生 20 分,预习、记录、结果、报告 40 分。

(16) 伪造、涂改数据,伪造产品,虚报产量,抄袭他人报告等均属作弊,按化学院有关规定处理。

第3节　实验室安全事项

一、安全事项总则

当你进入实验室时，应尽快熟悉下列安全设备的放置位置和使用方法：
(1) 灭火器，放置在实验室中的各个相应位置。
(2) 喷淋装置，每个实验室靠近走廊的位置。
(3) 洗眼器/喷脸器，每个实验室的每个水槽中有一个。
(4) 电话，在教员室，在紧急情况下拨110。

保护实验室人员健康和安全，保护周围环境是化学院的基本道德规范。一个良好的安全防护计划要求全体教工、职员和学生共同来承担职责。实验室安全由实验室主任领导，并由一个包括教职员工、助教和学生组成的实验室安全小组负责。每个实验课程都从严格的安全教育开始，同时提供各项相关信息和建议。此外，每个实验的介绍和助教的讲解都有针对具体实验的安全注意事项。尽管化学院坚决承诺注重本科生实验室安全，但是无危险的教学环境是不可能的，也是无法期望的。日常生活中也总有危险存在。任何从事实验科学的人都需要学习如何有意识地完善处理各种不同的有潜在危险的物质。本节目标就是教会学生如何在实验室内外进行安全操作和实践。实验室是进行科学实验的场所，科学实验是需要系统和规范的操作来完成的。如不遵循，实验室必定有潜在的危险性。

做实验时，安全非常重要。尽管无论做什么都不可能完全避免危险，但是如果你根据常识及化学知识并遵守安全规则，就可以防止发生安全事故。下列安全规则适用于任何化学实验。遵守这些规则对你及你的同学们的人身安全都是非常必要的。在每一个实验中，实验教员都会指出每个具体实验中的特别安全注意事项，请务必认真做到。

化学实验室安全操作：
(1) 认真预习所做实验内容。必须在教员在场时做实验，不做任何非指定实验。在无人指导情况下，不做任何实验。
(2) 熟悉实验室所有安全设备的位置及使用方法，包括安全淋浴、洗眼器及灭火器。熟悉出口位置及安全撤离路线，发生事故时必须听从教员统一指挥。熟悉急救箱位置，并随时准备好帮助别人。
(3) 在实验室里任何时候都要穿实验服，不得穿宽松的衣服，不得穿凉鞋或露脚趾的鞋子；要戴防护眼罩或眼镜；如有长头发必须绕到头后面加以保护。
(4) 禁止在实验室吃东西、喝东西及抽烟。
(5) 使用任何化学药品时必须要小心，先看瓶上标签与说明。用完以后要马上盖上瓶盖，擦净任何撒落的化学品。

(6) 如果实验室里有人使用火焰时,使用挥发性溶剂时要格外小心;可燃或毒性液体不能置于敞口容器,放在通风橱外。

(7) 当丢弃或处理用后的物品时,要按照指示进行。不允许随意把任何化学废物倒入下水道。如果必须且可以直接排到下水道时,则必须在排前、期间和排后都用大量水对下水道进行冲洗,而且应该使用通风橱中的下水道。

(8) 离开实验室之前要洗手。

二、实验中事故的预防

在进行化学实验时,经常使用易燃的溶剂,如乙醚、乙醇、丙酮、石油醚等;有毒的药品,如氰化钠(钾);有腐蚀性的药品,如浓硫酸、浓盐酸、浓硝酸、溴和烧碱等;易爆炸的药品,如有机过氧化物、芳香族多硝基化合物、硝酸酯等。这些试剂和药品在使用不当时,就有可能产生着火、爆炸、烧伤或中毒的事故。同样,玻璃仪器、电器设备在不能正确使用时也会发生相应的事故。

在实验室工作时要注意以下几点:

(1) 有机溶剂大多数易燃烧,不可以用敞口容器放置和加热易燃、易挥发的化学试剂,实验室内也不允许贮存大量易燃烧的药品。

(2) 易燃溶剂,尤其是低沸点的有机溶剂在室温时有较大的蒸气压,当空气中混杂这些溶剂的蒸气达到某一极限时,遇明火会发生爆炸。故易燃、易挥发的废溶剂不得倒入废液缸和垃圾桶中,应放入指定的容器中专门回收处理。

(3) 有些有机化合物遇氧化剂时会发生猛烈的爆炸或燃烧,操作时应特别小心。存放药品时,应将氯酸钾、过氧化物、浓硝酸等氧化剂与有机药品分开存放。

(4) 有毒物质会渗入皮肤,使用时要戴手套,尽量在通风橱中进行,实验操作后要立即洗手,切勿让有毒物沾及五官和伤口。如反应过程中产生有毒气体要加气体吸收装置,并将尾气导向室外。

(5) 常压操作时,切勿造成密闭体系,应使全套装置有一定的地方通向大气。减压蒸馏时,不能用平底烧瓶、锥形瓶、薄壁试管等不耐压的容器作为蒸馏瓶和接收瓶。无论常压还是减压蒸馏都不能将液体蒸干。

(6) 电器装置与设备的金属外壳应与地线连接,使用前应先检查是否漏电。不能用湿手或手握湿物接触电插头。实验结束后应切断与仪器相连的电源,以防止事故发生。

(7) 玻璃管(棒)在截断后,断面须在火上烧熔以消除棱角;将玻璃管(棒)或温度计插入塞子中时,应检查塞孔大小是否合适,握玻璃管(棒)或温度计的手应靠近塞子,防止折断而割伤皮肤。

三、实验中事故的处理

如有任何实验事故发生,应立刻向教员报告。

1. 着火事故的处理

实验室发生火灾,实验室内的人员应保持冷静,积极有序地参加灭火,以减少不必要的损失,具体措施是:

(1) 首先,切断电源和关闭可燃性气体的气门,立即将周围的易燃物品移走,以免火势蔓延。

(2) 根据易燃物的性质和火情,设法扑灭火焰。地面和桌面小范围着火,可用淋湿的抹布或沙子灭火。反应瓶内有机物着火,用石棉布、玻璃板或瓷板盖住瓶口灭火。衣服着火,应该立即就近卧倒,用石棉布把着火部位包裹起来,或者在地上滚动以灭火,切忌在实验室内乱跑。

(3) 如果火势较大,可用灭火器进行灭火。以下几种情况严禁用水灭火:1) 金属钠、钾、镁、铝粉,以及电石、过氧化钠着火,应用干沙灭火;2) 比水轻的易燃液体,如汽油、苯、丙酮等着火,可用泡沫灭火器;3) 有灼烧的金属或熔融物的地方着火时,应用干沙或干粉灭火器;4) 电器设备或带电系统着火,可用二氧化碳灭火器或四氯化碳灭火器。一般有机溶剂都比水轻,泼水后火不但不能熄灭,反而漂浮在水面上燃烧,火会随水流而蔓延,进而造成更大的火灾。

(4) 当火势较大不易控制时,应立即拨打电话119。

实验室常用灭火器:

二氧化碳灭火器:这是有机实验室常用的灭火器材,灭火器钢桶内装有压缩的液态二氧化碳。使用时一手提灭火器,一手握在喷二氧化碳喇叭筒的把手上,打开开关,二氧化碳即会喷出。不要把手握在喇叭筒上,当二氧化碳喷出时,温度会突然降低,若手握在喇叭筒上易发生冻伤。

泡沫灭火器:适用于扑灭油类等引起的火灾。当电器着火时不能用泡沫灭火器来灭火,由于泡沫产生的液体易导电,可能引起触电事故。因使用泡沫灭火器的后处理工作非常麻烦,所以只有在火势较大时才使用泡沫灭火器。

干粉灭火器:适用于扑灭油类、可燃性气体等引起的火灾。使用时将封条拆掉,拔起保险插销,然后将管口朝向火点压下把手即可。

高效阻燃灭火器:是目前推广使用的一种灭火器,适用于油类、可燃性气体、电器等引起的多种火灾。具有效果好、重量轻、药剂无毒无污染等优点,具阻燃和灭火的双重功效。使用时将插销拔除,将管口朝向火点压下把手即可。

2. 灼伤事故的处理

如果化学药品溅到皮肤或衣服上,应用大量水把有药品的地方冲洗干净。若衣服上的药品较多,在淋浴下脱下有药品的衣服,并进行医疗处理。如果化学药品进入眼内,应用大量的洗眼睛自来水或瓶装水冲洗10～15分钟,或者让伤者面向上躺在地板上,用大量的水倒入眼内,然后进行医疗处理。

皮肤接触高温、低温或腐蚀性物质后均可能被灼伤。发生灼伤后可按下列方法处理;若灼伤严重,应送医院治疗。

(1) 被酸灼伤时,首先用大量水冲洗,然后用 5% 的碳酸氢钠溶液冲洗,再用水冲洗,最后涂上烫伤膏。

(2) 被碱灼伤时,首先用大量水冲洗,然后用硼酸溶液或 1% 的醋酸溶液洗涤,再用水冲洗,最后涂上烫伤膏。

(3) 被溴灼伤时,立即用大量水冲洗,然后用酒精洗涤并涂上甘油。或者用 2% 的硫代硫酸钠溶液洗至灼伤处呈白色,然后涂上甘油。

3. 烫伤事故的处理

受伤轻者可以涂烫伤油膏,受伤重者立即送医院诊治。

4. 割伤事故的处理

玻璃割伤是常见事故,受伤后要仔细观察伤口,如有玻璃碎片,应先用消毒镊子将其取出,用生理盐水洗涤伤口。轻伤可以用创可贴贴住伤口;如果伤口较大,应用包扎棉直接盖住伤口,加压止血,抬高受伤部位,并立即送医院进行治疗。

5. 中毒事故的处理

对于溅入口中的毒物应立即吐出,并用大量水冲洗口腔;对于咽入胃中的毒物,应根据其性质服用相应的解毒剂,并送医院治疗。对于吸入气体的中毒者,立即把中毒者移至室外,解开衣领及纽扣。吸入少量氯气或溴者,可以用碳酸氢钠溶液漱口。

第 4 节 综合化学实验安全防护知识

一、使用化学药品时的安全防护

1. 防毒

(1) 实验前,应了解所用药品的毒性及防护措施。

(2) 操作有毒气体(如 H_2S、Cl_2、Br_2、NO_2、浓 HCl 和 HF 等)应在通风橱内进行。

(3) 苯、四氯化碳、乙醚、硝基苯等的蒸气会引起中毒。它们虽有特殊气味,但久嗅会使人嗅觉减弱,所以应在通风良好的情况下使用。

(4) 有些药品(如苯、有机溶剂、汞等)能透过皮肤进入人体,应避免与皮肤接触。

(5) 氰化物、高汞盐[如 $HgCl_2$、$Hg(NO_3)_2$ 等]、可溶性钡盐(如 $BaCl_2$)、重金属盐(如镉、铅盐)、三氧化二砷等剧毒药品,应妥善保管,使用时要特别小心。

(6) 禁止在实验室内喝水、吃东西。饮食用具不要带进实验室,以防毒物污染,离开实验室及饭前要洗净双手。

2. 防爆

可燃气体与空气混合,当两者比例达到爆炸极限时,受到热源(如电火花)的诱发,就会引起爆炸。

(1) 使用可燃性气体时,要防止气体逸出,室内通风要良好。

(2) 操作大量可燃性气体时,严禁同时使用明火,还要防止发生电火花及其他撞击火花。

(3) 有些药品如叠氮铝、乙炔银、乙炔铜、高氯酸盐、过氧化物等受震和受热都易引起爆炸,使用要特别小心。

(4) 严禁将强氧化剂和强还原剂放在一起。

(5) 久藏的乙醚使用前应除去其中可能产生的过氧化物。

(6) 进行容易引起爆炸的实验,应有防爆措施。

3. 防火

(1) 许多有机溶剂如乙醚、丙酮、乙醇、苯等非常容易燃烧,大量使用时室内不能有明火、电火花或静电放电。实验室内不可存放过多这类药品,用后还要及时回收处理,不可倒入下水道,以免聚集引起火灾。

(2) 有些物质如磷、金属钠、钾、电石及金属氢化物等,在空气中易氧化自燃。还有一些金属如铁、锌、铝等粉末,比表面大,也易在空气中氧化自燃。这些物质要隔绝空气保存,使用时要特别小心。

4. 防灼伤

强酸、强碱、强氧化剂、溴、磷、钠、钾、苯酚、冰醋酸等都会腐蚀皮肤,特别要防止溅入眼内。液氧、液氮等低温物质也会严重灼伤皮肤,使用时要小心。万一灼伤应及时治疗。

二、汞的安全使用和汞的纯化

汞中毒分急性和慢性两种。急性中毒多为高汞盐如 $HgCl_2$ 入口所致,0.1~0.3 g 即可致死。吸入汞蒸气会引起慢性中毒,症状有:食欲不振、恶心、便秘、贫血、骨骼和关节疼、神经衰弱等。汞蒸气的最大安全浓度为 0.1 mg·m^{-3},而 20℃时汞的饱和蒸气压为 0.0012 mmHg,超过安全浓度 100 倍。所以使用汞必须严格遵守安全用汞操作规定。

1. 安全用汞操作规定

(1) 不要让汞直接暴露于空气中,盛汞的容器应在汞面上加盖一层水。

(2) 装汞的仪器下面一律放置浅瓷盘,防止汞滴散落到桌面上和地面上。

(3) 一切转移汞的操作,也应在浅瓷盘内进行(盘内装水)。

(4) 实验前要检查装汞的仪器是否放置稳固。橡皮管或塑料管连接处要缚牢。

(5) 储汞的容器要用厚壁玻璃器皿或瓷器。用烧杯暂时盛汞,不可多装以防破裂。

(6) 若有汞掉落在桌上或地面上,先用吸汞管尽可能将汞珠收集起来,然后用硫磺盖在汞溅落的地方,并摩擦使之生成 HgS。也可用 $KMnO_4$ 溶液使其氧化。

(7) 擦过汞或汞齐的滤纸或布必须放在有水的瓷缸内。
(8) 盛汞器皿和有汞的仪器应远离热源,严禁把有汞仪器放进烘箱。
(9) 使用汞的实验室应有良好的通风设备,纯化汞应有专用的实验室。
(10) 手上若有伤口,切勿接触汞。

2. 汞的纯化

汞中的两类杂质:一类是外部沾污,如盐类或悬浮脏物。可用多次水洗及用滤纸刺一小孔过滤除去。另一类是汞与其他金属形成的合金,例如极谱实验中,金属离子在汞阴极上还原成金属并与汞形成合金。这种杂质可选用下面几种方法纯化:

(1) 易氧化的金属(如 Na、Zn 等)可用硝酸溶液氧化除去。把汞倒入装有毛细管或包有多层绸布的漏斗,汞分散成细小汞滴洒落在 10% HNO_3 溶液中,自上而下与溶液充分接触,金属被氧化成离子溶于溶液中,而纯化的汞聚集在底部。一次酸洗如不够纯净,可酸洗数次。

(2) 蒸馏。汞中溶有重金属(如 Cu、Pb 等),可用蒸汞器蒸馏提纯。蒸馏应在严密的通风橱内进行。

(3) 电解提纯。汞在稀 H_2SO_4 溶液中阳极电解可有效地除去轻金属。电解电压 5～6 V,电流 0.2 A 左右,此时轻金属溶解在溶液中,当轻金属快溶解完时,汞才开始溶解,此时溶液变混浊,汞面有白色 $HgSO_4$ 析出。这时降低电流继续电解片刻即可结束。将电解液分离掉,汞在洗汞器中用蒸馏水多次冲洗。

做电分析时,用到滴汞电极,废液中有汞,一定要收集好,不要随便倒入下水道。

三、高压钢瓶的使用及注意事项

1. 气体钢瓶的颜色标记

实验室常用气体钢瓶颜色:N_2 瓶黑色,H_2 瓶绿色,O_2 瓶蓝色。

2. 气体钢瓶的使用

(1) 在钢瓶上装上配套的减压阀。检查减压阀是否关紧,方法是逆时针旋转调压手柄至螺杆松动为止。
(2) 打开钢瓶总阀门,此时高压表显示出瓶内贮气总压力。
(3) 慢慢地顺时针转动调压手柄,至低压表显示出实验所需压力为止。
(4) 停止使用时,先关闭总阀门,待减压阀中余气逸尽后,再关闭减压阀。

3. 注意事项

(1) 钢瓶应存放在阴凉、干燥、远离热源的地方。可燃性气瓶应与氧气瓶分开存放。
(2) 搬运钢瓶要小心轻放,钢瓶帽要旋上。
(3) 使用时应装减压阀和压力表。可燃性气瓶(如 H_2、C_2H_2)气门螺丝为反丝;不燃性或助燃性气瓶(如 N_2、O_2)为正丝。各种压力表一般不可混用。
(4) 不要让油或易燃有机物沾染气瓶上,特别是气瓶出口和压力表上。

(5) 开启总阀门时,不要将头或身体正对总阀门,防止万一阀门或压力表冲出伤人。

(6) 不可把气瓶内气体用光,以防重新充气时发生危险。

(7) 使用中的气瓶每三年应检查一次,装腐蚀性气体的钢瓶每两年检查一次,不合格的气瓶不可继续使用。

(8) 氢气瓶应放在远离实验室的专用小屋内,用紫铜管引入实验室,并安装防止回火的装置。

四、X 射线的防护

X 射线被人体组织吸收后,对人体健康是有害的。一般晶体 X 射线衍射分析用的软 X 射线(波长较长、穿透能力较低)比医院透视用的硬 X 射线(波长较短、穿透能力较强)对人体组织伤害更大。轻的造成局部组织灼伤,如果长时期接触,重的可造成白血球下降,毛发脱落,发生严重的射线病。但若采取适当的防护措施,上述危害是可以防止的。最基本的一条是防止身体各部位(特别是头部)受到 X 射线照射,尤其是受到 X 射线的直接照射。因此要注意 X 射线管窗口附近用铅皮(厚度在 1 mm 以上)挡好,使 X 射线尽量限制在一个局部小范围内,不让它散射到整个房间,在进行操作(尤其是对光)时,应戴上防护用具(特别是铅玻璃眼镜)。操作人员站的位置应避免直接照射。操作完,用铅屏把人与 X 射线机隔开;暂时不工作时,应关好窗口,非必要时,人员应尽量离开 X 射线实验室。室内应保持良好通风,以减少由于高电压和 X 射线电离作用产生的有害气体对人体的影响。

五、安全用电注意事项

违章用电常常可能造成人身伤亡、火灾、仪器设备损坏等严重事故。物理化学实验室使用电器较多,特别要注意安全用电。为了保障人身安全,一定要遵守实验室安全规则。

1. 防止触电

(1) 不用潮湿的手接触电器。

(2) 电源裸露部分应有绝缘装置(例如电线接头处应裹上绝缘胶布)。

(3) 所有电器的金属外壳都应保护接地。

(4) 实验时,应先连接好电路后才接通电源。实验结束时,先切断电源再拆线路。

(5) 修理或安装电器时,应先切断电源。

(6) 不能用试电笔去试高压电。使用高压电源应有专门的防护措施。

(7) 如有人触电,应迅速切断电源,然后进行抢救。

2. 防止引起火灾

(1) 使用的保险丝要与实验室允许的用电量相符。

(2) 电线的安全通电量应大于用电功率。

(3) 室内若有氢气、煤气等易燃易爆气体,应避免产生电火花。继电器工作和开关电闸时,易产生电火花,要特别小心。电器接触点(如电插头)接触不良时,应及时修理或更换。

(4) 如遇电线起火,立即切断电源,用沙或二氧化碳、四氯化碳灭火器灭火,禁止用水或泡沫灭火器等导电液体灭火。

3. 防止短路

(1) 线路中各接点应牢固,电路元件两端接头不要互相接触,以防短路。

(2) 电线、电器不要被水淋湿或浸在导电液体中,例如实验室加热用的灯泡接口不要浸在水中。

4. 电器仪表的安全使用

(1) 在使用前,先了解电器仪表要求使用的电源是交流电还是直流电,是三相电还是单相电以及电压的大小(380 V、220 V、110 V 或 6 V)。须弄清电器功率是否符合要求及直流电器仪表的正、负极。

(2) 仪表量程应大于待测量。若待测量大小不明时,应从最大量程开始测量。

(3) 实验之前要检查线路连接是否正确。经教员检查同意后方可接通电源。

(4) 在电器仪表使用过程中,如发现有不正常声响,局部温升或嗅到绝缘漆过热产生的焦味,应立即切断电源,并报告教员进行检查。

第 5 节 预习、实验操作和实验报告要求

进行每个实验都包括实验的预习、实验操作和实验报告三个步骤,它们之间是相互关联的,必须确保做好任何一步,以保证实验教学质量。

1. 预习及预习报告

认真阅读本教材的引言部分和相关的实验内容,查阅有关资料,了解实验的目的和要求、原理和仪器、设备的正确使用方法,结合具体实验内容和有关参考资料写出预习报告。预习报告的内容包括:1) 实验目的;2) 简单原理;3) 操作步骤和注意事项;4) 原始数据记录表格。要用自己的语言简明扼要地写出预习报告,重点是实验目的、操作步骤和注意事项。

实验前,实验教员要检查每个学生的预习报告,必要时进行提问,并解答疑难问题。对未预习和未达到预习要求的学生,必须首先预习,尔后经实验教员同意,方可进行实验。

2. 实验操作

学生要严格遵守实验室的规章制度,注意安全,爱护仪器设备,节约实验用品,保持实验室的清洁和安静,尊重实验教员的指导。实验不准无故迟到、早退、旷课,病假要持医院证明申请补做,否则该实验记零分。

学生进入实验室后,应首先检查测量仪器和试剂是否齐全,做好实验前的准备工作。仪器设备安装完毕或连接好线路后,须经实验教员检查合格才能接通电源开始实验。实验操作时,要严格控制实验条件,仔细观察实验现象,详细记录原始数据,积极思考,善于发现问题和

解决实验中出现的各种问题。实验中仪器出现故障要及时报告，在实验教员指导下进行处理，仪器损坏要立即报告，进行登记，按有关规定处理。实验要严肃认真，一丝不苟，不串位，不喧哗，不穿拖鞋背心等，不将不文明行为带进实验室。实验完毕后，要将用过的玻璃仪器清洗干净，仪器和药品要整理好，实验台和地面清理干净。经教员检查后，方可离开实验室。

3. 实验报告

实验后，每个学生必须把自己的测量数据进行独立和正确处理，写出实验报告，按时交给实验教员。实验报告内容除了预习报告中的四条内容外，还包括：5）数据处理；6）结果分析讨论；7）回答思考题；8）参考文献等。而这几条则是实验报告的重点。其中结果分析讨论主要是对实验结果进行分析，实验现象的解释，实验的体会，提出改进意见。实验报告是教员评定实验成绩的重要依据之一。

参 考 文 献

[1] 北京大学化学与分子工程学院. 综合化学实验内部教材, 2002
[2] 李羽让, 梅景春, 彭金华, 华万森, 李书霞. 实验室研究与探索, 2005, 24(9): 67
[3] 张枫, 邹静恂, 主编. 有机化学实验[M]. 北京: 高等教育出版社, 2005
[4] 浙江大学, 南京大学, 北京大学, 兰州大学. 综合化学实验[M]. 北京: 高等教育出版社, 2001
[5] 北京大学化学系仪器分析教学组. 仪器分析教程[M]. 北京: 北京大学出版社, 1997
[6] MIT 化学实验技术手册（以下简称"MIT 实验手册"）

第 2 章　基本综合性实验

每个学科都有自己的基本功,化学合成的基本功就是对化学反应的理解掌握与灵活运用。那么对化学反应的理解掌握应从哪方面入手？你在大学里学到的化学合成知识,只是入门的东西,远远达不到高手的水平。在大学阶段应该打下坚实的基本功,然后才能有所专攻,而我们的大学在 2 年级前在这方面还做得远远不够。因此,在做综合化学实验同时还需要认真阅读几本有关化学反应方面的书籍,理解掌握基本的化学合成机理、官能团转化和化学合成路线设计等知识。这类书应该随时放在自己的身边,作为案头书,认真精读,达到记忆理解。掌握了这几本书,可以说你已经打下了一定的化学合成基本功,但并不意味着你已经成为化学合成高手,接下来你需要做的是能够将学到的化学合成知识灵活运用,熟练地理解化学反应在什么情况下应用。

经过以上知识的训练,你已经具备成为化学合成高手的潜力了,接下来需要做的就是大量的实践研究了,相信经过自己的努力和综合化学实验实践,你就有可能成为化学合成的高手了。

在综合性化学合成实验中有一个问题需要注意——后处理问题。后处理问题往往被大多数同学所忽略,认为只要找对了合成方法,合成任务就可以事半功倍了。正确的合成方法固然重要,但是化学合成的任务是拿到相当纯的产品。任何反应没有 100%产率的,总要伴随或多或少的副反应,产生或多或少的杂质,反应完成后,面临的巨大问题就是从反应混合体系中分离出纯的产品。后处理的目的就是采用尽可能的办法来完成这一任务。

当然,首先要把反应做得很好,尽量减少副反应的发生,这样可以减轻后处理的压力。完成后处理问题的基本知识主要是化合物的物理和化学性质,后处理就是这些性质的具体应用。因此,后处理还可考验一个人的化学基本功,只有化学学好了才有可能出色地完成后处理任务。

本教材第 5 章列出了多种后处理方法,请同学们认真阅读,灵活应用。

分析化学实验

实验1 柑橘中微量金属元素的提取、分离及其含量与结构的测定

【实验目的】

1) 通过对橘皮中萜类化合物的提取、分离、结构测定以及对橘汁、橘皮中维生素及微量金属元素的含量分析，了解生物样品中有效成分的提取方法，及针对不同的分析目的，所采用的不同的分析手段与样品处理方法。2) 了解和初步掌握色质联用(GC-MS)、电分析化学法(循环伏安法和微分脉冲伏安法)、高效液相色谱(HPLC)、原子吸收光谱法(AAS)等高灵敏度、高选择性的仪器分析方法。

【背景介绍】

柑橘是人们喜爱的水果。柑橘种类很多，广植于我国长江以南各省。橘与橙的异名也称为柑。柑橘的皮色由红到黄深浅不一，内面为白色，油性大，香气浓郁。皮中含有萜类化合物，以胡萝卜素为主体，可提取出用作天然食品添加剂。除此之外，还含有大量对人体有益的芳香油、麝香草酚等有机物。

橘皮(药名为陈皮)和橙皮(药名为广陈皮)历来为常见的一味中药。它具有理气健脾、祛湿化痰的功用，可治疗胸腔胀满、食少吐泻、咳嗽痰多等症。橘肉中含有胡萝卜素、维生素 B_1；橘汁中含有苹果酸、柠檬酸、葡萄糖、果糖、蔗糖和维生素 C。所以柑橘浑身是宝，既有药用价值，又有营养价值。

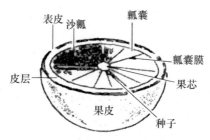

图 1 柑橘类的各部分及名称

【仪器与试剂】

电子天平(千分之一),水果刀,切菜板,电动摇床,高速离心机(10 000 r/min),加热式超声波清洗器,台秤,水蒸气蒸馏装置,旋转蒸发器,火焰原子吸收分光光度计,10 mL、25 mL 比色管,1 mL、2 mL、5 mL 刻度吸量管,量筒(100 mL)。

0.1 mol·L^{-1} 盐酸,石油醚(30~60℃),钙标准溶液(100 μg·mL^{-1}),镧溶液(10 mg·mL^{-1}),去离子水。

【实验步骤】

1. 用洗涤液洗涤柑橘外皮,然后先用自来水,再用去离子水少量多次冲洗干净,放在塑料水果盘中晾干。用水果刀轻轻划开橘皮,将其拨下,切成碎块。在天平上准确称取 2 g 橘皮碎块于干燥的具塞磨口锥形瓶中,加入 25.00 mL 0.1 mol·L^{-1} 盐酸,在电动摇床上振荡 30 分钟。此盐酸浸取液用于橘皮中钙的测定,结果以 μg·g^{-1} 表示。

2. 在天平上称取全部剩余的橘皮碎块于干燥的具塞磨口锥形瓶中,加入 100 mL 去离子水,在加热式超声波清洗器中处理 30 分钟,同时加热至 80℃。然后取约 2~3 mL 水浸取液于干燥的 10 mL 比色管中,用于钙的测定,结果以 μg·g^{-1} 表示。

将上述水浸取液及橘皮全部转移至 250 mL 圆底烧瓶中,放入电热包内。安装好蒸馏、冷却及接收装置后,开始蒸馏。注意控制好电热包加热电压,防止样品剧烈沸腾,致使泡沫溢出。

待大部分水溶液被蒸出后(有时可见星星点点的油珠漂在液面上),关闭电热包电源及冷却水。将接收瓶中的溶液转移至分液漏斗中,加入 30 mL 石油醚(30~60℃),旋紧磨口塞,振荡分液漏斗。开始时振摇要慢,每摇几次以后,就要将漏斗向上倾斜(朝向无人处),打开下口活塞,使过量的蒸气逸出,也称"放气"。待漏斗中过量的气体逸出后,将活塞关闭再进行振摇。如此重复至放气时只有很小压力后,再剧烈振摇 2~3 分钟,然后将分液漏斗放回铁圈中静置。待两层液体完全分开后,打开上面的玻塞,再将下部活塞缓缓旋开,下层液体自活塞放出(通常为了使水相放干净,宁可牺牲一点有机相)。将上层液体从分液漏斗的上口倒出,倒入一干燥的具塞磨口锥形瓶中。注意切不可也从下活塞放出上层液体,以免被残留在漏斗颈上的第一种(被萃取)液体所沾污。将刚才放出的水溶液倒入分液漏斗中,再加入 20 mL 石油醚(30~60℃),再次萃取。

重复前面的操作,将两次的萃取液合并,加入适量无水硫酸钠固体,干燥萃取液。将干燥后的萃取液倒入梨形蒸馏瓶中,在旋转蒸发器上将萃取液浓缩至 1~2 mL,转移至干燥的 10 mL 比色管中,用于 GC-MS 的测定(注意:暂停或完成蒸发工作时,一定要先将真空放掉,再取下蒸发瓶,以防真空泵内污水倒流)。

3. 切开橘瓣,去除橘核,放在榨汁器中。将榨出的橘汁倒入干燥的具塞磨口锥形瓶中。将橘汁分别倒入两个 20 mL 带盖塑料离心管中,在台秤上平衡重量(防止离心机转轴受损)。

在 10 000 r/min 条件下,离心 20 分钟。将果汁上清液转移至两支干燥的 25 mL 比色管中,分别用于果汁中维生素 C(抗坏血酸)及钙的测定,结果以 $\mu g \cdot L^{-1}$ 表示。

4. 标准工作曲线制作

将钙标准溶液(100 $\mu g \cdot mL^{-1}$)用去离子水稀释定容至 25 mL 比色管中,浓度为 10 $\mu g \cdot mL^{-1}$。在 10 mL 比色管中配制标准工作曲线系列,用去离子水稀释定容至 10 mL。

编号 溶液体积 / mL	1	2	3	4
Ca(10 $\mu g \cdot mL^{-1}$)	0	1.0	2.0	3.0
La(10 $mg \cdot mL^{-1}$)	1.0	1.0	1.0	1.0

5. 样品制备

(1) 橘汁样品

取离心后的果汁上清液 0.1 mL、0.2 mL 各一份,分别于两个 10 mL 比色管中,加入镧溶液 1.0 mL,以去离子水稀释定容至 10 mL。用于钙的测定。

(2) 橘皮样品

取 0.1 $mol \cdot L^{-1}$ 盐酸浸取液 0.1 mL、0.2 mL 各一份,分别于 10 mL 比色管中,加入镧溶液 1.0 mL,以去离子水稀释定容至 10 mL。用于钙的测定。

取 0.1 mL、0.2 mL 水浸取液各一份,分别于 10 mL 比色管中,加入镧溶液 1.0 mL,以去离子水稀释定容至 10 mL。用于钙的测定。

注:根据实际测定的情况,决定是否采用标准加入法进行测定。

6. 测定

在 WFX-1C 型火焰原子吸收分光光度计上分别测定橘汁与橘皮盐酸浸取液、水浸取液中的钙及标准工作曲线。记录下仪器的操作条件及测定的吸光度值。根据制作的标准工作曲线,查出测定液的浓度,计算出样品中钙的含量。橘汁用 $\mu g \cdot mL^{-1}$ 表示,橘皮用 $\mu g \cdot g^{-1}$ 表示。

【结果与讨论】

比较测定结果,用已掌握的知识对其进行讨论。

参 考 文 献

[1] 孟宪昌,王孟歌,康永胜,赵洪池. 化学世界,2001,42(3):138
[2] 李瑞芬,主编. 厨房中的营养学[M]. 北京:北京大学出版社,1997
[3] 中药大辞典(下册)[M]. 上海:上海科技出版社,1997

(化学分析教研室)

实验 2 电分析化学法测定鲜橘汁中的维生素 C 含量

【实验目的】

了解循环伏安法和微分脉冲伏安法的原理,掌握相关的实验技术,并了解化学修饰电极的特点,利用裸电极测定鲜果汁中维生素 C 的含量。

【实验原理】

微分脉冲伏安法是一种灵敏度较高的伏安分析技术,它是在工作电极上施加的线性变化的直流电压上叠加一等振幅(2～100 mV)、低频率、持续时间为 40～80 ms 的脉冲电压,测量脉冲加入前约 20 ms 和终止前 20 ms 时的电流之差 Δi(如图 1 所示)。由于微分脉冲伏安法测量的是脉冲电压引起的法拉第电流的变化,因此微分脉冲伏安图呈峰形,如图 2。峰电位相当于直流极谱波的半波电位,可作为微分脉冲伏安法定性分析的依据;峰电流在一定条件下与去极化剂的浓度成正比,可作为定量分析的依据。由于采用了两次电流取样的方法,很好地扣除了背景电流,具有极高的灵敏度,同时也具有很强的分辨能力。

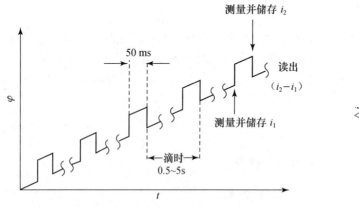 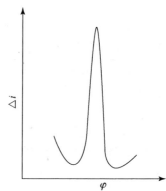

图 1 微分脉冲伏安法电极电位与时间的关系   图 2 微分脉冲伏安图

化学修饰电极是利用化学和物理的方法,将某些特定功能团或化合物修饰在电极表面,从而改变或改善电极原有的性质,实现电极的功能设计。

维生素 C 又名抗坏血酸,是生命不可缺少的物质。它在固体电极上能发生氧化反应,机理如下:

$$\text{H}_2\text{C-CH-CH} \begin{array}{c} \text{O} \\ | \\ \text{C=O} \\ | \\ \text{C=C} \\ | \quad | \\ \text{OH OH} \end{array} \rightleftharpoons \text{H}_2\text{C-CH-CH} \begin{array}{c} \text{O} \\ | \\ \text{C=O} \\ | \\ \text{C=C} \\ | \quad | \\ \text{O} \quad \text{O} \end{array} + 2e + 2H^+$$

本实验采用微分脉冲伏安法,在裸玻碳电极上测定果汁中维生素 C 的含量,同时比较维生素 C 在化学修饰电极上的响应,以了解化学修饰电极的特性。

【仪器与试剂】

PAR283 电化学系统:玻碳电极($d=4$ mm)为工作电极,饱和甘汞电极为参比电极,铂电极为辅助电极。

离心机,超声波清洗器,10 mL 比色管 7 支。

1.00 mg·mL^{-1} 维生素 C 标液,1.0 mol·L^{-1} HAc-NaAc 缓冲溶液,市售橘子,抛光粉(粒径等于 1 μm)。实验用水均为煮沸后冷却的去离子水。

【实验步骤】

(1) 在 5 个 10 mL 比色管中各加入 2 mL HAc-NaAc 缓冲液,再分别加入 0、0.20、0.40、0.60、0.80 mL 维生素 C 标液后,用去离子水稀释至刻度,用以制备工作曲线。

(2) 1 mL 离心后的试液于 10 mL 比色管中,加入 2 mL HAc-NaAc 缓冲液,用去离子水稀释至刻度。配制两份。

(3) 将玻碳电极在麂皮上用抛光粉抛光后,再用超声波清洗器洗两次,每次 2 分钟。

(4) 打开 PAR283 电化学系统及计算机电源开关,打开 M270 软件,在上挂菜单中选择 SETUP(S),再选择 NEW TECHNIQUE(N),继续选择 CV。然后输入以下参数:

PURGE TIME	PT	0 s (pass)	EQUIL TIME	ET	0 s (pass)
SCAN RATE	SR	0.1 V/s	SCAN INCR	SI	2 e−3 V
STEP TIME	ST	1.000 s	WORKING ELEC	WE	SOLID (S)
INITIAL POT	IP	−0.2 V	FINAL POT	FP	1 V
PULSE WIDTH	PW	50.00 e−3 s	CURR RANGE	CR	Auto
REF ELEC	RE	SCE			

(5) 将(1)配制的 5 份溶液按浓度由低到高依次作循环伏安图,并从图上读取峰电流值。每份溶液测试前将玻碳电极用超声波清洗 4 分钟。

(6) 试样溶液按(5)的操作,作循环伏安图,并从图上读取峰电流值和峰电位值。

(7) 将玻碳电极在麂皮上用抛光粉(粒径 1 μm)抛光 1 分钟后,再用去离子水冲洗干净(不超声)。

(8) 按(5)的操作,作试样溶液的循环伏安图,并与(6)所得结果相比较。

【结果与讨论】

由 4 份维生素 C 标液所测得的峰电流值(以 μA 表示)对相应的浓度作工作曲线,并根据试样溶液测得的峰电流值从工作曲线上查得相应的浓度,求算橘汁中维生素 C 的含量($\mu g \cdot mL^{-1}$)。同时根据微分脉冲伏安法所得数据,求算橘汁中维生素 C 的含量($\mu g \cdot mL^{-1}$),并将两种方法作比较。

思 考 题

1. 微分脉冲伏安法有何特点?
2. 化学修饰电极有何优点?

参 考 文 献

[1] 邹明珠,杨海泉,李宏扬. 高等学校化学学报,1985,2(6):123
[2] Zak J, Kuwana T. J Electroanal Chem, 1983, 150:645
[3] Wang J, Freiha B A. Anal Chem, 1984, 56:2266

(化学分析教研室)

实验 3 气相色谱-质谱联用仪鉴定柑橘皮挥发油的化学成分

【实验目的】
1) 应用 GC-MS 联用仪鉴定柑橘皮挥发油的主要成分。2) 掌握 GC-MS 联用仪鉴定挥发性混合物的原理及方法。

【实验原理】
利用气相色谱的分离功能将混合物分离成单一组分,流出物导入质谱仪的离子源,其分子在 70 eV 电离能的轰击下,失去电子生成带正电荷的分子离子及碎片离子,离子流经离子阱质量分离器分离,测定其各分子的质谱。

【仪器及测定条件】
Finnigan GCQ 气相色谱/质谱联用仪。
色谱进样口温度:200℃;色谱柱温度:160℃;电离能:70 eV;进样量:1 μL。

【实验步骤】
(1) 样品准备(水蒸气蒸馏制备)
样品气化温度应低于 300℃,采用非极性或弱极性溶剂。
(2) 检查仪器状态
离子源温度:200℃;真空:<70 mTorr。
(3) 色谱及质谱方法的编辑、安装
运行 GC Method editor,设定色谱条件,并命名保存。
运行 MS Method editor,设定质谱条件,采样开始时间:3 分钟,扫描质量上限、下限:m/z 45~400 等,命名、保存。
运行 Analysis List,安装色谱及质谱条件,点击 GO 准备进样。
(4) 进样与采样
进样:取 1 μL 样品注入进样口,并按 Star 键。
采样:计算机自动控制采样,并测定其质谱。

【数据处理】

(1) 运用 Data Processing,打开样品文件,得总离子流色谱图(TIC),并积分。

(2) 扣除本底,记录各个峰的质谱图。

(3) 质谱图的计算机谱库检索(10万张标准质谱图,每次显示样品与10张标准图的检索结果,列出名称、分子式、相似指数等信息)。

(4) 打印总离子流色谱图、质谱图及检索结果。

【结果与讨论】

(1) 根据质谱图、计算机谱库检索、空白溶剂实验及有关资料,确定柑橘皮挥发油的成分。

(2) 根据总离子流色谱图初步得出主要成分的相对含量。

(3) 写出主要成分质谱图的碎裂机理。

(4) 对计算机谱库检索结果进行分析讨论,试提出进一步鉴定某个成分的建议并设计新的实验方案。

(化学分析教研室)

实验 4 环境样品中多环芳烃提取方法研究

【实验目的】
1) 学习不同的萃取方法在样品处理中的应用,了解其特点和应用范围。2) 对环境污染物的成分和毒性有一个基本的了解。3) 熟悉多环芳烃的不同分析方法,了解经典柱色谱、气相色谱和高效液相色谱的基本应用原理和方法。

【实验原理】
致癌性多环芳烃是最早被发现的环境致癌物[1,2]。在至今发现的一千多种致癌物中,多环芳烃占了三分之一以上。由于其数量众多,分布广泛且与人类生产生活息息相关,致癌性多环芳烃的监测与研究理所当然地成为了环境分析的研究重点之一。

多环芳烃的大量生成主要是由于碳氢化合物的不完全燃烧引起的,其过程是一系列复杂的自由基反应。多环芳烃散发到大气中后迅速冷凝,并被空气中具有高度吸附性的细小尘粒所吸附,通过呼吸道进入人体。在体内经过复杂的代谢,生成非常活泼的双环氧化合物中间体,与细胞内 DNA 结合,阻碍细胞中遗传物质的正常转录和翻译,诱发细胞癌变。

人类社会的生产生活,特别是对矿物燃料的广泛使用,造成了环境中多环芳烃的严重污染。除了人为产生的多环芳烃外,自然界也会产生一些多环芳烃,构成了多环芳烃的天然本底。当然其数量与全球范围内的多环芳烃的严重污染相比,所占比例不大。以苯并芘为例,土壤中的苯并芘的天然本底只有 $0.001\sim 0.003\ \mu g\cdot g^{-1}$[1]。而 1995 年在新加坡的被污染土壤中,苯并芘含量高达 $4.1\ \mu g\cdot g^{-1}$[3],比天然本底竟高出 3 个数量级。

在现代都市中,汽车在带给人们各种便利的同时,也带来了严重的尾气污染。据统计,每 $1000\ m^3$ 汽车废气中苯并[a]芘含量就高达 $18\ 000\ \mu g$。汽车尾气已成为城市中多环芳烃污染的重要来源。作为城市道路两旁重要绿化植物的松树,因其松针上具有一层特殊的由长链聚酯和长链类脂构成的特殊蜡质层,能够强烈吸附包括多环芳烃在内的多种有机化合物,成为城市中监测大气中多环芳烃的得天独厚的样品采集器。目前,通过测量松针萃取物中的多环芳烃含量,监测大气污染程度的方法已为欧美等国广为采纳[4]。在新西兰,松针已用于多环芳烃环境污染分布图的绘制工作[5]。

目前,从松针中提取多环芳烃主要有:索氏提取法、超声波萃取法、微波萃取法和超临界流体萃取法等几种主要方法。索氏提取法通过索氏提取器使溶剂反复加热回流,对松针多次萃取。因其设备简单，历史悠久，已成为松针中多环芳烃监测的经典方法[6]。但是它耗能巨大，费时费力，一般萃取一次至少需要 7～8 小时，且耗费大量溶剂，在监测污染物的同时又造成了新的污染。因此需要研究萃取的新方法、新仪器。

超声波萃取法是利用超声波震动使固体或半固体试样中的某些有机物成分或有机污染物与基体物质有效地分离，达到萃取目的。超临界流体萃取（SFE）利用二氧化碳的超临界流体状态对试样的有机成分进行萃取。它不需要有机溶剂，且二氧化碳无毒安全。但是在萃取效率上与其他方法相比较差，需要另加入其他极性流体才能萃取完全[3]。另外，超流体萃取时间仍然较长，一般要在 1 小时以上，且设备昂贵，操作要求较高[6]。

微波能用于分析化学式样预处理，最早始于 20 世纪 70 年代中期。1986 年，匈牙利学者 K. Ganzler 等人报道了微波能应用于试样预处理的一种全新方法——微波萃取法[7]。微波萃取整个过程包括样品的准备、与溶剂的混合、微波辐射、分离萃取液等步骤。由于微波能的作用，体系的温度升高，压力上升，且因微波能是内部均匀加热，热效率高，故而萃取效率大大提高。又因为可实行时间、温度、压力的控制，可保证萃取过程中有机物不发生分解。与传统的索氏提取、超声波萃取相比，微波萃取快速、节能、节省溶剂、污染小，可实行多份样品同时处理，又有利于萃取热不稳定的物质，可避免长时间高温引起的样品分解，有助于被萃取物质从样品基体上解吸，特别适合于处理大量样品。与超临界流体萃取相比，仪器设备简单、廉价，效率高、适应范围广。

由于松针蜡质层中成分非常复杂，在萃取液中除了多环芳烃外，还含有大量极性化合物，甚至某些松针组织内部的生化大分子也被萃取了出来。因此在作 HPLC 或 GC-MS 前还需经多步过滤预分离过程。

本实验旨在使用索氏提取法、超声波萃取法和微波萃取法萃取道路两旁侧柏中多环芳烃并进行分析，对比三种萃取方法，并对萃取后的过滤分离及结果进行一定的探讨。

【仪器与试剂】

1. 仪器与药品

索氏提取器（60 mL 或 150 mL），SB2200 超声波清洗器，CZ-MSD-Ⅱ微波消解系统（西安中马科技有限公司），气相色谱-质谱仪（Finnigan-MAT GCQ），气相色谱仪（HP 5890，惠普公司），高效液相色谱仪，ODS 反相柱，紫外-可见检测器，荧光检测器，二氯甲烷（A. R.），无水甲醇（A. R.），羧甲基纤维素钠，薄层层析硅胶（GF25460 型）。

2. 标准溶液和溶剂

多环芳烃标准溶液（10 mg·mL^{-1}）：国家标准物质中心。亦可由分析纯试剂自行配制（注意多环芳烃多为致癌或可能致癌物质，必须十分小心，请在通风良好并消除静电条件下进行操作）。本实验标准溶液为自行配制之溶液。本实验选用美国 EPA 所公布的优先检测污染物中所包括的 9 种多环芳烃作为标准：苊 Acenaphtylene、二氢苊 Acenaphthene、芴 Fluorene、蒽 Anthracene、菲 Phenanthrene、芘 Pyrene、荧蒽 Fluoranthene、苯并[a]菲 Chrysene、苯并[k]荧蒽 Benzo(k)fluoranthene。

准确称量标准菲 200 mg，用二氯甲烷定容于 200 mL 容量瓶中。用移液管移取 1 mL 溶液，用二氯甲烷定容于 100 mL 容量瓶中。配制成 10 $\mu g \cdot mL^{-1}$ 标准菲溶液，用以测量回收率。

3. 样品的采集

本实验操作中的样品均为侧柏松针，从距交通要道不同距离的 3 个采样点获得。组 1-1，1-2，1-3 三组试样采自北京成府路北京大学化学学院前临街侧柏；组 2-1，2-2，2-3 采自化学学院院内远离道路的侧柏，其距成府路约 100 m；组 3-1，3-2，3-3 采自北京大学未名湖湖心小岛上，远离街道。

待测松针均为年龄较老的鲜活松针，新生嫩叶和已枯死松针皆弃去不用。用剪刀把松针剪碎，自然风干 24 小时，准确称重后萃取。

【实验步骤】

1. 萃取

(1) 索氏提取

采集松针约 10 g，自然风干 24 小时。准确称量后，放入 60 mL 索氏提取器滤纸筒内。在纸筒内加入 30 mL 二氯甲烷，在烧瓶中加入 50 mL 二氯甲烷。60℃水浴加热回流 4 小时。每虹吸一次约需 10 分钟。最后，蒸馏提取液，回收溶剂。将提取液浓缩至 10 mL 左右，移入小烧杯，用氮气吹干。

将松针从索氏提取器中取出，自然挥发至干。准确移取标准菲溶液 5 mL，用约 50 mL 二氯甲烷稀释后，均匀淋洒在提取后的松针上，反复摇动后放置，自然挥发 24 小时。将已挥发干的松针放入索氏提取器滤纸筒中，如前法萃取，测回收率。

(2) 超声波萃取

采集松针约 10 g，自然风干 24 小时并剪碎。准确称量后，放入 250 mL 容量瓶中，加入二氯甲烷 70 mL。将容量瓶放入超声波清洗器水槽中，水槽中加水，超声萃取 40 分钟。将提取液倒出，过滤并蒸馏提取液，回收溶剂。

将松针从容量瓶中倒出，按(1)法淋洒标准菲溶液，自然挥发 24 小时至干，如前法萃取，测回收率。

(3) 微波萃取

采集松针约 10 g，准确称量后，放入 Teflon PTFE 消解罐中，加入 40 mL 二氯甲烷和 20 mL 水，密封消解罐，放入微波消解炉中。在 400 W 下萃取 10～12 分钟。冷却减压后，打开消解罐，倒出提取液，准备萃取后处理。将松针从消解罐中倒出，如(1)法淋洒标准菲溶液，风干 24 小时，如前法萃取，测回收率。

2. 萃取后处理

由于松针提取物中成分非常复杂，在进行 HPLC 或 GC-MS 操作前，必须除去提取液中的不溶成分和高极性成分。

(1) 过滤

将提取液用中速定性滤纸过滤，除去溶液中尘土等不溶物。将微波萃取的提取液移入分液漏斗，静置，将下层有机相分出。旋转蒸发溶剂。蒸干后准备柱分离。

(2) 分离柱溶剂的选择

称取 1 g 羧甲基纤维素钠溶于 100 mL 水中。称取 10 g 硅胶 G 与 26 mL 羧甲基纤维素钠水溶液混合，在烧杯中调匀，铺在干燥清洁的载物片上，大约铺 20 片。室温晾干后，次日在 105℃烘箱内活化 1 小时，取出放冷后备用。

用 1～2 mL 二氯甲烷溶解萃取后试样，取约 5.0 mg 标准菲，用 3～4 mL 二氯甲烷溶解。在薄板上点样。以不同比例二氯甲烷-无水甲醇混合液为展开剂，走板。在紫外灯下观察比较，体积比 10∶1 二氯甲烷-无水甲醇混合液分离效果最好。

(3) 柱分离

取一 5 mL 注射器，在注射器底部放少许玻璃棉，用滤纸覆盖底部，以硅胶 G 为吸附剂，湿法装柱，以体积比 10∶1 二氯甲烷-无水甲醇混合液为洗脱剂。

将萃取试样用 1 mL 二氯甲烷-无水甲醇(10∶1,V/V)混合液溶解，分若干次走柱。将试样约 0.2 mL 倒入柱顶，用相同混合液洗脱。每流出 0.5 mL 取样一次，与标准菲溶液对比走板。第三和第四流出组分为有效组分。

将第三和第四流出组分合并，自然挥发至干。用 500 μL 二氯甲烷溶解，进行分析。

3. 色谱分析

(1) 仪器及操作条件

GC-MS(Finnigan-MAT GCQ)，GC 工作条件：毛细管 DB-5，30 mm×0.075 mm；进样体积：1.0 μL/分流；柱温：程序升温 10℃/min，100℃升至 290℃，保持 10 min。质谱：EI 源，质谱范围 40～660(m/z)。

GC(HP 5890，配有 FID 检测器)工作条件：毛细管 HP-5，30 mm×0.075 mm；温度程序同上，进样体积 1.0 μL。

HPLC(HP1100)工作条件：反相 ODS 柱，2.0 mm×150 mm，流动相甲醇-水(40∶60,V/V)，检测波长 254 nm，进样体积 10 μL。

(2) 分析过程

若使用 GC-MS，可以通过质谱鉴定出大部分成分。通过标准样品的分析作出工作曲线后进行定量分析。GC 和 HPLC 则需要通过标准样品的保留时间来进行定性，用面积或峰高进行定量分析。

【结果与讨论】
1. 三种萃取方法的比较

索氏提取法、超声波萃取法和微波萃取法是目前较常有的萃取方法。本实验用菲为标准加入试剂,测量三种萃取方法的回收率(表1)。采集北京市海淀区成府路道路两旁侧柏松针,应用三种萃取方法比较萃取结果。

表1 三种萃取方法的回收率

	索氏提取法	超声波萃取法	微波萃取法
标准菲的回收率/%	67.20	71.90	92.34

从实际样品的检验来看,索氏提取法与超声波萃取法回收率基本相当,在三种萃取方法中微波萃取检出的多环芳烃最多,微波萃取的效果最好。除了萃取效果外,一种方法能否在短时间内完成大量样品的萃取,操作是否简便、安全、节能,也是衡量一种萃取方法优劣的重要方面。三种方法的其他因素见表2。

表2 三种萃取方法的基本情况比较

	索氏提取法	超声波萃取法	微波萃取法
每次可处理样品质量	10 g	10 g×3	10 g×10
萃取时间	8 h	40 min	10~20 min(冷却减压约1 h)
溶剂	100 mL 二氯甲烷	70 mL 二氯甲烷	35 mL 二氯甲烷加 15 mL 水
工作条件	60℃水浴回流		400 W 功率萃取
仪器成本	低	中	高
工作时污染	大	中	小

进样量的大小在样品数量非常巨大的环境常规分析中,是一个不容忽略的影响因素。由于索氏提取器容积有限,索氏提取法一次只能处理10~20 g。超声波萃取法的处理量主要受限于超声波池的大小,目前大多数超声波池均较小,一般能同时萃取2~3个样品,仍不能满足大量样品萃取需要。微波萃取法一般都可同时萃取10个以上样品,对于大量样品的预处理,微波萃取显然占有明显优势。

在时间方面,微波萃取法萃取约需10~20分钟,加上冷却和减压时间,一般也不超过1小时。与超声波萃取法需时相当。超声波萃取法和微波萃取法在时间上均远胜于索氏提取法。

二氯甲烷为有毒有机溶剂,严重污染环境。索氏提取法长时间大量回流二氯甲烷,由于二氯甲烷沸点只有40℃,回流必然造成大量二氯甲烷散入大气,不仅浪费溶剂,而且污染环境。微波萃取和超声波萃取的二氯甲烷使用量分别只有索氏提取的70%和50%,且两种方法均使用密闭容器,溶剂很少散出,既节约溶剂也减少了污染。另外,超声波萃取时发出很刺耳的噪音,索氏提取和微波萃取则较为安静。

综上所述,微波萃取法无论是在分析效率、分析结果,还是在安全、快速等性能上都超越了传统的索氏提取法和超声波萃取法。微波萃取法将可能成为今后松针中多环芳烃萃取技术的热点方法。

2. 距繁忙公路不同距离三处多环芳烃污染情况的比较

表3 三组环境样品的分析结果(单位:$\mu g \cdot g^{-1}$)

	苊	二氢苊	芴	蒽	菲	芘	荧蒽	苯并[a]菲	苯并[k]荧蒽
组 1-1	3.61	12.6	7.41	3.75	—	10.3	5.61	5.84	1.27
组 1-2	4.24	7.37	2.31	4.76	—	4.35	4.31	6.49	1.61
组 1-3	4.26	7.36	2.30	4.76	—	3.70	4.17	6.49	1.62
平均值	4.04	9.10	4.01	4.25	—	8.16	4.69	6.26	1.51
组 2-1	—	—	3.50	—	—	4.21	2.80	3.23	1.45
组 2-2	—	5.13	10.67	—	—	8.35	—	—	1.18
组 2-3	—	8.85	7.54	—	—	8.13	6.84	3.56	1.18
平均值	—	4.66	7.23	—	—	6.90	3.21	2.26	1.27
组 3-1	—	—	7.54	3.47	—	—	—	4.31	1.94
组 3-2	3.23	3.77	—	5.17	—	—	—	5.10	1.84
组 3-3	—	—	1.07	—	—	—	—	4.46	1.85
平均值	0.81	0.94	0.36	3.04	—	1.16	—	3.47	1.88

注:组1-1,2-1,3-1等指不同地点采集的样品。"—"代表"未检出"。

3. 松针中多环芳烃萃取的展望

随着人们环境意识的不断增强,从松针中提取多环芳烃以监测大气污染的研究势必不断深化。在目前较流行的三种萃取方法中,索氏提取法和超声波萃取法已发展比较成熟。大多数环境样品萃取的经典方法都是使用索氏提取法或超声波萃取法。到目前为止,微波萃取法还是一种相当年轻的试样预处理方法。但该法以其简便、快速、实用、安全、适用范围广泛等优点,一经问世便引起了各国环保研究部门的高度重视。近几年来,大量报道了微波萃取技术工作条件的优化,和微波萃取在土壤、海水等样品萃取工作中的应用等方面的研究。与土壤、海水等样品相比[7~10],松针无疑要复杂得多。在萃取过程中,萃取下来的除了各种各样的大气污染物、尘埃外,还不可避免地溶解了一定的松针体内的分子结构。这就使萃取液成分非常复杂,必须经过多步过滤、分离过程才能进行特定的色谱分析。在整个实验过程中,微波或超声波萃取和色谱分析总共只占总实验时间的5%~10%。大量时间消耗在繁复的萃取后处理上。

而微波萃取使简化后处理成为了可能。微波萃取不同于传统萃取方法的最大优点就是能够使用混合溶剂。精确选择萃取混合溶剂,精确优化萃取条件,使在特定溶剂和特定萃取条件下可有选择地萃取样品中的特定组分。这应当成为未来多环芳烃萃取研究的主要方向。

参 考 文 献

[1]　唐森本,等. 环境有机污染化学[M]. 北京：冶金工业出版社,1996
[2]　Mackay D, Shiu W Y, Ma K C. Illustrated Handbook of Physical-Chemical Properties and Environmental Fate for Organic Chemicals[M]. Chelsea, MI：Lewis Publishers,1992
[3]　Barnabas I J, et al. Analyst, 1995,120：1897
[4]　Franich R A, et al. Fre'J Anal Chem, 1993, 347：337
[5]　Herrman R, Baumgartner I. Environ Pollut, 1987, 46：63
[6]　John R, Dean J R, et al. Anal Proc, 1995, 32：305
[7]　Schwarzenbach R P, Gschwend P M, Imboden D M. Environmental Organic Chemistry[M]. New York：Jonh Wiley & Sons, 1993
[8]　Smith D J, et al. Environ Technol, 1995, 16：45
[9]　Simcik M F, et al. Environ Sci Technol, 1996, 30：3039
[10]　Miguel A H, et al. Environ Sci Technol, 1998, 32：450

（张新祥）

实验 5 酪氨酸酶的提取及其催化活性研究

【实验目的】
1) 认识生物体中酶的存在和催化作用,使学生了解生物体系中在酶存在下的合成或分解与普通的有机合成的不同和相同之处,认识一些生物化学过程的特殊性。2) 掌握生物活性物质的提取和保存方法,学会使用仪器分析手段研究催化反应,特别是生物化学体系中催化过程的基本思想和方法。3) 了解酶的活性与所处的化学、物理环境的关系。

【实验原理】
在实验室里,复杂的有机物合成与分解往往要求在高温、强酸、强碱、减压等剧烈条件下才能进行。而在生物体内,虽然条件温和(常温、常压和接近中性的溶液等),许多复杂的化学反应却进行得十分顺利和迅速,而且基本没有副产物,其根本原因就是由于生物催化剂酶的存在。

酶是具有催化作用的蛋白质。按照酶的组成,可将其分为两类:1) 简单蛋白质。其活性仅决定于它的蛋白质结构,如脲酶、淀粉酶等。2) 结合蛋白质。这种酶需要加入非蛋白质组分(称之为辅助因子)后,才能表现出酶的活性。酶蛋白与辅助因子结合形成的复合物称为全酶。例如,酪氨酸酶就是以 Cu^+ 或 Cu^{2+} 为辅助因子的全酶。辅助因子虽然本身无催化作用,但参与氧化还原或运载酰基载体的作用。若将全酶中的辅助因子除去,则酶的活性就失去了。

通常把被酶作用的物质称为该酶的底物。一种酶催化特定的一个或一类底物的反应,具有很高的选择性和灵敏度,引起了广大分析工作者的兴趣。目前,酶已作为一种分析试剂得到应用,特别是在生化、医学方面。例如,一些生命物质和液体中的特殊有机成分,用其他方法测定有困难,酶法分析却有其独到之处。

本实验拟通过从土豆中提取酪氨酸酶并测定其活性,使同学们对酶有个初步的了解。我们都见过当土豆、苹果、香蕉、蘑菇受损伤时显棕色的现象,这是由于土豆、苹果等含有酪氨酸和酪氨酸酶。酶存在于物质内部,当内部物质暴露出来后,在空气中氧的参与下,发生了图 1 所示的一系列反应,生成黑色素。

酪氨酸酶可用比色法测定。由于多巴转变成多巴红速度很快,再转变到下一步产物速度则慢得多,故可在酶存在下,通过测定多巴转变为多巴红的速度而测定酶的活性(可用吸光度对时间作图,从所得的直线斜率求得酶的活性)。

通过测量出的吸光度变化 ΔA、多巴红的摩尔吸光系数 ε、反应时间 t 以及加入酶的体积 V,可以推导出所用酶的活性 a 计算公式(请学生预习时自行推导出来)。

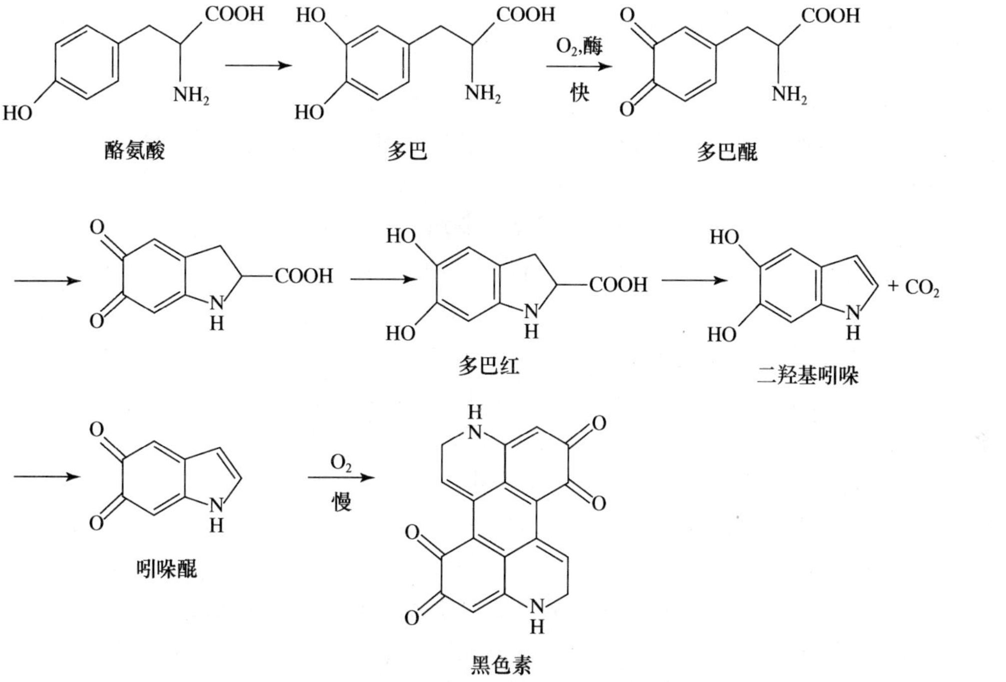

图 1 酶参与的多巴转换反应

进而计算出所用原料中的酶的活性：

$$a' = aV_0/m$$

式中，a' 为原料中酶的活性，V_0 为原料所得的酶溶液的总体积，m 为原料总质量。

【仪器与试剂】

分光光度计，离心机，粉碎机（研钵），水浴，秒表。

二羟基苯丙氨酸（多巴），0.20 mol·L^{-1} 磷酸氢二钠溶液，0.10 mol·L^{-1} 盐酸溶液，$Na_2S_2O_3$，Na_2EDTA；土豆（或苹果）。

【实验步骤】

1. 溶液配制

0.10 mol·L^{-1} 磷酸缓冲溶液（pH 7.2）：50 mL 0.20 mol·L^{-1} Na_2HPO_4 + 8 mL 0.10 mol·L^{-1} HCl，稀释到 200 mL。

0.10 mol·L^{-1} 磷酸缓冲溶液（pH 6.0）：50 mL 0.20 mol·L^{-1} Na_2HPO_4 + 22 mL 0.10 mol·L^{-1} HCl，稀释到 200 mL。

其他 pH 的磷酸缓冲溶液：pH 4.0、5.0、8.0、9.0、10.0。

0.010 mol·L^{-1}多巴溶液：称取 0.195 g 多巴，用 pH 6.0 的磷酸缓冲溶液溶解并稀释到 100 mL。

2. 酶的提取

从指定土豆样品中任意选取 1～2 块，台秤称重。用干净的刀片切成小块，放入粉碎机中。加入 7.5 mL pH 7.2 的磷酸缓冲溶液，再加入指定体积的水（如 192.5 mL），粉碎，从均匀浆液中取出一部分置于离心管中，立即离心分离（约 1000 r/min，5 分钟）。倾出上层清液保存于冰浴或冰箱中。提取液为棕色，在放置过程中不断变黑。有条件的话，可以经 Sephadex 柱进一步纯化。

3. 多巴红溶液的吸收光谱

取 0.4 mL 已稀释过的土豆提取液，加 2.6 mL pH 6.0 的磷酸缓冲液。加 2 mL 多巴溶液，摇匀。反应约 10 分钟后，使用 1 cm 液槽于扫描分光光度计上进行重复扫描，即可获得多巴红的吸收光谱。若使用自动扫描分光光度计，可从混合开始以时间间隔为 1 分钟进行连续扫描，可以观察到吸光度随时间增加的现象。

4. 酶的活性测量

取 2.5 mL 上述提取液，用 pH 7.2 的磷酸缓冲液稀释至 10 mL 比色管中，摇匀。取 0.1 mL 稀释过的提取液于 10 mL 比色管中，加入 2.9 mL pH 6.0 的磷酸缓冲液，再加入 2 mL 多巴溶液，同时开始计时，用分光光度计在 480 nm 处测定吸光度。开始 6 分钟内每分钟读一个数，以后每隔 2 分钟读一个数，直至吸光度变化不大为止。

取 0.2、0.3、0.4 mL 已稀释过的提取液重复上述实验（注意总体积为 5 mL，每次换溶液洗比色皿只能倒很少量溶液洗一次）。

【结果与讨论】

1. 不同酶加入量的动力学曲线

以吸光度为纵坐标，时间为横坐标，可作出在加入酶的作用下多巴的转换动力学曲线。由所得直线部分求出转换速率，即为酶的活性。

依次得出不同提取液的活性，比较不同体积的提取液加入后相同量的多巴转换速率。

2. 酶活性的计算

将不同体积提取液的实验结果填入下表，计算出原料中酶的活性。

已稀释的提取液体积/mL	活性(ΔA/min)	原提取液活性	原料活性
0.10			
0.20			
0.30			
0.40			

3. pH 对酶的活性的影响研究

取 2.5 mL 上述提取液用 pH 7.2 的磷酸缓冲液稀释至 10 mL 比色管中,摇匀。取 0.1 mL 稀释过的提取液于 10 mL 比色管中,加入 2.9 mL pH 4.0 的磷酸缓冲溶液,再加入 2 mL 多巴溶液,同时开始计时,用分光光度计在 480 nm 处测定吸光度。开始 6 分钟内每分钟读一个数,以后每隔 2 分钟读一个数,直至吸光度变化不大为止。

依次实验不同的缓冲溶液,pH 5.0、7.0、8.0、9.0、10.0 条件下,测定速率并计算活度。绘制出活度与 pH 之间的相互影响,并进行解释。

4. 影响酶活性的其他因素研究

(1) 取 0.40 mL 稀释过的提取液,在沸水浴中加热 5 分钟,冷却后配成测定溶液,观察现象。

(2) 取 0.40 mL 稀释过的提取液,加少量固体 $Na_2S_2O_3$ 配成测定溶液,观察现象。

(3) 取 0.40 mL 稀释过的提取液,加少量固体 Na_2EDTA 振荡混合,反应一段时间后,配成测定溶液,观察现象。

【说明】

(1) 若使用自动扫描分光光度计,可使用指定时间间隔扫描。但建议使用 722 型分光光度计或类似的型号,用秒表控制时间,这样成本较低。若没有扫描分光光度计,第 3 步可以忽略。也可以使用多巴红溶液直接获得其吸收光谱。

(2) 可使用苹果或香蕉代替土豆,亦可安排使用不同土豆(如隔年、当年及新产,或已发芽等),研究土豆不同生长状态时的酶活性。

(3) 若有时间的话,亦可研究不同离子强度对酶的活性的影响。

思 考 题

1. 酶的活性受何种条件影响?
2. 提取物在放置过程中为何会变黑?
3. 经热处理后酶的活性为何显著降低?

参 考 文 献

[1] Kenllner R, Mermet J-M, Otto M, Widmer H M. Analytical Chemistry[M], Chapter 6. Weiheim: Wiley-VCH, 1998;北京大学,吉林大学,合译. 分析化学(中文版)[M],第 6 章. 北京:北京大学出版社,2000

[2] 沈同,王镜岩,编. 生物化学,上册[M],第 5 章. 北京:高等教育出版社,1990

[3] Stryer L,编;唐有祺,等译. 生物化学[M]. 北京:北京大学出版社,1990

[4] Frieclman M E, Daron H H. J Chem Edu, 1977, 54: 256

[5] 叶率官. 化学试剂,1981,2: 6

(张新祥)

实验 6　新鲜鸡蛋中蛋白质含量及营养元素含量的测定

【实验目的】

1) 了解食品中蛋白质、无机元素等营养素的含量及存在形态，为医学、生命科学、人类学、社会学等学科的研究提供科学依据。2) 了解生物样品中蛋白质含量和微量元素的常用测定方法，以及针对生物样品分析的不同目的、样品的不同处理方法。

【实验原理】

鸡蛋经过孵化变成小鸡，所以鸡蛋中应该含有形成鸡身体的全部必需成分，因此它的营养价值高。鸡蛋中除了蛋白质、脂质、维生素（如维生素 B_2，即核黄素），无机元素也很丰富，如钙、磷、钠、钾等。

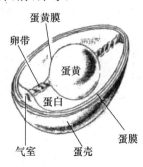

图 1　鸡蛋的结构示意图

人类摄取蛋白质的最终目的是取得机体所需要的各种氨基酸。严格地说，是要取得比例大体适合要求的各种氨基酸。因为人体不能直接利用人体以外的异性蛋白，这就需要将食物蛋白消化分解为氨基酸，并利用它们作为原料来合成数以万计的机体蛋白质和生命活性物质。鸡蛋中的卵清蛋白属于完全蛋白质，即其氨基酸组成齐全，数量充足，比例合理。

无机元素在食品成分中比例虽小，但也是构成人体组织、维持正常生理活动不可缺少的营养素。但无机元素在人体内不能产生，也必须从饮食中摄取。

本实验用紫外-可见分光光度法分别测定蛋清、蛋黄中的蛋白质含量。用火焰和非火焰原子吸收方法分别测定蛋清、蛋黄中的钙、镁、锰和铜。钙、镁属于人体必需的常量元素，锰和铜属于人体必需的微量元素。将蛋清与蛋白分别溶于稀盐酸和铵盐溶液中，通过测定比较不同体系中的测定结果，比较蛋清与蛋黄之间蛋白质和无机元素含量的差异。

【仪器与试剂】

台式电子天平（千分之一），电动摇床，高速离心机，紫外-可见分光光度计，火焰原子吸收分光光度计，石墨炉（非火焰）原子吸收分光光度计，蛋清蛋黄分离器，100 mL 磨口具塞锥形瓶,滴管,25 mL 移液管,刻度吸量管,微量注射器,10 mL、25 mL 比色管,4 mL 塑料样品管,100 mL 烧杯。

100 $\mu g \cdot mL^{-1}$ 钙标液,100 $\mu g \cdot mL^{-1}$ 镁标液,5 $ng \cdot mL^{-1}$ 锰标液,10 $ng \cdot mL^{-1}$ 铜标液,10 $mg \cdot mL^{-1}$ 镧溶液,0.1 $mol \cdot L^{-1}$ 盐酸溶液,1 $mol \cdot L^{-1}$ 醋酸铵溶液,去离子水。

【实验步骤】

1. 样品预处理

(1) 取新鲜鸡蛋一个,小心敲开蛋壳,利用蛋清蛋黄分离器,将蛋清、蛋黄分别置于 100 mL 干燥的烧杯中。分别准确称取 4 g 蛋清、2 g 蛋黄各两份,置于干燥的 100 mL 具塞磨口锥形瓶中。在一组蛋清和蛋黄样品中分别加入 0.1 $mol \cdot L^{-1}$ 盐酸,使样品总重量达到 25.0 g(用天平称取)。在另一组蛋清和蛋黄样品中加入 1 $mol \cdot L^{-1}$ 醋酸铵溶液,使样品总重量达到 25.0 g(用天平称取)。盖好塞子,放在摇床上振荡 10 分钟(振荡速率要适中)。

(2) 将上述溶液转移至带盖塑料离心管中,在台秤上平衡装有样品的离心管。若重量有差别,用滴管滴加相应的样品使其平衡。盖好离心管盖子,将离心管对称放入离心机中,在 10 000 r/min 条件下离心 20 分钟(请认真阅读离心机操作说明书,在老师指导下进行离心)。

(3) 转移离心后的上清液于 25 mL 比色管中,注意不要搅动起离心管底部的沉淀物。

2. 蛋白质含量测定

(1) 蛋白质标样的配制

准确称取鸡卵清蛋白标样(Albumin Egg, Sigma) 10 mg 和 100 mg 两份,分别置于 10 mL 比色管中。在 10 mg 样品中用 0.1 $mol \cdot L^{-1}$ 盐酸溶解并定容至 10 mL,充分摇匀;在 100 mg 样品中加入 1 $mol \cdot L^{-1}$ 醋酸铵溶液定容至 10 mL,充分摇匀。配成浓度分别为 1 $mg \cdot mL^{-1}$ 和 10 $mg \cdot mL^{-1}$ 的卵清蛋白标准溶液。

(2) 制作标准工作曲线

分别制作两种试剂体系的标准工作曲线。

0.1 $mol \cdot L^{-1}$ 盐酸体系:在六支 10 mL 比色管中,分别加入 1 $mg \cdot mL^{-1}$ 卵清蛋白标准溶液 0.00、0.08、0.16、0.24、0.32、0.40 mL,用 0.1 $mol \cdot L^{-1}$ 盐酸溶液稀释定容至 10 mL,配成浓度分别为 0.000、0.008、0.016、0.024、0.032 和 0.040 $mg \cdot mL^{-1}$ 的标准溶液系列。

1 $mol \cdot L^{-1}$ 醋酸铵体系:在六支 10 mL 比色管中,分别加入 10 $mg \cdot mL^{-1}$ 卵清蛋白标准溶液 0.0、0.2、0.4、0.6、0.8、1.0 mL,用 1 $mol \cdot L^{-1}$ 醋酸铵溶液稀释定容至 10 mL,配成浓度分别为 0.0、0.2、0.4、0.6、0.8、1.0 $mg \cdot mL^{-1}$ 的标准溶液系列。

(3) 样品制备

将 0.1 $mol \cdot L^{-1}$ 盐酸体系的蛋清样品稀释 1000 倍:用微量注射器取 10 μL,用 0.1 $mol \cdot L^{-1}$ 盐酸定容至 10 mL。

将 0.1 $mol \cdot L^{-1}$ 盐酸体系的蛋黄样品稀释 1000 倍:用微量注射器取 10 μL,用 0.1 $mol \cdot L^{-1}$ 盐酸定容至 10 mL。

将 1 mol·L^{-1} 醋酸铵体系的蛋清样品稀释 25 倍：用微量注射器取 400 μL，用 1 mol·L^{-1} 醋酸铵定容至 10 mL。

将 1 mol·L^{-1} 醋酸铵体系的蛋黄样品稀释 50 倍：用微量注射器取 200 μL，用 1 mol·L^{-1} 醋酸铵定容至 10 mL。

(4) 蛋白质含量测定

使用 Cary 1E 紫外-可见分光光度计（Varian），分别以各自体系的溶剂为参比溶液，在 190～350 nm 的波长范围内，对每一个标准溶液和样品进行扫描测定。打印出谱图及吸收峰的有关数据信息。

3．无机元素的测定

分别测定蛋清和蛋黄中的钙、镁、锰、铜。因生物样品基体较为复杂，采用标准加入法进行测定。

(1) 火焰原子吸收方法测定新鲜鸡蛋中的钙、镁

① 样品制备

分别稀释配制浓度为 10 μg·mL^{-1} 的钙、镁标准溶液于 25 mL 和 10 mL 比色管中，用去离子水定容。一律移取 0.1 mol·L^{-1} 盐酸体系的蛋清、蛋黄样品。

表 1　蛋清中钙(Ca)的测定

样品及体积 / mL ＼ 瓶号	1	2	3	4	5
La(10 mg·mL^{-1})	1.0	1.0	1.0	1.0	1.0
Ca(10 μg·mL^{-1})	0	0	1.0	2.0	3.0
蛋清	0	1.0	1.0	1.0	1.0

注：离心后的上清液，用 100 μL 微量注射器移取；用去离子水稀释定容；总体积 10 mL(10 mL 比色管)。表 2～4 同此。

表 2　蛋黄中钙(Ca)的测定

样品及体积 / mL ＼ 瓶号	6	7	8	9	10
La(10 mg·mL^{-1})	1.0	1.0	1.0	1.0	1.0
Ca(10 μg·mL^{-1})	0	0	1.0	2.0	3.0
蛋黄	0	0.1	0.1	0.1	0.1

表 3　蛋清中镁(Mg)的测定

样品及体积 / mL ＼ 瓶号	11	12	13	14	15
La(10 mg·mL^{-1})	1.0	1.0	1.0	1.0	1.0
Mg(10 μg·mL^{-1})	0	0	0.1	0.2	0.3
蛋清	0	0.1	0.1	0.1	0.1

表 4　蛋黄中镁(Mg)的测定

样品及体积 / mL ＼ 瓶号	16	17	18	19	20
La(10 mg·mL^{-1})	1.0	1.0	1.0	1.0	1.0
Mg(10 μg·mL^{-1})	0	0	0.1	0.2	0.3
蛋黄	0	0.1	0.1	0.1	0.1

② 测定条件

WFX-1C 型火焰原子吸收分光光度计

空气(助燃气)：压力 0.2 MPa,流量 4.5 L·min^{-1}(A 仪器)；
　　　　　　　压力 0.2 MPa,流量 4.5 L·min^{-1}(B 仪器)。

乙炔(燃气)：压力 0.02~0.03 MPa,流量 0.7 L·min^{-1}(A 仪器)；
　　　　　　压力 0.02~0.03 MPa,流量 0.8 L·min^{-1}(B 仪器)。

燃烧器高度：6 mm(A 仪器)；-1 mm(B 仪器)。

狭缝宽度：A、B 两台仪器均为 0.2 nm。

测定波长：钙 422.7 nm,镁 285.2 nm。

灯电流：A、B 两台仪器均为 1 mA(占空比 1:4)。

(2) 石墨炉(非火焰)原子吸收方法测定新鲜鸡蛋中的锰、铜

① 样品制备

将离心后的蛋清提取液上清液直接倒入仪器的进样杯中,测定锰和铜。将离心后的蛋黄提取液上清液稀释 50 倍,用相应的试剂定容至 4 mL 塑料瓶中,摇匀。

分别配制锰标液 5 ng·mL^{-1}、铜标液 10 ng·mL^{-1} 于 4 mL 塑料瓶中(当天使用,当天配制,0.1 mol·L^{-1} 体系)。

② 测定条件

Varian SpectrAA 880 塞曼背景校正-石墨炉原子吸收分光光度计：灯电流 5 mA,光谱通带宽度 0.2 nm,氩气钢瓶出口压力 0.45 MPa,样品进样量 10 μL,进样总体积 20 μL(使用自动进样器)。

分别将锰或铜标液、0.1 mol·L^{-1} 盐酸溶液或 1 mol·L^{-1} 醋酸铵溶液、样品置于 51[#]("Bulk Standard")、52[#]("make up")和 1[#]、2[#]、…位置上。

在教师指导下根据表 5 中的温控条件进行测定。

表 5　石墨炉升温程序设置

Step	Temp (℃)	Time (s)	Gas (L·min^{-1})	Gas Type	Read
1	85	40.0	3.0	Normal	No
2	95	5.0	3.0	Normal	No
3	95	10.0	3.0	Normal	No
4	120	10.0	3.0	Normal	No
5	120	20.0	3.0	Normal	No
6	700	30.0	3.0	Normal	No
7	700	20.0	3.0	Normal	No
8	700	2.0	0.0	Normal	No
9	2400	1.1	0.0	Normal	Yes
10	2400	2.0	0.0	Normal	Yes
11	2500	2.0	3.0	Normal	No

注：包括最后的冷却 30 秒（第 11 步之后），整个升温过程共需 170 秒左右。

【结果与讨论】

1. 蛋白质含量测定

（1）从所得图谱可见，两种体系的峰形和峰位置是不同的。醋酸铵体系以 280 nm 左右的峰为测量峰，用此峰的峰高对浓度作图。盐酸体系以 203 nm 左右的峰为测量峰，用此峰的峰高对浓度作图。将样品的吸光度在分别对应的工作曲线上查出浓度，根据稀释倍数计算出卵清蛋白在蛋清和蛋黄中的百分含量（m/m，%）。

（2）对照两种体系的卵清蛋白在蛋清和蛋黄中的含量，并对结果进行讨论。

由于蛋白质中存在着含有共轭双键的苯丙氨酸、酪氨酸和色氨酸，因此蛋白质在紫外光区 280 nm 处有吸收峰。在此波长范围内，蛋白质溶液的吸光度值与其浓度呈正比关系，常可作定量测定。该方法迅速、简便，样品消耗量少，低浓度盐类不干扰测定。缺点是：1) 对于测定那些与蛋白质中苯丙氨酸、酪氨酸和色氨酸含量差异较大的蛋白质，有一定的误差。故该法适于测定与标准蛋白质氨基酸组成相似的蛋白质。2) 若样品中含有嘌呤、嘧啶等吸收紫外光的物质，会出现干扰。

2. 无机元素含量测定

（1）根据测定结果绘制标准加入法曲线，并在曲线上查出样品的浓度，计算出含量（分别用 $\mu g \cdot g^{-1}$ 和 % 表示）。

（2）比较被测元素在蛋清和蛋黄中的含量。根据整个实验所得到的分析数据，试讨论鸡蛋中营养成分的分布。

(廖一平)

实验 7　循环伏安法测定菲醌的电化学性能

【实验目的】

1) 了解可逆扩散波、不可逆扩散波和吸附波的循环伏安图的特性。2) 学习和掌握循环伏安法的原理和实验技术。3) 了解测算玻碳电极的有效面积的方法。

【实验原理】

循环伏安法是在固定面积的工作电极和参比电极之间加上对称的三角波扫描电压,记录工作电极上得到的电流与施加电位的关系曲线,即循环伏安图。从伏安图的波形、氧化还原峰电流的数值及其比值、峰电位等可以判断电极反应机理以及电极反应的可逆性。

电极反应的可逆性主要取决于电极反应速率常数的大小,还与电位扫描速率有关。电极反应可逆性的判据列于表 1。

表 1　电极反应可逆性的判据

	可逆 $O+ne \rightleftharpoons R$	准可逆	不可逆 $O+ne \longrightarrow R$
电位响应的性质	E_p 与 v 无关。25℃时,$\Delta E_p = \frac{59}{n}$ mV,与 v 无关	E_p 随 v 移动。低 v 时,ΔE_p 接近于 $\frac{60}{n}$ mV,但随 v 增加而增加,接近于不可逆	v 增加 10 倍,E_p 移向阴极化 $\frac{30}{\alpha n}$ mV
电流函数的性质	$(i_p/v^{1/2})$ 与 v 无关	$(i_p/v^{1/2})$ 与 v 无关	$(i_p/v^{1/2})$ 与 v 无关
阳极电流与阴极电流比的性质	$i_{pa}/i_{pc} \approx 1$,与 v 无关	仅在 $\alpha=0.5$ 时,$i_{pa}/i_{pc} \approx 1$	反扫时没有氧化电流

对于反应物吸附在电极上的可逆吸附波,理论上其循环伏安图上下左右对称,峰后电流降至基线,其峰电流可表示为

$$i_p = \frac{(nF)^2}{4RT} A \Gamma v$$

式中 Γ 是电活性物在电极上的吸附量,A 为电极面积,v 为扫速。可见,峰电流与 v 成正比,而不是扩散波中所见到的与 $v^{1/2}$ 成正比。

与汞电极相比,物质在固体电极上伏安行为的重现性差,其原因与固体电极的表面状态直接有关,因而了解固体电极表面处理的方法和衡量电极表面被净化的程度,以及测算电极有效表面积的方法,是十分重要的。一般对这类问题要根据固体电极材料不同而采取适当的方法。

对于碳电极,一般以 $Fe(CN)_6^{3-/4-}$ 的氧化还原行为作电化学探针。首先,固体电极表面的第一步处理是进行机械研磨、抛光至镜面程度。通常用于抛光电极的材料有金刚砂、CeO_2、ZrO_2、MgO 和 $\alpha\text{-}Al_2O_3$ 粉及其抛光液。抛光时总是按抛光剂粒度降低的顺序依次进行研磨,如对新的电极表面先经金刚砂纸粗研和细磨后,再用一定粒度的 $\alpha\text{-}Al_2O_3$ 粉在抛光布上进行抛光。抛光后先洗去表面污物,再移入超声水浴中清洗,每次2~3分钟,重复三次,直至清洗干净。最后用乙醇、稀酸和水彻底洗涤,得到一个平滑光洁的、新鲜的电极表面。将处理好的碳电极放入含一定浓度的 $K_3Fe(CN)_6$ 和支持电解质的水溶液中,观察其伏安曲线。如得到如图1所示的曲线,其阴、阳极峰对称,两峰的电流值相等($i_{pc}/i_{pa}=1$),峰电位差 ΔE_p 约为70 mV(理论值约 60 mV),即说明电极表面已处理好,否则需重新抛光,直到达到要求。

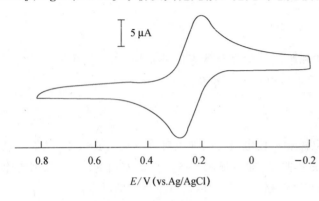

图1 循环伏安图

1.0×10^{-3} mol·L^{-1} $K_3Fe(CN)_6$, 0.1 mol·L^{-1} KCl, 0.05 V·s^{-1}

有关电极有效表面积的计算,可根据 Randles-Sevcik 公式:

$$i_p = 2.69\times10^5\, n^{3/2} A D_0^{1/2} v^{1/2} C_0 \quad (25\text{℃})$$

式中 A 为电极的有效表面积(cm^2),D_0 为反应物的扩散系数(cm^2/s),n 为电极反应的电子转移数,v 为扫速(V/s),C_0 为反应物的浓度(mol/cm^3),i_p 为峰电流(A)。

菲醌是有机合成中的重要中间体。邻位菲醌如9,10-菲醌(图2)有高的反应活性,在有机合成中常常利用它进行原位衍生。它还能发生分子间双 Wittig 反应衍生为多环化合物。菲醌本身就是化工原料,由它衍生的9-羟基芴-9-甲酸具有重要的合成生理活性,如抗肿瘤、抗炎等等。

目前由菲氧化合成菲醌的方法很多,分为气相催化氧化法、液相催化氧化法和电解氧化法等。气相催化氧化法收率较低且工艺流程较复杂;电解氧化法能耗过大;液相催化氧化法较成熟,易于工业化。液相催化氧化法又分为高价金属盐氧化法、次卤酸盐法、过氧化物法和臭氧氧化法等。高价金属盐法反应条件温和,产品收率较高,可达70%~90%,但因氧化剂价格较高,或因"三废"污染问题严重,并未实现工业化。

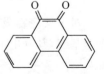

图2 菲醌的结构式

菲醌实验室合成操作：工业菲83%；高锰酸钾、苯和乙酸等均为分析纯。在装有电动搅拌器、冷凝管的250 mL三口烧瓶中，加入2 g菲、80 mL乙酸溶剂、一定比例的相转移催化剂（十二烷基三甲基氯化铵）和一定比例的高锰酸钾。在70~80℃恒温搅拌4小时，冷却，滤去残渣。滤液减压蒸馏，回收溶剂，固体为粗菲醌。利用菲醌与$NaHSO_3$溶液反应生成可溶于水的加成物的性质，将粗菲醌加入到$NaHSO_3$溶液中，搅拌后过滤，除去不溶的杂质，然后在滤液中加入H_2SO_4溶液以破坏不稳定的加成物，使菲醌析出，过滤后可得产物菲醌。

【仪器与试剂】

CHI 630 A电化学系统：玻碳电极($d=4$ mm)为工作电极，饱和甘汞电极为参比电极，铂丝电极为辅助电极。

100 mL容量瓶，50 mL烧杯，玻棒。固体铁氰化钾，H_2SO_4溶液，1.0×10^{-4} mol·L^{-1}菲醌的乙醇溶液。

【实验步骤】

1. $K_3Fe(CN)_6$溶液的循环伏安图

配制5 mmol·L^{-1} $K_3Fe(CN)_6$溶液(含0.1 mol·L^{-1} H_2SO_4)，倒适量溶液至电解杯中。将玻碳电极在麂皮上用抛光粉抛光后，再用去离子水清洗干净。依次接上工作电极、参比电极和辅助电极。开启电化学系统及计算机电源开关，启动电化学程序，在菜单中依次选择Setup、Technique、CV、Parameter，输入表2中参数。

表2

Init E (V)	0.7	Segment	2
High E (V)	0.7	Smpl Interval (V)	0.001
Low E (V)	0	Quiet Time (s)	2
Scan Rate (V/s)	0.02	Sensitivity (A/V)	5e−5

点击Run开始扫描，将实验图存盘后，记录氧化还原峰电位E_{pc}、E_{pa}及峰电流i_{pc}、i_{pa}。改变扫速为0.02、0.05、0.1和0.2 V·s^{-1}，分别作循环伏安图，并将四个循环伏安图叠加，打印。

2. 菲醌的循环伏安图

配制10.0 mL含1.0 mol·L^{-1} H_2SO_4和1.0×10^{-6} mol·L^{-1}菲醌的溶液。将玻碳电极在麂皮上用抛光粉抛光后，再用去离子水超声清洗干净。依次接上工作电极、参比电极和辅助电极，将工作电极在菲醌溶液中浸泡10分钟。

按表3设置参数，选择0.01、0.02、0.05、0.1和0.2 V·s^{-1}五个不同扫速分别作循环伏安图。将五个循环伏安图叠加，打印。

表 3

Init E (V)	0.6	Segment	2
High E (V)	0.6	Smpl Interval (V)	0.001
Low E (V)	−0.2	Quiet Time (s)	2
Scan Rate (V/s)	0.01	Sensitivity (A/V)	5e−6

【数据处理】

（1）从以上所作的循环伏安图上分别求出 E_{pc}、E_{pa}、ΔE_p、i_{pc}、i_{pa}、i_{pc}/i_{pa} 等参数，并列表表示。

（2）绘制 $K_3Fe(CN)_6$ 的氧化还原峰电流 i_{pc}、i_{pa} 分别与扫速的平方根 $v^{1/2}$ 的关系曲线，并计算所使用的玻碳电极的有效表面积。（所用参数：电子转移数 $n=1$，$K_3Fe(CN)_6$ 的扩散系数 $D_0=1\times10^{-5}$ cm^2/s。）绘制菲醌的 i_{pc}、i_{pa} 与相应 $v^{1/2}$、v 的关系曲线。从以上数据及有关曲线得出 $K_3Fe(CN)_6$ 和菲醌在电极上的可能反应机理。

思 考 题

1. 从循环伏安图可测定哪些电极反应参数？从这些参数如何判断电极反应的可逆性？
2. 如何判断玻碳电极表面处理的程度？

参 考 文 献

董绍俊,车广礼,谢远武.化学修饰电极[M].北京：科学出版社,1995

（化学分析教研室）

无机化学实验

实验 8 1,3,5-三甲苯三羰基钼 [1,3,5-C₆H₃(CH₃)₃]Mo(CO)₃ 的制备与鉴定

【实验目的】

1) 了解金属有机化合物的合成和结构特点。2) 了解红外光谱、核磁共振谱和质谱等方法在研究金属有机化合物中的应用。

【背景介绍】

金属有机化合物是有机配位体中的碳原子直接与金属原子相连的化合物。这种金属-碳键包括 σ 键与 π 键,如二乙基锌$(C_2H_5)_2Zn$、二茂铁$(C_5H_5)_2Fe$ 等。在一个金属有机化合物中,金属-碳键有时能多达数个。由于金属有机化合物中存在这种特殊类型的化学键和结构,在现代无机化学中形成了一个重要的分支。

1827 年合成第一个金属有机化合物 Zeise 盐 $K[Pt(C_2H_4)Cl_3]\cdot H_2O$。作为金属有机化合物的格氏试剂在 20 世纪初就已用于有机合成。但是现代金属有机化学形成重要的独立分支,是从 1951 年二茂铁的合成开始的。这类化合物的特点是具有许多新奇特殊的结构与新型化学键。不少这类化合物对空气和水都十分敏感,因此合成难度较大。这个领域的发展大大促进了现代化学键理论、催化反应机理以及有机合成等领域的发展。

【实验原理】

羰基化合物是金属有机化合物的一类。这类化合物中金属原子处于零价或低价,CO 共有 10 个价电子即 $(1\sigma)^2(2\sigma)^2(1\pi)^4(3\sigma)^2$。其分子轨道为:

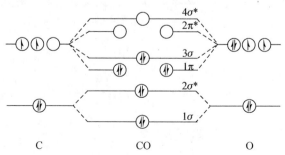

由 CO 的分子轨道图可见，它还有空的反键轨道。当它与金属 M 配合时，一方面形成 CO→M 的 σ 键，即 C 的孤对电子与 M 的空轨道作用。

$$\ominus M \oplus \; + \; \bullet-C\equiv O: \longrightarrow M \; C\equiv O:$$

$$CO \rightarrow M \; \sigma \; 键$$

另一方面，由于 CO 有空的 π 反键轨道，能接纳金属原子的 d 轨道电子形成反馈键（back bonding），从而加强了 M→C 之间的键，削弱了 C→O 键的强度。

多年前就已发现烯烃能以 π 键与过渡金属形成配合物，但苯的 π 键配合物直到 1955 年才合成出来。根据苯的结构式，它应该像三个烯烃，与金属形成三个给电子键。在本实验中可以证明，苯及其衍生物确实可以置换三个给电子配位体，这个合成反应中被置换的三个配位体就是三个羰基（CO）。由于 1,3,5-三甲苯比苯形成的配合物更稳定，所以本实验采用 1,3,5-三甲苯为配位体。

将 $Mo(CO)_6$ 在 1,3,5-三甲苯中回流，就可以生成 $[1,3,5-C_6H_3(CH_3)_3]Mo(CO)_3$。这是一个夹心型结构的化合物，其中的苯环与三个 CO 形成的平面平行（如上式所示）。可以把这个化合物看成正八面体络合物，因为其中的 OC—Mo—CO 键角都接近 $90°$，和在 $Mo(CO)_6$ 中的键角一样。芳烃处于八面体的一个面上。前面曾假定苯的作用像三个烯烃配位体，但从 X 射线结构研究来看，苯环上所有 C—C 键是等距的，并没有定域双键形成的证据。根据分子轨道理论，用芳环的分子轨道及金属的 s，p 和 d 轨道可以定性地解释这类化合物的结构及光谱特性。

将 $Mo(CO)_6$ 或 $Cr(CO)_6$ 与其他芳烃反应，可以制备其他各种结构的化合物：

这些化合物的结构已由 X 射线衍射法测定。在这些配合物中,苯环的芳香性与游离苯的区别,是研究者所关心的问题。苯衍生物芳香性的化学标志是它在 Friedel-Crafts 反应条件下进行乙酰反应的速度。这涉及 CH_3CO^+ 的亲电取代反应。一般来说,苯环上电子密度越高,亲电取代反应速度就越快。$(C_6H_6)Cr(CO)_3$ 的乙酰反应可以进行,但是比苯的相应反应要慢。这说明与铬离子配合后苯环上的电子密度由于分子中 $Cr(CO)_3$ 的作用而降低。这样,把苯看成和其他许多配位体一样是电子给予体,就很容易理解了。

一般说来,金属羰基化合物都有毒,使用时要小心。特别是当它们有较高挥发性时就更为危险。因此 $Ni(CO)_4$(b. p. 43℃)是非常毒的。然而一些固体羰基配合物,例如 $Cr(CO)_6$、$Mo(CO)_6$ 及 $W(CO)_6$ 并不太危险。在反应

$$Mo(CO)_6 + 1,3,5\text{-}C_6H_3(CH_3)_3 \longrightarrow [1,3,5\text{-}C_6H_3(CH_3)_3]Mo(CO)_3 + 3CO\uparrow$$

中有少量 CO 产生,如果反应量较大时,反应过程应在通风橱中进行。如条件不具备,实验室应通风良好。

【仪器与试剂】

红外光谱仪(VECYOR 22 FT-IR),氮气钢瓶(1 个),吸量管(5 mL×3),滴管(2 个),丙酮滴瓶(100 mL×3),硝酸滴瓶(100 mL×3),沸石若干,以上公用。直形空气冷凝管(300 mm),支管圆底烧瓶(20 mL×1),抽滤瓶(250 mL×1),烧杯(50 mL×2),橡皮塞(6#×2),液体石蜡封管(1 个),砂芯漏斗(2 个),电热套(1 个),三脚架(1 个),铁架台(1 个),螺旋夹(1 个),滴管(2 个),不锈钢药勺(1 个)。

$Mo(CO)_6$(A.R.),$1,3,5\text{-}C_6H_3(CH_3)_3$(A.R.),石油醚(b.p. 30~60℃),$CH_2Cl_2$(A.R.)。

【实验步骤】

1. $[1,3,5\text{-}C_6H_3(CH_3)_3]Mo(CO)_3$ 的制备

在 20 mL 支管圆底烧瓶中加入 100 mg 的 $Mo(CO)_6$、2 mL 1,3,5-三甲苯(b.p. 165℃)及少许沸石,按图 1 接好反应装置。

由于 $Mo(CO)_6$ 在温度较高时会与空气中的氧起作用,因此反应需在惰性气氛中进行。把烧瓶的支管通过一段橡皮管与氮气源相连,用适当流速(可用油封管中气泡的溢出速度标记)的氮气冲洗反应容器,约 5 分钟后用电热套对样品进行加热,继续通氮气 5 分钟后关闭氮气钢瓶及玻璃活塞。继续加热样品,保持回流约 30 分钟。停止加热,立即通入氮气(防止体系温度降低将油封管液体蜡反吸入烧瓶中),撤掉热源。

当反应器冷到室温后,关闭氮气并拆散装置。加 3 mL 石油醚(b.p. 30~60℃)使产物沉淀,将沉淀与反应液分离,沉淀用 3 mL 石油

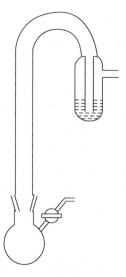

图 1 反应装置图

醚洗涤。产品为黄色,有少量黑色的金属钼作为杂质存在。

将粗产品溶解于少量 CH_2Cl_2（1～2 mL）中,过滤后,在滤液中加入约 2 mL 石油醚使产物析出,过滤,结晶用石油醚（2 mL）分两次淋洗,抽干,即得黄色 $[1,3,5\text{-}C_6H_3(CH_3)_3]Mo(CO)_3$。将母液在室温下用水泵减压浓缩,可以再得到一些产品。

所得产品用红外光谱法检测纯度。纯度不合格时,需在 80℃下水浴升华提纯至检测合格。计算收率。由于 $[1,3,5\text{-}C_6H_3(CH_3)_3]Mo(CO)_3$ 在见光和空气中放置数星期后会分解,因此应将它储存在密封的棕色瓶中,瓶内充氮气,包上黑纸保存。

2. 产物的表征

（1）将上述实验制得的 $[1,3,5\text{-}C_6H_3(CH_3)_3]Mo(CO)_3$ 约 1 mg 和 KBr 约 300 mg 用玛瑙研钵研磨均匀,压片。在红外光谱仪上记录该产物的红外光谱（波数 400～4000 cm^{-1}）。

（2）做 $[1,3,5\text{-}C_6H_3(CH_3)_3]Mo(CO)_3$ 和 $1,3,5\text{-}C_6H_3(CH_3)_3$ 的氢核磁共振（NMR）实验,均以 $CDCl_3$ 为溶剂,四甲基硅（TMS）为内标。

（3）做 $[1,3,5\text{-}C_6H_3(CH_3)_3]Mo(CO)_3$ 的质谱实验。

【结果与讨论】

（1）算出产品收率,讨论影响收率的因素。在自己所做的红外光谱图上标出 C—O、C—H 及芳烃的峰的位置。查阅文献,找出 $Mo(CO)_6$ 红外光谱中 C—O 峰的位置,与产物中 C—O 峰位置比较并解释。

（2）解释 NMR 图：比较 $1,3,5\text{-}C_6H_3(CH_3)_3$ 和 $[1,3,5\text{-}C_6H_3(CH_3)_3]Mo(CO)_3$ 的 NMR 图（样品标准图由实验教员提供）,计算两个 NMR 图中两峰的积分值比,并加以说明。

（3）解释质谱图：解释 $m/z>90$ 的全部峰,比较 $m/z=296\sim304$ 一组峰的积分高度,并作初步解释。已知 Mo 的同位素分布情况为：^{92}Mo，15.86%；^{94}Mo，9.12%；^{95}Mo，15.70%；^{96}Mo，16.50%；^{97}Mo，9.45%；^{98}Mo，23.75%；^{100}Mo，9.62%。

预习思考题

1. 请估算本实验条件下反应过程中产生的 CO 的量,并估计其在空气中能否达到引起人中毒的浓度?
2. 氮气流速的大小对本反应有何影响? 流速过大的现象是什么? 反应开始和结束时应如何控制氮气流量（以油封管中每秒钟溢出的气泡计）?
3. 温度的高低对反应过程有何影响,如何控制反应过程中加热速度及体系温度?
4. 反应过程中,什么情况下会发生油封管中液体石蜡倒吸现象? 后果是什么,应如何避免?
5. 你打算采用何种方法将粗产品沉淀与反应母液分离?
6. 重结晶过程中如何选择溶剂? 本实验中石油醚和二氯甲烷分别起什么作用,如何考虑它们的使用总量和相对用量?
7. 做红外光谱时,KBr 的相对用量对 $[1,3,5\text{-}C_6H_3(CH_3)_3]Mo(CO)_3$ 的红外光谱图有什么影响（请从信号强度、信噪比等方面来考虑）?

参 考 文 献

[1] Angelici R J. J Chem Educ, 1968, 45: 119
[2] Drago R S. Physical Methods in Inorganic Chemistry[M]. New York: Reinhold Publishing Corp, 1965
[3] Adams D M and Squire A. J Chem Soc, 1970, 6: 814
[4] 王宗明, 何欣翔, 孙殿卿. 实用红外光谱学[M]. 北京: 石油工业出版社, 1982

（无机教研室）

实验 9 [Co(Ⅱ)(Salen)]载氧体的制备及吸氧性质的测定

【实验目的】

通过钴载氧体的合成,了解某些金属配合物分子氧配体的吸附和解吸附机理。

【背景介绍】

生物无机化学的研究主要集中在三个领域:测定生物功能分子结构和阐明作用机理;结合结构化学和溶液化学,探索含金属生物大分子结构与功能的关系;通过合成模型化合物或结构修饰,研究结构与机理的关系。人工合成载氧模拟化合物是其中的一个重要方面。

在生物体内存在很多含有过渡金属离子的蛋白质,这些含金属蛋白质在一定条件下能够与分子氧形成配合物,可逆地吸放氧气,以供机体生命活动的需要。例如,含铁的肌红蛋白(myoglobin)、血红蛋白(hemoglobin),含铜的血蓝蛋白(hemocyanin),含钒的 hemovanadin 等。为搞清这些蛋白质能够可逆吸放氧的机理,生物无机化学家们合成了许多模型化合物进行研究。比较有代表性的模型化合物是金属(钴、镍、钌、铱等)-西弗(Schiff)碱(及其衍生物)体系和铁-卟啉(及其衍生物)体系。

Co-Schiff(Co(Ⅱ)(Salen))是最早(1938 年)发现的人工合成氧载体,此后 Co-Schiff 配合物便一直是配体化学及生物化学领域中比较活跃的课题。20 世纪 60 年代,该领域的工作再次成为热门,新的兴趣主要集中在天然生物氧载体的模拟。70 年代以后,主要的研究集中在 Co(Ⅱ)(Salen)的取代产物的合成、结构和性质的测定方面。从国内外大量文献来看,人工合成载氧模拟化合物进行相关研究虽然已经经过七十多年,合成了百余种化合物,但氧载体配合物及其双氧加合物的研究仍是一个有意义的课题并有着广阔的应用前景。

【实验原理】

Co(Ⅱ)配合物——N,N′-二水杨醛乙二胺合钴[Co(Ⅱ)(Salen)][1~3](见图 1)是人工合成载氧模拟化合物的重要代表之一。

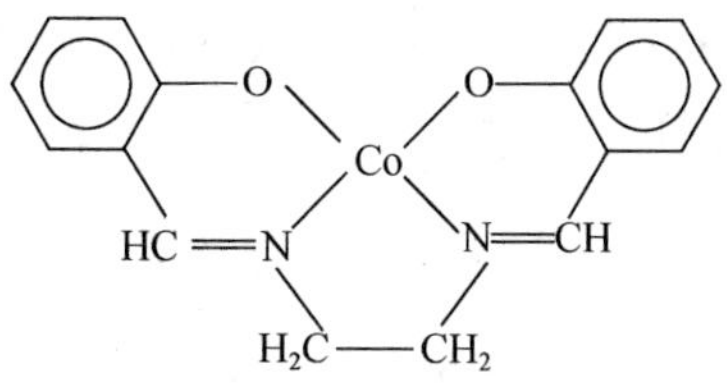

图 1　Co(Ⅱ)(Salen)的结构

由于制备方法不同,配合物[Co(Ⅱ)(Salen)]可以两种不同的固体形式存在(图 2)。一种是暗红色、胶冻状物(活性型),在室温下能迅速吸收氧气;另一种则是红色结晶(非活性型),在室温下稳定,不吸收氧气。两种产物的颜色随实验条件的不同呈现深浅的变化。

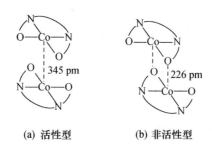

(a) 活性型　　(b) 非活性型

图 2　Co(Ⅱ)(Salen)的两种固体形式

从图 2 可以看到,两种形式的[Co(Ⅱ)(Salen)]配合物均为双聚体。在非活性型分子中,一个[Co(Ⅱ)(Salen)]分子中的 Co 分别与另一个[Co(Ⅱ)(Salen)]分子的 O 结合。在活性型分子中,一个[Co(Ⅱ)(Salen)]中的 Co 与另一个分子的 Co 结合。活性[Co(Ⅱ)(Salen)]在室温下吸氧而在高温下则释放出氧气。这种循环过程可以进行多次观察,但载氧能力依次降低。

非活性型[Co(Ⅱ)(Salen)]在某些极性溶剂(L),如,二甲基亚砜(DMSO)、二甲基甲酰胺(DMF)、吡啶中能吸收环境中的氧形成氧分子配位的配合物。从钴(Ⅱ)配合物的载氧作用研究中发现,[Co(Ⅱ)(Salen)]与氧的反应可能经历不同的反应历程,生成不同的产物。

$$Co(Salen)L + O_2 \rightleftharpoons L(Salen)CoO_2 \tag{1}$$

$$Co(Salen)L + L(Salen)CoO_2 \rightleftharpoons L(Salen)Co-O_2-Co(Salen)L \tag{2}$$

$$2Co(Salen)L + O_2 \rightleftharpoons L(Salen)Co-O_2-Co(Salen)L \tag{3}$$

即,Co 与 O_2 形成配合物的摩尔比为 1∶1 或 2∶1(结构如图 3 所示)。其中,反应(1)受氧分压的影响较大。在 25℃,氧分压接近于 1 时,反应进行得很快,一般几分钟就能完成反应。而后两个反应的速率受实验条件的影响较大,完成反应需要几分钟至几个小时。在实际过程中,上述反应可能同时存在。具体哪个反应占据优势,根据反应条件[配体(L)、温度、压力、搅拌速度、产物的纯度、产物颗粒的大小和表面形态等]的变化而变化。

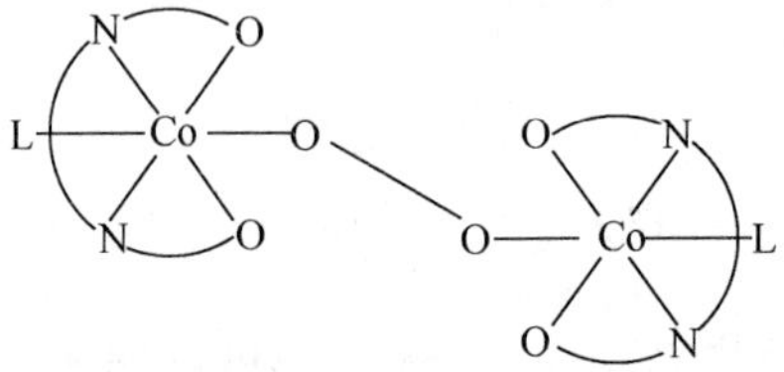

图 3 [Co(Ⅱ)(Salen)]$_2$L$_2$·O$_2$ 结构示意图

若 L 为 DMF 时,产物[Co(Ⅱ)(Salen)]$_2$(DMF)$_2$·O$_2$ 是颗粒极细的暗黑色沉淀,用普通过滤法较难分离,可采用离心方法分离。氧与钴的摩尔比可用直接元素分析或气体溶积测量方法测定。

[Co(Ⅱ)(Salen)]$_2$(DMF)$_2$·O$_2$ 在氯仿或苯等溶剂中将慢慢溶解,不断地在沉淀表面放出氧气,同时产生暗红色的[Co(Ⅱ)(Salen)]溶液。在氯仿中加入乙醇(氯仿:乙醇=1:1)能促进吸氧配合物[Co(Ⅱ)(Salen)]$_2$(DMF)$_2$·O$_2$ 的分解,加入水有利于观察气体的逸出(为什么?)。

【仪器与试剂】

电磁搅拌器(12台),离心机(6台),氧、氮气钢瓶(各1个),水泵(3台),天平(百分之一×2、万分之一×4)。三口瓶(100 mL×2),吸量管(0.5 mL×1、1 mL×1),冷凝管(200 mm×1),玻璃砂漏斗(100目×1),烧杯(50 mL×1),水浴槽(100 mm×1),量筒(10 mL×1),加料弯管(2个),刻度量气管(1个),量气管(1个),离心试管(10 mL×3),玻璃搅棒(1个),小药勺(1个),三角漏斗(50 mm×1),酒精温度计(100℃×1),磨口活塞(14#×3)。

水杨醛(HOC$_6$H$_4$CHO,A.R.),98%乙二胺(A.R.),二甲基甲酰胺(DMF,A.R.),氯仿(A.R.),95%乙醇(A.R.),二甲基亚砜(DMSO,A.R.),四水醋酸钴(Co(CH$_3$COO)$_2$·4H$_2$O,A.R.),二次水。

【实验步骤】

1. 非活性型配合物[Co(Ⅱ)(Salen)]的制备

在 100 mL 小烧杯中直接称 0.48 g(0.0019 mol) Co(CH$_2$COO)$_2$·4H$_2$O,加入 3.5 mL 水。按图4接好合成装置,用 1 mL 吸量管量取 0.40 mL(0.0037 mol)水杨醛,并全部转移至 100 mL 三口瓶中,加进 20 mL 95%乙醇(或无水乙醇),摇匀。用 0.5 mL 吸量管吸取 0.125 mL(0.0018 mol)的 98%乙二胺加进烧瓶中(4~5分钟后,溶液中生成黄色片状结晶),将仪器接好。将盛有醋酸钴的小烧杯和水浴槽并置于电磁搅拌上同时加热。开动电磁搅拌,将溶解的醋酸钴移入加料弯管中,与烧瓶边口连接(图 4)。经烧瓶二通活塞通氮气 5 分钟(流速 3 泡/秒,开始时可快一些),水浴中加热至黄色片状结晶全部溶解,保持水浴温度为 70～80℃(有乙醇回流)。旋转加料弯管,将醋酸钴溶液加入烧瓶中(记录加入时间和水浴的温度)。最初生成深棕色胶冻状沉淀,保持回流至棕色胶状沉淀全部转变为暗红色结晶。移去水浴,以冰水浴同时冷却烧瓶和电磁搅拌的加热台。在此整个过程中,系统都必须进行氮气保护。待烧瓶冷却至室温后,将结晶转移至玻璃砂漏斗中,抽滤至干(滤液倒回回收瓶,不要用母液洗烧瓶和沉淀)。用 5 mL 水分三次洗涤,再以 1.5 mL 95% 乙醇分两次洗涤,最后用 1.5 mL 丙酮洗一次,抽干(注意洗涤过程中不要搅动沉淀)。产品转移到表面皿中,在 80～100℃,1～1.5 小时烘干,称量干燥产品,计算产率。漏斗用少量 6 mol 酸浸泡洗涤,再用大量水过滤洗涤后备用。

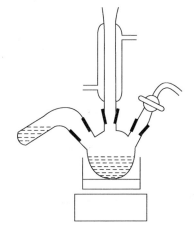

图 4　[Co(Ⅱ)(Salen)]合成装置图

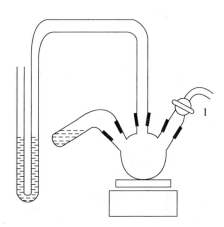

图 5　[Co(Ⅱ)(Salen)]吸氧装置图

2. 非活性型[Co(Ⅱ)(Salen)]吸氧量的测定

(1) 安装吸氧装置。准确称取 0.10～0.15 g(0.30～0.45 mmol)[Co(Ⅱ)(Salen)](用洗净、干燥三口瓶直接称量,注意样品不要粘在瓶口),按图 5 所示安装好仪器(刻度量气管不能挂水滴),取 5 mL DMF(或 DMSO)于加料弯管中,将加料弯管与烧瓶连接,用滴管往量气管内加水 1 mL。氧气袋充气后与 1 连接。

(2) 排除空气,检漏。对氧气袋施压(不要直接用手),使空气通过刻度量气管排出,至氧气袋中的氧气全部排出,关闭活塞 1。在刻度量气管中加水约 5 mL,如果液面不变化(至少 10 分钟,使体系达到热平衡),即可进行步骤(3)。如有漏气现象请检查凡士林是否涂匀,仪器的连接是否正确,然后重复上述过程。

注意:由于气温的微小变化也会明显影响量气管内液面的变化,所以量气系统应远离任何热源,且量气系统表面不应粘附任何溶剂,容器内不得含有任何有机物蒸气,接好实验装置后不能再直接用手触摸仪器的密闭部分。

(3) 使活塞 1 脱离氧气源,然后打开活塞 1 通大气。稍后当两量液管液面高度相同时再关闭活塞 1(保持量气管垂直),记录量气管中液面位置。然后转动加料弯管,使 DMF 进入烧瓶。

(4) 开动电磁搅拌快速搅拌,观察反应物的变化,并向量气管中补充水,维持左右量气管的液面高度相同,直至液面高度不再变化,记录量气管中液面位置。计算实际吸氧量。

如果反应时间大于 10 分钟,请用吸收体积对时间作图,以判断反应何时完成。

3. 氧加合物 $[Co(II)(Salen)]_2 L_2 \cdot O_2$ 在不同溶剂中氧气的释放

把上一步中生成的氧加合物 $[Co(II)(Salen)]_2 L_2 \cdot O_2$ 转移至三支 10 mL 离心试管中,中速离心分离约 5 分钟。小心倾倒上层溶液于回收桶中(尽可能将溶剂分离掉),保留管底残渣(不必干燥)。取其中一支沿管壁加进 4 mL 氯仿和 2 mL 水,另一支管中加乙醇、氯仿、水各 2 mL,第三支管加 50% 乙醇 6 mL。将三管倾斜放置,但均不要搅拌,观察并记录现象。3 分钟后分别轻轻搅动,比较搅动前后的现象,并加以解释。(请问溶剂加入的顺序对观察氧气的释放是否有影响?)

【结果与讨论】

(1) $Co(CH_3COO)_2 \cdot 4H_2O$ 的用量_____g;$[Co(II)(Salen)]$ 的理论产量_____g,实际产量_____g,产率_____%。

(2) 测定吸氧量的实验记录。

实验条件和结果:

室温_____℃,大气压强_____kPa,使用溶剂_____,饱和水蒸气压_____kPa,溶剂的蒸气压_____kPa,$[Co(II)(Salen)]$ 的用量_____g(_____mol)。

吸氧前的平衡液面高度_____mL,吸氧平衡后量气管液面高度_____mL。

吸氧前后体积差 ΔV _____mL。

推导吸氧量 Δn 的计算公式,吸氧率 $(O_2(mol)/[Co(II)(Salen)](mol))$ _____。写出吸氧和放氧过程的反应方程式。根据吸氧率分析吸氧产物可能的组成,如吸氧率不是简单整数比,分析可能的原因。

【设计实验】

1. 用 $CoCl_2 \cdot 6H_2O$ 代替 $Co(CH_3COO)_2 \cdot 4H_2O$ 制备非活性型配合物。
2. 制备非活性型配合物 $[Co(II)(Salen)]$ 时使用过量乙二胺(0~100%)。
3. 制备大颗粒的 $[Co(II)(Salen)]$。
4. 在空气气氛和室温条件下,$[Co(II)(Salen)]_2 L_2$ 能否在 DMF 中吸收氧气?能吸收多少?

预习思考题

1. 当实验内容很多时,如何安排实验顺序,合理利用实验时间?
2. 乙二胺和水杨醛的加入量不是化学计量比时,对[Co(Ⅱ)(Salen)]合成及其吸氧反应有何影响?合成[Co(Ⅱ)Salen]时是否可以不通或少通氮气?对吸氧结果会有什么影响?
3. 实验条件(温度、搅拌速度、醋酸钴的加入速度等)将对[Co(Ⅱ)Salen]的结构以及产物的吸氧容量产生什么影响?如何控制这些条件?
4. 回流的作用是什么?依据什么判断可以停止回流?回流时是否应通氮气?
5. 测量吸氧量时,温度变化对体积测量精度的影响有多大?哪些因素会对测量体系的温度产生影响?如何避免温度的影响?
6. 按本实验的体积测量方法,计算吸氧体积时,在测量体系内 $P_0 = P_{O_2} + P_{H_2O} + P_L$ 是否成立?式中 P_0 为大气压,P_{O_2} 氧分压,P_{H_2O} 水蒸气分压,P_L 溶剂蒸气压。
7. 本实验哪些条件会对吸氧量的测量引入误差?哪些实验条件引入的实验误差较大?

思 考 题

1. 是否可以用 $CoCl_2 \cdot 6H_2O$ 代替 $Co(CH_3COO)_2 \cdot 4H_2O$ 进行同样的反应?气体体积测量的原理是什么?如果量气管两边管径不同时,对体积测量精度是否有影响,影响有多大(请用公式说明)?
2. 如果不采用平衡液面方法,而采用左右液面高度差方法测量是否可行?由不同液面形成的体积差是否是吸氧体积(请用公式说明)?
3. 本实验测量体系中,公式 $P_0 = P_{O_2} + P_{H_2O} + P_L$ 和 $\Delta n_{O_2} = (P_0 - P_{H_2O} - P_L)\Delta V/RT$ 是否成立?如果前者不成立,是否后者也不成立?式中 P_0 为大气压,P_{O_2} 氧分压,P_{H_2O} 水蒸气分压,P_L 溶剂蒸气压,Δn_{O_2} 反应前后氧摩尔数的变化,ΔV 测量体系体积变化,R 气体常数,T 绝对温度。
4. [Co(Ⅱ)(Salen)]的实际吸氧率什么情况下会偏低,什么情况下会偏高?

参 考 文 献

[1] Floriani C and Calderazzo F. J Chem Soc,1969,(A)(1):946
[2] Kelven L,Peone J,Madan S K. J Chem Educ,1973,50:670
[3] Aplleton T G,et al. J Chem Educ,1977,54:443
[4] Hoffman B M,et al. J Am Chem Soc,1970,92:1
[5] Carler M J,Rillema D P,Basolo F. J Am Chem Soc,1974,96:392
[6] Nakamoto K,Nonaka Y,et al. J Am Chem Soc,1982,104:3386
[7] Chen D,Martell A E,Sun Y. Inorg Chem,1989,28:2647
[8] 戴寰,李进,韩志坚,陈汉文.无机化学学报,1988,4(1):61
[9] 韩志坚,周洪,陈汉文,戴寰.无机化学学报,1992,8(4):421
[10] 郭德威.生物无机化学概要[M].天津:天津科学技术出版社,1990

(无机教研室)

实验10 Cr(Ⅲ)配合物八面体晶体场分裂能(Δ_o)的测定

【实验目的】

1) 测定[Cr(H$_2$O)$_6$](NO$_3$)$_3 \cdot$3H$_2$O、[Cr(H$_2$O)$_4$Cl$_2$]Cl$\cdot$2H$_2$O、[Cr(en)$_3$]Cl$_3$、[Cr(acac)$_3$]的紫外-可见吸收光谱。2) 确定上述化合物的八面体晶体场分裂能(Δ_o)。3) 解释CrCl$_3 \cdot$6H$_2$O吸收谱随时间变化的规律。

【实验原理】

配位化学是化学中最重要的分支化学之一。配位化合物的中心原子一般是过渡金属元素,其价电子层轨道未充满,容易和配位体结合生成配合物。

配位场理论是阐明配位化合物结构的主要理论之一。该理论以分子轨道理论为主,处理金属中心原子在其周围配位体产生的电场作用下金属原子轨道发生的能级变化,阐明配合物的结构和性质。

根据配位场理论,当金属离子位于八面体晶体场中时,其d轨道将分裂成高低两组能级,高能级e_g和低能级t_{2g},参见图1。高低能级的差值用Δ_o表示,称为八面体晶体场分裂能,在文献中也用$10D_q$表示。

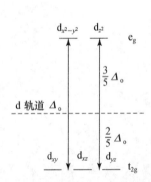 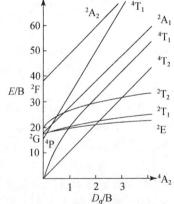

图1 八面体晶体场中d轨道能级分裂　　图2 Cr^{3+}配合物的能谱图

Δ_o的大小反映了d轨道分裂的程度,它取决于多种因素,主要包括金属离子所带的电荷数、金属离子的半径、配位体的性质等。对于同一种金属离子,固定其价态,则可以根据所引

起的分裂能的大小,将不同的配位体产生分裂能的大小进行排序,称为光谱化学序列。根据实验测定,光谱化学序列如下:

$$卤素 < OH^- < C_2O_4^{2-} < H_2O < NCS^- < py < NH_3 < en < phen < NO_2^- < CN^-, CO$$

d^1 配合物的能谱图比较容易解释。谱图上只有一个 d-d 跃迁谱线,对应于 t_{2g} 到 e_g 的跃迁。对于 d 电子数大于 1 的配合物来说,由于 d 电子之间的相互作用,谱图的诠释较为复杂。

Cr^{3+}(d^3)配合物的谱图诠释如图 2 所示。其基态为 $^4A_2$,对应于三个电子都处于 t_{2g} 能级。激发态有多个。考虑到跃迁选律,主要的可见谱线对应于向其他四重态的跃迁。按照能级的高低,依次标记为 $^4T_2$(两个电子位于 t_{2g} 能级,一个电子位于 e_g 能级)、$^4T_1$ 以及另一个 $^4T_1$(一个电子位于 t_{2g} 能级,两个电子位于 e_g 能级)。$^4A_2$ 与 $^4T_2$ 之间的能级差即为 Δ_o。

【仪器与试剂】

Cary 1E 紫外-可见分光光度计,循环水泵(3 台),磁力搅拌器(1 台),锥形瓶(20 mL×2),烧杯(150 mL×1),圆底烧瓶(20 mL×2),量筒(20 mL×1),水浴槽(100 mm×2),吸滤瓶(250 mL×1),刻度吸量管(1 mL×3),布氏漏斗(25 mm×1),表面皿(30 mm×1),直形冷凝管(200 mm×2),镊子(1 个),容量瓶(5 mL×2),砂心漏斗(1 个),砂浴(1 个)。

六水三氯化铬($CrCl_3 \cdot 6H_2O$, A. R.),乙酰丙酮(acac, A. R.),尿素(A. R.),盐酸(A. R.),九水硝酸铬([$Cr(H_2O)_6$](NO_3)$_3 \cdot 3H_2O$, A. R.),甲醇(A. R.),锌粒(A. R.),乙二胺(A. R.),乙醚(A. R.),甲苯(A. R.),去离子水。

【实验步骤】

1. [$Cr(acac)_3$]的制备与表征

将磁子放入 20 mL 锥形瓶中,加 4 mL 去离子水和 260 mg(0.98 mmol)$CrCl_3 \cdot 6H_2O$。当 $CrCl_3 \cdot 6H_2O$ 全部溶解之后,加入 1 g(16.6 mmol)尿素和 0.8 mL(7.68 mmol)乙酰丙酮(使用吸量管)。过量的乙酰丙酮将有助于反应完全。将烧瓶浸入水浴槽中,向水浴槽中加入开水。把水浴槽放在磁力搅拌器上加热搅拌。随着尿素的分解,深栗色的晶体逐渐增多。反应进行约 1 小时后,停止加热搅拌,将烧瓶冷却至室温。抽滤分离得到的产物晶体,用去离子水洗涤产物三次(每次去离子水用量 0.5 mL),最后用滤纸吸干产物,称量计算产率。滤液回收。

用差热测定产物的熔点和热分解曲线,测定产物及纯乙酰丙酮的 IR 谱。

2. [$Cr(en)_3$]Cl_3 的制备与表征

取 100 mg 锌粒用 6 mol·L^{-1} 盐酸清洗后放入 10 mL 烧瓶中,加入磁子、0.532 g(2.0 mmol)$CrCl_3 \cdot 6H_2O$、2 mL 乙二胺、2 mL 甲醇。烧瓶上安装一个水冷凝管,放在沙浴上加热搅拌 45 分钟。将烧瓶冷却至室温,抽滤收集产物,用镊子夹去未反应的锌粒。用 10%乙二胺甲醇溶液(每次 1 mL)洗涤产物至洗涤液无色,然后用 1 mL 乙醚洗涤。自然干燥,称量计算产率。

用 SDT 测定产物的熔点和热分解曲线,测定产物及纯乙二胺的 IR 谱。

3. 分裂能（Δ_o）的测定

将[Cr(H$_2$O)$_6$](NO$_3$)$_3$·3H$_2$O、[Cr(H$_2$O)$_4$Cl$_2$]Cl·2H$_2$O、[Cr(en)$_3$]Cl$_3$ 配制成水溶液，[Cr(acac)$_3$]配制成甲苯溶液。测量各个溶液的紫外-可见吸收光谱。

【结果与讨论】

（1）用差热测定产物的熔点，测定产物及纯乙二胺、纯乙酰丙酮的 IR 谱。

（2）确定谱线中的最长吸收线，其对应于分裂能 Δ_o：

$$\Delta_o = \bar{\nu} = 1/\lambda$$

转换关系为：$1\text{ cm}^{-1} = 1.24 \times 10^{-4}\text{ eV} = 0.01196\text{ kJ·mol}^{-1}$。并根据分裂能 Δ_o 的大小给各种配体排序。

【设计实验】

[Cr(en)$_3$]Cl$_3$ 的制备中可能产生不同 en 取代配合物，而不同配合物中 Cr 的价态也可能不同，请设计实验加以验证。

思 考 题

1. 尿素和锌粒在配合物制备中起什么作用？
2. 为什么[Cr(acac)$_3$]的可见光谱与其他配合物显著不同？
3. 本次实验获得的配体排序与光谱化学序列有差异吗？请解释。
4. 描述 CrCl$_3$·6H$_2$O 光谱随时间变化的特点。溶液中发生了什么反应？
5. 如何选择合成 Cr(Ⅲ)配合物的温度，温度过高或过低的后果是什么？如何控制反应温度？
6. 为什么合成 Cr(Ⅲ)-乙酰丙酮配合物时去离子水量必须准确加入，不能多加？
7. 为什么合成 Cr(Ⅲ)-乙二胺配合物时要保证强回流？
8. 为什么锌粒要预先用盐酸浸泡洗涤？
9. 为什么不能用去离子水洗涤 Cr(Ⅲ)-乙二胺配合物产物？

参 考 文 献

[1] Gillard R D, Mitchell P R. Inorg Syn, 1972, 13: 184
[2] Sawyer D T, Heineman W R, Beeke J M. Chemical Experiments for Instrumental Methods[M]. New York: Wiley, 1984, 163
[3] Skoog D A. Principles of Instrumental Analysis[M], 3rd ed, Chapter 7. Philadelphia: Saunders, 1985
[4] Weissberger A. Physical Methods of Organic Chemistry, Vol. Ⅱ.//Techniques of Organic Chemistry [M]. New York: Interscience, 1946
[5] Silverstein R M, Bassler C C, Morrill T C. Spectrometric Identifivation of Organic Compounds[M], 4th ed, Chapter 6. New York: Wiley, 1981
[6] Zvi Szafran, et al. Microscale Inorganic Chemistry[M]. New York: Wiley, 1991

（无机教研室）

实验 11 PKU 系列孔道型硼铝酸盐的合成及表征

【实验目的】

1)了解无机合成中溶剂热合成法,2)了解和体验晶体生长,3)了解和体验 X 射线衍射在化学中的应用(包括利用 X 射线粉末衍射确定物相、解析未知相结构,利用 X 射线单晶衍射解析结构),4)了解硼酸盐研究领域的新近发展,5)了解孔道化合物的特性和一般表征手段,6)体验和培养探索性研究的内在乐趣。

【背景介绍】

分子筛是一类具有吸附、催化及离子交换等特性的多孔功能材料,在工业生产中已被广泛使用[1]。例如,4A 型分子筛能吸附临界直径不大于 4Å 的分子(其框架结构见图 1),常用于密闭系统中的静态脱水,在家用冷冻系统、药品包装、电子元件、易变质化学品保存中作为静态干燥剂,或在涂料及塑料系统中作为脱水剂。作为催化剂使用的分子筛很多,NKF-5 分子筛(直接法合成 ZSM-5 分子筛,其框架结构见图 1)在国内已有广泛的用途,是石油化工、精细化工等行业多种催化剂的母体。催化裂化、低烃烷基化、芳烃烷基化、甲苯歧化、二甲苯异构化、芳构化、临氢降凝、非临氢降凝等的催化剂都是以 NKF-5 分子筛为母体经过改性而开发成功的催化剂。以天然矿物为原料合成的 13X 沸石分子筛(其框架结构见图 1)可以通过吸附-离子交换作用,除去废水中的铜、铅、锌、汞、铬、铁、锰等重金属离子,达到净化废水的目的。用配制的洗脱液将 13X 沸石分子筛吸附的重金属离子洗脱下来,分子筛经重新活化,可多次循环使用。通过加入沉淀剂使洗脱液中的重金属离子沉淀,过滤后滤液成分与原洗脱液

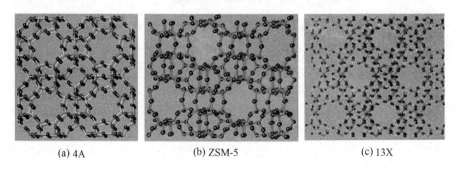

(a) 4A   (b) ZSM-5   (c) 13X

图 1 几种不同分子筛的骨架结构

成分相似,可继续循环使用。沉淀物为金属硫化物,经高温熔炼可回收重金属元素。由于有着广阔的应用背景,这类材料的研究一直十分活跃[2,3]。经过不断的努力,分子筛类化合物已由原先的主要含硅铝的沸石分子筛发展到不含硅的磷酸盐[4~8]、锗酸盐[9,10]、锰酸盐[11]、硼磷酸盐[12,13]、硼酸盐[14~16]等新型多孔化合物。

分子筛类化合物在结构上的主要特点是中心原子与氧形成多面体(以四面体、八面体为常见),而这些多面体再共顶点、共边或共面形成多孔的三维网状结构(图2)。中心原子主要是硅、铝、磷、硼等主族元素的原子,过渡金属原子进入骨架的较为少见。那些骨架上有过渡金属元素的分子筛类化合物在催化上有着良好的表现[5,11,17]。合成出骨架中含有过渡金属元素的新型分子筛是分子筛研究的一个热点。

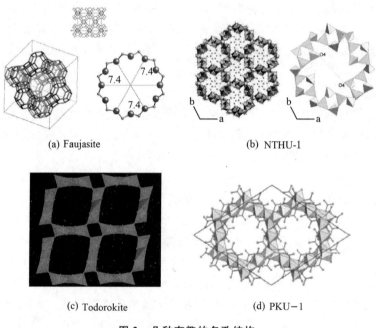

图2 几种有趣的多孔结构

分子筛类化合物主要是用加模板剂的溶剂热法合成。溶剂通常为水,也常用醇类、胺类等[18]。硼酸的熔点为170℃左右,在此温度以上将融化为液体而成为一种不同于水的无机溶剂。利用硼酸溶剂热法,可以得到一系列新型稀土多硼酸盐(稀土五硼酸盐、六硼酸盐、八硼酸盐和九硼酸盐等)、过渡金属多硼酸盐和主族金属多硼酸盐。相对于通常的溶剂热反应而言,硼酸溶剂热法(硼酸助熔剂法)的反应温度偏高(一般在180℃以上),通用的有机模板剂常常因碳化而不便使用,但一些无机模板剂如离子半径较大的阳离子、阴离子基团,无机小分子(如硼酸)可以使用。所以应用这类方法也可得到一些新型硼铝酸盐孔道化合物(PKU系列孔道化合物)[15,20]。这表明,上述方法同样可以合成出新颖的分子筛类化合物。本实验将利用类似上述的硼酸溶剂热法去合成PKU系列孔道化合物,寻找最佳的合成方法或合成该系列中新的化合物。

【实验原理】

一般而言,物质的饱和蒸气压会随着温度的升高而增大。于是,当对一个密闭体系进行加热,该系统的压力将会随温度的升高而有所增加。温度和压力对溶剂的溶解能力有很大的影响。溶剂热合成就是利用溶剂的这一特性,在较高的温度和压力下将反应物溶解,然后在较低的温度和压力下析出相应的化合物(这一过程与我们将草酸用热水溶解至近饱和然后冷却就可以得到草酸晶体是类似的)。这些化合物有些是我们期望得到的,也有许多是我们不期望出现的。改变实验条件,如温度、辅助试剂等,就有可能得到我们所需的化合物。有时,也会利用一些微漏的体系进行实验,其原理类似于溶剂蒸发法从溶液中获得晶体。

在孔道化合物的溶剂热合成中,通常会利用体积较大的有机胺作为模板剂(或称为导向剂)。这些胺离子带有正电荷,会诱导带负电荷的基团在其周围集聚,最终形成具有孔道结构的化合物。孔道中的胺可以通过加热而除去。一些金属阳离子等也可以充当模板剂,然后通过离子交换的方法来去除。

在本实验中,我们将利用硼酸溶剂热法,以硼酸等为模板剂来尝试合成孔道型硼铝酸盐。目前已知的硼铝酸盐约几十种,我们实验室目前共发现了8种新的化合物,即PKU-1、PKU-2、PKU-3、PKU-4、PKU-5、PKU-6、PKU-7和PKU-8。其中PKU-1、PKU-4、PKU-5、PKU-6的结构已很明确,PKU-2、PKU-7和PKU-8的骨架结构较为明确而细节部分有些模糊,PKU-3的骨架结构还没有最后确定。这里的主要问题在于目前还没有得到足够大小的PKU-2、PKU-3、PKU-7和PKU-8等四种化合物的单晶,不能通过单晶X射线衍射方法来确定它们的结构(PKU-1、PKU-4和PKU-6已获得合适的单晶,结构也就非常明确;PKU-5的单胞较小,用粉末X射线衍射法可以清晰地解析其结构)。这为我们的实验预留了很大的发挥空间。这样在实验中,我们既可以先模仿前人的实验条件来尝试合成PKU-1、PKU-2、PKU-3、PKU-4、PKU-7和PKU-8(PKU-5和PKU-6的合成条件特殊暂不考虑,PKU-1作为参考),然后优化实验条件去争取获得合适大小的PKU-2、PKU-3、PKU-7和PKU-8的单晶,明确地解决相应的结构问题;随后再对它们的多孔性、热稳定性进行表征;在时间允许的情况下,还可以表征其催化特性。我们也可以模拟前人的实验条件去合成新型的硼铝酸盐。

本实验以硼酸为溶剂,硝酸铝、氧化铝等为反应物,在以聚四氟乙烯内杯为反应容器的高压反应釜(见图3)中进行反应。温度控制在180~220℃。反应时间为一周。反应后所得的混合物经热水洗涤,就有可能得到需要的产物。然后需要经粉末X射线衍射确定物相,有合适单晶时将用单晶衍射仪测定结构。用差热热重法表征产物的热稳定性及吸附水的性质等。用比表面仪测定孔道特性。用ICP法测定样品中的元素比。

图 3 聚四氟乙烯内衬反应釜

【仪器与试剂】

衍射仪,热重差热仪,快速比表面及孔径分布测定仪,电感耦合等离子体发射光谱仪,烘箱一台,反应釜 60 套,玛瑙研钵 6 套,万分之一电子天平 6 台,百分之一(或千分之一)电子天平 6 台,100 mL 烧杯 60 个,1000 mL 烧杯 12 个,滴管 12 个。

硼酸(6 瓶),硝酸铝(6 瓶),硝酸(6 瓶),硝酸铁(6 瓶),硝酸铬(6 瓶),三氯化钛水溶液(6 瓶),三氯化铝(6 瓶),氯化钠(6 瓶)等,均为常规试剂。

【实验步骤】

实验两人一组,共为六组。每组使用 10 个反应釜。其参考起始实验方案如下:

(1) 硼源为硼酸,铝源为硝酸铝,浓硝酸为辅助试剂。反应釜中的各物质的充填量为:1#,B:Al:HNO_3=20:20:2;2#,20:15:2;3#,20:10:2;4#,20:8:2;5#,20:5:2;6#,20:4:2;7#,20:3:2;8#,20:2:2;9#,20:1:2;10#,20:0.5:2(均为摩尔比)。(预计有 PKU-1、PKU-2 出现)

(2) 硼源为硼酸,铝源为氯化铝,浓盐酸为辅助试剂。反应釜中各物质的充填量为:1#,B:Al:HCl=20:20:2;2#,20:15:2;3#,20:10:2;4#,20:8:2;5#,20:5:2;6#,20:4:2;7#,20:3:2;8#,20:2:2;9#,20:1:2;10#,20:0.5:2(均为摩尔比)。(预计有 PKU-1、PKU-3 出现)

(3) 硼源为硼酸,铝源为氯化铝,氯化钠为辅助试剂。反应釜中各物质的充填量为:1#,B:Al:NaCl=20:20:10;2#,20:15:10;3#,20:10:10;4#,20:8:10;5#,20:5:10;6#,20:4:10;7#,20:3:10;8#,20:2:10;9#,20:1:10;10#,20:0.5:10(均为摩尔比)。(预计有 PKU-1、PKU-3、PKU-8 出现)

(4) 硼源为硼酸,铝源为硝酸铝,铁源为硝酸铁,浓硝酸为辅助试剂。反应釜中的各物质的充填量为:1#,B:Al:Fe:HNO_3=20:1:0:2;2#,20:0.9:0.1:2;3#,20:10:2;4#,20:0.8:0.2:2;5#,20:0.7:0.3:2;6#,20:0.6:0.4:2;7#,20:0.5:0.5:2;8#,20:0.4:0.6:2;9#,20:0.3:0.7:2;10#,20:0.2:0.8:2(均为摩尔比)。

(预计有 Fe 掺杂的 PKU-1、PKU-2 出现)

(5) 硼源为硼酸,铝源为硝酸铝,铬源为硝酸铬,浓硝酸为辅助试剂。反应釜中的各物质的充填量为:1#,B∶Al∶Cr∶HNO_3=20∶1∶0∶2;2#,20∶0.9∶0.1∶2;3#,20∶10∶2;4#,20∶0.8∶0.2∶2;5#,20∶0.7∶0.3∶2;6#,20∶0.6∶0.4∶2;7#,20∶0.5∶0.5∶2;8#,20∶0.4∶0.6∶2;9#,20∶0.3∶0.7∶2;10#,20∶0.2∶0.8∶2(均为摩尔比)。(预计有 Cr 掺杂的 PKU-1、PKU-2 出现)

(6) 硼源为硼酸,铝源为硝酸铝,钛源为三氯化钛水溶液,浓盐酸为辅助试剂。反应釜中的各物质的充填量为:1#,B∶Al∶Ti∶HNO_3=20∶1∶0∶2;2#,20∶0.9∶0.1∶2;3#,20∶10∶2;4#,20∶0.8∶0.2∶2;5#,20∶0.7∶0.3∶2;6#,20∶0.6∶0.4∶2;7#,20∶0.5∶0.5∶2;8#,20∶0.4∶0.6∶2;9#,20∶0.3∶0.7∶2;10#,20∶0.2∶0.8∶2(均为摩尔比)。(预计有 Ti 掺杂的 PKU-1、PKU-3 出现)

上述的比例仅供参考,各组同学可以根据自己的想法设计反应釜中填充的原料。然后进行称量、混合均匀,再装入 50 mL 反应釜中。拧紧反应釜,统一放入烘箱。升温至 200℃,恒温 5 天,降温 1 天。约 7 天后取出,打开反应釜,其中的产物用热水多次洗涤至过量的硼酸等被完全溶解。

【结果与讨论】

(1) 最后的不溶物经干燥后,用粉末 X 射线衍射确定其是否为 PKU 系列的硼铝酸盐或其他已知化合物。如得到了所需的产物,应进行重复实验来确定实验条件,也可改动实验设计使产物结晶更好、更纯;若未得到所需产物,应改变实验方案,重新实验。

(2) 得到所需产物后,再合成出足量的样品。用这些样品分别进行比表面测试、热稳定性测试及 ICP 成分分析。

思 考 题

1. 查阅文献,列举分子筛应用的两个实例。
2. 单晶是如何生长出来的?
3. 如何利用粉末 X 射线衍射数据进行物相鉴定?
4. 简述如何利用粉末 X 射线衍射数据进行结构解析。

参 考 文 献

[1] Cundy C S, Cox P A. Chem Rev, 2003, 103:663~701
[2] 徐如人,庞文琴. 分子筛与多孔材料化学[M]. 北京:科学出版社,2004
[3] 高滋,何鸣元,戴逸云. 沸石催化与分离技术[M]. 北京:中国石化出版社,1999
[4] Wilson S T, Lok B M, Messina C A, Cannan T R, Flanigen E M. J Am Chem Soc, 1982, 104:1146~1147

[5] Feng P Y, Bu X H, Stucky G D. Nature, 1997, 388: 735~741
[6] Harrison W T A, Hannooman L. Angew Chem Int Ed Engl 1997, 36: 640~641
[7] Gier T E, Stucky G D. Nature, 1991, 349: 508~510
[8] Estermann M, McCusker L B, Baerlocher C, Merrouche A, Kessler H. Nature, 1991, 352: 320~323
[9] Cascales C, Gutiérrez-Puebla E, Monge M A, et al. Angew Chem Int Ed, 1998, 37: 129~131
[10] Pitzschke D and Bensch W. Angew Chem Int Ed, 2003, 42: 4389~4391
[11] Shen Y F, Zerger R P, DeGuzman R N, et al. Science, 1993, 260: 511~515
[12] Kniep R, Gözel G, Eisenmann B, et al. Angew Chem Int Ed Engl, 1994, 33: 749~751
[13] Kniep R, Schäfer G, Engelhardt H, Boy I. Angew Chem Int Ed, 1999, 38: 3641~3644
[14] Harrison W T A, Gier T E, Stucky G D. Angew Chem Int Ed Engl, 1993, 32: 724~726
[15] Ju J, Lin J H, Li G B, et al. Angew Chem Int Ed, 2003, 42: 5607~5610
[16] Ju J, Yang T, Li G B, et al. Chem Eur J, 2004, 10: 3901~3906
[17] Hartmann M, Kevan L. Chem Rev, 1999, 99: 636~663
[18] Bibby D M, Dale M P, Nature, 1985, 317: 157~158
[19] Williams I D, Wu M M, Sung H H-Y, et al. Chem Commun, 1998, 2463~2464
[20] Ju Jing, Yang Tao, Li Guobao, et al. Chem Eur J, 2004, 10: 3901~3906

（无机固体功能材料实验室）

实验 12　ZnS：Cu(Ⅰ)纳米微粒的制备及光学性质

【实验目的】
1) 通过配合物前驱体的设计合成 Cu(Ⅰ)掺杂的 ZnS 纳米材料。2) 了解量子限域效应导致的半导体纳米材料吸收光谱的变化及与材料尺寸的关系。

【实验原理】
发光是指物体内部以某种方式吸收能量，然后转化为光辐射的过程。发光材料广泛应用于各种形式的光源、显示器件，还可应用于存储材料、辐射探测传感器等。通常，纯化合物受激后并不发光，但如果化合物存在缺陷，可能产生光发射，如 ZnO 等。另外，如果以该化合物为基质，选择适当的激活剂可使光发射明显增强，如稀土离子 Eu 激活的 Y_2O_3。大部分研究涉及的发光材料尺寸在微米量级。

自纳米材料诞生以来，人们研究中发现，许多原来不发光的材料，当颗粒尺寸达到纳米量级时，在紫外、可见甚至近红外区可观察到发光现象。纳米材料的发光大致可分为以下三类：1) 由于纳米材料的表面积很大，表面缺陷和体缺陷相对增多，可能产生来自于缺陷的发射，同一材料也会由于缺陷能级的不同而产生丰富的发射，这些发射多为宽带结构，如多孔硅、纳米 ZnS 等；2) 许多半导体材料当尺寸减小到纳米量级后，分立能级的出现使得激子发射更易于观察，这类发射也为带谱，其宽度远小于缺陷类发射，如纳米 Ⅱ～Ⅵ族半导体 CdS、CdSe 等及最新研究的半导体"纳米线"的发射；3) 有些纳米材料掺杂激活中心后可观察到来自激活中心的发射，该发射的特征决定于激活中心，如 ZnS：Mn、ZnO：Eu 等。尽管纳米材料的发光强度和效率尚未达到实用水平，纳米材料的发光为设计、发展新型发光材料提供了一个新的思路和途径。

随着半导体材料尺寸减小到接近激子玻尔半径(r_B)时，价带和导带之间的能级有增大的趋势，并且价带和导带由原来的准连续能带变为分立的能级，这就使得材料随着尺寸的减小其光吸收或发光带蓝移，即向短波方向移动，这就是半导体纳米材料的量子尺寸效应。半导体纳米材料的尺寸 R 与带隙 E'_g 的关系为

$$E'_g = E_g + \hbar^2\pi^2/2\mu R^2 - 1.786e^2/\varepsilon R + (e^2/R)\sum a_n(S_n/R)^{2n}$$

式中 $1/\mu = 1/m_e + 1/m_h$，μ 为有效质量；ε 为介电常数。其中第一项为相应体材料带隙，第二项为受限激子的动能，第三项为电子、空穴的库仑相互作用能，最后一项代表由于库仑相互作

用引起的修正项,其相关能贡献较小,可忽略不计。对于带隙较窄的 CdSe 纳米材料,随着尺寸的减小可获得从红到黄、绿、蓝、紫光的发射。20 世纪 90 年代初,Bell 和 Berkeley 实验室分别对 CdSe 纳米材料的量子尺寸效应进行了研究,并制备了可调谐的发光二极管。

除纳米材料的本征发光性质外,在其中掺杂发光中心也可进一步调整光发射的范围,如 ZnS(体材料带隙 $E_g=3.68$ eV)纳米材料的光发射位于紫外、近紫外区,其中掺入 Mn^{2+} 可产生黄光(2.12 eV)的发射;掺入 Cu 离子后,随掺杂浓度的变化可产生蓝、绿甚至红光的发射。这为纳米发光材料的研究提供了另一个思路。

本实验拟对 Cu(Ⅰ)掺杂的 ZnS 纳米材料合成及发光性质进行研究。通常这一类纳米材料的合成采用胶体化学的方法在水体系中进行。由于 Cu^+ 离子在水溶液中发生歧化反应生成 Cu^{2+} 及 Cu 单质,难以在水溶液中稳定存在,实验中通过选择适当的配体使其稳定 Cu^+,同时该配体的选择可拉近 ZnS 与 Cu_2S 溶解度差距,达到合成 Cu(Ⅰ)掺杂的 ZnS 纳米材料的目的。另外,将研究材料的光吸收与尺寸、光发射与掺杂浓度的关系。

【仪器与试剂】

磁力搅拌器(1 台),紫外-可见分光光度计(1 台,备石英液池 2 只),荧光光谱仪(1 台,备石英液池 1 只),容量瓶(50 mL×3),吸量管(1 mL×1,0.5 mL×1),磨口玻璃三角瓶(25 mL×3)。

已知浓度的 Na_2S 水溶液(实验室准备),$ZnCl_2$(A. R.),$Na_2S·9H_2O$(A. R.),$Na_2S_2O_3·5H_2O$(A. R.),CuCl(A. R.),二次去离子水。

【实验步骤】

1. ZnS 纳米微粒的合成

配制 50.00 mL $ZnCl_2$ 的 $Na_2S_2O_3·5H_2O$ 配合物溶液 A,其中 Zn^{2+} 浓度约为 $5.0×10^{-2}$ mol·L^{-1},$S_2O_3^{2-}$ 的浓度约为 0.1 mol·L^{-1}。

配制 50.00 mL $Na_2S·9H_2O$ 水溶液 B,浓度为 $4×10^{-3}$ mol·L^{-1}。

电磁搅拌下,将 10.0 mL 溶液 B 缓慢滴加入 1.0 mL 溶液 A,滴加速度为 1.0~2.0 mL/min。加入 14.0 mL 二次水补充至溶液总体积为 25 mL,并搅拌 20 分钟,待反应完全得到 ZnS 纳米微粒。

2. ZnS:Cu(Ⅰ)纳米微粒的合成

配制 50.00 mL CuCl 的 $Na_2S_2O_3·5H_2O$ 配合物溶液 C,其中 Cu^+ 浓度约为 $1.0×10^{-3}$ mol·L^{-1},$S_2O_3^{2-}$ 的浓度约为 0.1 mol·L^{-1}。

取溶液 A 与溶液 C 混合、搅拌,使混合液中 Cu^+ 与 Zn^{2+} 的摩尔比分别为 1:0.2,1:0.6,1:1。进而向混合液中缓慢滴加溶液 B,使溶液中 S^{2-} 与 Zn^{2+} 摩尔比为 1:0.8。以二次水补充至溶液总体积为 25 mL,并搅拌 20 分钟,待反应完全得到 ZnS:Cu(Ⅰ)纳米微粒。

3. ZnS 和 ZnS：Cu(Ⅰ)纳米微粒体系的吸收光谱、发射光谱测试

取约 2 mL 上述产物分别滴入 1 cm×1 cm 吸收池及发射液池中,进行吸收光谱及发射光谱的测试。

吸收光谱采用 Beckman DU600 分光光度计,以二次去离子水为参比在 250～400 nm 测定,将所得吸收光谱打印。发射光谱采用 Hitachi F-4500 荧光光度计测定,并打印发射光谱。通过吸收光谱确定激发波长。确定扫描范围为 350～600 nm,使用 430 nm 滤光片去除激发光的影响。

测量条件：1) 带通(BANDPASS)：激发(EX) 5 nm,发射(EM) 5 nm；2) 响应(RESPONSE)：auto；3) 扫描速度(SCAN SPEED)：240 nm/min；4) 光电倍增管电压：700 V。

【结果与讨论】

(1) 利用配位化学原理计算配体作用下 ZnS、Cu_2S 溶解度的变化。
(2) 利用量子限域效应原理计算所得纳米微粒的尺寸。
(3) 讨论纳米材料吸收光谱与材料尺度变化的关系。

思 考 题

1. 在配体的选择上,除实验中所涉及的作用外,从光学性质及应用上还应作哪些考虑？
2. Cu(Ⅰ)掺杂浓度的变化对 ZnS：Cu(Ⅰ)光学性质有何影响？

参 考 文 献

[1] Sooklal K, Hanus L H, et al. Adv Mater, 1998, 10：1083
[2] Bhargava R N, Gallagher D, et al. Phys Rev Lett, 1994, 72：416
[3] Huang J, Yang Y, Xue S, et al. Appl Phys Lett, 1997, 70：2335
[4] Mikulec F V, Kuno M, Bennati M, et al. J Am Chem Soc, 2000, 122：2532

(孙聆东)

实验 13　醋酸亚铬二水合物的合成与表征

【实验目的】
1) 合成醋酸亚铬水合物,学习无氧合成技术。2) 通过磁化率的测定,了解醋酸亚铬水合物多重金属键的成键和结构特征。

【背景介绍】
1. 磁化率与分子磁矩

物质的磁性是物质内部带电粒子的运动产生的,任何带电粒子的运动都必然在它周围的空间产生磁场。而磁场的性质取决于带电粒子(电子和原子核)的运动状态。因此测量物质,特别是配合物的磁性是研究物质结构的常用手段之一,它可以帮助人们了解配合物中心离子的电子结构和氧化态,从而有助于人们更深刻地认识物质所具有的各种性质。

置于磁场中的物质会感应出一个附加磁场 H',这时物质内部的磁感强度 B 等于外加磁场强度 H 与附加磁场强度 H' 之和,即

$$B = H + H' = H + 4\pi\kappa H \tag{1}$$

B 又称为磁感应强度;κ 为物质的体积磁化率,它是单位体积内磁场强度的变化。根据 κ 和 H' 的特点,可以把物质分为三类:

$\kappa<0$,　　　　物质内部感应磁场 H' 的方向与外加磁场 H 的方向相反,称为反磁性物质;

$\kappa>0, H'<H$,物质内部感应磁场 H' 的方向与外加磁场 H 的方向相同,且当外加磁场消失时物体的磁性完全消失,称为顺磁性物质;

$\kappa>0, H'>H$,物质内部感应磁场 H' 的方向与外加磁场 H 的方向相同,且当外加磁场消失时物体的磁性并不完全消失,存在所谓剩磁现象,称为铁磁性物质。

在化学上常用比磁化率 χ 和摩尔磁化率 χ_m 表征物质的磁性,它们的定义是

$$\chi = \frac{\kappa}{\rho} \tag{2}$$

$$\chi_m = \chi M = \frac{\kappa}{\rho} M \tag{3}$$

式中 ρ 是物质的密度,M 是物质的摩尔质量,χ_m 是 1 mol 物质磁化能力的量度。在 CGSM 单位制中,χ 的单位是 $cm^3 \cdot g^{-1}$,χ_m 的单位是 $cm^3 \cdot mol^{-1}$;在 SI 单位制中,χ 的单位是 $m^3 \cdot kg^{-1}$,

χ_m 的单位是 $m^3 \cdot mol^{-1}$。SI 单位制和 CGSM 单位制的换算关系为

$$1\ m^3 \cdot mol^{-1}(SI) = 10^6/4\pi\ cm^3 \cdot mol^{-1}(CGSM)$$

物质的摩尔磁化率 χ_m 由摩尔顺磁磁化率 $\chi_{顺}$ 和摩尔反磁磁化率 $\chi_{反}$ 组成，即

$$\chi_m = \chi_{顺} + \chi_{反} \tag{4}$$

反磁磁化率是由分子中的诱导磁矩产生。当分子中的所有电子都自旋成对时，分子处于自旋单重态，没有永久磁矩。在外加磁场中，电子的自旋仍两两偶合，分子的净自旋磁矩仍为零。但在外加磁场的诱导下，电子的轨道运动在磁场方向出现净的轨道磁矩，方向与外加磁场相反，因此在宏观上物质表现出反磁性。因为一切分子中都存在自旋成对的电子，所以一切分子都具有反磁性质。

大量实验结果表明，化合物的摩尔反磁磁化率与温度无关，且具有加和性，即分子的摩尔反磁磁化率等于组成分子的离子（或原子）的摩尔反磁磁化率与配体的摩尔反磁磁化率之和：

$$\chi_{反} = \sum n_A \chi_A + \sum n_B \chi_B \tag{5}$$

式中 n_A 为分子中摩尔磁化率为 χ_A 的离（原）子数，n_B 为分子中摩尔磁化率为 χ_B 的配体数。因此摩尔反磁磁化率可以通过计算获得，摩尔反磁磁化率均小于零。

顺磁磁化率由分子中的永久磁矩产生。当分子中有自旋未成对电子时，分子具有净自旋磁矩，同时如果电子的轨道角动量平均值不为零，则电子的轨道运动也对分子磁矩有贡献。因此含未成对电子的分子的磁矩 μ_m 等于未成对电子自旋磁矩 μ_S 和轨道磁矩 μ_L 的矢量和：

$$\boldsymbol{\mu}_m = \boldsymbol{\mu}_S + \boldsymbol{\mu}_L \tag{6}$$

μ_m 是分子的永久磁矩，分子的热运动使这些永久磁矩随机取向，对外不显磁性。当外加磁场时，这些永久磁矩将顺外磁场方向排布，使磁场加强。虽然含有未成对电子的分子都具有反磁性，但由于在数值上顺磁性一般要大于反磁性，因此含有未成对电子的分子在宏观上显顺磁性。

第四周期过渡元素化合物的顺磁磁化率主要由分子中电子自旋贡献的，因此当分子中不存在轨道磁矩，或者轨道磁矩与自旋磁矩相比可以忽略，则分子磁矩 μ_m 与未成对电子数 n 的关系为

$$\mu_m = \sqrt{n(n+2)}\ \mu_B \tag{7}$$

顺磁磁化率 $\chi_{顺}$ 与分子磁矩 μ_m 的关系，一般服从居里定律

$$\chi_{顺} = \frac{N_A \mu_m^2 \mu_0}{3kT} \tag{8}$$

式中 $\mu_0 = 4\pi \times 10^{-7}\ H \cdot m^{-1}$，为真空磁导率。

由(8)式可得

$$\mu_m = (3kT\chi_{顺}/N_A\mu_0)^{1/2} = 797.7(T\chi_{顺})^{1/2}\mu_B \tag{9}$$

$$\mu_m = (3kT\chi_{顺}/N_A)^{1/2} = 2.828(T\chi_{顺})^{1/2}\mu_B \tag{10}$$

式中 N_A 为阿伏伽德罗常数；k 为玻耳兹曼常数；$\mu_B(=9.274078 \times 10^{-24} \text{ J} \cdot \text{T}^{-1})$ 为玻尔磁子，是单个自由电子自旋产生的磁矩。(9)式为 SI 单位制，(10)式为 CGSM 单位制。

结合(7)、(10)两式可以计算出分子中不成对电子数 n：

$$n = (1 + 2.828^2 \chi_\text{顺} T)^{1/2} - 1 \tag{11}$$

多核配合物的磁性不同于单核配合物，不等于各个中心离子磁性的简单加和。在多核配合物的中心离子为顺磁性离子时，中心离子间存在电子-电子的相互磁交换作用。但这种相互磁交换作用目前还不能由实验直接求得，理论计算又有很大困难。目前主要是通过理论模型与变温磁化率数值的拟合过程来加以评估。

2. 磁化率的测量

测量磁化率的方法很多，本实验使用古埃(Gouy)天平法。它的基本原理是，当样品一端处在磁场中心(磁场强度为 H_1)，而另一端处在磁场边缘(磁场强度为 H_0)，样品中的感生磁场将与外磁场产生相互作用，使样品管受到力 F 的作用

$$F = -0.5(\kappa - \kappa_0)A(H_1^2 - H_0^2) \tag{12}$$

式中 κ 是样品的磁化率，κ_0 是被样品排开的气体的磁化率，A 为样品管的截面积。

如果在氮气中测量，κ_0 可以忽略不计[在空气中测量 $\kappa_0 = 2.9 \times 10^{-8}$ (CGSM 单位制)]。如果 $H_0 \ll H_1$，则 H_0 也可忽略。因此(12)式可以简化为

$$F = -0.5\kappa H^2 A \tag{13}$$

样品在磁场中受到的作用力 F 可以在有磁场和无磁场时的两次测量获得，即

$$F = (\Delta m_1 - \Delta m_0)g \tag{14}$$

式中 Δm_1 为内装待测样品的样品管在有磁场和无磁场时的质量差，Δm_0 为空样品管在有磁场和无磁场时的质量差，g 为重力加速度。

结合(13)式和(14)式，可导出样品的磁化率

$$\kappa_\text{样} = \kappa_\text{标} F_\text{样}/F_\text{标} = \kappa_\text{标}(\Delta m_1 - \Delta m_0)/(\Delta m_2 - \Delta m_0) \tag{15}$$

式中 Δm_2 是内装标准样品的样品管加在有磁场和无磁场时的质量差。

样品的摩尔磁化率为

$$\chi_m = \chi_\text{莫} M m_\text{标}(\Delta m_1 - \Delta m_0)/[(\Delta m_2 - \Delta m_0)m_\text{样}] \tag{16}$$

式中 $m_\text{标}$ 和 $m_\text{样}$ 分别为标准样品和被测样品在无磁场下的质量，$\chi_\text{莫}$ 是标准样品莫尔盐的比磁化率。

【实验原理】

$Cr_2(OOCCH_3)_4(H_2O)_2$ 是一种深红色的晶体，早在 1844 年该化合物就已被发现，但其金属-金属多重键的性质和正确的结构(图1)却是在 20 世纪 70 年代初才被确定下来。

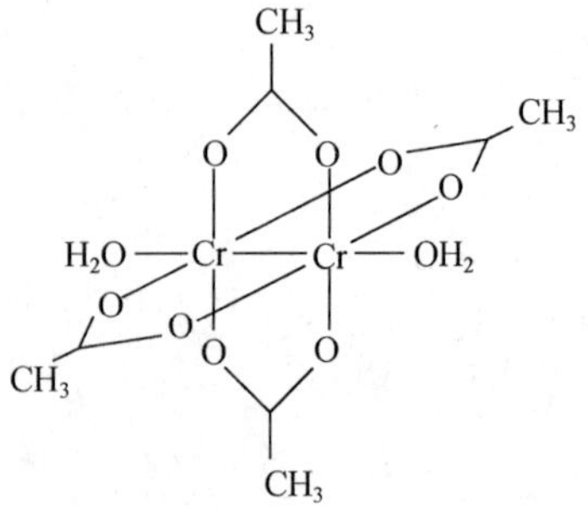

图 1 $Cr_2(OOCCH_3)_4(H_2O)_2$ 的结构

$Cr_2(OOCCH_3)_4(H_2O)_2$ 是最稳定的亚铬化合物之一,但仍易被空气中的氧气所氧化,因此须在隔绝空气的条件下用 Cr(Ⅲ) 盐溶液还原制备。本实验用 Zn 还原 $CrCl_3$ 制备 $CrCl_2$,再将 $CrCl_2$ 与 CH_3COONa 水溶液反应。因 $Cr_2(OOCCH_3)_4(H_2O)_2$ 在水中的溶解度较小,混合后即从溶液中析出,从而与 Zn^{2+} 分离:

$$2Cr^{3+} + Zn = 2Cr^{2+} + Zn^{2+}$$

$$2Cr^{2+} + 4CH_3COO^- + 2H_2O = Cr_2(OOCCH_3)_4(H_2O)_2 \downarrow$$

(深红色)

$Cr_2(OOCCH_3)_4(H_2O)_2$ 是 $Cr_2(OOCR)_4L_2$ 型化合物中最重要的一种。单核铬(Ⅱ)化合物一般呈蓝紫色,具有强顺磁性 μ(分子磁矩 $\approx 4.95\ \mu_B$),而深红色 $Cr_2(OOCCH_3)_4(H_2O)_2$ 的分子磁矩却要小得多($\mu \approx 0.53\ \mu_B$);且分子中 Cr—Cr 键的距离为 236 pm,短于金属中 Cr—Cr 键的距离 249 pm,这表明在 $Cr_2(OOCCH_3)_4(H_2O)_2$ 分子中的 Cr—Cr 间存在强相互作用。一般认为,在 $Cr_2(OOCCH_3)_4(H_2O)_2$ 分子中,d^4 构型的 Cr(Ⅱ) 通过形成金属-金属 σ、π^2、δ 键实现 d 电子的完全配对,$Cr_2(OOCCH_3)_4(H_2O)_2$ 因此呈现反磁性。本实验通过测定 $Cr_2(OOCCH_3)_4(H_2O)_2$ 的磁化率,计算其有效磁矩和不成对电子数,来判定 $Cr_2(OOCCH_3)_4(H_2O)_2$ 的金属-金属多重键结构。

潮湿的 $Cr_2(OOCCH_3)_4(H_2O)_2$ 在空气中很快氧化,干燥的 $Cr_2(OOCCH_3)_4(H_2O)_2$ 能在空气中短时存放,但长期在空气中放置会氧化成灰色,故新合成的 $Cr_2(OOCCH_3)_4(H_2O)_2$ 应立即放入密封容器中保存。

【仪器与试剂】

磁天平 1 台,电子天平 1 台,磁力搅拌器 1 台,反应器 1 套,砂滤漏斗 1 个,吸滤瓶(250 mL×1 个),磁芯 2 个,玻璃三角漏斗(50 mm×1 个),烧杯(50 mL×2 个),烧杯(500 mL×1 个),量筒(5 mL×1 个),量筒(10 mL×1 个),搅棒 2 根,试管(测磁化率用)1 个,铁架台 1 个,螺旋夹 1 个,双顶丝 1 个。

六水三氯化铬(A.R.),锌粒(A.R.),无水醋酸钠(A.R.),盐酸(A.R.),莫尔盐(A.R.),无水乙醇(A.R.),无水乙醚(A.R.)。

【实验步骤】

1. $CrCl_2$ 的合成

(1) 将 3.84 g(0.015 mol)$CrCl_3 \cdot 6H_2O$ 溶于 10 mL 去离子水,将所得溶液、3.6 g(0.055 mol)Zn 粒加入反应管 1 中。将 12.6 g(0.12 mol)无水 NaAc 和 1.8 mL 浓盐酸溶于 20 mL 去离子水后移入反应管 6 中。将 4.8 mL 浓盐酸加到加料弯管 2 中,然后在 1、6 中各加入一个搅拌磁子。按图 2 接好反应系统,关闭全部二通活塞,并将 6 置于大烧杯中。

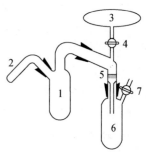

图 2 $CrCl_2$ 的合成装置图

1,6,反应管;2,加料弯管;
3,氮气袋;4,7,二通活塞;
5,玻璃砂板

(2) 启动水泵,打开活塞 7,抽出系统中的空气,待真空度不再降低时(约 2.7×10^3 Pa),关闭活塞 7。打开活塞 4 充入氮气,关闭活塞 4。以上过程再重复进行一次。做好水封。

(3) 将电磁搅拌的中心对准反应管 1 的中心,开动电磁搅拌。缓慢旋转加料弯管 2,分 3~4 次将盐酸加入反应管 1,注意当第一次加入盐酸后应立即打开活塞 7,使反应生成气体从活塞 7 通过水封逸出。

(4) 继续搅拌使反应管 1 中的反应继续进行,待溶液由深绿色转变为纯蓝色时,即得 Cr(Ⅱ)盐溶液(反应时间大约 20~30 分钟)。

2. 醋酸亚铬的合成

(1) 在实验步骤 1(4)结束前 5 分钟,将近沸热水倒入反应管 6 所在大烧杯中对 NaAc 溶液加热。待实验步骤 1 完成后,立即将大烧杯和反应管 6 移到电磁搅拌器上,启动电磁搅拌器的加热部分(此时可以不启动电磁搅拌)。

(2) 旋转反应管 1,使亚铬溶液通过玻璃砂板 5 滴入反应管 6 中(注意:溶液通过玻璃砂板 5 的速度和搅拌速度对产物颗粒的大小影响很大。应如何控制才能得到大晶粒产物?)。如果滴加的速度太慢,可轻轻对氮气袋 3 施压。

(3) 随着亚铬溶液的滴加,反应管 6 中逐渐生成大量针状晶体。待亚铬溶液全部进入反应管 6 后,停止加热。开动电磁搅拌缓慢搅动晶状沉淀约 1 分钟,关闭活塞 7,将反应管 6 置于冰水中冷却至低于室温。

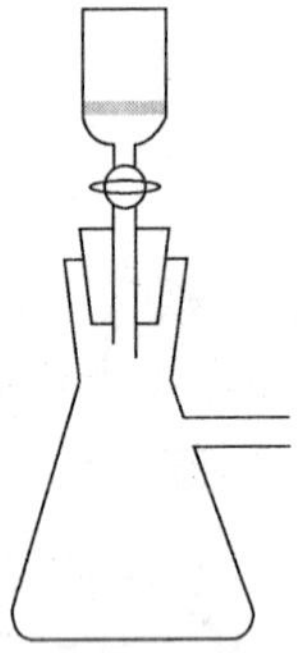

(4) 将干燥砂漏斗和带活塞的上橡皮塞一同称重后,按图 3 接好洗涤过滤装置。将醋酸亚铬水合物结晶及母液一同转移到玻璃砂漏斗中。打开水泵,慢慢打开活塞滤出母液,沉淀用冰纯水洗两次(每次 6 mL),再先后用无水乙醇和无水乙醚各洗两次(每次 5~6 mL)。

注意:为防止醋酸亚铬被氧化,过滤和洗涤时不要搅动沉淀,也不要将溶液抽干,更不要使空气通过潮湿晶体(必要时可用氮气保护)。整个过滤过程应用活塞控制。

(5) 最后一次乙醚洗完后用橡皮塞塞住砂漏斗管口,用水泵减压,抽去过滤管中残存的乙醚,保持减压 1 分钟,关闭下活塞。

图 3 洗涤过滤装置

(6) 将上活塞与氮气连通,打开上活塞通入氮气;关闭上活塞,打开下活塞再次减压。重复上述过程 3~5 次使产物彻底干燥后,使漏斗中保持一大气压氮气。称重,计算产率。

注意:操作过程中应尽量避免使样品,特别是潮湿样品接触空气。

3. 磁化率的测定

(1) 准备好干燥样品管和塑料装样漏斗。在通风橱中,用洗耳球将样品吹入塑料装样漏斗中,捻细,然后通过塑料装样漏斗将样品装入样品管,样品墩实后立刻用橡皮塞将样品管塞紧待用。注意:准备工作要充分、仔细,过程尽可能快。

(2) 将(1)中装好的样品管挂在磁天平的钩上(注意:样品管的底部应在极缝中心处),在励磁电流分别为 0 A、3 A、5 A 的磁场下测定其质量(重复三次),并记录此时的室温 T。

(3) 倒出样品管中的醋酸亚铬,将样品管洗净、吹干。将干燥的样品管挂在磁天平上,重复(2)的测量过程。

(4) 将研细的莫尔盐(六水硫酸亚铁铵)装入同一个样品管中,重复(2)的测量过程。

(5) 根据以上实验结果计算醋酸亚铬水合物的磁化率、铬离子的有效磁矩和不成对电子数。

关于磁化率的测定原理和步骤请参考北京大学化学系物理化学教研室编《物理化学实验》,北京大学出版社 1995 年出版,实验 I-36(第三版,第 259 页)。

【结果与讨论】
1. 计算产物收率
2. 测量产物磁化率

样品的质量:_____ g;   标准物的质量:_____ g。

测量项目	测量结果/g		
	0 A	3 A	5 A
样品+样品管			
空样品管			
标准物+样品管			

(1) 由 $\chi_{标} = 9500 \times 10^{-6}/(T+1)$ 计算莫尔盐的比磁化率(T 为绝对温标)。

(2) 由式(5)和附录计算醋酸亚铬的反磁磁化率。由式(16)计算醋酸亚铬的摩尔磁化率。由式(4)计算醋酸亚铬的摩尔顺磁磁化率。由式(7)计算醋酸亚铬的不成对电子数。

(3) 将实测醋酸亚铬水合物的磁化率与文献值比较,并对产物纯度进行评价。

预习思考题

1. 反应过程中体系的压力是否会发生变化?为什么?如何调控反应过程中体系的压力?体系内压力过大、过小的后果是什么?
2. 如何防止在反应过程中空气进入反应体系?
3. 酸度对醋酸亚铬的合成有什么影响?锌粒的大小对铬(Ⅲ)的还原反应是否有影响?醋酸亚铬晶粒的大小与产物的质量和磁化率测量结果是否有关系?如何用简便办法控制醋酸亚铬晶粒的大小?
4. 过滤、洗涤样品时空气穿过滤层的后果是什么?如何避免空气穿过滤层?
5. 如何能将沉淀中的水分完全洗去?如样品中残留有水分,后果是什么?
6. 如何将样品快速转移到玻璃砂漏斗中?
7. 如何减少磁化率(特别是顺磁磁化率)测量的误差?

思 考 题

1. 用古埃天平法测量物质磁化率时,作了哪些简化近似?

2. 有哪些因素影响测量的精度？样品的密度、体积、高度是否对测量有影响？
3. 通过 Cu(Ⅱ)和 Cr(Ⅱ)的单核和双核配合物磁化率数值的比较，讨论双核配合物的成键特征。

参 考 文 献

[1] Yong C G. J Chem Educ, 1988, 65: 918
[2] Zui Szafran, et al. Microscale Inorganic Chemistry[M]. New York: John Wiley & Sons, 1991
[3] Cotton F A, Wilkinson G, 著; 北京师范大学, 等译. 高等无机化学[M]. 北京: 人民教育出版社, 1980

附件

(1) 部分离子和配体的反磁磁化率 $\chi_{反}$ ($\times 10^6$): H_2O, -13; $C_2H_3O_2^-$, -30; Cr^{2+}, -15。

(2) 有关 $M_2(OOCCH_3)_4L_2$ 化合物的参考数据

化合物	M—M 距离/pm	金属中 M—M 距离/pm	化合物有效磁矩 μ_B
$Re_2(OOCCH_3)_4Cl_2$	221.1	271.4	
$Mo_2(OOCCH_3)_4$	209.1	273.0	
$Cr_2(OOCCH_3)_4$	228.8	249.0	
$Cr_2(OOCCH_3)_4(H_2O)_2$	236.2	249.0	0.53
CrLn(单核配合物)	—	—	4.95
$Cu_2(OOCCH_3)_4$	264.0	256.0	1.35~1.40
CuLn(单核配合物)	—	—	1.40

(无机化学教研室)

实验 14　高铁酸钾 K_2FeO_4 的制备与表征

【实验目的】
1) 介绍高价铁的化学,了解 Fe(Ⅵ)化合物的制备、结构、性质及应用的基本知识。2) 通过 K_2FeO_4 的制备,总结制备特殊价态特别是高价态金属离子的方法。3) 利用 X 射线衍射、红外光谱、紫外-可见光谱对样品进行表征,分析所得数据和图谱。

【实验原理】
近年来,高价铁(+4、+5、+6 价)在配位化学、生物无机化学及有机合成化学领域显示出越来越重要的作用。1999 年以色列的一个研究小组报道,铁(Ⅵ)酸盐是一种良好的电极材料,有望取代传统锌锰电池中的 MnO_2 而与锌组成新的高能电池。上述发展迫切需要有关高铁(Ⅵ)化合物的制备、结构、性能等方面的知识。高铁化学有着古老而悠久的历史,早在 1702 年,德国人 Geory Stahl 即发现"将铁与钾的硝酸盐加热熔融,在所得固体中加水得不稳定的紫色溶液"。1841 年,Fremy 指出,"紫色液"为高价铁(Ⅵ)离子 FeO_4^{2-}。1897 年,Moeser 综述了 Fe(Ⅵ)的制备与性质。

尽管 Fe(Ⅵ)化合物的发现与研究有很长的历史,但已经合成的 Fe(Ⅵ)化合物只有为数不多的几种:K_2FeO_4、Rb_2FeO_4、Cs_2FeO_4、$SrFeO_4$、$BaFeO_4$、Na_2FeO_4、Ag_2FeO_4、$CaFeO_4$、$ZnFeO_4$。其中,有关 K_2FeO_4 的研究最受关注(制备及纯化,生成焓等热力学数据测定,结构测定)。这是由于 K_2FeO_4 较易制备,也往往是制备其他化合物的原料。因此,本实验通过 K_2FeO_4 的合成与表征,介绍高价铁的化学,使同学了解 Fe(Ⅵ)化合物的制备、结构、性质及应用的基本知识。

1. K_2FeO_4 的制备

高铁化合物的制备可采用以下三种方法:
(1) 电化学法:在浓碱溶液中以铁作阳极进行电解。
(2) 固相反应:Fe_2O_3 与金属氧化物或过氧化物、超氧化物混合,在适当压力的空气或 O_2 气氛中加热处理。
(3) 液相反应:在浓碱介质中用氧化剂氧化 Fe(Ⅲ)化合物。

其中,方法(1)装置较复杂,方法(2)比较危险,以方法(3)应用最广但对环境污染最重。本实验中 K_2FeO_4 的制备采用方法(3)(参见文献[2]、[4]),氧化剂为次氯酸钾。K_2FeO_4 的

制备过程中发生的主要反应为

$$KMnO_4 + 8HCl =\!=\!= MnCl_2 + 5/2Cl_2 + 4H_2O + KCl \tag{1}$$

$$Cl_2 + 2KOH =\!=\!= KClO + KCl + H_2O \tag{2}$$

$$2Fe(NO_3)_3 + 3KClO + 10KOH =\!=\!= 2K_2FeO_4 + 3KCl + 6KNO_3 + 5H_2O \tag{3}$$

所得固体 K_2FeO_4 样品呈深紫红色。

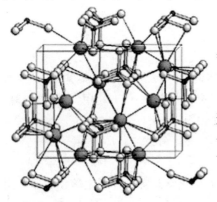

图 1 K_2FeO_4 结构示意图

2. K_2FeO_4 的结构特征

高铁酸钾与 K_2CrO_4、K_2MnO_4、K_2SO_4 同晶,其晶体学数据如下:正交晶系,$a = 7.7010(70)$ Å,$b = 5.8520(64)$ Å,$c = 10.3506(136)$ Å,空间群 $Pnma$[6]。一个晶胞中有四个 K_2FeO_4 单元,Fe—O 之间为较强的共价键,形成具有四面体结构的高铁酸根离子 FeO_4^{2-},Fe(Ⅵ)原子位于四面体的中心。图 1 给出 K_2FeO_4 结构示意图,可以看出 FeO_4^{2-} 四面体单元。

3. K_2FeO_4 的表征

分别做 XRD 测试、红外图谱、紫外-可见图谱。

【仪器与试剂】

XRD,IR,UV-Vis,通风橱,电子天平(百分之一,2 台),循环水泵(2 台),离心机(4 台),保干器(2 个,SiO_2 为干燥剂),甲醇滴管 2 根,磁力搅拌器 4 个(每台配搅拌磁子 2 个),双顶丝 2 个,自由夹 2 个,铁架台 1 个,2 mol 盐酸滴瓶 1 个,石油醚滴瓶 1 个,2500 mL 试剂瓶 1 个(回收 K_2FeO_4 母液用),100 mL 支管圆底烧瓶(配橡皮塞)1 个,100 mL 两口圆底烧瓶(配橡皮塞)1 个,100 mL 分液漏斗 1 个,250 mL 吸滤瓶 4 个,100 mL 烧杯 4 个,结晶皿 3 个(115 mm×2 个,100 mm×1 个),3♯玻璃砂漏斗 2 个($\phi 40$ mm×1 个,$\phi 20$ mm×1 个),称量瓶 1 个,10 mL 量筒 3 个,离心试管 2 个,三角漏斗 1 个,蒸发皿 2 个,研棒 1 个,玻璃棒 2 个,吸滤瓶橡胶垫 1 个,酒精温度计 1 个,滴管 2 个,洗耳球 1 个,优级管若干。

KOH(A.R.,用量较大),$Fe(NO_3)_3 \cdot 9H_2O$(A.R.),$KMnO_4$(A.R.),浓 HCl(A.R.),石油醚(A.R.,b.p. 30~60℃),无水甲醇(A.R.,4A 分子筛干燥过夜),无水乙醚(A.R.,新的),分子筛(4A,400℃ 干燥 3 小时后备用),粗氯化钠,氢氧化钠(C.P.),纯水。

【实验步骤】

所有操作均在通风橱中进行。

1. 制备氧化剂次氯酸钾

将所用仪器洗净,控干备用。称取 11 g(0.275 mol)KOH 移入 100 mL 两口圆底烧瓶中,加入 20 mL 纯水,加入搅拌磁子,搅拌溶解。再将橡皮塞和通气玻璃管插好,在天平上称重并记录重量,然后置于冰水浴冷却备用。

用高锰酸钾与浓盐酸作用制备 Cl_2。将 5.7 g(约 0.036 mol)$KMnO_4$ 放入 100 mL 支管圆底烧瓶中,在分液漏斗中加入 30 mL(约 0.36 mol)浓 HCl,搭好反应装置检验不漏气后,打开分液漏斗缓慢滴加盐酸。生成的 Cl_2 先缓缓通过饱和 NaCl 溶液(为什么?),再通入上述 KOH 的溶液,不断搅拌(注意:在 KOH 溶液中 Cl_2 出口不要被反应中析出的结晶物堵塞。结晶物是什么?),同时用冰水浴降温,尾气通入 1 mol·L^{-1} NaOH 溶液。反应持续约 20~30 分钟(至 KOH 溶液变成淡黄绿色)。在搅拌下将 18 g KOH 分批加入(同时用冰水冷却控制溶液温度在 10~15℃),产生大量白色沉淀(是什么?),再用冰盐浴冷却 5 分钟。用滤纸擦净烧瓶,再在天平上称重并计算次氯酸钾的生成量。然后用 φ40 mm 3#玻璃砂漏斗抽滤除去沉淀,得到次氯酸钾的滤液。

2. 制备粗产品 K_2FeO_4

滤液移入 100 mL 烧杯中,加入磁子搅拌。按所生成次氯酸钾摩尔数的一半称取 $Fe(NO_3)_3·9H_2O$,放入一蒸发皿中。在另一蒸发皿中分批将 $Fe(NO_3)_3·9H_2O$(粉红色)充分研磨成细粉末状(白色)。在半小时内分次将粉末加入滤液中(开始要少加,慢加。为什么?)。反应过程中用结晶皿作水浴槽,用水和冰控制反应温度在 10~15℃。加完后再搅拌陈化约 10 分钟。

除去冰水,然后将 12 g KOH 分次加入,得到深紫色的悬浮液(注意:在 KOH 的加入过程中溶液温度应维持在 10~15℃,特别是在最后,否则 KOH 不能全部溶解)。再陈化 10 分钟后,用冰盐浴冷却产物至约 0℃(不必搅拌)。用 φ40 mm 3#玻璃砂漏斗抽滤,得到大量紫黑色沉淀,为 K_2FeO_4 粗品,滤液回收。

3. 重结晶得到纯产品

用 1 mol·L^{-1} KOH 溶液分三次(8 mL+4 mL+4 mL)淋洗沉淀(淋洗液体积一定不能大。为什么?),淋洗液滤入滤瓶中。将滤液转移到另一干燥的 100 mL 烧杯中,滴加 40 mL 饱和 KOH 溶液(此时可不必搅拌),在滴加过程中用水和冰控制反应温度在 10~15℃。加完后再搅拌陈化 10 分钟,再用冰水浴将产物冷却至约 0℃。用小玻璃砂漏斗抽滤(注意溶液不得粘在漏斗上部),得到产品(此时不得搅动产品)。

4. 洗涤并干燥

用石油醚(30~60℃)4 mL×3 次洗涤沉淀,减压过滤(此步十分关键,必须除净水分,否则含水的 K_2FeO_4 与醇类很快反应)。再依次分别用无水甲醇(用 4A 分子筛干燥过)4 mL×5 次、无水乙醚 4 mL×3 次洗涤,抽干,得紫黑色固体物质。产品放入称量瓶,置保干器中干燥。

【结果与讨论】

(1) XRD 测试:取粉末约 0.5 g,研磨均匀(注意防潮),压片。按要求放好样品,2θ 扫描区间为 15°~55°。收一张 XRD 图谱,查阅衍射卡片(PDF 卡片 25~652),对衍射峰进行归属。

(2) 红外图谱：约 1 mg K_2FeO_4 和 100 mg 干燥的 KBr，充分研磨均匀，压片，测试红外图谱，扫描范围 700～1000 cm^{-1}。查阅文献指认 K_2FeO_4 中铁氧四面体 FeO_4^{2-} 的铁氧振动峰，并讨论 K_2FeO_4 红外光谱和铁氧四面体对称性的关系。

(3) 紫外-可见图谱：取约 3 mg 固体物质溶解到 20 mL 水中，测试其紫外-可见光谱（如有悬浮物，离心分离沉淀物，再进行测试）。扫描范围 300～900 nm。K_2FeO_4 的紫外-可见光谱图中，可观察到三个紫外吸收峰。运用所学知识，讨论这三个吸收峰的性质和对应的光谱项。

(4) 根据表征图谱估计样品的纯度，分析产品中可能存在的杂质，提出提高纯度的方法。计算 K_2FeO_4 收率，分析影响收率的因素，提出提高收率的方法。

思 考 题

在合成高铁酸钾反应过程中，反应温度经常控制在 10～15℃，为什么？温度过低或过高对反应会有什么影响？

参 考 文 献

[1] Cotton W. Advanced Inorganic Chemistry (5th)[M]. New York：Wiley, 1988
[2] Delaude L, Laszlo P. J Org Chem, 1996, 61：6360
[3] Licht S, Wang B, Ghosh S. Science, 1999, 285：1039
[4] Thompson G W, Ockerman L T, Schrever J M. J Am Chem Soc, 1951, 73：1379
[5] Hoppe M D, Schlemper E O, Murmann R K. Acta Crystallogr, 1982, B38：2237
[6] Wood R H. J Am Chem Soc, 1958, 80：2038

（王颖霞、李兆飞、林建华）

实验 15　硫氧化镧铽荧光粉的固相合成和发光性能的测试

【实验目的】

1) 通过硫氧化镧铽荧光粉的合成了解固相化学的初步原理。2) 了解发光材料的发光过程和机理。

【实验原理】

1. 固相化学反应

固相化学反应是一大类化学反应的总称。从广义上理解,所谓固相化学反应是指有固相反应物参加的反应。按反应物的类型可分为:

(1) 固相反应物→产物(反应物只有一种固相物质,相当于固相分解反应);
(2) 固相反应物+气相反应物→产物;
(3) 固相反应物+液相反应物→产物;
(4) 固相反应物+固相反应物→产物。

实际发生的固相化学反应可能是其中的一类或几类反应的组合。

固相化学反应与溶液化学反应和气相化学反应有很大的不同。主要表现在:后两类反应主要是通过反应物的碰撞发生的,因此反应物的浓度成为影响反应发生和进行的重要因素;而固相反应主要是通过扩散进行的,反应物和产物的扩散速度往往成为影响反应进行的重要因素,而浓度的概念是没有意义的。

由于固相化学反应自身的这种特性,所有对物质在固相中的扩散速度有影响的因素同时也成为影响固相化学反应进行的重要因素。比如高温可以大大加快反应离子的扩散速度,因此固相化学反应往往在较高的温度下进行;物质在液相中的扩散速度远大于其在固相中的扩散速度,因此常常在固相反应中加入一些助熔剂(不参与反应,但在反应条件下可在固相反应物颗粒间以液相存在的物质)。固相间少量液相的存在一方面可以提高固相颗粒间的扩散面积,另一方面可提高反应物和生成物的扩散速度。固相反应物颗粒间的接触面积越大,总的扩散速度就越大。因此,为使固相化学反应能尽可能快地进行,必须尽可能降低反应物颗粒的粒径,加大反应物的接触面积。如能使反应物在原子级进行均匀混合,就能使固相化学反应的温度大大降低,反应时间大大缩短。

提高反应物混合均匀程度的方法有很多,如直接研磨法、共沉淀法、溶胶-凝胶法、燃烧合成法等等。

直接研磨法:将反应物直接在研钵或球磨罐中研磨,用此种方法只能使物料达到微米级混合程度,是一种简单、方便、适用范围广,但混合效果较差的方法。

共沉淀法:采用某种沉淀剂,将反应物按比例同时从溶液中沉淀出来,反应物可以达到原子级混合的程度,但要求沉淀物的溶度积差别很小,否则将造成反应物组分偏离。

溶胶-凝胶法:采用胶体化学的方法将反应物均匀沉淀出来,可以高效地将反应物进行原子级的混合,但成本也较高。

燃烧合成法:加热反应物的硝酸盐和还原剂的水溶液,达到一定温度和浓度时硝酸盐和还原剂间能进行快速燃烧反应,也能使反应物达到原子级混合。但要求反应物硝酸盐的溶解度相近,否则在浓缩的过程中,溶解度小的组分在燃烧反应发生前部分析出,而不能达到分子级混合的程度。同时在燃烧过程中产生各种氮氧化物,对环境的污染较大。

2. 物质的发光

发光是物体内部以某种方式吸收能量,然后转化为光辐射的过程。固体发光材料(也称荧光粉)在各方面有广泛的应用,如这类材料可用于各种形式的光源、显示和显像技术、光电子器件、辐射场的探测及辐射量的记录等。目前发现比较重要的发光材料有:Ⅱ-Ⅵ族和Ⅲ-Ⅴ族化合物,碱土金属硫化物、氧化物和硫氧化物,硅酸盐,磷酸盐,钒酸盐,碱土金属卤化物,氟化物,锗酸盐,铝酸盐,稀土配合物,等等。本实验所合成的硫氧化镧铽是20世纪70年代研制出的一种稀土发光材料,该材料可受多种辐射源如阴极射线、X射线和紫外光的激发,发出黄绿色荧光。

通常,纯化合物是不易受激发光的,但如果在纯化合物中掺入某些活性离子,就能使其发光强度大大增加。如纯的硫氧化镧 (La_2O_2S) 本身并不发光,但只要掺入千分之一的铽离子,在紫外光的激发下就能发出明亮的黄绿色荧光。这种纯化合物被称为基质,能使发光强度大大增加的活性离子被称为激活剂。发光材料通常被表示为 A:B,其中 A 是基质,B 是激活剂。一种发光材料常可以有一种以上的激活剂。需要指出的是,并不是激活剂的浓度越大,发光材料的发光强度就越大,而是存在一个最佳浓度值,超过了这个浓度值,再增加激活剂的浓度,材料的发光强度将下降。最佳激活剂浓度在不同发光材料中不同,这是一个依赖于发光材料基质晶体和激活剂性质的特征。

有些杂质会大幅度降低发光材料的发光性能(强度和寿命),这类杂质被称为淬灭剂或毒化剂,如过渡金属元素 Fe、Co、Ni,及重金属元素 Pb 等。往往 ppm 量级的淬灭剂就能使发光强度大大降低,因此,为了尽可能提高发光材料的发光强度和寿命,在合成发光材料时必须使用高纯原料。

发光材料的发光性能用发光材料的发射光谱来表征。当发光材料被一合适的辐射源激发时,如果用分光仪观察所发射的荧光,通常在可见光谱的某一部分看到一个或宽或窄的谱带,而在光谱的其他部分没有光的发射。测量光强度随波长的分布就得到发光材料的光谱功率分布图,即发射光谱图。发光材料的发射光谱为发光材料的应用提供了最有价值的信息,如所发光的颜色、显色性、材料的发光机理和发光效率等等。

3. 发光材料的合成

发光材料的化学组成、晶体结构对其发光性能影响很大,而合成工艺又直接影响发光材料的组成和结构。尽管不同的发光材料的合成方法各不相同,但其制备基本过程仍然具有一些共同性。发光材料的合成一般经过配料、灼烧、后处理三个阶段。

所谓配料,即将基质材料、激活剂、助熔剂以及其他必要助剂按一定比例均匀混合,并加以必要的处理制成高温灼烧用的生料。加入助熔剂除了有利于加快反应速度,降低反应温度外,还可以有效地控制发光粉的粒度。配制好的生料经高温灼烧生成发光材料。由于镧和铽的化学性质非常近似,所以本实验采用共沉淀法制备反应物的混合物。

$$2(La,Tb)(NO_3)_3 + 3H_2C_2O_4 \longrightarrow (La,Tb)_2(C_2O_4)_3 \cdot xH_2O\downarrow + 6HNO_3$$

将混合草酸盐 $(La,Tb)_2(C_2O_4)_3 \cdot xH_2O$ 经预烧获得的氧化镧铽混合物与另一反应物硫磺、助熔剂磷酸二氢钾和助剂碳酸钠在玛瑙研钵中机械研磨,就得到制备硫氧化镧铽的生料。

灼烧的主要作用是使生料各组分间在高温下发生化学反应,形成具有一定结构的均相晶体材料。在灼烧过程中激活剂离子进入基质晶体结构中形成发光中心,由此得到发光材料。由于发光材料是不发光的生料在一定环境气氛和温度下经高温灼烧合成的,因此灼烧是合成发光材料的关键步骤。合成硫氧化镧铽荧光粉的生料在灼烧过程中,助剂碳酸钠的作用是抑制硫的挥发。碳酸钠首先分解为氧化钠,氧化钠与硫反应生成硫化钠和多硫化钠,后两者再与氧化镧铽反应生成具有发光性能的硫氧化镧铽。

后处理主要包括选粉、洗粉和过筛等步骤,目的是去除产物中的助熔剂和在灼烧过程中产生的非发光成分。首先在紫外灯下将不发光或发光较弱的部分去除,然后通过水洗除去助熔剂,再经过滤、烘干、过筛即得成品。

发光材料的发光性能受合成工艺条件的影响非常大,合成一个性能优良的发光材料通常需要进行大量的实验工作才能确定一个适用的合成工艺。在确定合成工艺路线时一般要就下列条件进行实验:1) 反应物的配方,2) 原料混合方式,3) 助熔剂的组成和用量,4) 灼烧温度,5) 灼烧时间,6) 灼烧方式。

本实验合成的发光材料的基质是 La_2O_2S,激活剂是 Tb^{3+},助熔剂是磷酸二氢钾,助剂是碳酸钠。合成工艺路线是:

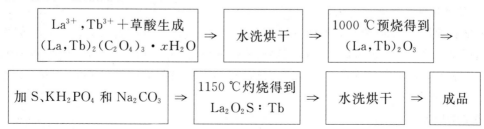

其中$(La,Tb)_2(C_2O_4)_3 \cdot xH_2O$经预烧分解为$(La,Tb)_2O_3$，$(La,Tb)_2O_3$再经二次焙烧与硫反应，使部分氧被硫取代生成$La_2O_2S:Tb$。

$$(La,Tb)_2O_3 + S \longrightarrow La_2O_2S:Tb$$

本实验学生每人单独实验，按上述合成工艺制备$La_2O_2S:Tb$荧光粉，并测试其荧光性能。

【仪器与试剂】

荧光光度计，高温电炉，电子天平，电磁搅拌，254 nm紫外分析仪，烘箱，离心机，水泵，吸滤瓶（500 mL），布氏漏斗（50 mm），烧杯（200 mL×2，100 mL×1），离心管（10 mL×3），玛瑙研钵，量筒（50 mL×1），氧化铝坩埚（20 mL×1，10 mL×1），瓷坩埚（500 mL×1）。

氧化镧（99.99%），氧化铽（99.99%），升华硫（G. R.），碳酸钠（G. R.），磷酸二氢钾（G. R.），草酸（A. R.）。

实验室准备：用氧化镧和氧化铽配成已知浓度的硝酸镧和硝酸铽溶液。

【实验步骤】

1. 硫氧化镧铽的共沉淀和预烧

取相当于3 g（9.21 mmol）氧化镧的硝酸镧溶液，加入千分之一（摩尔比）的硝酸铽溶液。配制草酸溶液50 mL，草酸用量为理论用量的120 mol%。两者同时加热近沸，在电磁搅拌下慢慢将草酸溶液加入硝酸镧铽溶液中。沉淀继续搅拌5分钟，稍稍静置，用草酸溶液检查是否沉淀完全。沉淀完全后在布氏漏斗中减压过滤，并用去离子水洗涤沉淀使洗出液pH大于4，抽干。沉淀在130 ℃下烘干（大约需30分钟），产物移入氧化铝坩埚中，在1000 ℃预烧30分钟。产物取出待用。

2. 硫氧化镧铽荧光粉的高温合成

将预烧得到的氧化镧铽放在玛瑙研钵中，加入0.24 g磷酸二氢钾、0.9 g碳酸钠、硫磺0.6 g（19 mmol），混匀研细后（至少10分钟）装入氧化铝坩埚中适当压紧，以10 g废荧光粉（废粉应充分研细）与2 g硫磺的混合物为覆盖层，加盖。以热进热出的方式在1150 ℃恒温半小时。冷却后在254 nm紫外灯下选粉（去掉不发光和发光较弱的部分）。将选出的发黄绿色荧光的荧光粉研细后水洗三次，废水离心分离。如洗液pH小于10，应用pH 10的碳酸钠和热水各洗一次。产物减压过滤，烘箱中130 ℃烘干（约30分钟）后待用。

3. 硫氧化镧铽发射光谱和相对亮度的测定

本实验使用F-4500荧光光度计，以254 nm紫外光为激发源测定硫氧化镧铽的发射光谱和相对亮度。将烘干后的硫氧化镧铽用玛瑙研钵研细（如样品粉末太粗，测试时易从样品盘上脱落）、装盘。选定激发波长（254 nm）。进行预扫描以确定量程。在480～630 nm波长范围内扫描。打印扫描结果。

测量条件如下：

狭缝(SLIT)：激发(EX)5 nm,发射(EM)1 nm；响应时间(RESPONSE)：Auto（或 2 s）[①]；扫描速度(SCAN SPEED)：12 000（或 240）nm/min[①]；电压(PMT)：400 V；发射滤波(EM FILTER)：430 nm。

【结果与讨论】

(1) 计算产物收率。
(2) 计算相对亮度(以标准样品主峰的峰高为100%)。
(3) 计算各条谱线的能级跃迁,并标明相应光谱项。

图 1 为 Tb^{3+} 的能级图,各能级的能量约为：激发态 $^5D_4$ 约 20 400 cm^{-1},基态 $^7F_0$ 约 5660 cm^{-1},$^7F_1$ 约 5460 cm^{-1},$^7F_2$ 约 4930 cm^{-1},$^7F_3$ 约 4300 cm^{-1},$^7F_4$ 约 3380 cm^{-1},$^7F_5$ 约 2040 cm^{-1},$^7F_6$ 为 0 cm^{-1}。如果受到适当频率的辐射,Tb^{3+} 离子将吸收辐射能从基态 ^7F_J 跃迁到高能态 $^5D_4$。当电子再从较高的能级(E'')跃迁至较低能级(E')时,即以光的形式将所吸收的能量释放出来,释放能量的大小用波数 $\tilde{\nu}$(cm^{-1}) 表示。从高能态跃迁至低能态所发出光的波数和波长的关系为

$$\tilde{\nu} = E'' - E', \quad \lambda = 1/\tilde{\nu}$$

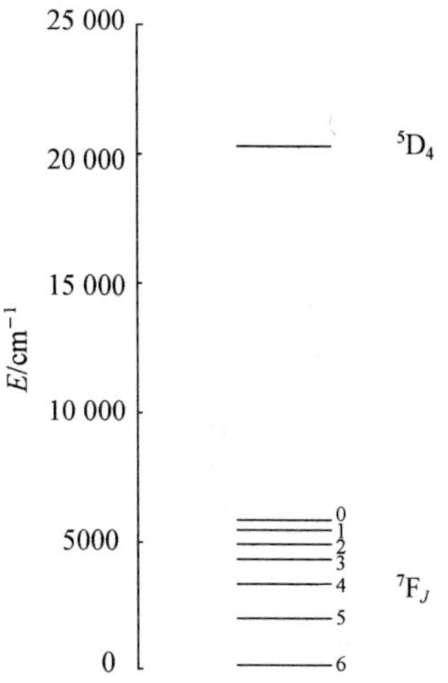

图 1 Tb^{3+} 离子的能级图

根据上述公式和能量值即可求得 Tb^{3+} 离子从 $^5D_4$ 跃迁到 ^7F_J(J=0～6)所发出光的波长,从而确定实验所测得的硫氧化镧铽发射光谱中各组谱线对应于哪些能级跃迁。

思 考 题

1. 合成硫氧化镧铽时,为何要加入碳酸钠？
2. 如果生料灼烧时坩埚不加盖,会有什么后果？
3. 二次灼烧时为何要加废荧光粉和硫的混合物作覆盖层？

参 考 文 献

[1] 黄竹坡,郭凤瑜,侯品成.高等学校化学学报,1981,4：401
[2] 郭凤瑜,黄竹坡.北京大学学报(自然科学版),1982,5：81
[3] 上海跃龙化工厂中心实验室.国外发光与电光,1979,1～2：213

(无机化学教研室)

---

① 使用前一条件时实验速度较快,使用括号条件时光谱曲线较为平滑。

实验16　室温自旋交叉化合物[Fe(Htrz)₃](ClO₄)₂的合成与表征

【实验目的】

1) 通过无机合成反应,制备具有室温自旋交叉现象的化合物[Fe(Htrz)₃](ClO₄)₂。2) 通过变温磁化率和变温红外光谱测量,结合配位场理论分析,理解和掌握自旋交叉现象研究的原理和方法。3) 综合运用配位化学、磁化学和现代分析测试手段,初步了解现代分子磁学的研究方法。

【背景介绍】

分子基磁性材料所可能表现出的优于传统合金、离子固体型磁性材料的特性,如透明性、绝缘性、低密度性、合成功能可控性、生物相容性和多功能性,使其在广泛的领域都有潜在的用途,因此,分子基磁性材料的研究成为近些年国际化学界,包括配位化学、纳米化学、无机合成化学、多功能材料化学和金属有机化学等相关领域的研究热点[1]。但由于绝大部分的分子基磁体的转变温度(T_C)很低,因此分子基磁性材料的实际应用还存在很大的局限性,提高转变温度也成为该领域的重要研究方向之一。

在众多的分子基磁性材料中,由于在信息存储、光化学开关等方面的应用,自旋交叉(spin crossover)化合物引起化学家广泛的关注[2]。这类化合物主要包含Fe、Co等d^4-d^7电子构型金属离子的化合物,在配位场条件变化(可由温度、压力或者光辐射诱发)下可引起d电子构型的转变,同时引起自旋状态的改变,也就是发生自旋交叉的现象。我们知道,通过外部激励,可逆或者不可逆地改变材料的物理性质,一直是对材料科学领域的挑战之一。其中,热、光激励和改变磁性质是比较常见的做法。而如果该类分子材料存在两个不同的稳定(或亚稳定)态,在适当和可控的外界微扰下(如温度、光辐射、压力)会导致两种状态的互相突变和出现滞后现象,该体系就具有相应扰动类型开关和信息存储功能。如果将分子基的自旋交叉化合物用于信息存储,将提供千倍于现有磁存储技术的磁存储密度,为计算机等行业带来巨大的变化。

当然不是任何自旋交叉化合物都能作为信息存储器件。能用于信息存储的配合物须具备如下条件[3]:

(1) 无论以升温方式或降温方式变化温度时,自旋转换必须是突跃式的,它必须发生在小于5 K的范围内,否则不会产生清晰的信息而无法唯一地存取。

(2) 自旋交叉必须出现滞后现象。因为系统记忆效应的范围取决于滞回宽度($T_C\uparrow-T_C\downarrow$)。从实用角度,滞回宽度在 50 K 左右为宜。

(3) $T_C\uparrow$ 和 $T_C\downarrow$ 必须尽可能接近分子器件运转时的温度,当然最理想的情况是室温状态下。否则分子信息存储器中还必须安装附加的小加热器或冷却器,增加使用成本和不稳定性。

(4) 一般的,从应用角度讲,自旋转换必须伴随尽量明显的颜色变化,也就是说,低自旋配合物和高自旋配合物最好有显著不同的颜色,以使信息的读入输出以易实现的方式进行。

(5) 自旋转换配合物在使用时必须是稳定的,且不污染环境。

显然,要设计、合成一种完全满足上述条件的自旋交叉体系,绝非一项容易的工作。

Fe(Ⅱ)的唑类化合物是一类被广泛研究的自旋交叉体系[2]。这类配体包括 1,2,4-三唑(1,2,4-triazole)、异噁唑(isoxazole)和四唑(tetrazole)及其衍生物。例如,1,2,4-三唑与 Fe(Ⅱ)形成 Fe(Ⅱ)N_6 的六元环,进而形成单核、线性多核、一维或多维的自旋交叉化合物。磁化学家 Kahn 于 1993 年[4]合成的第一个室温下具有热滞效应的自旋交叉化合物 $[Fe(Htrz)_3](ClO_4)_2$ 就是唑类 Fe(Ⅱ)配合物的著名例子。该配合物在升温和降温过程的自旋转换温度分别为 $T_C\uparrow=304$ K 和 $T_C\downarrow=288$ K,同时伴随从紫到白的颜色变化,该化合物的合成为自旋交叉化合物的应用提供了很好的示范。本实验就选择该配合物的合成和表征作为例子,学习和了解自旋交叉配合物研究的方法。

1,2,4-1R-三唑　异噁唑　四唑

【实验原理】

当配合物的中心离子组态为 $d^4\sim d^7$,且处于八面体场环境中时,根据晶体场分裂能 Δ 和电子成对能 P 的相对大小,配合物分子可处于高自旋态(high spin state,HS)或处于低自旋态(low spin state,LS)。在一级近似中,当 $\Delta<P$ 时,配合物基态为高自旋态;$\Delta>P$ 时,配合物基态为低自旋态。但当这两种自旋态能量相当接近,也就是,$|E(LS)-E(HS)|$ 与 k_BT(k_B 为 Boltzmann 常数)处于相同数量级时,在一个适当及可控的外界微扰下(如温度、压力、光辐射等),配合物分子可发生低自旋态和高自旋态的相互转换。例如 $[Fe(Htrz)_3](ClO_4)_2$,其中心离子 Fe(Ⅱ)为 d^6 组态,此配合物通常状态下处于低自旋基态,但当配合物被加热到某一温度以上,其中心离子 t_{2g} 轨道上的两个电子可跃迁到能量较高的 e_g 轨道上,并发生自旋翻转,成为高自旋分子(如图 1)。同时,由于 t_{2g} 轨道上具有成键轨道性质,而 e_g 具有反键轨道性质,所以当电子从 Fe(Ⅱ)离子的 t_{2g} 轨道跃迁到 e_g 轨道上时,Fe(Ⅱ)为配位原子的键长变长,可以从变温红外光谱中观测到该变化。

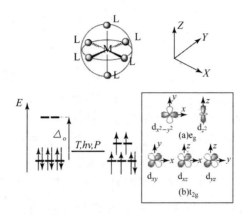

图 1 八面体配位场下 d 电子的能级分裂示意图

对于自旋交叉现象,我们可以用曲线

$$X_{HS} = f(T)$$

来表征,如图 2 所示。式中 X_{HS} 是高自旋分子的摩尔分数,$(1-X_{HS})$ 是低自旋分子的摩尔分数,T 为温度。在自旋交叉化合物的 $X_{HS}=f(T)$ 曲线中,可以用以下几个参数表征自旋转变情况。

自旋转换温度(T_C):当 $X_{HS}=X_{LS}=0.5$,$X_{HS}=f(T)$ 曲线中相应的温度为 T_C 温度,也称为自旋转变温度。

跃迁突变度:研究体系在 T_C 附近 $f(T)$ 曲线的斜率称为跃迁突变度。其值越大,表明自旋跃迁突变越大,越有利于应用在信息存储材料中。

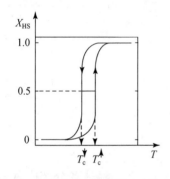

图 2 具有热滞回线的 $X_{HS}=f(T)$ 曲线示意图

滞回曲线:若自旋跃迁是可逆的,并且升温 $f(T)$ 和降温 $f(T)$ 曲线不重叠,称有滞回曲线(hysteresis loop),此时在升温过程和降温过程均有自旋跃迁温度 T_C,分别记作 $T_C\uparrow$ 和 $T_C\downarrow$。反之,称为无滞回线。

滞后宽度:$T_C\uparrow$ 与 $T_C\downarrow$ 差的绝对值 $|T_C\uparrow - T_C\downarrow|$ 称为滞后宽度。

滞回中心:$T_C\uparrow$ 和 $T_C\downarrow$ 中心之处的温度称为滞回中心。

对于温度变化引起的自旋交叉现象,一般有三种表征方法[2]:变温光谱、变温磁化率和变温 Mössbaner 谱。

变温光谱测量:若自旋交叉配合物随温度变化伴随颜色变化,即高自旋态的基态→激发态跃迁所对应的谱带(λ_{max})与低自旋态的基态→激发态跃迁所对应的谱带(λ'_{max})有较明显差别,这时,可以利用变温光谱方法测出体系的 $X_{HS}=f(T)$ 曲线,并确定出相关参数。

变温磁化率测量:对于自旋交叉配合物,因为高自旋和低自旋态 d 电子分布不同,成单电子数目亦不同,其高自旋和低自旋的磁化率($\chi=M/H$)是不同的。若自旋态的跃迁是由温度变化引发的,那么测定磁矩随温度变化曲线时,在 T_C 两侧的变温磁化率(χ)曲线变化将分别遵循不同的规律,故可用 $\chi_m T$-T 变化曲线来检测自旋交叉现象。同时,还可以根据居里定律(Curie Law)

$$\chi_m T = C = \mu_0 \frac{N_A \mu^2}{3k_B} \approx \frac{1}{8}g^2 S(S+1) \approx \frac{1}{2}S(S+1)$$

估算自旋转换前后的自旋态变化情况。本实验中,$[Fe(Htrz)_3](ClO_4)_2$ 的 $\chi_m T$-T 变化曲线如图 3 所示。

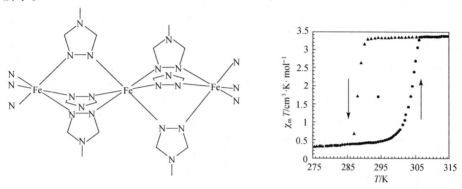

图 3 $[Fe(Htrz)_3](ClO_4)_2$ 的结构和 $\chi_m T$-T 变化曲线

变温 Mössbaner 谱测量:对于中心原子为 Fe^{2+} 和 Fe^{3+} 的自旋交叉配合物,可以通过测定 Mössbaner 谱查得同质异能位移值,确定高、低自旋情况,并定出 $T_C\downarrow$ 和 $T_C\uparrow$。

本实验合成反应方程式为

$$Fe(ClO_4)_2 \cdot 6H_2O + 3C_2H_3N_3 \Longrightarrow [Fe(Htrz)_3](ClO_4)_2$$

合成过程中提纯实验装置示意图如图 4 所示。

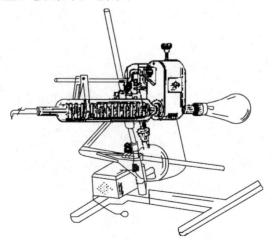

图 4 蒸发溶剂用旋转蒸发仪

【仪器与试剂】

磁天平,超导量子干涉仪(SQUID),变温红外光谱仪,磁力搅拌器,100 mL 烧杯,250 mL 烧杯,旋转蒸发仪,电子天平。

高氯酸亚铁,1,2,4-1H-三唑,抗坏血酸,乙醇,冰。

【实验步骤】

1. $[Fe(Htrz)_3](ClO_4)_2$ 的合成

(1) 称取 414.4 mg($6×10^{-3}$ mol)1,2,4-1H-三唑,溶于 100 mL 乙醇(用量筒量取)中,搅拌至固体溶解,得溶液 A。

(2) 称取 10 mg 抗坏血酸溶于 100 mL 乙醇中,搅拌至固体溶解,得溶液 B。快速(防止被氧化)称取 725.6 mg($2×10^{-3}$ mol)高氯酸亚铁,溶于溶液 B 中,搅拌至固体溶解,得溶液 C。注意动作要准确迅速,减少亚铁离子被氧化的量。

(3) 将溶液 A 和 C 混合,搅拌 30 分钟至反应完全。在 60 ℃下用旋转蒸发仪蒸发除去乙醇(约 30 分钟),得到白色粉末。

2. 产物表征

(1) 将所得化合物(加一滴水后)从高温(40 ℃)到低温(0 ℃)降温和从低温(0 ℃)到高温(40 ℃)加热,观察化合物颜色的变化。

(2) 用古埃天平(Guoy Balance)测量低温(0 ℃)、室温(20 ℃,升温和降温过程各一次)、高温(40 ℃)的摩尔磁化率。从高低温磁化率的数值,根据居里定律定性估算体系自旋变化情况,并定性认识自旋交叉现象。

(3) 用变温(0~40 ℃)红外光谱测量,定性认识自旋交叉现象中顺磁离子配位结构的变化。

(4) 用 SQUID 测量(送样测量)一份样品的变温磁化率,由原始数据作出 χT-T 曲线,说明该体系的自旋交叉现象。

【结果与讨论】

(1) 记录磁天平测量的磁化率数据,用居里定律估算自旋跃迁发生前后的基态自旋值变化。

(2) 对比不同温度红外光谱的变化,指认 Fe(Ⅱ)-N 配位情况的变化。

(3) 用 SQUID 测量的变温磁化率数据,作出 χT-T 曲线,解释实验体系发生自旋交叉现象的原因。

思 考 题

1. 实验中为什么加入抗坏血酸?

2. 根据居里定律,对于低自旋态 Fe(Ⅱ)离子,体系的 χT 应该为零。但是为什么实验中变温磁化率在低温时 χT 不等于零,而是接近 $0.5\ \mathrm{cm^3 \cdot K \cdot mol^{-1}}$?
3. 蒸发乙醇后,测量前加入一滴水的作用可能是什么?

参 考 文 献

[1] Miller J S, Drillon M. Magnetism: Molecules to Materials (I-V)[M]. Berlin: Willey-VCH Weinheim, 2002~2005

[2] Gütlich P, Goodwin H A. Topic in Current Chemistry, Spin Crossover in Transition Metal Compounds (I-III)[M]. New York, Berlin Heidelberg: Springer-Verlag, 2004

[3] Kahn O, Martinez C Jay. Science, 1998, 279: 44~48

[4] Krober J, Codjovi E, Kahn O, Groliere F, Jay C. J Am Chem Soc, 1993, 115: 9810~9811

(王炳武)

实验 17 乙酰丙酮铽的合成和光谱表征

【实验目的】

1) 本实验制备一种稀土荧光材料,这种材料在日光下呈白色,当用紫外光照射样品时,可以发出绿色荧光。2) 通过本实验使学生了解稀土荧光络合物的制备方法及其发光原理和发光特点。3) 掌握制备乙酰丙酮铽的具体方法及各步骤操作的原因。4) 学习用红外、紫外、荧光光谱等谱学方法表征分析样品的结构和性能。

【实验原理】

镧系元素是一类具有 f 电子的元素,人们已利用稀土发展出多种性能优异的力、热、光、声、电磁功能材料,如高温超导材料、稀土永磁材料等等。稀土的 f 电子赋予稀土元素丰富的电子能级结构,这就为人们用稀土元素发展各种发光材料创造了契机。稀土络合物发光材料是其中的一种。其发光机理是:当紫外光照射稀土络合物时,络合物中配体的共轭基团吸收光子而跃迁到单重态,再经系间穿越到达三重态,能量最终传给稀土离子,处于激发态的稀土离子通过 f-f 能级跃迁,从而发出荧光。这种稀土络合物发光涉及到稀土的 4f 能级之间跃迁,而 4f 轨道被外层轨道屏蔽,受配体的配位场影响较小,谱带的大致位置不随配体的不同而发生变化。基于稀土的 f-f 能级跃迁所制备的发光材料具有谱带尖窄(半峰宽 10~20 nm)、寿命长、发光效率高、特征性强等特点,因而受到人们的重视,并得到广泛应用。例如,人们根据稀土发光络合物特征性强的特点,已将其用于制造荧光防伪材料;由于稀土荧光络合物发光效率高,而且荧光寿命明显长于有机荧光物质,因而将其应用于免疫分析;人们亦将稀土荧光络合物加入农膜,将阳光的紫外光转化成为可被植物在光合作用中所有效利用的红光,从而使作物产量得以提高;近年来,有机电致发光器件研究中的突破性进展,使稀土荧光络合物可能在发展下一代大面积平板显示器方面起重要作用。

从稀土的 f 能级结构看,能够在可见区发光的稀土元素是铕、铽、镝、钐,其中得以广泛应用的是铕、铽。稀土络合物的发光性能好坏取决于配体的选择,因此,稀土络合物发光材料研究工作的一个重要方面是寻找合适的配体以制备发光性能优异的稀土络合物。经过人们长期不懈的努力,已成功地发展出一大批性能优异的配体,其中芳香羧酸类和 β-二酮类配体由于性能较为理想而得到广泛研究。本实验所用的乙酰丙酮属于 β-二酮类配体,它与铽能形成发光性能较好的络合物。在反应中,乙酰丙酮通过烯醇化,并脱去质子,使分子的氧原子带上负电荷,再与稀土离子发生络合配位,形成六元环结构,在反应体系中加入碱,中和掉反应中所产生的质子,使平衡右移,从而反应得以完成。

从机理上讲,本反应可以在水溶液中进行,以 NaOH 作为碱以中和反应中所产生的氢离子。但是,由于稀土离子有和 OH^- 结合的强烈倾向,从动力学角度上看,OH^- 离子在水中传递速度远大于其他配体分子(离子),因此,有可能形成由 OH^- 参与的稀土混配络合物。另外,水亦可能参与和稀土的络合配位作用,而 OH 的高频振动是造成稀土络合物荧光猝灭的重要原因。因此,在反应中应尽力避免上述副反应的发生。本实验所采用的措施是用乙醇代替水作为溶剂,用三乙胺作为碱,由于三乙胺加入乙醇中将不会产生 OH^- 离子,乙醇体系中水含量、OH^- 浓度大大下降,从而大大降低了 OH^- 离子、水分子参与络合配位的可能性。而且,三乙胺中的 N 是软路易斯碱,与作为硬路易斯酸的稀土离子结合力不强,从而有效地避免了副反应的发生。上述措施有助于提高稀土络合物的发光性能。

【仪器与试剂】

电磁搅拌器,红外光谱仪,紫外-可见光谱仪,荧光光谱仪。

无水乙醇(A.R.),三乙胺(A.R.),乙酰丙酮(A.R.),氯化铽。

【实验步骤】

(1) 将 1 mmol 氯化铽和 3 mmol 乙酰丙酮溶于 10 mL 乙醇中。在搅拌下,将 3 mmol 三乙胺溶于 5 mL 乙醇中。向氯化铽-乙酰丙酮的乙醇溶液中逐滴加入三乙胺的乙醇溶液,反应进行半小时后,产生大量白色沉淀。将沉淀过滤,用水洗涤,干燥,称重,计算产率。(注意:三乙胺的量应严格控制。如过多,在水洗过程中可能产生副反应;如过少,则反应产物生成速度较慢。)

(2) 将所得的产品置于紫外灯下,观察现象。

(3) 分别测试所得产品的红外和紫外光谱,并与相应的乙酰丙酮的光谱作比较,讨论配体的结构光谱变化。

(4) 测试所得产品的荧光光谱,了解稀土荧光材料的发光光谱特征。

【结果与讨论】

(1) 比较乙酰丙酮铽与乙酰丙酮的紫外吸收谱带,并解释所观察到的变化。

(2) 总结乙酰丙酮铽与乙酰丙酮在红外光谱上的差异,并讨论光谱变化与分子结构之间的关系。

(3) 给出乙酰丙酮铽的荧光发射光谱的各个谱带的光谱指认。为什么稀土的荧光发射峰很尖窄?如在高分辨率的条件下观测稀土络合物的荧光发射谱的各个尖窄的荧光发射峰可以观测到谱带精细结构,请问所谓的光谱精细结构与络合物的什么结构特征有关?

思 考 题

为了了解乙酰丙酮的化学性质,有人做了如下实验:将乙酰丙酮和氯化铬的水溶液混合,开始时,水层颜色呈绿色,pH 在 4~5 之间;搅拌 10 小时后,水层颜色变为紫红色,溶液的 pH 变为 1。请解释上述现象。

参 考 文 献

[1] 徐光宪,主编. 稀土[M]. 北京:冶金工业出版社,1995
[2] 李振甲,陈拌藻,高平,颜光涛,编著. 时间分辨荧光分析技术与应用[M]. 北京:科学出版社,1996
[3] 中本一雄. 无机和配位化合物的红外和拉曼光谱[M]. 北京:化学工业出版社,1991

(徐怡庄)

实验 18　异金属三核氧心羧酸配合物的合成和表征

【实验目的】

1) 制备系列异金属三核氧心羧酸配合物 $Fe_2MO(OOCCCl_3)_6(THF)_3$（$M=Mn^{2+}$、$Co^{2+}$、$Ni^{2+}$，THF=四氢呋喃）。2) 培养配合物的晶体。3) 测定配合物溶液的电子光谱,观察不同二价金属离子的改变对 Fe^{3+} 的 d-d 跃迁的影响。

【实验原理】

20 世纪 80 年代以来,多核配合物、配位聚合物和原子簇化合物的研究已成为配位化学的主流,主要原因在于它们具有丰富多彩的结构和化学键类型,特别是呈现了物理、化学性质的多样性。含氧的或含羟基的过渡金属多核配合物属于其中的一大类。

过渡金属离子在水解变成氢氧化物沉淀的过程中,随着介质 pH 的增加,过渡金属离子与 H_2O、OH^- 及 O^{2-} 逐步形成二核、三核、四核等多核物种,直至形成氢氧化物沉淀。在这个过程中,如果同时存在合适的配体,通过配位作用、模板作用等,则可能稳定其中的多核物种,得到单一的多核配合物。具有通式为 $M_3O(OOCR)_6L_3$ 的三核氧心过渡金属羧酸配合物是最常见的一类多核配合物。这类化合物具有共同的结构骨架(图 1),骨架中心的 M_3O 是一个由三个金属离子构成的等边或近似的等边三角形,一个中心氧原子基本上位于该三角形的中心;两个金属离子之间距离约 3.3 Å(1 nm=10 Å),并由两个羧基桥相连;端基 L 的配位原子完成对金属离子的八面体配位。在这类化合物中,金属 M、羧基 OOCR 和端基 L 变化范围很广但不会改变其一般结构特征,因此提供了在近乎相同的结构骨架的基础上研究这类化合物的性质(如磁性、光谱性质、电子转移等)与不同的金属 M、羧基 OOCR 和端基 L 之间的关系的机会。最近,这类三核氧心过渡金属簇作为分子构筑单元(building blocks),被用于构建具有催化、选择性吸附和包合、氢气存储等多孔金属-有机配位聚合物骨架的研究方面,获得很好的结果。

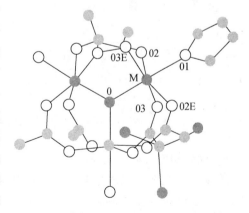

图 1　配合物 $Fe_2CoO(OOCCCl_3)_6(THF)_3$ 的分子结构

1. 异金属三核氧心羧酸配合物 $Fe_2MO(OOCCCl_3)_6(THF)_3$ 的分子结构和电子结构

图 1 是由通过 X 射线单晶结构测定获得的 $Fe_2CoO(OOCCCl_3)_6(THF)_3$ 的分子结构,为典型的三核氧心羧酸配合物。金属离子处于近似的八面体配位环境当中,金属离子与中心氧原子的键长为 1.91 Å,与其他氧原子的键长为 2.03 Å,前者明显比后者为短,因此中心氧原子和金属离子的化学键与其他氧原子不同。M_3 三角形边长 3.30 Å。这三种配合物属异质同晶,其晶胞参数(表 1)表明,从 M=Mn 到 Co 到 Ni,晶胞体积逐渐缩小,反映了随着二价离子半径从 M=Mn 到 Co 到 Ni 变小,分子当中 M_3O 骨架也逐渐缩小。

表 1 配合物 $Fe_2MO(OOCCCl_3)_6(THF)_3$ 的晶胞参数(三方晶系,空间群 $R\bar{3}m$)

配合物	$a=b=c$(Å)	$\alpha=\beta=\gamma$(°)	V(Å³)	分子量
$Fe_2MnO(OOCCCl_3)_6(THF)_3$	13.713(5)	83.66(3)	2535	1373.23
$Fe_2CoO(OOCCCl_3)_6(THF)_3$	13.687(2)	84.27(1)	2528	1377.23
$Fe_2NiO(OOCCCl_3)_6(THF)_3$	13.671(6)	84.12(3)	2518	1376.99

从这类化合物的量子化学研究发现,中心氧原子对 M_3O 骨架结构的形成十分重要。中心氧原子的 p_z 轨道和三个金属离子的 d_{zx} 和 d_{yz} 轨道形成的四中心 d-pπ 键(图 2)是使 M_3O 平面三角形骨架结构形成并稳定存在的原因,并使金属离子之间通过四中心 d-pπ 键相互影响。

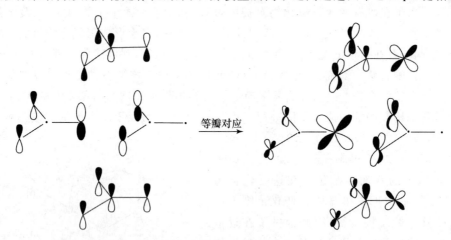

图 2 M_3O 骨架中四中心 d-pπ 键与 $C(CH_2)_3$ 自由基中 p-pπ 键的等瓣对应

2. 配合物的合成和晶体的培养

本实验通过在反应体系加入强碱弱酸盐三氯乙酸钠 CCl_3COONa 来增加介质的 pH,在配体三氯乙酸根存在的情况下,水解单核过渡金属离子并形成稳定的异金属三核氧心羧酸配合物 $Fe_2MO(OOCCCl_3)_6(THF)_3$。合成路径和反应如下:

$$FeCl_3 \cdot 6H_2O + MCl_2 \cdot nH_2O + CCl_3COONa \xrightarrow{THF+H_2O} Fe_2MO(OOCCCl_3)_6(THF)_3 + NaCl$$

配合物在四氢呋喃等极性有机溶剂中具有很大的溶解度,在水或非极性有机溶剂如正戊烷中溶解度很低。同时,反应物中的三氯乙酸钠和过渡金属氯化物在四氢呋喃中具有相当的溶解度,而反应产物之一的 NaCl 在四氢呋喃当中几乎不溶解。因此,在大量的四氢呋喃和少量的水组成的介质中,反应产物之一的 NaCl 和未反应的反应物会留存在水相而目标产物则留存四氢呋喃相当中,使反应易于进行。

采用含少量四氢呋喃的正戊烷溶剂培养晶体,借助于正戊烷的易挥发性和适当降低配合物的溶解度,可以较快地获得质量好的配合物晶体。

3. 配合物的电子光谱

配合物的电子光谱比较复杂,吸收峰的归属需要比较准确地确定各吸收峰的位置和对不同 d 电子组态(Fe^{3+}、Mn^{2+} 离子为 d^5,Co^{2+} 和 Ni^{2+} 分别为 d^7 和 d^8 组态)进行八面体配位场中的对称性分析(Oh 场,Tanabe-Sugano 图),本实验目前不做此工作。根据前人的研究工作,各配合物在约 960 nm 处的吸收峰归属为 Fe^{3+} 的谱项 $^6A_1$ 到 $^4T_1$ 的 d-d 跃迁,该跃迁的能量越大,相应的配位场分裂能越小。因此,$Fe_2MO(OOCCCl_3)_6(THF)_3$ 的电子光谱将反映由于二价金属离子 M 的改变对 Fe^{3+} 的这个 d-d 跃迁产生的影响,亦即对 Fe^{3+} 的配位场分裂能产生的影响。

【仪器与试剂】

共用仪器:PE-Lambda35 紫外-可见光谱仪,托盘 1 个,滴管若干只,1 cm 吸收池 2 个,镜头纸若干,双筒体视显微镜 2 台,台灯 2 台,红外灯(两组,用于烘干洗静的用作培养晶体的称量瓶),真空水泵 3 台(两组共用一台)。

每组仪器(一组两个同学,一组一套):加热型电吹风,电子天平,25 mL 烧杯 9 个,小表面皿 3 个(与 25 mL 烧杯相配),小搅棒若干,小布氏漏斗 2 个,吸滤瓶 2 个(与布氏漏斗相配),不锈钢药匙若干,高型称量瓶 9 个,称量纸、普通滤纸若干,10 mL 量筒 2 只,塑料滴管若干,白瓷板若干。

固体试剂(金属盐需研细):$FeCl_3 \cdot 6H_2O$,$MnCl_2 \cdot 4H_2O$,$CoCl_2 \cdot 6H_2O$,$NiCl_2 \cdot 6H_2O$,NaOH,三氯乙酸。

液体试剂:四氢呋喃,正戊烷,无水乙醇,去离子水。溶剂放入滴瓶中备用。

【实验步骤】

本实验两位同学为一组,完成一个系列三个化合物的合成和光谱测定等工作,数据共享,各自独立完成实验报告。

1. $Fe_2MO(OOCCCl_3)_6(THF)_3$(M=$Mn^{2+}$、$Co^{2+}$、$Ni^{2+}$)的合成

(1) 称取 2.0 mmol $FeCl_3 \cdot 6H_2O$(0.54 g,称准到 0.01 g,下同)和 1.0 mmol $MCl_2 \cdot nH_2O$(M=Mn:0.20 g;Co:0.24 g;Ni:0.24 g)溶于 5.0 mL 四氢呋喃(四氢呋喃用滴管吸

取,滴入量筒量取)和 0.5 mL 去离子水(约 10 滴)中,搅拌至固体溶解,为溶液 A。

(2) 称取 6.0 mmol(0.98 g) CCl_3COOH 和 6.0 mmol(0.24 g) NaOH 溶于 1.0 mL 去离子水(约 20 滴)中,搅拌溶解,为溶液 B。注意:此中和反应放热较剧烈,加入水后一定要搅拌,以免局部过热和暴沸。(样品用量少,不会有危险。)

(3) 将溶液 B 趁热缓慢逐滴加入 A 中,同时不断搅拌,直到溶液颜色变为深红棕色。该过程约需数分钟,用数滴去离子水洗涤盛放溶液 B 的烧杯,洗涤液也滴加入溶液 A 中,继续搅拌数分钟左右。滴管洗净晾干备用。

(4) 将(3)中上层溶液用倾析法倒入另一个干净小烧杯中,倾析时注意不要将下层水相(白色糊状物)倒入。将盛有溶液的烧杯用白瓷板托底,放置在通风橱中,在搅拌下,用电吹风热风吹扫使溶剂挥发(注意避免过热、烫手和烫坏实验台),直至将溶剂基本吹干,有大量晶体析出。用少量去离子水洗涤晶体或析出物,抽滤,再用少量去离子水洗涤 2～3 次并尽可能抽干,获得配合物 $Fe_2MO(OOCCCl_3)_6(THF)_3$ 产品。称重产品,计算产率。

2. 配合物晶体的培养

(1) 取一匙产品,加入 2～3 滴四氢呋喃和 5 mL 正戊烷,搅拌 1～2 分钟,将溶液过滤到干燥洁净的高型称量瓶中(为了得到高质量的晶体,称量瓶在使用前应当按分析化学实验的要求洗涤干净,用红外灯烘干)。滤液敞口静置于窗台,使溶剂挥发,在称量瓶底部出现肉眼可见的晶体时,倒出母液。在双筒体视显微镜下仔细观察和描述三种配合物晶体的外形和颜色以及它们的区别。

(2) 取一匙产品,滴加四氢呋喃至刚好完全溶解,再加入 5 mL 正戊烷,搅拌 1～2 分钟,将溶液转移到干燥洁净的高型称量瓶中。在窗台有微风处挥发溶剂,也可直接用吹风机在较远处吹风加速溶剂挥发,在称量瓶底部出现肉眼可见的晶体时,倒出母液。在双筒体视显微镜下仔细观察、描述三种配合物晶体的外形和颜色,并和(1)中得到的晶体进行比较,体会晶体培养中溶剂的量和挥发速度对晶体生长的影响。

3. 配合物光谱的测定

称取 0.25 g(称准到 0.01 g)产品,用 4.0 mL 四氢呋喃溶解在高型称量瓶中。在紫外-可见光谱仪上测定溶液在 700～1100 nm 的紫外-可见光谱并确定吸收谱带的位置,按 Lambert-Beer 定律($A=\varepsilon_\lambda cl$)估算吸收峰对应的吸光系数 ε_λ。

4. 实验完毕后将玻璃仪器洗涤干净,清点后放好,以便后面的同学使用。

【结果与讨论】

(1) 列出实验结果(产品的产率,晶体的外形、颜色,光谱的吸收峰位置及吸光系数 ε_λ,等等)。

(2) 根据二价离子的性质(离子半径、极化性能等)不同和配合物的分子结构及电子结构,定性讨论二价金属离子 M^{2+} 的改变对 Fe^{3+} 的配位场的影响。

(3) 讨论实验中出现的问题。

思 考 题

1. 在合成时如果加大 NaOH 的用量,或在合成时给体系加热回流,你估计可能得到什么产物?
2. 反应过程中下层产生的白色糊状物的主要成分是什么? THF 与 H_2O 是混溶的,为什么会出现溶液分相的情况?
3. 计算中心氧原子的价态,并采用杂化轨道理论解释中心氧原子与金属离子的成键作用。
4. 为了获得高质量的晶体,在晶体培养过程中应当注意哪些问题?
5. 本实验若只用 $FeCl_3 \cdot 6H_2O$,你估计可能生成什么产物?
6. 你认为 3d 过渡金属的其他二价离子 Fe^{2+}、Cu^{2+}、Zn^{2+} 是否也可以得到类似的化合物?

参 考 文 献

[1] Shriver D F, Atkins P W, Langford C H,著;高忆慈,等译. 无机化学[M],第二版. 北京:高等教育出版社,1997,526~544,813~815
[2] Huheey J E. Inorganic Chemistry[M], 2nd ed. New York:Harper and Row, 1978, 412~424, 819~821
[3] Blake A B, Yavari A, Hatfield W E, Sethulekshmi C N. J Chem Soc, Dalton Trans, 1985, 2509
[4] Wang Z M, Yu X F. JIEGOU HUAXUE (J Struct Chem), 1990, 9:15
[5] Li J Q, Yu X F, Wang Z M. JIEGOU HUAXUE (J Struct Chem), 1990, 9: 221
[6] Seo J S, Whang D, Lee H, Jun S I, Oh J, Jeon Y J, Kim K. Nature, 2000, 404:982
[7] Férey G, Mellot-Draznieks C, Serre C, Millange F, Dutour J, Surblé S, Margiolaki I. Science, 2005, 309:2040

(王炳武,等)

有机化学实验

实验 19 （对氨基苯基）二苯基甲醇的制备

【实验目的】
1) 通过（对氨基苯基）二苯基甲醇的制备，掌握有机合成中无水无氧实验操作的基本技术。2) 学习正丁基锂的制备及定量分析方法、多官能团化合物的基团保护方法。3) 学习使用色质联用检测中间体、薄层层析、柱层析在有机合成中分离纯化产物的应用。

【实验原理】
金属有机化学既有悠久历史，又是一个新兴的交叉学科。金属有机化合物具有独特的性能和作用。格氏试剂和正丁基锂等是应用广泛的有机合成试剂。

有机锂化合物对氧、水和二氧化碳很敏感，可被空气迅速氧化成过氧化物。与水反应剧烈，生成烃化物和氢氧化锂，同时释放大量热而引起燃烧。因此，有关实验必须在无水无氧条件下进行。在烃类溶液中制备，制得的正丁基锂溶液可以保持较长的时间。

对于多官能团化合物，若想在其某一部位选择性地完成一个化学反应，则必须对其他反应部位加以保护。优良的保护基应易于生成和脱除。

芳基和烯基卤化物经常不能很好地与金属锂反应生成相应的锂化物，常采用金属-卤素交换反应来制备：

$$Ar-Br + BuLi \longrightarrow Ar-Li + BuBr$$

本实验反应式如下：

$$Br-C_6H_4-NH_2 \xrightarrow{C_2H_5MgBr} Br-C_6H_4-N(MgBr)_2 \xrightarrow{Me_3SiCl} Br-C_6H_4-N(SiMe_3)_2$$

$$\xrightarrow{BuLi} Li-C_6H_4-N(SiMe_3)_2 \xrightarrow{Ph_2CO} LiO-C(Ph)_2-C_6H_4-N(SiMe_3)_2$$

$$\xrightarrow[2)OH^-]{1)H_3O^+} HO-C(Ph)_2-C_6H_4-NH_2$$

本实验中制备的(对氨基苯基)二苯基甲醇,采用正丁基锂与溴代苯反应得苯基锂,再与二苯酮反应而得。因对溴苯胺含有活泼氢,在与正丁基锂反应前须用三甲基硅基保护。由于三甲基硅基反应活性较差,直接与—NH_2反应困难,需先用 EtMgBr 将—NH_2 转变为—$N(MgBr)_2$,再与三甲基硅基反应。该保护基可以方便地用水脱去,因此上保护基的中间体需在隔绝空气条件下纯化,以避免与空气中的水汽接触。所得蒸馏产品中含有单取代产物,对下一步反应有影响,应测定其组成,再据以确定所需正丁基锂用量。

薄层层析具有快速、简便、经济等特点,在有机合成中可用于监测反应和检测反应产物,并且用于寻找柱色谱制备分离的合适条件。

某些结晶性能不好或易发生变化的化合物,在含有较多杂质时不宜直接进行重结晶纯化,特别在小量半微量实验中更是如此。此时采用柱层析纯化是一种较好的选择。

【仪器与试剂】

色质联用仪,氮气钢瓶,电磁搅拌仪,真空油泵,无氧过滤器,三口烧瓶,恒压滴液漏斗,干燥管,直型冷凝管,层析柱,注射器,红外灯。

己烷、溴乙烷、氯代正丁烷(A.R.,均经无水氯化钙干燥后,蒸馏),氯化苄(A.R.,经五氧化二磷干燥后减压蒸馏),无水乙醚(A.R.,先用无水氯化钙干燥,然后在 N_2 保护下用金属钠回流至无水无氧,蒸出备用),镁条,对溴苯胺,三甲基氯硅烷,金属锂,盐酸水溶液,碳酸氢钠,无水硫酸钠,酚酞指示剂。

【实验步骤】

1. 正丁基锂的制备与定量分析

在 100 mL 三口瓶中加入 40 mL 己烷,在恒压滴液漏斗中加入 6.0 g 氯代正丁烷,利用双排管或三通活塞用氮气将体系中空气赶净。在氮气流下拔出温度计,迅速加入 1.0 g 锂丝。插回温度计,气球保持适当充气状态。缓慢升温,缓慢滴加氯代正丁烷。同时搅拌,保持平稳的沸腾回流状态。加毕,继续搅拌回流 1.5 小时。静置。

定量分析:

(1) 向 150 mL 锥形瓶内加入 20 mL 去离子水,用 1 mL 的注射器取 1.0 mL 的上述正丁基锂溶液注射至瓶内,充分摇匀后,加入 2~3 滴酚酞指示剂,用盐酸(约 $0.1\ mol \cdot L^{-1}$)滴定。重复 2~3 次至数据平行,得总碱量 V_1。

(2) 另取两个绝对干燥的三口瓶,通氮除氧,用 10 mL 注射器各加入 10 mL 的氯苄-无水乙醚溶液(1∶10),再各加入 1.0 mL 正丁基锂溶液,剧烈摇至均匀。搅拌下用红外灯加热 15 分钟。拆除通氮装置,加入 20 mL 去离子水,摇匀,同上法滴定,得 V_2。

正丁基锂浓度计算如下:

$$c = (V_1 - V_2) c_{HCl} / V(正丁基锂溶液)$$

2. C_2H_5MgBr 的制备

在三口瓶中加入 15 mL 无水乙醚和 1.4 g 镁屑,取 5.75 mL 溴乙烷和 15 mL 无水乙醚混匀后置滴液漏斗中,先滴入约 2 mL 的混合液,几分钟后开始回流使反应液成为乳白色浑浊状。继续滴加,保持乙醚微沸,约 2 小时滴完。用 45～50 ℃ 水浴加热回流约 50 分钟至镁屑全部消失。

3. $4\text{-Br-}C_6H_4\text{-N(SiMe}_3)_2$ 的制备

三口瓶中加入 5.25 g 对溴苯胺,搅拌下将上述制备的 C_2H_5MgBr 自滴液漏斗在 20 分钟内滴入。水浴加热回流 3 小时。10 分钟内滴入 7.0 g 三甲基氯硅烷,回流 6 小时。放置过夜。氮气保护下压滤,滤饼用 30 mL 无水乙醚分三次洗涤。合并滤液,减压蒸馏,收集 106 ℃/160 Pa 的馏分。

4. 将上述产品用色质联用仪进行含量分析,根据结果计算下步反应所需正丁基锂量。仪器条件:载气氦气,程序升温 150～200 ℃,升温速度 5 ℃/min。

5. (对氨基苯基)二苯基甲醇的制备

体系用氮气保护。用注射器加入计算量的正丁基锂-己烷溶液和 10 mL 无水无氧乙醚,搅拌下用注射器加入 1.77 g 的 $4\text{-Br-}C_6H_4\text{-N(SiMe}_3)_2$,用红外灯照射加热,控制加入速度使反应液保持微沸。加毕回流 25 分钟。用注射器加入 0.92 g 二苯酮的乙醚(10 mL)溶液,再回流 45 分钟。加入 2 mol·L^{-1} 盐酸酸化,使 pH=2～3,搅拌 1 小时后,室温放置过夜。次日将反应瓶内的橘黄色固体物抽滤取出,用适量的乙醚溶解,加入 10% 的碳酸氢钠溶液碱化至 pH=8。分出醚相,水洗至中性。无水硫酸钠干燥。用薄层层析寻找合适的层析条件,用硅胶柱层析分离产品,石油醚-丙酮中重结晶,为白色粉末状。测熔点,116～117 ℃。

【结果与讨论】

(1) 实验中制备的 $4\text{-Br-}C_6H_4\text{-N(SiMe}_3)_2$ 中含有少量单取代物 $4\text{-Br-}C_6H_4\text{-NH(SiMe}_3)$ 及对溴苯胺,随含量不同,蒸馏产品的沸点有差别。

(2) 本实验产物(对氨基苯基)二苯基甲醇不易得到良好结晶,且含有游离氨基,在空气中及在较高温度(甲苯中重结晶时)下易氧化变色,影响成品外观。为便于实验,可以将其制成衍生物,如乙酰化成酰胺,以改善其结晶性能和稳定性。

思 考 题

1. 正丁基锂的定量分析为什么采用双滴定法?第二次滴定为什么要加入大量乙醚?
2. 以盐酸淬灭反应时,调 pH=2 的目的是什么?对产品纯化有何影响?
3. 最终产品的纯化处理中,以 10% 的碳酸氢钠溶液碱化的作用是什么?

参 考 文 献

[1] Walton D R M. J Chem Soc(C), 1966, 1706
[2] 李良助,林垚,宋艳玲,等. 有机合成原理和技术[M]. 北京:高等教育出版社,1992

(张奇涵)

实验 20 C_{60} 衍生物的光化学合成和表征

【实验目的】

1）了解富勒烯基本化学反应特性。2）了解光化学合成、液相柱色谱分离提纯方法。3）熟悉 NMR、UV-Vis、IR 等测试手段的运用。

【背景介绍】

富勒烯（fullerene）是全部由碳原子组成的一大类分子的总称。其中最具代表性的富勒烯分子是足球状的 C_{60}，1985 年首次被报道之后即引起科学界的轰动。此后各国学者纷纷投入大量人力、物力开展这方面的研究，随后又陆续发现了橄榄状、管状、洋葱状同系物。富勒烯是继石墨、金刚石之后被发现的第三种碳的同素异构体。

与以苯为基础形成芳香族化合物类似，以 C_{60} 为代表的富勒烯成为新一类丰富多彩的有机化合物的基础。富勒烯化合物以其独特的结构与性质在物理学、化学和材料科学等相关学科中开辟了全新的研究领域。以 C_{60} 为代表的富勒烯及其衍生物的制备、性质研究是富勒烯科学的一个重要分支，在富勒烯的开发应用中占有重要位置。

C_{60} 被认为是三维欧几里德空间可能存在的对称性最高、最圆的分子。C_{60} 分子的表面由 12 个五边形和 20 个六边形组成，整个分子的外形为具有 60 个顶点的球形 32 面体，分子属 I_h 点群，所有 60 个碳原子全部等价，每个碳原子周围只有 3 个碳原子。上述性质使 C_{60} 分子非常坚固和稳定，它可以每小时 2.7 万公里的速度与刚性物体相撞而不破裂；在常压、空气条件下，C_{60} 固体加热到 450 ℃才开始燃烧。富勒烯类新材料的许多不寻常特性几乎都可以在现代科技和工业部门中获得实际应用，包括润滑剂、催化剂、研磨剂、高强度碳纤维、半导体、非线性光学材料、超导材料、光导体、高能电池、燃料、传感器、分子器件等许多领域都具有潜在应用价值。

C_{60} 分子的成键特征比金刚石和石墨复杂。由于球状表面的弯曲效应和五元环的结构，引起分子杂化轨道的变化。与石墨相比，π 电子轨道不再是纯的 p 原子轨道，而是含有部分 s 轨道的成分，因此 C_{60} 分子中 C 原子的杂化轨道处于 sp^2（石墨晶体）和 sp^3（金刚石晶体）杂化之间。C_{60} 分子中每个碳原子以 $sp^{2.28}$ 杂化形成 3 个 σ 键，再以 $s^{0.09}$p 杂化形成离域 π 键。σ 键沿球面方向，而 π 键分布在球的内外表面，从而形成具有芳香性的球状分子。与苯分子中所有化学键等长所不同的是，C_{60} 分子的化学键分为两类：长键（五元环与六元环间），键长为

146 pm；短键(两个六元环间)，键长为 139 pm(与苯环中的碳-碳键长相同)。C_{60} 分子的这种结构使其比苯更易于发生加成反应，生成一系列的加成化合物[1]。

【实验原理】

由于 C_{60} 分子是一个非极性分子，只在一些芳香性溶剂中有一定溶解度，但在极性有机溶剂中溶解度很小，在水中的溶解度则几乎为零，这在很大程度上限制了它的应用。氨基酸有很强的亲水性，它与 C_{60} 通过加成反应生成的衍生物能溶解于水，该类化合物在生命科学领域有重要意义。如 Wudl[2] 等人合成了一个水溶性 C_{60} 衍生物，发现该衍生物对 HIV 蛋白酶有一定的抑制作用。文献[3]报道的氨基酸与 C_{60} 的反应，要么采取氨基酸先与一个辅助试剂反应，生成活性中间体，然后再与 C_{60} 反应，如 Prato 等人报道的 1,3 偶极加成，就是氨基酸先与醛反应生成；要么是用已有的衍生物上的官能团进一步与氨基酸反应，如 Wudl 等人报道的第一个 C_{60} 多肽衍生物。

本实验将亚氨基二乙酸甲酯在光照条件下直接与 C_{60} 反应，选择性地生成单加成衍生物。这一方法可推广到其他一系列 C_{60} 多氨多羧酸衍生物的合成。

亚氨基二乙酸甲酯与 C_{60} 的光化学反应方程式如下：

$$C_{60} + HN(CH_2COOMe)_2 \xrightarrow{h\nu} \text{产物}$$

C_{60} 的 1，2 加成有两种可能的机理，一种是单电子加成，一种是自由基加成。前者如 Wudl 等人最先报道的胺类化合物与富勒烯的加成反应：

$$RN(R')H \xrightarrow{C_{60}} [\overset{\cdot}{R}N(R')H]^+ \cdots [C_{60}]^- \rightleftharpoons [RN(R')H]^+ \cdots [\overset{\cdot}{C_{60}}]^- \longrightarrow RNR' \cdots H-C_{60}$$

这是一个典型的单电子转移反应机理，氮上的孤对电子首先转移一个给 C_{60}，从而生成上面机理中第一步产物的离子对，该离子对进一步转化，将氮上的氢原子转移至 C_{60} 上。反应最后结果是 C_{60} 打开一个双键生成一个简单的 1,2-加成产物。

上面的机理显然不能解释本实验的结果。本实验的产物含有一个吡咯环，氮原子并不直接与 C_{60} 球成键。一个可能的机理如下[4,5]：

$$\text{MeOOCCH}_2\overset{\cdot +}{\text{N}}\text{HCH}_2\text{COOMe} \xrightarrow{-H^+} \text{MeOOCCH}_2\overset{\cdot}{\text{N}}\text{CH}_2\text{COOMe}$$

$$\uparrow -e$$

$$\text{MeOOCCH}_2\text{NHCH}_2\text{COOMe} \xrightarrow{-H} \text{MeOOCCH}_2\text{NH}\overset{\cdot}{\text{C}}\text{HCOOMe}$$

$$\downarrow C_{60}$$

该机理与前一机理的最大差别在于，与 C_{60} 首先作用的是氨基酸分子中的碳而不是氮。在氨基酸中由于既有氨基的推电子作用，又有羧基的拉电子作用，因此以碳为中心的自由基可以稳定存在。

有关光化学原理请参阅文献[6]。

【仪器与试剂】

红外光谱仪(VECYOR 22 FT-IR)，紫外-可见分光光度计(Cary 1E)，旋转蒸发仪，电子天平(毫克级)，超声波清洗器，电磁搅拌器 1 台，灯箱 1 个(箱内配 150 W 自镇流荧光高压汞灯 2 个，为防止反应过程中灯箱过热，请用灯箱中的电风扇降温)，50 mL、25 mL 大肚移液管，10 mL 吸量管(以上仪器公用)。

色谱柱(1 个，下口带活塞，ϕ20 mm×500 mm，玻璃砂 100 目)，回流冷凝管(1 只)，磨口圆底烧瓶(25 mL×2 个，50 mL×2 个，100 mL×2 个，250 mL×1 个)，烧杯(50 mL×2 个)，锥形瓶(100 mL×2 个，250 mL×2 个)，量筒(50 mL×1 个，10 mL×1 个)，吸量管(1 mL×1 个)，站架，烧瓶夹，不锈钢药勺(1 只)，滴管(2 只)，双连球(1 个)。

C_{60}($\geqslant$98%，或使用实验 23"对-叔丁基杯芳烃八分离 C_{60}"产品)，亚氨基二乙酸(A.R.)，甲苯(A.R.)，无水甲醇(A.R.)，氢氧化钠(A.R.)，盐酸(A.R.)，二氯亚砜($SOCl_2$)，氘代氯仿(A.R.)，硅胶(柱层析用 200~300 目)，精密 pH 试纸(pH 5~9)。

注意事项：甲醇蒸气对眼睛有害，甲苯对肝脏有害，富勒烯的毒性目前尚不十分清楚，请同学们注意通风，尽量避免试剂直接接触皮肤。

【实验步骤】

1. 亚氨基二乙酸甲酯盐酸盐的合成

将 1.0 g 亚氨基二乙酸和 10 mL 无水甲醇加入一只 25 mL 磨口圆底烧瓶，搅拌下慢慢滴入 8 滴二氯亚砜 $SOCl_2$(约 0.4 mL)，滴加过程中会产生大量盐酸气。用水浴加热回流 2 小时。于旋转蒸发仪上蒸干,所得固体即为亚氨基二乙酸甲酯盐酸盐。该粗产品可直接用于下步合成反应。

2. C_{60}的光化学合成

(1) 在 50 mL 烧杯中加入亚氨基二乙酸甲酯盐酸盐(1.0 mmol,220 mg)与等摩尔 NaOH(80 g/L 溶液 8~10 滴),再加 8 mL 甲醇,超声混合,得到亚氨基二乙酸甲酯盐酸盐的甲醇溶液。将精密 pH 试纸用去离子水弄潮后测定该溶液的 pH,若 pH 偏离 8.5,可用 NaOH 溶液(80 g/L)或稀 HCl 调节。

(2) 量取实验 23"对-叔丁基杯芳烃八分离 C_{60}"提纯得到的 C_{60} 甲苯溶液,置于 100 mL 或 250 mL 锥形瓶中,使参加反应的 C_{60} 含量约为 40 mg(一般 C_{60} 溶液浓度约为 0.8 mg/mL,可以用紫外重新标定其浓度)。将(1)中调好 pH 的亚氨基二乙酸甲酯盐酸盐的甲醇溶液加入 C_{60} 甲苯溶液中,摇动使其混合均匀。此时清液应为紫色。

(3) 将反应瓶置于光照器上进行光照,至溶液紫色完全消失变为红色(小于 20 分钟,约 15 分钟为宜),反应过程中应适当摇动反应液。注意:反应要在通风橱中进行,光照一段时间后反应液温度会逐渐升高至沸腾,此时应打开灯箱上的风扇适当降温;但温度太低也不利于反应进行。应记录反应过程中颜色的变化。

(4) 反应完毕加入 5 mL 去离子水于反应瓶中,摇动,用滴管除去水相,有机相用旋转蒸发仪蒸干(水浴 50 ℃),固体加 10 mL 甲苯,超声波处理,分出清液。若仍有固体未溶,可再用适量甲苯萃取。

3. C_{60} 及其衍生物的柱层析分离和产率的测定

(1) 在色谱柱中加 15 mL 甲苯,将硅胶(3.5 g)用甲苯浸润并搅拌成浆状后慢慢倒入色谱柱。装柱时应避免气泡留在硅胶上。装好后检查硅胶上有无明显气泡和缺陷,如有,可用双连球加压使甲苯快速从活塞流出以赶出气泡,或取下硅胶柱适当摇动。打开活塞,放出上层甲苯,当甲苯液面逐渐下降至硅胶柱上层平面后,关上活塞。用一滴管从色谱柱柱壁慢慢加入实验步骤 2(4)获取的反应萃取液,待全部加完后,打开活塞。当萃取液液面逐渐下降至硅胶柱上层平面时,再加甲苯淋洗。若淋洗速度太慢,可用双连球加压(使用双连球时注意千万不要使液面低于硅胶柱)。按色带分别收集未反应 C_{60} 和单加成反应产物。用量筒准确量取含 C_{60} 和一取代反应产物洗涤液的体积(计算产率用)。

(2) 用紫外-可见分光光度计分别测定未反应 C_{60} 和反应产物甲苯淋洗液浓度,并计算 C_{60} 和产物重量以及 C_{60} 的利用率和单加成产物的产率。由于富勒烯及其衍生物吸光度都很大,测定时需要根据标准溶液的颜色进行稀释。标准溶液和标准曲线由实验课老师提供。

注意:由于富勒烯及其衍生物价值昂贵,所有富勒烯及其衍生物都必须按指定容器回收!

4. 产物的表征

(1) 使用旋转蒸发仪蒸干 C_{60} 产物的甲苯淋洗液(水浴 60 ℃)。

(2) 取少量固体,用 10～15 滴甲苯在超声作用下溶解,然后测定产物的 IR 谱。

(3) 通过 C_{60} 和产物的紫外-可见光谱,测定未反应完的 C_{60} 和产物浓度。

(4) 测定产物的 ^1H NMR 谱。

【结果与讨论】

(1) 根据 C_{60} 和产物的紫外-可见光谱数据,计算反应中 C_{60} 的转换率和产物产率。

(2) 根据 C_{60} 和产物的红外光谱图,分析、讨论氨基酸与 C_{60} 加成反应的结果及产物结构。

(3) 分析产物的核磁共振谱图,讨论氨基酸与 C_{60} 加成反应产物的结构,预测产物的 ^{13}C NMR 图谱。

思 考 题

1. 在所得产物上再加一个相同的取代基,会产生多少种异构体?
2. 温度对 C_{60} 光化学加成反应是否有影响?有什么影响?如何判断,如何控制?
3. 实验步骤 2(1) 中,为什么需弄潮 pH 试纸后再测 pH?为什么 pH 控制在 8.5 是关键?溶液 pH 过高或过低各有什么不好?
4. 实验步骤 2(2) 中,什么情况下会出现棕色?棕色物质是什么?如何解决?
5. 实验步骤 2(3) 中,反应过程中颜色会如何变化?反应时间为什么需要控制在 20 分钟以内?时间过长对产率有何影响?
6. 甲苯对肝脏有损坏,实验步骤 3(1) 中应尽量如何避免甲苯溶剂浪费?如何控制溶剂的挥发?
7. 淋洗色谱柱时,液面为什么不能低于硅胶柱?
8. 实验结果要求有三位有效数字,实验步骤 3(2) 中,单加成产物与未反应 C_{60} 均需稀释5～20倍至工作曲线范围,应如何选择容量仪器?

参 考 文 献

[1] 韩汝珊,著. 一个新的足球烯家族[M]. 长沙:湖南教育出版社,1994
[2] Wudl F, Hirsch A, Khemani K C, et al. Fullerenes: Synthesis, Properties and Chemistry of Large Carbon Cluster. //Hammmond G S, Kuck V J, Eds. American Chemical Society Symposium Series, 1992, 481: 161
[3] Hirsch A. The Chemistry of the Fullerenes[M]. New York: Thieme Medical Publishers, Inc. ,1994
[4] Gan L, Zhou D, Luo C, Huang C, et al. J Org Chem, 1996, 61: 1954
[5] Gan L, Jiang J, Zhang W, Su Y, et al. J Org Chem, 1998, 63: 4240
[6] 康锡惠,刘梅清,著. 光化学原理与应用[M]. 天津:天津大学出版社,1995

附件

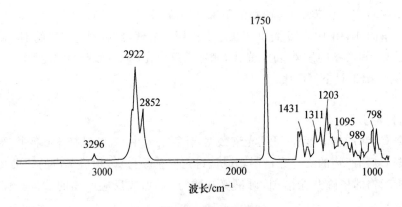

C₆₀加成产物的红外光谱图

（甘良兵、田曙坚）

实验 21 CBS 体系催化的潜手性酮的不对称还原反应

【实验目的】
1) 了解均相不对称催化反应的原理、实验方法。2) 合成(S)-二苯基-2-吡咯烷甲醇并用于潜手性酮的不对称还原。

【实验原理】
比较成功的硼烷衍生的试剂硼杂噁唑烷由 Hirao 在 1981 年引入,并由 Itsuno 和 Corey 加以改进。迄今,在羰基化合物的不对称还原中(即使在烷基羰基化合物时),仍是这一体系能提供高度的对映选择性结果。1987 年 Corey 报道,噁唑烷的二苯基衍生物在各种酮的不对称催化还原中产生优异的对映选择性(95%)。Corey 将这种类型的硼杂噁唑烷催化剂命名为 CBS 体系(由发明人名字 Corey-Bakshi-Shibata 首字母组成)。作为通用方法,在无水条件下以化学计量的硼烷等为还原剂,硼杂噁唑烷催化剂的用量为 5~10 mol%。噁唑硼烷 1a 的二苯基衍生物在各种酮的不对称催化还原中产生优异的对映选择性(>95% e.e.),但 1a 由于对空气和水敏感而不易保存,还原反应过程中不易操作,实用性较差。B-甲基噁唑硼烷 1b 和 B-正丁基噁唑硼烷 1c 较 1a 容易制备和保存,由它们催化的反应的对映选择性可与由 1a 催化的媲美,但由于烷基硼酸的价格昂贵,其应用成本较高。

Masui 等对上述方法进行了改进,用较便宜的硼酸三甲酯 B(OMe)$_3$ 和(S)-二苯基脯氨醇制得噁唑硼烷 1d,并且得到的催化剂无须分离提纯,可直接用来还原酮,并在还原苯乙酮时得到很高的选择性(可达 98% e.e.)。

(S)-二苯基-2-吡咯烷甲醇是该类及其他手性催化剂的合成前体,其合成方法多数由于产率低、步骤多或者使用高毒性光气而不便于常规制备。本实验以 L-脯氨酸为原料,合成 L-脯氨酸甲酯,然后采用氯甲酸乙酯保护 N,再以格氏试剂高产率、简便地合成化合物乙氧羰基二苯基脯氨醇,经碱性水解脱保护基制得(S)-二苯基脯氨醇。

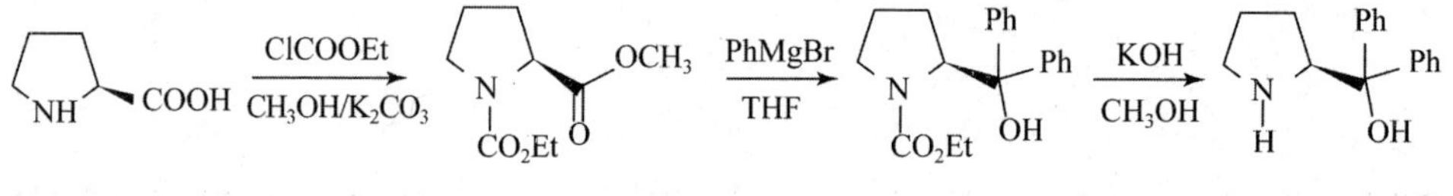

图1 (S)-二苯基脯氨醇的合成

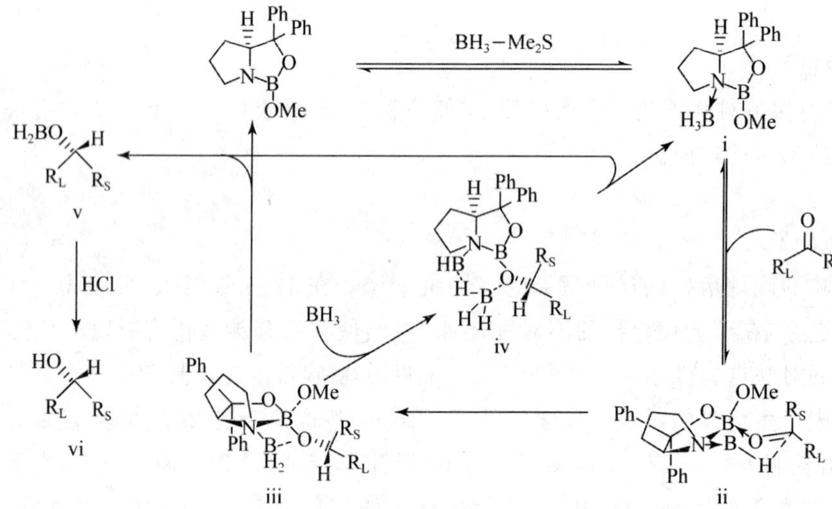

图2 CBS催化反应机理

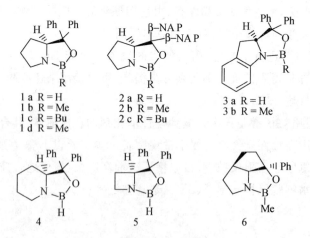

图3 CBS体系代表化合物

$$2R_1COR_2 + BH_3 \xrightarrow[1 \text{ min, } 25 \text{ °C}]{(S)\text{-1b, THF}} R_1CH(OH)R_2$$

酮	BH$_3$ 当量	(S)-1b 当量	产物构型(%e.e.)
C$_6$H$_5$COCH$_3$	2.0	1	R(97)
C$_6$H$_5$COCH$_3$	1.0	0.1	R(97)
C$_6$H$_5$COCH$_3$	1.2	0.025	R(95)
C$_6$H$_5$COC$_2$H$_5$	1.2	0.05	R(86)
C$_6$H$_5$COC$_2$H$_5$	1.0	0.05	R(88)
C$_6$H$_5$COC$_2$H$_5$	0.6	0.05	R(90)
t-BuCOCH$_3$	0.6	0.05	R(88)
t-BuCOCH$_3$	0.6	0.1	R(92)
-tetralone	0.6	0.05	R(89)
C$_6$H$_5$COCH$_2$Cl	0.6	0.05	S(97)

图 4　(S)-1b 催化的还原反应结果

【仪器与试剂】

旋转蒸发仪,色谱柱,电子天平,电磁搅拌器,恒压滴液漏斗,煤气灯,注射器,三口瓶。

L-脯氨酸,碳酸钾,甲醇,氯甲酸乙酯,镁屑,四氢呋喃,新蒸溴苯,饱和氯化铵水溶液,氯仿,氢氧化钾,硼酸三甲酯,石油醚,丙酮,BH$_3$-Me$_2$S,无水硫酸镁。

【实验步骤】

1. (S)-二苯基脯氨醇的合成

4.6 g(40 mmol)L-脯氨酸和 5.5 g(40 mmol)碳酸钾悬浮于 50 mL 甲醇中,冰水浴下滴加 8.8 mL 氯甲酸乙酯,室温搅拌过夜。蒸除甲醇,加水 150 mL,氯仿提取,有机相用饱和食盐水洗涤,经无水硫酸镁干燥后,旋转蒸除氯仿,得到乙氧羰基脯氨酸甲酯,为无色液体,称重 8.0 g,产率 100%。

250 mL 三口瓶中加入 2.4 g (0.1 mol)光亮的镁屑和 50 mL 四氢呋喃,恒压滴液漏斗中加入 15.7 g (0.1 mol)新蒸溴苯的四氢呋喃溶液。先加入小部分溴苯的四氢呋喃溶液,待反应引发后缓慢滴完,反应过程中保持反应物微沸。反应停止后,加热回流半小时,制得格氏试剂。

冰水浴下向新制的格氏试剂中滴加 5.0 g(0.025 mmol)乙氧羰基脯氨酸甲酯的四氢呋喃溶液,反应约 2 小时。加入 50 mL 饱和氯化铵水溶液淬灭反应,分出有机层,水层用氯仿提取,合并有机层,饱和食盐水洗涤,无水硫酸镁干燥,旋干溶剂,石油醚重结晶,得白色晶体 5.5 g,产率 68%。熔点 116~117 ℃,$[\alpha]_D^{25} = +45.5°(c = 0.5,$甲醇)。[文献值: m. p. 95~96 ℃,

$[\alpha]_D^{20} = +52.9°(c=1.03,甲醇)]$

3.25 g (10 mmol)乙氧羰基脯氨醇和 5.6 g (0.1 mol)氢氧化钾溶于 10 mL 甲醇,搅拌回流 2 小时。旋去甲醇,加水 20 mL,15 mL 氯仿萃取三次,有机相用无水硫酸镁干燥。旋干溶剂,柱分离(石油醚:乙酸乙酯=10:1),石油醚重结晶,得白色晶体 2.3 g,产率 91%,熔点 76~77 ℃,$[\alpha]_D^{25} = -54.5°(c=0.3,甲醇)$。[文献值:m.p. 76.5~77.5 ℃,$[\alpha]_D^{24} = -58.8°(c=3.0,甲醇)$,99.4% e.e.]

2. 酮的不对称还原

向有氮气保护的 50 mL 三口烧瓶(经煤气灯燎烤、氮气吹扫,以彻底除去水蒸气)中加入 5 mL (S)-二苯基脯氨醇 25 mg(0.1 mmol 或 125 mg,0.5 mmol)的四氢呋喃溶液和 13 mg (0.12 mmol 或 65 mg,0.60 mmol)硼酸三甲酯,室温下搅拌 1~2 小时。冰水浴下加入 1 mL (2 mmol) BH_3-Me_2S 后,用注射器缓慢滴加 1 mmol 酮的四氢呋喃溶液,1 小时加完。室温下搅拌,用 TLC 监测反应。待酮的点消失后,用 2 N 的盐酸溶液淬灭反应。反应溶液用 25 mL 乙醚萃取三次,合并乙醚溶液,无水硫酸钠干燥后蒸除乙醚,柱分离(石油醚:丙酮=10:1),产物为无色油状液体。测定比旋光、计算产率(% e.e. 值)。

思 考 题

影响还原反应选择性的因素有哪些?

参 考 文 献

[1] Hirao A. J Chem Soc, Chem Comm, 1981, 315
[2] Itsuno S. J Chem Soc, Perkin Trans I, 1983, 1673
[3] Corey E J. Tetrahedron Lett, 1989, 30:6275
[4] Wallbaum S. Tetrahedron: Asymm, 1992, 3:1475
[5] Corey E J. J Am Chem Soc, 1987, 109:5551
[6] Corey E J. J Org Chem, 1988, 53:2861
[7] Corey E J. J Am Chem Soc, 1987, 109:7925
[8] Corey E J. Tetrahedron Lett, 1990, 31:611

(张奇涵)

实验 22　β-环糊精存在下硼氢化钠对酮的不对称还原

【实验目的】

1) 了解仿生合成的原理及应用。2) 学习不对称合成的光学产率的表征方法。3) 掌握硅胶柱层析法分离纯化产品。

【实验原理】

环糊精(cyclodextrin，CD)作为模拟酶早已引起人们的广泛兴趣，但将其应用于不对称合成的还不多。从现有结果看来，光学产率大多还不理想，但简易可行，而且其催化机理有类似酶的作用，因而被认为是一个有前途的仿生合成方法。

β-CD 是由七个葡萄糖单元以 β-1,4-糖苷键连成的锥形环状分子，其中各葡萄糖单元皆以椅式构象存在(图1)。处于内壁的 C3、C5 位的氢原子对 C4 羟基氧原子的覆盖使得 CD 分子内腔是疏水性和手性的，因而可以包结许多有机和无机化合物分子和使被包结的底物处于手性环境中，从而为不对称合成提供了手性条件。由于各葡萄糖单元的 C2、C3、C5 的羟基分别位于此空腔两侧的开口部位，因而 CD 分子的外表面是亲水的。后者使得水溶性很低的有机化合物分子在被包结后增加了溶解度，使得反应可以在水溶液中进行，从而可以省去二氧六环或 DMF 等有机溶剂。这些羟基还可以与被包结的酮的羰基之间存在着氢键的相互作用。被包结分子的疏水亲脂能力使得上述底物中主要是带有苯环或烷基较大的一端进入 CD 空腔。显然，底物进入 CD 的手性空腔愈深，底物在 CD 腔中活动自由度受到的制约愈大，感受到的不对称诱导作用愈大。

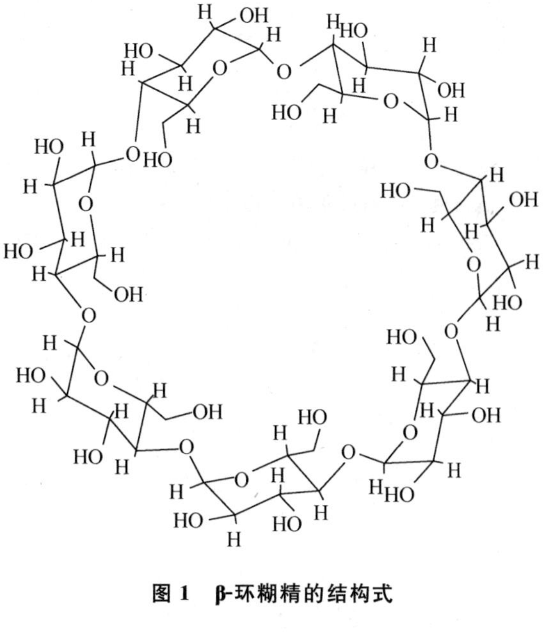

图 1　β-环糊精的结构式

【仪器与试剂】

旋光仪,电磁搅拌器,分液漏斗(100 mL),圆底烧瓶(50 mL×2 个),量筒(10 mL,100 mL),锥形瓶(100 mL×2 个),层析缸。

β-环糊精,β-萘乙酮,$NaBH_4$,乙醚,石油醚,碳酸钠。

【实验步骤】

(1) β-萘乙酮的 β̃-CD 包结物的制备:在 60 mL 水中,加入 0.004 mol β̃-CD(商品 β̃-CD 经水重结晶),搅拌加热使溶解后冷至室温,加入等摩尔的 β-萘乙酮(先溶于少量乙醚中),搅拌 5 小时。待包结物析出完全后,过滤,真空干燥。

(2) 不对称还原:1.2 mmol 的包结物悬浮于 9 mL 的 $0.2\ mol·L^{-1}$ 碳酸钠水溶液中,室温下,剧烈搅拌下加入 2.4 mmol 硼氢化钠,反应 2 小时。加入 20 mL 水,以乙醚 3×20 mL 萃取,合并萃取液,水洗 3×20 mL,用无水硫酸钠干燥,浓缩。

(3) 分离纯化及结构鉴定:上述萃取液以硅胶 TLC 检测,经石油醚-乙醚重结晶,所得产品测熔点。

(4) 旋光测定及光学产率的计算:纯化后的产品测定其比旋光$[α]$[(S)-(−)-α-methyl-2-naphthalenemethanol, m. p. 70~71 ℃,$[α]_D^{20}=-40°(c=5, EtOH)$],并按下式计算光学产率(optical yield,OY):

$$OY\% = ([α]_{deter}/[α]_{pure}) \times 100\%$$

思 考 题

影响化合物的比旋光的因素有哪些?

参 考 文 献

[1] 黄乃聚,等.有机化学,1990,10(2):139
[2] 黄乃聚,等.有机化学,1987,6:482
[3] Colllyer T A, Kenyon J. J Chem Soc, 1940, 676

(张奇涵)

实验 23 对-叔丁基杯芳烃八分离 C_{60}

【实验目的】
1) 了解杯芳烃的合成。2) 了解用杯芳烃分离 C_{60} 和 C_{70} 的原理和方法。

【背景介绍】
分离技术是化学合成过程中的重要技术之一。常用的分离手段有重结晶、蒸馏、离子交换、萃取、色谱等。不同的分离技术各自有相互不能取代的特点。杯芳烃类大分子的出现提供了一种新的化学分离手段，对某些特定对象的综合分离效果甚至优于色谱分离技术。

杯芳烃(calixarene)是由苯酚环和亚甲基在酚羟基邻位连接而成的大环化合物，形状恰似中空的茶杯，其中可以寄宿其他离子或分子而形成主客体型的超分子化合物。在超分子科学的诸多领域，如超分子催化、仿生、人工模拟酶与分析以及纳米结构自组装等方面都具有相当诱人的应用前景。被认为是继冠醚和环糊精之后的第三代主体化合物。

富勒烯是仅由碳原子组成的具有封闭笼形结构的 C_{60}、C_{70}、C_{76}、C_{78}、C_{84} 等分子的总称，是碳的第三种同素异形体。富勒烯的封闭笼形结构符合欧拉定理，即所有富勒烯分子都是由 12 个五边形和一定数量的六边形组成，如 C_{60} 是 12 个五边形和 20 个六边形组成的 32 面体。实验证明，只有满足独立五边形规则的富勒烯笼是稳定的，即在稳定的富勒烯笼中五边形是互不相邻的。C_{60} 是符合独立五边形规则的最小碳笼，而第二个就是 C_{70}（结构见图 1）。

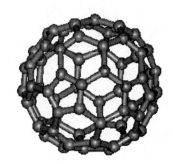

图 1 C_{60} 和 C_{70} 的结构示意图

制备富勒烯的常用方法是燃烧法和电弧法。电弧法是实验室规模大量制备 C_{60} 的有效方法。放电电极为石墨棒，放电在 $1\times10^4 \sim 2\times10^4$ Pa 氦气气氛中进行，产生的烟炱中富勒烯产率可达 5%～20%，其中 C_{60} 约占 80%，C_{70} 约占 20%（不同的萃取方法组成会有所不同），还有少量的高级富勒烯（C_{76}、C_{78}、C_{84} 等）。

烟炱中的富勒烯常用甲苯、CS_2 等溶剂提取。富勒烯的分离常用的是色谱法和重结晶法。色谱分离法可得到高纯富勒烯产品，但每次分离的量相对较少且周期较长；特别是分离 C_{60} 和 C_{70} 使用活性炭为固定相，可以高效分离 C_{60}，C_{70} 却吸附在活性炭上很难冲洗出来。重结晶法是适合大量提纯 C_{60} 和 C_{70} 的有效方法。C_{60} 在甲苯、二硫化碳和邻-二甲苯中的溶解度随温度升高而降低，最大的溶解度分别是 0 ℃（甲苯、二硫化碳）和 30 ℃（邻-二甲苯），而 C_{70} 在三种溶剂中的溶解度随温度的升高而增加，因此可利用重结晶法将 C_{60} 和 C_{70} 分离。分级结晶法的特点是处理量较大，但产品的纯度和收率不能兼顾。

一定大小的杯芳烃与不同大小的富勒烯有很好的适配性，用于分离富勒烯具有分离效果好、容量大等特点，是一种分离 C_{60}/C_{70} 较理想的方法。

【实验原理】

对-叔丁基杯芳烃是一类最常见的和有代表性的杯芳烃。根据所形成杯壁中所含苯环数目，将杯芳烃分为杯芳烃四（4 个苯环）、杯芳烃六和杯芳烃八等。图 2 为几种杯芳烃的结构示意图。随着烃基的不同或者通过衍生化可以获得多种类型的杯芳烃，改变在极性或非极性溶剂中的溶解性，以满足不同的要求。与相应的非环状化合物相比，杯芳烃具有较高的熔点（杯芳烃四、六、八的熔点分别为 342～344 ℃、372～374 ℃、418～420 ℃）。

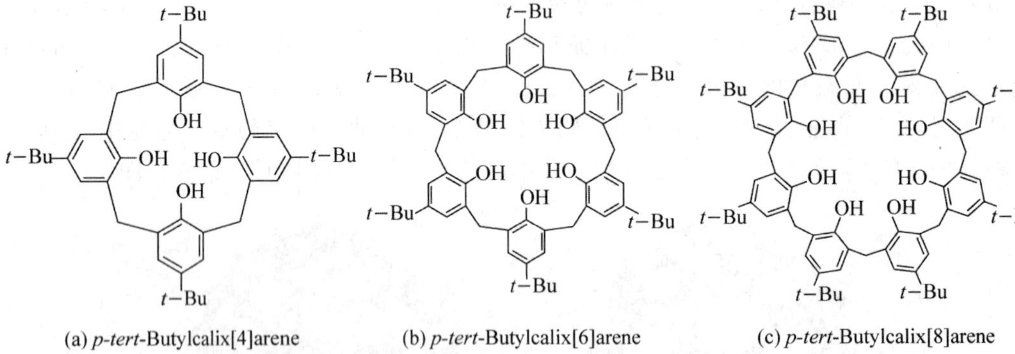

(a) *p-tert*-Butylcalix[4]arene　　(b) *p-tert*-Butylcalix[6]arene　　(c) *p-tert*-Butylcalix[8]arene

图 2　杯芳烃四(a)、杯芳烃六(b)和杯芳烃八(c)的结构示意图

对-叔丁基杯芳烃是由对-叔丁基苯酚和甲醛在一定的条件缩合而成。如合成对-叔丁基杯芳烃八的反应式如下：

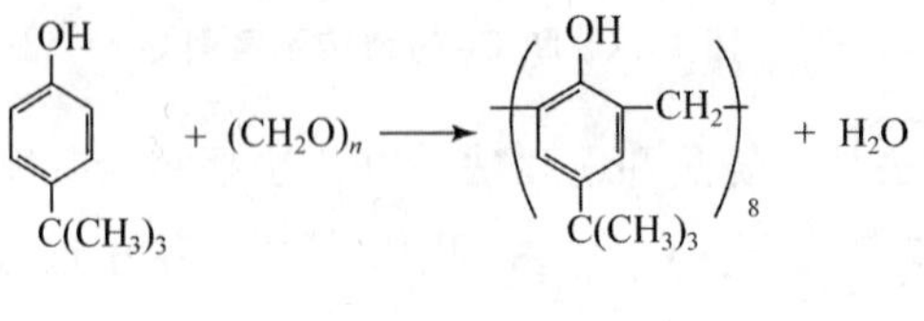

$$\text{HO-C}_6\text{H}_4\text{-C(CH}_3)_3 + (CH_2O)_n \longrightarrow [\text{HO-C}_6\text{H}_2(\text{C(CH}_3)_3)\text{-CH}_2]_8 + H_2O$$

杯芳烃能有选择性地与 C_{60} 或 C_{70} 形成配合物。对-叔丁基杯芳烃八能与 C_{60} 形成 1∶1 的配合物,对-叔丁基杯芳烃六能与 C_{70} 形成 1∶2 的配合物,图 3(a) 为对-叔丁基杯芳烃八的分子结构图,图 3(b) 为对-叔丁基杯芳烃八富勒烯配合物的分子结构图。在对-叔丁基杯芳烃八中,8 个苯酚单体和 8 个亚甲基形成环形连接,羟基及叔丁基具有相同的取向。由于羟基间形成分子内氢键,羟基端往里缩,而烃基端由于叔丁基间的相互排斥,口部向外张,杯内为一直径约 1 nm 的空腔。而其他富勒烯分子很难生成相应的配合物,同时对-叔丁基杯芳烃八富勒烯配合物不溶于甲苯,而从甲苯中结晶出来;当这些配合物与氯仿作用时,杯芳烃会溶解,配合物会解离而沉淀出 C_{60} 或 C_{70},从而使 C_{60}、C_{70} 得到分离。我们可以利用这个原理用杯芳烃来分离富勒烯。

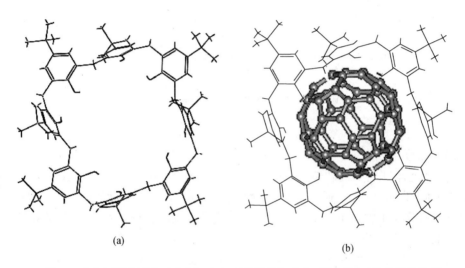

图 3　对-叔丁基杯芳烃八(a)和对-叔丁基杯芳烃八 C_{60} 配合物(b)的分子结构图

但杯芳烃八和 C_{60} 的配合原理还不完全清楚。首先,在该配合物中杯芳烃八和 C_{60} 相互间的配位方式和位置还不明确,C_{60} 和 C_{70} 与杯芳烃八反应时浓度的定量关系也不清楚,富勒烯与杯芳烃反应的动力学过程也不清楚。

富勒烯的杯芳烃分离路线如下:

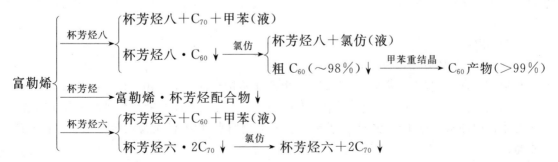

纯 C_{60} 和 C_{70} 溶解在有机溶剂中的颜色分别为绛红色和酒红色(图 4 为它们的紫外-可见吸收光谱图),可以用分光光度法测试、分析溶液的含量和组成。在纯 C_{60} 溶液中,少量 C_{70} 的存在将使其颜色发生明显变化,因此目视比色法是一种快速、简便确定 C_{60} 纯度的方法。

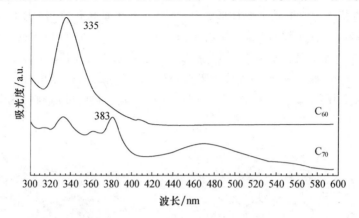

图 4 C_{60} 和 C_{70} 的紫外-可见吸收光谱图

【仪器与试剂】

723 分光光度计(1 台),旋转蒸发仪(3 台),微量进样器(100 μL×6 个),比色管(5 mL×8 支),石英比色皿(1 cm×4 个),循环水泵(3 台),量筒(50 mL×2 个),回收瓶(2500 mL×4 个,含氯仿和甲苯的分别回收),电子天平(1‰×2 台),超声波清洗器(2 台),聚四氟封口膜(3 卷),剪刀(3 把)。(以上公用)

磁力搅拌器,铁架台,螺旋夹,样品瓶(125 mL),结晶皿(1 cm),量筒(50 mL×1 个),直形冷凝管(300 mm,19♯),单口烧瓶(150 mL,19♯),搅拌磁子(2 cm),一次性滴管,容量瓶(10 mL×1 个),锥形瓶(150 mL),梨形瓶(150 mL),三角漏斗(60 mm),滤纸(110 mm),烧杯(100 mL×2 个,200 mL×1 个),玻璃棒(1 个),离心管(10 mL×4 个),比色管(5 mL×1 个),小试管(2 个),乳胶管(2 根),水银温度计(150 ℃)。

富勒烯混合物(100 mg/人),杯芳烃八,硅油,甲苯(A.R.),无水甲醇,氯仿(A.R.),石油醚(b.p. 30~60 ℃,A.R.)。

【实验步骤】

1. 对-叔丁基杯芳烃八的合成与纯化

称取 6.95 g 对-叔丁基苯酚、2.25 g 多聚甲醛于蒸馏烧瓶中,加 40 mL 二甲苯及 0.1 mL 10N KOH 溶液,在氮气保护下充分搅拌后,于 130 ℃ 回流 4 小时。注意在回流过程中,及时放去分水器中的水。冷却后,将回流物抽滤,同时分别用水、甲醇洗至呈白色粉末状。称量产物重量。

用氯仿溶解杯芳烃粗产品，在旋转蒸发仪上浓缩至粘稠时，减压抽滤，用少量甲醇洗涤，得对-叔丁基杯芳烃八纯产品。称量产物重量。

2. 从富勒烯混合物中分离 C_{60} 和纯化

称取富勒烯混合物约 100 mg 于锥形瓶中，加适量甲苯充分溶解，配成约含 1 mg/mL C_{60} 的溶液，自然过滤到烧瓶中。滤液中加入稍过量（1～1.5 倍）对-叔丁基杯芳烃八，超声 20～30 分钟后，离心去母液。用 50 mL 甲苯转移沉淀于烧瓶中，回流 5～10 分钟，再次超声 20～30 分钟。离心除去母液，所得固体加适量氯仿于水浴加热溶解，溶解液（含什么成分？）回收。如产物 C_{60} 纯度未达到要求（99%），可加适量甲苯溶解、重结晶（C_{60} 在甲苯中的溶解度约为 4 mg/mL）。

3. 测定产品纯度和含量

将产物用约 50 mL 甲苯溶解，用光度法（723 分光光度计，基准物和工作曲线由实验室提供）测富勒烯混合物、C_{60} 粗产品和 C_{60} 溶液浓度。剩余 C_{60} 甲苯溶液密封保存（可留实验 20 使用）。

4. 比色法测定产物纯度（标准色阶由实验室提供）

注意：因富勒烯及其衍生物价值昂贵，所有富勒烯及其衍生物都必须按指定容器回收！

【结果与讨论】

（1）根据比色分析的结果，判断分离得到的 C_{60} 的纯度。

（2）计算 C_{60} 甲苯溶液中的 C_{60} 含量和收率。

（3）讨论加热回流和超声在对-叔丁基杯芳烃八分离 C_{60} 和 C_{70} 中的作用。

（4）根据附图讨论对-叔丁基杯芳烃八分离 C_{60} 和 C_{70} 的效率。能否做到 C_{60} 和 C_{70} 的完全分离（收率和纯度都达到 99%）？如何做到？

预习思考题

1. 杯芳烃八与 C_{60} 能形成 1∶1 的稳定配合物，杯芳烃八过量对提高 C_{60} 的回收率是否有帮助？如何判断？
2. 配合物沉淀中的甲苯母液残留量的多少是否会影响产物 C_{60} 的纯度？原因是什么？
3. 回流的作用是什么？如只加热使沉淀溶解而不回流是否也可以？
4. 要使溶解后的配合物重新沉淀，静置是否必要？是否可以用其他方法？
5. 用氯仿溶解沉淀时，氯仿用量过多对 C_{60} 回收产率是否有影响？
6. 为要得到高纯度（99%）的 C_{60}，重结晶是否必要？
7. 可以用什么方法检验产物 C_{60} 的纯度、浓度？检验时需注意什么？

思 考 题

1. 本实验中杯芳烃分离富勒烯是否达到了热平衡？请设计一个实验方案加以证明。

2. 假设 C_{60} 和 C_{70} 与杯芳烃八的配合物是"溶液",那么 C_{60} 和 C_{70} 在这个溶液中是否存在一个浓度比？这个浓度比与原混合溶液中的 C_{60} 和 C_{70} 的浓度比是否相关？
3. C_{70} 在杯芳烃八的配合物中是吸附状态还是配合状态？如何证明？
4. 对-叔丁基杯芳烃八是否完全不和 C_{70} 反应？如何证明？
5. 什么因素是影响 C_{60} 纯度的主要原因？用对-叔丁基杯芳烃八提纯 C_{60} 有没有极限？要使 C_{60} 的纯度达到 99% 以上,重结晶是否必要(最好用实验说明)？

参 考 文 献

[1] Gutsche C D, Dhawan B, No K H, Muthukrishnan R. J Am Chem Soc, 1981, 103: 3782
[2] Gutsche C D. Acc Chem Res, 1983, 16: 161
[3] Gutsche C D. Calixarene: Monographs in Supramolecular Chemistry. //Stoddant J F. R Soc Chem, 1989
[4] Atwood J L, Koutsantonis G A, Raston C L. Nature, 1994, 368: 229
[5] 蔡瑞芳,陈健,黄祖恩,邵倩芬,白雪,唐厚舜. 复旦学报(自然科学版),1995,34: 223
[6] Williams R M, Zwier J M, Verhoeven J W. J Am Chem Soc, 1994, 116: 6965
[7] Suzuki T, Nakashima K, Shinkai S. Chem Lett, 1994, 699

附件

用杯芳烃分离富勒烯时 C_{60} 和 C_{70} 百分浓度的相对变化。图中 $C_{60}O$ 为氧化碳六十。

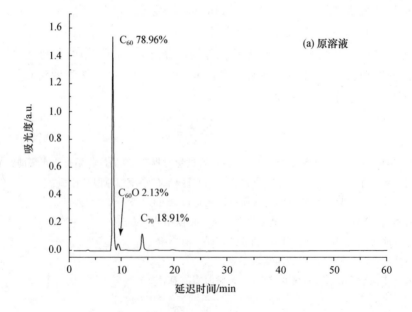

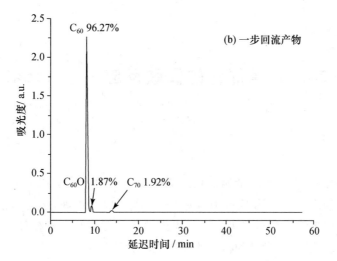

(有机教研室)

实验 24　金属催化的偶联反应——Suzuki 反应

【实验目的】

本实验旨在通过一个特殊的金属催化的偶联反应使学生了解现代金属有机化学的基本原理,理解金属钯催化的 Suzuki 反应中芳基 C—C 键形成的机理,学会催化剂 $Pd(PPh_3)_4$ 的实验室制备方法,初步掌握金属有机化学反应中的无水无氧等基本操作,学习使用有机合成中跟踪、监测反应的 TLC 技术,同时,在普通有机实验的基础上,进一步学习有机合成实验中反应产物的基本提纯方法——柱色谱分离方法。

【实验原理】

金属有机化学是近二三十年来有机化学最热的研究领域之一,金属的参与使得很多传统认为不能进行的有机反应得以顺利进行,或者使得需要苛刻条件的有机反应更加温和而高效、选择性更好。

本实验是用钯催化的偶联反应——Suzuki 反应来实现芳基的碳碳键形成,从而制备目标产物。Suzuki 反应是日本北海道大学 Suzuki 教授于 1985 年发现的。由于采用了硼试剂,反应条件相对其他许多偶联反应更温和,底物适用性较广,因而受到广泛关注。经过几代科学家的努力,尤其是氮磷配体的出现,使得该反应在底物适用性、官能团兼容性及不对称合成等方面都有很大的提高。目前,该反应已经成为一个常用且有效的碳碳键形成反应,广泛应用于有机合成中。

本实验的产物 4-(4-吡啶)苯甲醛是合成 SAG 分子及其化合物库的一个重要的中间体。而 SAG 分子对细胞信号传导途径之一——Hedgehog 通路有明显的调节作用,通过对 SAG 化合物库的筛选,研究其在细胞的分裂、增殖和定向分化过程中的作用是当前化学基因组学研究的方向之一。

反应方程式:

$$PdCl_2 + PPh_3 \longrightarrow [Pd(PPh_3)_4]Cl_2 \xrightarrow{H_2NNH_2} Pd(PPh_3)_4$$

$$\text{OHC-C}_6\text{H}_4\text{-B(OH)}_3 + \text{Br-C}_5\text{H}_4\text{N} \xrightarrow[\text{K}_2\text{CO}_3,\text{ DMF/H}_2\text{O}]{Pd(PPh_3)_4} \text{OHC-C}_6\text{H}_4\text{-C}_5\text{H}_4\text{N}$$

【仪器与试剂】

有机化学实验常用的玻璃仪器,支口反应瓶,1 mL 注射器,耐压色谱柱,氮气球,紫外检测仪,电磁搅拌器,旋转蒸发仪,隔膜泵,空气压缩机,真空操作系统,N_2 钢瓶,色质联用仪。

二氯化钯($PdCl_2$),三苯基磷(PPh_3),对酰基苯硼酸,4-溴吡啶盐酸盐,水合肼,二甲基亚砜(DMSO),二甲基甲酰胺(DMF),石油醚,乙酸乙酯,乙醇,乙醚,碳酸钾,无水硫酸钠。

【实验步骤】

1. $Pd(PPh_3)_4$ 的制备

将 200 mg(1.13 mmol)二氯化钯和 1.48 g(5.65 mmol)三苯基磷置于 100 mL 大口径(24/40)圆底烧瓶中。用真空泵将烧瓶中的空气抽出,再用氮气球充气,反复三次后,在氮气保护下边搅拌边加入 28.5 mL 二甲基亚砜,此时溶液颜色变成橙红色。用油浴升温至 150 ℃左右,搅拌至全溶,然后停止加热,静置约 1~2 分钟,用注射器缓慢加入 0.25 mL 水合肼,最后将烧瓶浸入冷水浴冷却,当晶体析出,立刻除去冷水浴,等待析晶完全。当晶体完全析出,过滤,迅速用无水乙醇洗涤晶体四次(3 mL×4),再用乙醚迅速洗涤两次(1 mL×2),立即真空干燥,约得产物 1.28 g,收率 98%(至少大于 90%)。然后将产物转移到棕色瓶中低温保存。

2. 4-(4-吡啶)苯甲醛的制备

将 150 mg(1.0 mmol)对酰基苯硼酸和 400 mg 碳酸钾放入 50 mL 支口反应瓶中,加入 3 mL 二甲基甲酰胺、1 mL H_2O,于 0 ℃搅拌 5 分钟,然后加入 190 mg(1.0 mmol)4-溴吡啶盐酸盐,脱气三次。在氮气保护下加入 5 mg(0.3% mmol)$Pd(PPh_3)_4$,油浴加热至 100 ℃,搅拌 2 小时,在此期间用 TLC(薄层色谱法)跟踪反应,以 1∶1 石油醚-乙酸乙酯作展开剂,在紫外灯下观察原料的消耗和产物的生成。当原料反应完毕,移去油浴,冷却后用 5 mL 水溶解,以 10 mL 乙酸乙酯提取三次(10 mL×3),合并有机相,用无水硫酸钠干燥。在旋转蒸发仪上蒸干溶剂得粗产品,称重。

3. 产物的纯化

色谱柱:1.5 cm×30 cm 耐压玻璃柱;

洗脱液:石油醚-乙酸乙酯(2∶1);

硅胶量:产物重×100;

样品管:50 支洁净的 20 mL 试管。

将称量好的硅胶装入一洁净的具砂芯板的玻璃柱内,上方通过球形磨口连接一个储液瓶,将洗脱液缓慢加入储液瓶,打开玻璃开关,淋洗硅胶柱至硅胶均匀透明,然后等待洗脱液流至硅胶层面(即刚刚没过硅胶表面),关上阀门。粗产物用少量洗脱液(约 2~3 mL)溶解,用滴管加在硅胶表面,再用 2~3 mL 洗脱液洗涤样品瓶,同样加在硅胶表面,然后打开开关使样品流进柱内(注意切勿使液面流入柱内),关上阀门。此时,将洗脱液缓慢加入储液瓶内,打开阀门,将1号试管置于接收位置,开始加压,进行色谱分离。待1号试管收满液体,换2号管,用TLC监测产物是否出现。当产物收集完毕,将所有含有产物的试管内液体转入一圆底烧瓶或鸭蛋瓶内,在旋转蒸发仪上旋干,称重。计算产率。

最后,用色质联用仪鉴定产物。

【结果与讨论】

记录实验现象,分别计算两步反应的产率。附 GC-MS 图谱。

【注意事项】

(1) 制备 $Pd(PPh_3)_4$ 时,滴加水合肼的速度一定要慢,滴加时间需 1 分钟以上。

(2) 若水合肼加入完毕即出现大量固体,则需再加热将固体溶解,然后使之慢慢冷却至室温,可以得到很好的颗粒状晶体。

(3) 如此制备得到的催化剂活性很高,要尽快使用,否则要在氮气气氛中保存或用锡纸包好,避光保存。

(4) 用柱色谱纯化产物时,洗脱液液面一定不能低于硅胶表面,切勿使空气进入柱内,否则会影响分离效率。

(5) 用压力法进行层析时,一定要注意安全。当加压时,下面的开关一定要打开,否则会发生喷溅事故,严重时会伤及人或物体。

思 考 题

1. 请解释 Suzuki 反应的反应机理。
2. 通过查阅文献,你知道钯催化的偶联反应还有哪些?

参 考 文 献

[1] Suzuki A. Chem Lett, 1986, 1329
[2] Suzuki A. Org Synth, 1990, 68: 130
[3] Miyaura N. Tetrahedron Lett, 1979, 20: 3437
[4] Miyaura N. J Am Cehm Soc, 1985, 107: 972
[5] Miyaura N. Chem Rev, 1995, 95: 2457

(陈家华)

实验 25 手性酮催化的非官能化烯烃的不对称环氧化

【实验目的】

1) 通过本实验从实践和理论上发现和探讨手性酮催化的非官能化烯烃的不对称环氧化的奇妙现象以及掌握对手性络合物组成、结构和手性性质的各种表征方法。2) 基本掌握对手性络合物组成、结构和手性性质的各种表征方法,特别是圆二色光谱(CD)和有色溶液的比旋光度测定方法。3) 了解旋光光谱(ORD)和 CD 光谱产生的基本原理且熟悉化合物的 ORD 和 CD 谱。4) 从实践和理论上探讨不对称环氧化反应在有机合成中的作用。

【实验原理】

二氧杂环丙烷(dioxirane)是很好的氧化剂,它能快速地实现反应并且后处理简单。二氧杂环丙烷可以由 Oxone(一种过氧硫酸氢钾制剂的商品名,组成为 $2KHSO_5 \cdot KHSO_4 \cdot K_2SO_4$)和酮原位(in situ)产生。自 Cusci[1] 的先驱性报道后,该领域的研究备受重视。探索高效的手性酮催化剂已成为一个挑战性的课题。Shi[2] 报道了基于利用从 D-果糖得到的酮进行二氧杂环丙烷参与的不对称环氧化反应。所有的反应都在 0 ℃,用底物(1 当量)、酮(3 当量)、Oxone(5 当量)和碳酸氢钠,在 EDTA 的乙腈-水混合溶液中进行 2 小时。对于反式烯烃和三取代烯烃一般能得到高对映选择性。图 1 为建议的有利的螺环平面过渡态。

对一些由糖衍生的手性酮作为催化剂考察其不对称环氧化反应,结果发现,由果糖转化的酮是最有效的催化剂,但该体系仍具有局限性: 1) 催化剂用量偏高。2) 对某些三取代烯烃,产物的 e.e. 值还不高。3) 对于末端烯烃和贫电子烯烃底物,需要发展新的体系[3]。

Shi[4] 还将他的发现扩展至用酮作催化剂、Oxone 作氧化剂的烯炔烃的不对称环氧化反应,各种共轭烯炔烃的不对称环氧化反应,均得到了高化学选择性和对映选择性。对于已研究过的各种底物,对映选择性一般在 89%~97% 的范围内,环氧化反应化学选择性地发生在烯键上。与某些孤立的三取代烯烃比较,三取代烯炔烃的对映选择性更为可观,这表明由于电子效应和空间效应,炔基对底物是有益的。

研究[5] 表明,手性酮参与的烯烃的不对称环氧化与 pH 关系密切。在低 pH 时,得到的对映选择性较低;在高 pH,由手性酮参与的环氧化反应压倒了外消旋环氧化,导致高对映选择性。

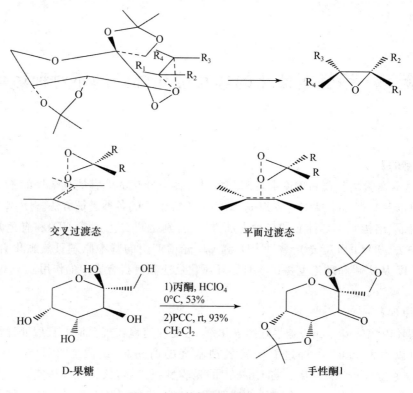

图1 有利的螺环平面过渡态

【仪器与试剂】

旋光仪,电磁搅拌器,熔点仪。

D-果糖,2,2-二甲氧基丙烷,Oxone,反式-1,2-二苯乙烯,高氯酸,Na_2(EDTA),饱和食盐水,浓氨水,3A 分子筛,吡啶,三氧化铬,四丁基铵硫酸氢盐,碳酸氢钠,硅胶,冰,三乙胺,氯仿,苯,丙酮,石油醚,二氯甲烷,乙醚,乙腈,$Na_2B_4O_7 \cdot 10H_2O$。

【实验步骤】

1. 手性酮1(1,2,4,5-di-o-isopropylidene-D-erythro-2,3-hexodiuro-2,6-pyranose)的合成

在 1.23 g(6.83 mmol)D-果糖、0.5 mL(4 mmol)2,2-二甲氧基丙烷、25 mL 丙酮的悬浮液中,冰水浴冷却下,加入 0.3 mL 高氯酸,0℃下搅拌 6 小时,加入浓氨水调 pH 至 7~8,搅拌 5 分钟。减压蒸除溶剂,残余固体以石油醚-二氯甲烷(4∶1,V/V)重结晶,得到针状晶体醇 0.93 g,产率 53%,m. p. 117~118.5 ℃,$[\alpha]_D^{25} = -144.2°(c=1.0, CHCl_3)$。

上述醇 1.04 g(4 mmol)溶于 20 mL 二氯甲烷,加入 4.4 g 粉末状 3A 分子筛(在 180~200 ℃下真空活化),15 分钟左右分次加入 2.33 g(10.8 mmol)PCC,搅拌反应 3 小时。过滤,乙醚洗

涤,浓缩滤液,浓缩后经硅胶短柱层析纯化(石油醚：乙醚,1∶1,V/V),得到白色固体 0.96 g,产率 93%,经石油醚-二氯甲烷重结晶,得白色晶体,m.p. 101.5～103 ℃,$[\alpha]_D^{25}=-125.4°$ ($c=1.0$, $CHCl_3$)。

2. 氯铬酸吡啶盐(pyridinium chlorochromate,PCC)的合成

搅拌下,在 3.7 mL 6 mol·L^{-1}(22 mmol)盐酸中迅速加入 2.0 g(20 mmol)三氧化铬,5 分钟后,将均相溶液冷至 0 ℃,10 分钟内小心地加入 1.58 g(20 mmol)吡啶,重新冷却至 0 ℃,生成黄橙色固体,用玻芯漏斗过滤。产物在真空下干燥 1 小时,得到 3.6 g(84%),保存在保干器中备用。

3. 手性酮催化的不对称环氧化反应

方法一：10 mL 1×10^{-4} mol·L^{-1} Na_2(EDTA)及催化量的四丁基铵硫酸氢盐于 0 ℃(冰水浴)和剧烈搅拌下加入到反式-1,2-二苯乙烯(trans-stilbene,0.18 g,1 mmol)在 15 mL 乙腈的溶液中。将 3.07 g(5 mmol) Oxone 及 1.3 g(15.5 mmol)碳酸氢钠混合并磨成粉状,加入少量此混合物使反应液 pH>7。5 分钟后,将 0.77 g(3 mmol)的手性酮在 1 小时左右分次加入反应液中,同时将剩余的 Oxone 与碳酸氢钠的混合物分次加入。手性酮加毕,反应液于 0 ℃搅拌 1 小时,用 30 mL 水稀释,石油醚萃取(40 mL×4),合并萃取液,饱和食盐水洗涤,无水硫酸钠干燥,过滤,浓缩,硅胶闪柱纯化(硅胶用 1%三乙胺石油醚溶液缓冲处理缓冲液,石油醚-乙醚 1∶0～50∶1 V/V 洗脱),反式二苯乙烯氧化物 0.15 g,产率 73%,95% e.e.。

方法二：100 mL 三口瓶中加入 10 mL 缓冲液(0.05 mol·L^{-1} $Na_2B_4O_7$·$10H_2O$ 溶于 4×10^{-4} mol·L^{-1} Na_2(EDTA)溶液中)、15 mL 乙腈、反式二苯乙烯 0.18 g(1 mmol)、四丁基硫酸氢铵 0.015 g(0.04 mmol)、手性酮 0.0774 g(0.3 mmol),混合液以冰水浴冷却。将 0.85 g (1.38 mmol) Oxone 溶于 6.5 mL 4×10^{-4} mol·L^{-1} Na_2(EDTA)的溶液及碳酸钾溶液(0.8 g,5.8 mmol 溶于 6.5 mL),同时于 90 分钟左右均匀滴加入反应液中(此操作条件下 pH≈10.5)。加毕,加入 30 mL 水,石油醚萃取(30 mL×3),饱和食盐水洗涤,无水硫酸钠干燥,过滤,浓缩,硅胶闪柱纯化(硅胶用 1%三乙胺石油醚溶液缓冲处理缓冲液,石油醚-乙醚1∶0～50∶1 V/V 洗脱),反式二苯乙烯氧化物 0.15 g,产率 75%,97% e.e.。

思 考 题

1. 为得到高 e.e. 值的环氧化物,操作中需要注意哪些问题?
2. 环氧化产物在用硅胶柱纯化时,为何先用 1%三乙胺石油醚溶液处理?
3. 为什么反应中催化剂的用量比一般催化反应用量要大得多?

参 考 文 献

[1] Cusci R, Fiorentino M, Serio M R. J Chem Soc, Chem Comm, 1984, 155
[2] Tu Y, Wang Z-X, Shi Y. J Am Chem Soc, 1996, 118: 9806
[3] Tu Y, Wang Z-X, Shi Y. J Org Chem, 1998, 63: 8475

[4] Cao G-A, Wang Z-X, Tu Y, Shi Y. Tetrahedron Lett, 1998, 38: 4425
[5] Wang Z-X, Shi Y. J Org Chem, 1998, 63: 3099
[6] Wang Z X, Tu Y, Frohn M, Zhang J R, Shi Y. J Am Chem Soc, 1997, 119: 11224
[7] Fukuda T, Katsuki T. Tetrahedron Lett, 1996, 4389
[8] O'Connor K J, Wey S-J, Burrows C J. Tetrahedron Lett, 1992, 33: 1001

(张奇涵、许家喜)

实验 26 双 β-二酮红光材料的合成与发光性质

【实验目的】

1) 通过分子设计,合成双 β-二酮有机配体 9-乙基-3,6-二(乙酰基-3-苯甲酰基)咔唑及其铕配合物。2) 了解红外光谱和电子光谱测试原理与测试方法;了解固体铕双 β-二酮配合物发光特性,这类化合物是一种潜在的红色发光材料。

【实验原理】

有机发光材料是实现全色平板显示技术的重要研究内容。红、绿、蓝三基色发光材料是全色平板显示缺一不可的材料。目前,蓝、绿色发光材料的研究已经基本达到发光器件的应用要求,而稳定单一的红色发光材料还相当稀少。稀土有机配合物因具有驱动电压低、色纯度高、理论发光量子效率可接近 100% 等优点,是金属有机发光材料的重要领域之一,尤其是稀土离子 Eu^{3+} 能够发射高纯度的红光而备受关注。然而,稀土离子的低紫外吸收大大削弱了其发红光的强度和效率。因此,设计开发能够与稀土离子配位并能激发稀土离子发光的、具有较大的 π 电子共轭体系和较强的紫外吸收的新型有机配体是目前研究的难点和热点。

β-二酮是一种优异的双齿螯合配位体,具有烯醇互变分子构型,在稀土配合物发光领域中得到广泛研究。咔唑衍生物具有较大的 π 电子共轭体系和很强的分子内电子转移特性,具有重要的光电功能材料意义。通常的分子设计是将咔唑的氮原子与共轭桥相连形成 D-π-A 型分子。这种情况下,氮的孤对电子滞留于咔唑以维持 $4n+2$ 的芳香性,因而,其越过共轭桥的倾向很弱,且咔唑平面与毗邻的共轭桥平面间的二面角较大,不利于分子电荷转移,若从咔唑基的苯环上延伸共轭桥,可以增强分子的共轭性和电荷转移性。

本实验合成咔唑的 3,6 位双乙酰基化,获得一个非常活泼的 α 碳,进而通过 Claisem 缩合反应,合成一种双 β-二酮有机配体 9-乙基-3,6-二(乙酰基-3-苯甲酰基)咔唑(简写为 H_2L),以配体与稀土铕离子配位合成稀土铕配合物,研究配体和配合物的发光性能。

配体和配合物的合成路线如图 1 所示。

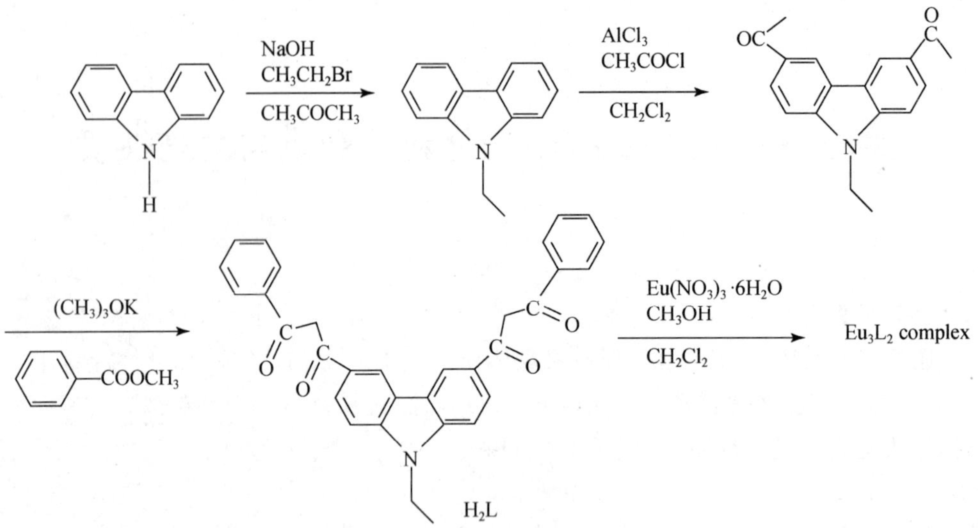

图 1　合成路线

【仪器与试剂】

红外光谱仪(KBr 压片,4000～400 cm^{-1},分辨率 2 cm^{-1}),核磁共振仪(300 MHz,CDCl$_3$ 为溶剂,TMS 为内标),质谱仪(EI 源),元素分析仪,热分析仪,双光束紫外-可见分光光度计,荧光光谱仪(Xe 灯光源)。

咔唑(C.P.),溴乙烷(A.R.),氯化乙酰(A.R.),咔唑,苯甲酸甲酯(A.R.),十六烷基三甲基溴化铵,乙酸酐,三氧化二铕(99.95%),浓硝酸(A.R.),三乙胺(A.R.),丙酮(A.R.),Eu(NO$_3$)$_3$·6H$_2$O 等,所有试剂均购自试剂公司,且使用前未作进一步处理。

【实验步骤】

1. 中间体 N-乙基咔唑和 9-乙基-3,6-二乙酰基咔唑合成

在圆底烧瓶中加入咔唑 16.7 g(100 mmol)、NaOH 6.0 g(150 mmol)、4×10^{-3} mol·L^{-1} 十六烷基三甲基溴化铵 0.15 g 和丙酮 100 mL,搅拌下回流反应 2 小时,冷却至室温后加入溴乙烷 7.47 mL(100 mmol),继续回流反应 24 小时。将丙酮尽量蒸出,剩余物倒入大量冰水中,剧烈搅拌,有大量固体出现,抽滤,滤饼用去离子水洗涤三次,无水乙醇重结晶得白色针状晶体 N-乙基咔唑 17.9 g,m.p. 67～68 ℃;进行核磁共振仪分析。

在置于冰盐水浴上的圆底烧瓶中加入 AlCl$_3$ 26.7 g(200 mmol)和 CH$_2$Cl$_2$ 60 mL,搅拌使其完全溶解,溶液呈微红色。滴加 N-乙基咔唑 19.5 g(100 mmol)的 CH$_2$Cl$_2$(30 mL,冰水浴保温,加干燥管)溶液(约 3 小时滴完);逐滴滴加乙酸酐 12.5 mL(125 mmol)的 CH$_2$Cl$_2$(28 mL)溶液。室温反应 48 小时[TCL 跟踪反应进程,展开剂:V(乙酸乙酯):V(石油醚)=

1∶4,在 365 nm 紫外灯下检出三点：$R_f=0.21$,显乳黄色；$R_f=0.45$,显淡黄色；$R_f=0.69$,显蓝色]。将反应液倒入装冰水的烧杯中,立即有大量固体析出,搅拌至水相澄清(约 5 小时),测 pH = 1～2,加入 CH_2Cl_2 完全溶解固体,分液,水相用 CH_2Cl_2 萃取,合并有机相,无水 $MgSO_4$ 干燥过夜,蒸除 CH_2Cl_2,残余物为土黄色固体。用 CH_2Cl_2 溶解,分批次经色谱柱分离,用石油醚装柱,纯 CH_2Cl_2 作洗脱剂。旋蒸除溶剂,收集晶体组分,进行熔点、核磁共振、元素分析。

2. 9-乙基-3,6-二(乙酰基-3-苯甲酰基)咔唑(H_2L)的合成

在 250 mL 圆底烧瓶中加入 60 mL 重蒸的叔丁醇,慢慢投入新切的钾片,缓慢升温到 80 ℃,搅拌,回流,待充分反应后,向圆底烧瓶中加入 13.96 g(50 mmol)9-乙基-3,6-二乙酰基咔唑和 100 mL 精制的苯甲酸甲酯,反应 6 小时。将反应液倒入 1000 mL 的盛有冰水混合物的大烧杯中,充分搅拌,用 6 mol·L^{-1} 稀盐酸调 pH 到 5～6,静置过夜,抽滤,干燥,用 CH_2Cl_2∶石油醚=1∶5 重结晶,得亮黄色针状晶体 21.6 g。晶体用丙酮溶解,环己烷覆盖,一周后析出用于单晶 X 射线衍射解析的淡黄色立方柱形 H_2L 单晶体。m.p. 221～223 ℃；EI-MS mPz (100%)：488.18（M+,100）。

3. 铕双 β-二酮配合物 Eu_3L_2 的合成

在 50 mL 圆底烧瓶中,加入 0.0758 g(0.17 mmol)$Eu(NO_3)_3·6H_2O$,用 2 mL 无水甲醇溶解,搅拌。另称取 0.1218 g(0.25 mmol)双 β-二酮配体 H_2L,用 10 mL $CHCl_3$ 溶解,用滴管将配体溶液逐滴滴入圆底烧瓶中,回流。再另配 0.052 g(0.51 mmol)精制的三乙胺和 2 mL 无水甲醇的混合溶液,逐滴滴入反应混合液中,迅速有大量黄色沉淀生成,继续反应 4 小时。冷却至室温,抽滤,依次用 2 mL $CHCl_3$、无水甲醇、去离子水、无水乙醚各洗涤两次,干燥,收集固体,进行红外、元素分析。

4. 产物表征

(1) 双 β-二酮有机配体 H_2L 及其铕配合物 Eu_3L_2 热稳定性实验。在 N_2 气流中以 20 ℃·min^{-1} 从 25 ℃ 升温至 650 ℃ 以及以 50 ℃·min^{-1} 从 650 ℃ 降至 20 ℃,记录 TGA 曲线,了解配体和配合物的分解温度。

(2) 红外光谱和电子吸收光谱实验。双 β-二酮配体 H_2L 在不同溶剂(甲苯、三氯甲烷、乙腈、丙酮、DMF,$1×10^{-5}$ mol·L^{-1})中都有两个吸收峰,且随着溶剂的极性增大,两处的吸收峰位都发生红移接近 10 nm,分别从 353、394 nm 红移到 362、402 nm。

(3) 溶液荧光光谱实验。随着溶剂极性的增加,配体荧光的最佳激发波长和最佳发射波长都发生红移。比较配体和配合物在丙酮溶剂($1×10^{-6}$ mol·L^{-1})中的液体荧光光谱,配体的最佳发射波长为 445 nm(激发波长 411 nm),而配合物的发射峰(激发波长 404 nm)不仅有中心离子 Eu^{3+} 的特征发光,还有 445 nm 处配体的宽带蓝色发光,说明配合物在丙酮中发生了部分电离。

(4) 光致发光光谱实验。配体在固态下可以发出肉眼可见的荧光,配体的最佳发射波长

在 506 nm 处(激发波长 292 nm),固体荧光强度比液体荧光强得多,说明配体在溶剂中有部分电离。最佳发射波长相对于液体荧光红移接近 90~115 nm,说明固态分子通过 π-π 堆积使得 π 电子发生较大程度的共轭。

【注意事项】

(1) 由于 Lewis 酸极易吸水潮解而失去活性,乙酰化试剂乙酸酐遇水发生分解反应生成乙酸,都不利于反应的进行,故所有仪器都必须干燥,溶剂 CH_2Cl_2 需用 P_2O_5 干燥过夜后蒸馏新制。

(2) 反应温度控制在室温,温度高于 30 ℃时,溶剂 CH_2Cl_2 与芳环发生烷基化反应,而低温能够抑制此副反应的发生。

(3) 在反应停止后,反应混合液中乙酸酐大大过量,遇水发生分解放出大量的热,故在后处理时一定要小心,防止暴沸。

思 考 题

1. 如何从红外光谱和电子吸收光谱来说明稀土 Eu^{3+} 离子与配体发生了配位?
2. 如何从溶液荧光光谱和光致发光光谱来说明双 β-二酮配体能够激发 Eu^{3+} 的电偶极跃迁发出特征的红光?

参 考 文 献

[1] 邓崇海,胡寒梅,杨林,吴杰颖,田玉鹏.中国稀土学报,2007,25(3):269
[2] 邓崇海,胡寒梅,吴杰颖,田玉鹏.合成化学,2006,14(3):261

(范星河)

物理化学实验

实验 27　TiO₂ 微粉的制备、表面电性质及其悬浮体的稳定性

【实验目的】

1) 用溶胶-凝胶法或水热法制备 TiO₂ 微粉。2) 了解固体粒子电动电势的概念,用显微电泳法测定 TiO₂ 粒子的等电点和吸附阳离子表面活性剂时电动电势的变化。3) 用光度法研究在水中 TiO₂ 悬浮体的稳定性。

【实验原理】

超细粉通常是指粒子直径大约在 1~100 nm 间的微小固体颗粒,它具有特殊的物理和化学性质。制备超细粉的方法很多,如化学共沉法、溶胶-凝胶法、水热法、微乳法、反相胶团法等,这些方法各有其特点。

在浮选、油漆、防锈、印染、化妆品生产等工业领域,在某些生物过程和环境保护的实际应用中,经常遇到如何使粉体易于在介质中分散,并使形成的悬浮体保持稳定,或者使它们易于聚结和分离的课题,这些课题都与固体粒子的界面电性质有关。

固体或液体粒子在分散介质中可因界面固有的或其与介质作用而发生的基团的电离、表面导电离子的不等量溶解、对介质中某些离子的优先吸附等原因而带有电荷。许多不溶性氧化物(如 SiO_2、Al_2O_3、TiO_2 等)其表面电势决定离子是 H^+ 和 OH^-,介质 pH 为某特定值时,其表面电荷为零,此 pH 值称为该固体物质的等电点(IEP)。

带电粒子在外电场作用下相对于分散介质的运动称为电泳,它是一种较易于测定的电动现象。在电泳过程中分散相粒子是带着溶剂化层一起运动的,溶剂化层的外界称为滑动面,该面与分散介质内部的电势差称为电动电势或 ζ 电势。在一定条件下,ζ 电势与粒子电泳速度和质点表面电荷密度间有定量的可转换关系。

显微电泳是在显微镜下直接观测液体介质中单个固体粒子在外电场作用下的移动速度并进而计算出电泳速度和 ζ 电势的一种直观测定方法,凡是能在显微镜观测范围可见的粒子均可用此法测定。电泳速度(或称电泳淌度)u 定义为单位电场强度(E)下粒子的运动速度(v),即 $u=v/E$,其单位是 $m^2 \cdot V^{-1} \cdot s^{-1}$ 或 $\mu m \cdot s^{-1}/V \cdot cm^{-1}$。

电泳速度 u 与 ζ 电势的关系与粒子直径 a 和双电层厚度 κ^{-1} 之比值 κa 大小有关：

在 $\kappa a \ll 1$ 时 $\qquad\qquad u = \varepsilon\zeta/1.5\eta \qquad\qquad$ (1)

在 $\kappa a \gg 1$ 时 $\qquad\qquad u = \varepsilon\zeta/\eta \qquad\qquad$ (2)

在 $100 > \kappa a > 0.1$ 时，u 与 ζ 间无简单的正比关系。式中 ε 和 η 分别为介质的介电常数和粘度。

双电层厚度 κ^{-1} 由下式决定：

$$\kappa^{-1} = (2nz^2e^2/\varepsilon kT)^{-1/2} \qquad (3)$$

式中 n 为单位体积溶液中的离子数，z 为离子价数，e 为电子电荷，k 为 Boltzmann 常数。

在显微电泳测定时为保证 u 与 ζ 有（2）式的关系，常在体系中加入惰性无机盐（如 NaCl），其浓度远大于其他离子浓度，以保证体系中离子强度几近恒定，同时压缩双电层使 $\kappa a \gg 1$。

此外，由于电泳池壁与溶液间有带电的界面存在，在外电场作用下可引起液体的电渗运动。因而实际观测到的粒子运动速度是其电泳速度和电渗引起的液体运动速度之代数和，只有在液体运动速度为零的静止层处观测到的粒子运动速度才是真实的电泳速度。矩形电泳池静止层的位置由(4)式决定。

$$S/d = 0.500 - \left[\frac{1}{12} + \left(\frac{2}{\pi}\right)^5 \frac{d}{l}\right]^{1/2} \qquad (4)$$

式中 S 为静止层距上下池壁的距离，d 为电泳池上下内壁间距离（或称深度），l 为电泳池宽度。半径为 r 的圆形毛细管电泳池，静止层的位置是 $x = r/2^{1/2}$，x 为离管轴的距离。

研究固体或液体粒子在液体介质中形成的悬浮体的稳定性有理论的和实际的应用价值。悬浮体中固体粒子因布朗运动和沉降速度极小而可具有沉降稳定性，同时表面带电的粒子又相互排斥而具有聚结稳定性。加入电解质，反号离子在粒子上的吸附导致表面净电荷减少，使粒子间聚结变得容易，多个粒子的聚结加速其沉降，最终可形成沉淀，此过程称为聚沉。引起聚沉的外加电解质称为聚沉剂。加入适宜结构、价数、浓度的电解质有时可使粒子表面带电符号发生转换，使其又具有聚结稳定性。

衡量悬浮体稳定性的大小没有统一的实验方法。一种简单的方法是向不同的悬浮体中加入同样量的聚沉剂，观测体系光密度（或透光率）的变化，显然经相同时间光密度变化小的体系稳定性好。

【仪器与试剂】

显微电泳仪，可见分光光度计，pH 计，超声波发生器，电磁搅拌器，有聚四氟乙烯衬里的不锈钢压力釜，锥形瓶，烧杯，具塞刻度试管，容量瓶，移液管。

钛酸四异丙酯，异丙醇，四氯化钛，十四烷基溴化吡啶（TPB），NaCl，NaOH，KOH，盐酸。

【实验步骤】

1. TiO$_2$ 微粉的制备

(1) 以钛酸四异丙酯为原料,按照文献[1]所述的溶胶-凝胶法制备 TiO$_2$ 微粉。

(2) 以四氯化钛为原料,按照文献[2]所述的水热法制备 TiO$_2$ 微粉。

2. TiO$_2$ 微粉等电点的测定

(1) 熟悉显微电泳仪的结构和使用方法。国产显微电泳仪可选用 JS94F 型微电泳仪或 DXD 型电视显微电泳仪。后者的结构原理和使用方法可参阅文献[4]。

(2) 用去离子水配制 0.01 mol·L^{-1} NaCl 溶液 2 L 备用。

(3) 用盐酸或 NaOH 调节含 0.01 mol·L^{-1} NaCl 的水溶液至 pH 约为 2、3、4、5、6、7、8、9,各液配制 50 mL。

(4) 取约 0.5 g TiO$_2$ 微粉加入 50 mL 中性的 0.01 mol·L^{-1} NaCl 水溶液,超声分散 10 分钟得 TiO$_2$ 浓悬液,备用。

(5) 在 50 mL 锥形瓶中加入约 25 mL pH 为 2 的含 NaCl 的水溶液,加入数滴 TiO$_2$ 浓悬浮液,至呈微浑。用 pH 计准确测定其 pH。

(6) 将上液加入电泳池,依仪器使用说明测定粒子的电泳速度。

(7) 依次测定在其他 pH 水溶液中 TiO$_2$ 粒子的电泳速度。在弱酸性和弱碱性介质中加入 TiO$_2$ 浓悬浮液后原 pH 可能变化较大,可用 pH 9 或 pH 2 的溶液调节,使相邻二液的 pH 相差约一个单位左右。

3. TPB 吸附对 TiO$_2$ 粒子电动电势的影响

(1) 用 0.01 mol·L^{-1} NaCl 水溶液配制 1×10^{-6}、5×10^{-6}、5×10^{-5}、1×10^{-4}、5×10^{-4}、1×10^{-3}、2×10^{-3}、4×10^{-3}、6×10^{-3}、8×10^{-3} mol·L^{-1} TPB 溶液各 50 mL。

(2) 用与测定 TiO$_2$ 粒子等电点相似的方法,测定在不同浓度 TPB 溶液中 TiO$_2$ 粒子的电泳速度。由于加入 TiO$_2$ 的量很少,TiO$_2$ 比表面又较小,可认为吸附前后溶液浓度变化不大。

4. TPB 吸附对 TiO$_2$ 水悬浮体稳定性的影响

(1) 称 1 g TiO$_2$ 微粉加入 100 mL 去离子水,超声分散 10 分钟,放置 3 小时,取上层悬浮液为储备液,备用。配制 0.1 mol·L^{-1} NaCl 溶液 25 mL,备用。

(2) 用去离子水配制 1×10^{-6}、5×10^{-6}、5×10^{-5}、1×10^{-4}、5×10^{-4}、1×10^{-3}、2×10^{-3}、4×10^{-3}、6×10^{-3}、8×10^{-3} mol·L^{-1} TPB 溶液各 25 mL。

(3) 取 10 支 10 mL 具塞刻度试管,用移液管分别加入 8 mL 上述不同浓度的 TPB 溶液,再各准确加入 1 mL TiO$_2$ 储备液。摇匀后准确加入 1 mL 0.1 mol·L^{-1} NaCl 溶液,每加入 NaCl 溶液后即迅速将该管摇匀。放置一定时间(如 3~4 小时),待有一支以上试管中之悬浮液上部的混浊程度有明显变化时进行下述的吸光度测定。加入的 NaCl 为聚沉剂。

(4) 从上述 10 支试管中相同深度(如 5 mL 刻度)处取液,用 72 型分光光度计测定其吸光度,以水为参比,使用波长 600 nm。用滴管取液时不得搅动悬浮液。

【结果与讨论】

1. TiO_2 微粉的等电点

(1) 根据实测的在不同 pH 介质中 TiO_2 粒子运动速度计算电泳速度 u。$u = al/tV$,其中 a 为粒子在 t 时间内移动距离,l 为两电极间距离,V 为二电极间施加的电压。

(2) 利用(2)式计算在不同 pH 介质中之 ζ 电势。由于体系中 TiO_2 量极少,η 和 ε 可近似应用水的相应数据进行计算。

(3) 列表表示各实验数据和计算结果,作 ζ-pH 关系图,确定 TiO_2 粒子的等电点。

2. TPB 吸附对 TiO_2 粒子 ζ 电势的影响

(1) 根据测定结果,用与上述相同方法计算出在不同 TPB 浓度溶液中 TiO_2 粒子的电泳速度 u 和 ζ 电势。

(2) 列表表示实验数据和计算结果。作 ζ-TPB 浓度关系图,从图上求出使 TiO_2 粒子带电符号转换的 TPB 浓度值。解释所得结果。

3. TiO_2 悬浮液的稳定性

(1) 列表和作图表示在加入聚沉剂一定时间后悬浮液的吸光度与 TPB 浓度的关系。

(2) 将上图与 ζ-TPB 浓度关系图作比较。解释所得结果。

4. 讨论选用的 TiO_2 微粉制备方法的特点。

思 考 题

1. 为什么在水中固体表面常带有电荷?TiO_2 表面电势决定离子是什么?
2. 显微电泳法测定粒子的电泳速度需已知哪些数据,需测定哪些数据?其中 ε 值是什么?
3. 为什么在 pH 很低(如 pH<2)的介质中,用显微电泳法测定有困难?
4. 为什么 TPB 吸附可使 TiO_2 粒子的 ζ 电势改变符号?
5. 为什么在 TPB 浓度很低时使 TiO_2 悬浮液稳定性降低,而浓度大时却又使其稳定?

参 考 文 献

[1] Haro-Poniatowski E, Rodriguez-Talavera R, de la Cruz-Heredia M, et al. J Mater Res,1994,9:2102
[2] Cheng H, Ma J, Zhao Z, et al. Chem Mater,1995,7:663
[3] 用祖康,顾惕人,马季铭.胶体化学基础[M].北京:北京大学出版社,1987
[4] 北京大学化学系胶体化学教研室.胶体与界面化学实验[M].北京:北京大学出版社,1993
[5] Golinova E V, Rogoza O M, Sherkunov D M, et al. Kolloidn Zh,1995,57:25
[6] Bremmell K E, Jamesen G J, Biggs S. Colloids and Surfaces A,1998,139:199
[7] 赵振国,钱程,王青,刘迎清.应用化学,1998,15(6):6

(物理化学教研室)

实验 28　X 射线相定量法测活性组分在载体表面的分散阈值

【实验目的】

1) 研究活性组分在载体表面的自发单层分散现象并测定分散阈值。2) 掌握 X 射线相定量测阈值的原理和方法。3) 了解催化剂、吸附剂的常规制备方法。4) 学习使用 X 射线粉末衍射仪及其计算机控制分析系统。

【实验原理】

1. 关于固体化合物在载体表面的自发单层分散现象

在催化剂、吸附剂及其他高比表面材料研究中，活性组分在载体表面分散的结构状态是一个重要问题。长期以来人们只知道固体的结构状态有各种晶型、固熔体，以及无定形玻璃态。20 世纪 70 年代以来，我们实验室发现单层分散态也是固体表面常见的一种状态。对熔点较低(例如<1000 ℃)的化合物，将它们与载体均匀混合后，在低于该化合物熔点的适当温度下加热即可实现单层分散，例如 MoO_3(熔点 795 ℃)或 NaCl(熔点 805 ℃)与载体 $\gamma\text{-}Al_2O_3$ 研磨混合后，在约 400 ℃加热若干小时，MoO_3 或 NaCl 即可在 $\gamma\text{-}Al_2O_3$ 表面成单层分散，说明这种分散是自发过程。对熔点较高(例如>1000 ℃)的化合物，虽然不能用加热它们与载体混合物的方法使它们在载体表面单层分散，但也可用它们或其前身物的溶液浸渍载体，再以加热干燥或热分解的方法实现单层分散。固体化合物在载体表面自发单层分散是一种相当普遍的现象，这已为 X 射线衍射(XRD)、X 射线光电子能谱(XPS)、低能离子散射谱(ISS)、核磁共振(NMR)、激光拉曼光谱(LRS)、红外光谱(IR)、紫外光谱(UV)、穆斯堡尔谱(Mössbauer)、扩展 X 射线吸收精细结构(EXAFS)、二次离子质谱(SIMS)等多种谱学实验所证实。

为什么单层分散现象如此普遍呢？从热力学上看，这种"自发倾向"来源于体系的总自由能降低。自由能的变化 $\Delta G=\Delta H-T\Delta S$ 包括焓变 ΔH 和熵变 ΔS 两个因素。焓变对固体反应来说主要是能量的变化。这些化合物单层分散后可与载体表面形成相当强的表面键，其键强与未分散的晶体内原有的化学键强度差别不大，因而单层分散引起的能量变化不大，焓变也就不大($\Delta H\approx 0$)；但这些化合物在载体表面单层分散是由三维有序的晶相变为二维分散态，无序度大大增加，因而熵总是大大增加的。焓变不大($\Delta H\approx 0$)，而熵又大大增加($T\Delta S\gg 0$)，结果体系的总自由能 ΔG 便会下降。所以固体化合物在载体表面单层分散是一个相当普遍的自由能下降的热力学自发过程。

实验证明,金属在一般氧化物载体表面是难以实现单层分散的。因为金属作为零价状态与这些载体表面相互作用很弱,远不如金属内部的金属键强,所以金属在载体上单层分散会使体系焓大大增加,其效应超过分散后熵增加的效应,体系总自由能会增加,因而不是热力学自发过程。这也从反面证明了上述解释的正确性。

单层分散的实现也有其动力学的原因和条件。从相平衡观点看,固体化合物和载体在一起加热,如果温度足够高,最终会变成一种或几种组成均匀的稳定物相。但我们所涉及的载体都是结构较稳定的物质,在热处理温度不很高的情况下,载体体相结构不被破坏,只是固体化合物与载体表面作用生成单层分散态。例如 MoO_3 与 γ-Al_2O_3 混合加热,在 550 ℃ 以上可观察到生成 $Al_2(MoO_4)_3$ 晶相,但在 350～500 ℃ 则只形成单层分散相。

固体化合物在载体表面自发单层分散作为一种相当普遍的现象具有广泛用途。已发现单层分散有一定的分散容量,亦称分散阈值,它取决于载体的比表面及载体表面与被分散化合物的相互作用。当晶相化合物的量低于它在载体上的分散容量(分散阈值)时,此化合物可完全分散,观察不到其剩余晶相;当此化合物的量超过它在载体上的分散阈值时,分散后可观察到其剩余的晶相。许多氧化物和盐类负载型催化剂或吸附剂往往在单层分散阈值附近具有最高活性,其他一些单层分散改性的材料也往往在性质上表现出阈值效应。因此测定化合物在载体上的单层分散阈值在理论上和实用上都有重要意义。本实验即是介绍用 X 射线衍射相定量的方法测固体化合物在载体上的单层分散阈值。

2. X 射线相定量分析的基本原理及分散阈值的测定

X 射线相定量分析是通过对样品 X 射线衍射强度的测量来测定样品中某晶相组分的含量。按照 X 射线衍射的一般理论,样品中第 j 晶相组分的衍射图中某个衍射峰的强度和它的相对含量有以下关系:

$$I_j = (K_j f_j)/\mu_l = (K_j X_j/\rho_j) \Big/ \sum_{i=1}^{n} X_i (\mu_m)_i \qquad (1)$$

式中,K_j 为由组分 j 的结构性质以及衍射仪所决定的常数,f_j 为样品中组分 j 的体积分数,μ_l 为体系总的线性吸收系数,X_j 或 X_i 为组分 j 或 i 的重量分数,ρ_j 为组分 j 的密度,$(\mu_m)_i$ 为组分 i 的质量吸收系数,n 为组分总数。由式(1)可知,组分 j 的衍射强度 I_j,不仅与它的重量分数有关,而且也与体系总的质量吸收系数有关,亦即与体系中所含各种组分对 X 射线的吸收能力有关。所以样品中组分 j 的峰强度在一般情况下与其含量不成正比,这亦称为基体效应。

为了准确测定体系内组分 j 的含量,通常采用内标法。所谓内标法,就是在分析样品中加入一定量的已知物相作为内标物,通过对待测组分与内标物的相对衍射强度的测定来确定样品中待测组分含量的方法。由式(1)可知,样品中组分 j 的某衍射线与内标组分 S 的某衍射线强度比符合如下关系:

$$I_j/I_S = K(X_j/X_S) \qquad (2)$$

式中 $K=(K_j\rho_S)/(K_S\rho_j)$,是与 K_j 和 K_S 以及标样 S 和组分 j 的密度有关的常数。因此加入

一定量的内标物后,只要预先求得参比系数 K,并测定强度比 I_j/I_S,就可以求出组分 j 的晶相重量分数 X_j。内标物的使用消除了基体效应,不必再考虑体系吸收因子的变化对衍射强度的影响。由式(2)可知,当 $X_j = X_S$ 时,强度比 I_j/I_S 即参比系数 K。但是由单个样品测得的参比系数容易出现较大误差,因此人们常测定一系列不同比例的标准样品的强度比,利用式(2)通过作图或线性拟合来求 K。

本实验是研究某些盐类或氧化物在载体上的单层分散并测定分散阈值。虽然 X 射线衍射的方法并不能直接给出物质表面结构状态的信息,但通过测定活性组分在载体表面分散后剩余的晶相量可以得到体系中"消失"了的,也即分散了的晶相量,从而测得活性组分在载体表面的最大分散量,即分散阈值。

【仪器与试剂】

分析天平,电热恒温水浴锅,马弗炉,X 射线衍射仪,计算机。

固体化合物($Ni(NO_3)_2 \cdot 6H_2O$ 等),载体(ZSM-5 等)。

【实验步骤】

1. 样品的制备

(1) 干混法:预先将活性组分和载体分别研磨并过 300 目筛,烘干,并按一定比例配制一组(如 8 个)活性组分不同含量的样品,充分研磨使之混匀(这是本实验成功的关键!),然后用马弗炉或烘箱在低于活性组分熔点的某一适当温度下烘烤若干时间,使活性组分在载体表面均匀分散。

(2) 浸渍法:按计量配制一组活性组分含量不同的浸渍液,并将一定量的载体加入其中,注意使浸渍液液面略高于载体,液面太高不易蒸干,太低则不易均匀。在用水浴或红外灯蒸去水分的过程中,不断搅拌以使活性组分分散均匀。初步干燥后,移至马弗炉或烘箱中,在所需温度下焙烧一定时间即可。

2. 内标物的选择

确定某一种物质是否适宜作为内标物,其标准是:纯净、稳定、具有较好的衍射峰形。$\alpha\text{-}Al_2O_3$、$\alpha\text{-}SiO_2$、KCl、CaF_2 等均可作为内标物。在选择用于相定量测定的峰时,应尽量选择强度大、不重叠、较邻近的衍射峰。

3. 求参比系数 K

配制含有不同量的活性组分 j 和内标物 S 的样品,测定强度比。以 I_j/I_S 对 X_j/X_S 作图,所得直线斜率即为 K。

4. 测定剩余晶相含量

在已经制备好的含有待测组分的样品中加入一定量的内标参比物,并充分研磨(注意一定要研磨充分!),使样品混合均匀,再进行 X 射线衍射相定量测定。由式(2)可知组分 j 剩余

晶相含量(组分 j 晶相质量/载体 M 质量)为

$$m_j/m_M = (m_S I_j)/(K I_S m_M)$$

式中，m_j 为组分 j 的晶相质量，m_M 为载体质量，m_S 为内标物 S 的质量。

5. 作晶相曲线图求阈值

用活性组分 j 的剩余晶相含量 m_j/m_M 对体系中活性组分 j 的总含量 X_j/m_M 作图，应得一直线(图 1)。此直线与横轴相交，截距即为活性组分 j 在载体上的分散阈值。

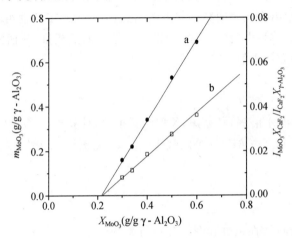

图 1 MoO_3 在 γ-Al_2O_3 上分散阈值 XRD 测定结果

(1) 载体本身是晶相时，可用载体峰代替内标物峰作参考进行相定量。

(2) 如单纯求阈值，可不必求出参比系数 K，因为剩余晶相含量 $m_j/m_M = (1/K)(I_j m_S/I_S m_M)$，利用 $I_j m_S/I_S m_M$ 对体系中活性组分总含量作图，与利用剩余晶相含量 m_j/m_M 对体系中活性组分总含量作图，所得直线在横轴上的截距是一样的，都可得到单层分散阈值，差异只是直线的斜率不同，这样可省去配标准样品测参比系数 K 这一步的工作。例如测 MoO_3 在载体 γ-Al_2O_3 上的单层分散阈值，如果求出参比系数 K，可得如图 1 所示直线 a；如果不求参比系数 K，可得如图 1 所示直线 b，两直线与横轴相交于同一点，所测阈值相同。

参 考 文 献

[1] 唐有祺,谢有畅,桂琳琳. 自然科学进展,1994,4(6)：642
[2] 宗越,潘晓民,段连运,谢有畅. 催化学报,1997,18：7
[3] Harold P Klug and Leroy E Alexander. X-ray Diffraction Procedures for Polycrystalline and Amorphous Materials[M]. New York：John Wiley & Sons, 1974
[4] Chung F H. J Appl Cryst, 1994, 7：526

(潘晓民、段连运)

实验 29　铂电极表面的电化学反应

【实验目的】

1) 掌握铂电极的清洁处理方法和电极表面积的测算。2) 初步掌握应用电化学循环伏安法和线性电位扫描法研究铂电极表面的电化学反应。3) 学会分析电流-电势曲线。了解电势扫描范围、扫描速度、温度、浓度、气氛、pH 及电极表面状态对电流-电势曲线的影响。

【实验原理】

1. 电化学研究方法

电化学研究方法可笼统地分为稳态和暂态两种。稳态和暂态是相对而言的,从暂态到达稳态是一个逐渐过渡的过程。在稳态阶段,电流、电极电势、电极表面状态和电极表面物种的浓度等基本上不随时间而改变。在暂态阶段,电极电势、电极表面的吸附状态以及电极/溶液界面扩散层内的浓度分布等都可能与时间有关,处于变化中。稳态极化曲线的形状与时间无关,而暂态极化曲线的形状与时间有关,测试频率不同,极化曲线的形状也不同。稳态极化测量按控制方式分为控制电势方法(恒电势法)和控制电流方法(恒电流法)两大类,是腐蚀研究中的重要方法。但是稳态法不适用于研究那些反应产物能在电极表面上累积或电极表面在反应时不断受到破坏的电极过程,而暂态测量方法则无此限制。暂态测试能反映电极过程的全貌。最常用的暂态测量方法有电势阶跃法、电势扫描法和电流阶跃法。电势扫描法包括线性电位扫描法(LSV)和循环伏安法(CV)。由于这种方法可以探测物质的电化学活性,测量物质的氧化还原电势,考察电化学反应的可逆性和反应机理,以及用于反应速率的半定量分析等,因此它现在已成为研究物质的电化学性质和进行电化学分析的基本手段。

线性电位扫描法就是控制电极电位以恒定的速度变化,如图 1 所示,选择不会起电极反应的某一电势 φ_i 为初始电势开始向正方向扫描,当 φ_i 比氧化电位 $\varphi^{\ominus}$ 负时,只有非 Farday 电流;当电势达到 φ_a 附近时,氧化开始,氧化电流逐渐出现;随着电势移向更正时,电流进一步增大,这时的电极反应主要受界面电荷传递动力学所控制。但当电势进一步正移到足够正,达到扩散控制区电势后,电流则转而受扩散过程所限制。由于扩散层厚度随时间延长而增加,浓度梯度减小,扩散流量反而越来越低,反应电流也越来越小,在电流-电势曲线上就出现一个电流峰。在峰之前扩散电流随电势的不断变正而增加,在峰之后扩散电流随扩散层厚度增加而降低。如果当电流衰减到某一程度将电位反扫时[图 2(a)],由于电极附近可还原的氧化物(O)浓度较大,在电位达到并通过 $\varphi^\ominus$ 时,表面上的电化学平衡应当向着越来越有利于还原物(R)方向发展。于是氧化物开始被还原,所以有阴极电流流过。这个反电流的形状很像正向的峰,其原因完全同上。整个的氧化还原过程如图2(b)。这就是所谓的循环伏安法。它是选择不会起电极反应的某一电势 φ_i 为初始电势,控制电极电势按指定的方向和速度随时间线性变化(扫速 $v=\mathrm{d}\varphi/\mathrm{d}t$),当电极电势扫描至某一电势 φ_f 后,再以相同的速度逆向扫描至 φ_i,同时测试响应电流随电极电势的变化关系。

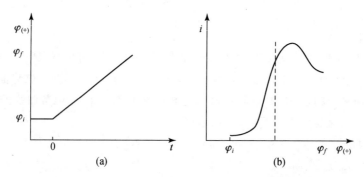

图 1 线性电位扫描法的电势-时间曲线(a)和电流-电势响应曲线(b)

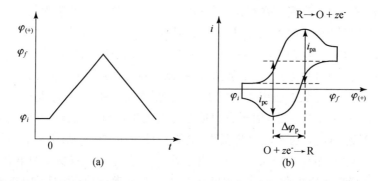

图 2 循环电位扫描法的电势-时间曲线(a)和电流-电势响应曲线(b)

对循环伏安法曲线进行数据分析,可以得到峰电流(i_p)、峰电位(φ_p)、反应动力学参数、反应历程等诸多化学信息。可以探测物质的电化学活性,测量物质的氧化还原电位,考察电化学反应的可逆性和反应机理,以及用于反应速率的半定量分析等。

对于符合 Nernst 方程的可逆电极反应,其氧化和还原峰电势差在 25 ℃ 为

$$\Delta\varphi_p = \varphi_{pa} - \varphi_{pc} = \frac{57 \sim 63}{z}\mathrm{mV}$$

25 ℃ 时峰电势与标准电极电势的关系为

$$\varphi^\ominus = \frac{\varphi_{pa} + \varphi_{pc}}{2} + \frac{0.029}{n}\lg\frac{D_O}{D_R}$$

式中 $\varphi^{\ominus}$ 为氧化还原电对的标准电极电势，D_O、D_R 分别为氧化态和还原态物种的扩散系数，z 为电子转移数。

25 ℃时氧化还原峰电流 i_p 可表示为

$$i_p = 2.69 \times 10^5 Az^{3/2} C_0^* D_0^{1/2} v^{1/2}$$

式中 A 为电极有效表面积，C_0^* 为溶液中物种的浓度，D_0 为其扩散系数，v 为扫描速率。由上述方程式不难发现，对于扩散控制的可逆电极反应，其氧化还原峰电流密度正比于电活性物种的浓度、扫描速率和扩散系数的平方根。故该方程式的一个重要应用是分析测定反应物的浓度。

循环伏安法是研究电化学体系一种有效而方便的方法，被称为"电化学光谱"。对于一个未知体系进行研究时，利用循环伏安法可以很快检测到反应物（包括中间体）的稳定性，判断电极反应的可逆性，同时还可以用于研究活性物质的吸附以及电化学-化学偶联反应机理。表 1 列出了对于不同电极过程的循环伏安判据。

表 1　电极过程可逆性的循环伏安判据

电极过程	电势响应的性质	电流函数的性质	阴阳极电流比性质
可逆电极反应	φ_p 与扫描速度 v 无关。在 25 ℃时，$\Delta\varphi_p = 59/n$ mV，且与 v 无关	$i_p/v^{1/2}$ 与 v 无关	$i_{pc}/i_{pa}=1$，与 v 无关
准可逆电极反应	φ_p 随 v 移动。在低 v，$\Delta\varphi_p$ 接近 $60/n$ mV，但随 v 增加而增加	$i_p/v^{1/2}$ 实际上与 v 无关	仅当 $\alpha=0.5$ 时，$i_{pc}/i_{pa}=1$，随 v 增加，其响应越来越接近不可逆反应
不可逆电极反应	v 增加 10 倍，φ_{pc} 向阴极方向移动 $30/\alpha z$ mV	$i_p/v^{1/2}$ 与 v 无关	无反扫电流峰

2. 电化学测试体系

一个基本的电化学测试体系由电解池和测试仪器组成。最常用的电解池为三电极电解池，包括工作电极（W.E.）、辅助电极（C.E.）和参比电极（R.E.）。工作电极也叫研究电极或实验电极，电极上所发生的电极过程就是我们研究的对象。铂是最常用的固体电极材料，具有化学性质稳定、氢过电位小等特点，常用来研究许多重要的电极反应过程，也是具有优异催化性能的电极材料，在测试分析、化学工业（电解工业、电有机合成）、能源研究（化学电源）、材料科学和环境保护等许多重要领域有着广泛的应用。辅助电极的用途是提供电流回路，即为工作电极提供电子流出的场所。常选择过电势低且面积足够大的材料，保证能等速度接受或放出电子。辅助电极的形状、位置要保持工作电极表面各点是等电势的。使用参比电极是为了提供一个不随电流大小和实验条件而改变的电势基准，用来测量工作电极的电势。参比电极应是一个良好的可逆体系，即使流过少量的电流，电极电势也保持不变。

电极的前处理：在固体电极上进行电化学实验经常会遇到数据不稳定现象。电极反应产物的沉积、杂质的吸脱附等都将使固体电极表面活性、粗糙度和状态发生改变，直接造成电流的改变。因此固体金属电极表面"清洁"程度对电化学行为有很大的影响。净化是固体电极表面预处理首先要考虑的问题。可用丙酮或洗涤剂进行除油净化。表面漂洗可以用简单的冲洗方式，也可在盛有清洗液的超声波清洗器中进行。机械抛光和化学浸蚀是固体电极表面预处理的两种方法。用金相砂纸或磨料（$1\ \mu m$ 氧化铝膏）进行机械抛光。化学浸蚀常用浸蚀液有浓硫酸、铬酸、王水等。除了一般对经过磨光、抛光的电极进行除油处理外，还需要经过电化学预极化活化处理，使电极产生高度的催化活性。

以铂电极为例，电极表面前处理一般可按以下顺序进行：1) 用小号金相砂纸将表面磨光滑；2) 用重铬酸混合液、热硝酸（除 Pt 和 Au）、王水（除 Pt）等洗净；3) 用去离子水冲洗干净；4) 在与测定用电解质液相同的溶液中进行电化学预极化活化处理（高扫速循环伏安扫描，扫速 $0.5\sim 1\ V\cdot s^{-1}$，扫描范围 $0.05\sim 1.5\ V$）。

电极的表面积：电极反应是在电极表面上进行的，所以电极表面积是一个重要因素。通常铂电极表面积的计算由氢原子吸附峰的电量来求算。图 3 给出了典型的铂电极分别在 $1\ mol\cdot L^{-1}$ 硫酸和 $1\ mol\cdot L^{-1}$ 氢氧化钠溶液中的循环伏安（CV）曲线图。④和①表示伴随氢的吸附和脱附反应的电量；②和③是电极上氧的吸附和脱附反应的电量。在 $0.4\sim 0.5\ V$（vs. RHE）电位区域内将出现氢原子吸附峰，由于氢在铂上只能单层吸附，满单层氢脱附的电量为 $210\ \mu C\cdot cm^{-2}$，通过吸脱附峰的电量可以计算出电极的真实表面积。

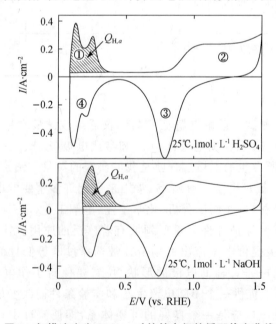

图 3　扫描速度为 $50\ V\cdot s^{-1}$ 的铂电极的循环伏安曲线

【仪器与试剂】

三电极电解池（如图 4 所示）：工作电极为铂片电极，辅助电极采用碳板电极，参比电极使用可逆氢电极（RHE）。

氢气发生器，CHI660A 电化学工作站，磁力搅拌恒温槽，氧气、氮气钢瓶，温度计。

电解质：1、0.5、0.1、0.01 mol·L^{-1} 硫酸，1 mol·L^{-1} NaOH 溶液。

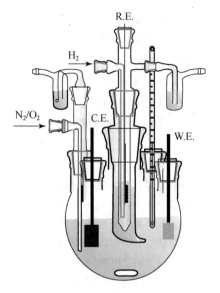

图 4 三电极电解池

【实验步骤】

(1) 清洁处理电极。组装前玻璃容器依次用洗液、自来水、去离子水冲洗，并用待测电解液润洗。

(2) 组装测试系统：三电极电解池与 CHI660A 电化学工作站相连，工作电极—绿线；辅助电极—红线；参比电极—白线。

(3) 0.01 mol·L^{-1} 硫酸溶液中的测试：

① 电解质中有空气（残留氧气）条件下，扫描电势 0.05～1.5 V，扫描速度 0.1 V·s^{-1}，测定 CV 曲线。

② 通入氮气排除残留氧气，扫描电势 0.05～1.5 V，扫描速度 0.1 V·s^{-1}，测定 CV 曲线。观察电解质静止和搅拌条件下 CV 曲线是否有变化。考察不同扫描速度（0.5、0.05、0.01 V·s^{-1}），不同电势范围（0.05～1.3、0.05～1.2、0.05～1.0、0.05～0.9 V）对 CV 曲线的影响。

③ 通入氧气，扫描电势 0.05～1.5 V，扫描速度 0.1 V·s^{-1}，测定 CV 曲线。观察电解质静止和搅拌条件下 CV 曲线是否有变化。考察不同扫描速度（0.5、0.05、0.01 V·s^{-1}），不同电解液温度（室温、30、40、50 ℃）对 CV 曲线的影响。

(4) 不同浓度硫酸溶液中的测试：改变硫酸的浓度（0.1、0.5、1 mol·L^{-1}），通入氧气，扫描电势 1.5～0.05 V，扫描速度 0.01 V·s^{-1}，进行线性电位扫描，测定 CV 曲线。

(5) 1 mol·L^{-1} 氢氧化钠溶液中的测试：通入氮气排除残留氧气，扫描电势 0.05～1.5 V，扫描速度 0.1 V·s^{-1}，测定 CV 曲线。通入氧气，同样条件下测定 CV 曲线。

(6) 对于研究铂电极表面的甲醇氧化反应时，将步骤 (3)② 中电解质溶液加入甲醇溶液配成 0.01 mol·L^{-1} 甲醇溶液，观察电解质静止和搅拌条件下 CV 曲线是否有变化。考察不同扫描速度（0.5、0.05、0.01 V·s^{-1}），不同甲醇浓度（0.01、0.5、1 mol·L^{-1}）对 CV 曲线的影响。

【数据处理】

(1) 绘制不同扫速下,1 mol·L^{-1}硫酸溶液(氮气保护条件)中铂电极的 CV 曲线。从 CV 曲线中读出 i_{pa}、i_{pc},作 i_{pc}-$v^{1/2}$ 图,判断反应的可逆性。

(2) 计算铂电极活性面积。

(3) 绘制相同扫速、不同气氛下(氮气和氧气)1 mol·L^{-1}硫酸溶液中铂电极的 CV 曲线。

(4) 绘制不同硫酸(或甲醇)浓度下,铂电极表面氧化还原反应的线性电位扫描曲线。

思 考 题

1. 什么是特异性吸附?硫酸浓度对铂表面的氧化还原反应是否有影响?
2. 分析电流-电势曲线中所出现的几个峰,观察在不同气氛、电势扫描范围和扫描速度下,这些峰是如何变化的?如何利用电流-电势曲线评价铂电极对于氧化还原反应(或甲醇氧化反应)的催化活性?
3. 还有哪些方法可以用来评价固体电极(催化剂)表面积?
4. 什么是氧的超电势(过电势)η_O?如何从电流-电势曲线中得到 η_O-$\lg i$ 图?从图中求出 Tafel 公式经验常数 a 与 b,写出 η_O 和电流密度 i 的经验公式。
5. 影响固体电极电化学催化活性的因素有哪些?

参 考 文 献

[1] 北京大学化学学院物理化学实验教学组. 物理化学实验[M],第 4 版. 北京:北京大学出版社,2002
[2] 贾梦秋,杨文胜. 应用电化学[M]. 北京:高等教育出版社,2004

(刘岩)

实验 30　电解 MnO_2 的制备与在 KOH 溶液中的电化学行为

【实验目的】

1) 通过本实验从实践和理论上探讨电解 MnO_2 的制备。2) 掌握无水操作技能。3) 掌握电化学方法的基本原理及电化学工作站的使用。

【实验原理】

在当今能源危机中,化学电源无疑是解决危机的一种有效途径。锌锰电池、镍镉电池、铅酸电池以及最近发展迅猛的镍氢电池和锂离子电池均已得到广泛的应用。其中锌锰电池是一次性电池,它的价格低廉,无毒,放电性能良好,应用最普及,对于它的研究也最悠久。它经历了糊状电池(以 NH_4Cl 为电解质),纸板电池(以 $ZnCl_2$ 为电解质),碱性电池(以 KOH 为电解质)几个发展阶段。在这些电池中,MnO_2 作为其正极活性材料,Zn 为负极。目前电化学工作者们正在努力研究,希望将它作为可充放电的二次电池。对于正极活性物质 MnO_2 的研究也一直在进行中。

MnO_2 的电导率处于 $10^{-6} \sim 10^3 \Omega^{-1} \cdot cm^{-1}$ 之间,属于半导体。它有多种晶型,如 α-MnO_2、β-MnO_2、γ-MnO_2、ε-MnO_2 等等。由于制备的方法不同,所得到的 MnO_2 结构也不同。例如天然的锰矿多为 α-MnO_2,而电解方法制备得到的多为 γ-MnO_2。MnO_2 的晶型不同,其电化学活性也不同。γ-MnO_2 一般电化学活性很好,它是高能量密度碱性锌锰电池的原料。

在碱性溶液中 MnO_2 的放电机理,前人提出"质子-电子"理论,认为 MnO_2 的阴极还原是伴随着质子和电子进入 MnO_2 的晶格而发生的。其中质子来自于溶液中吸附在 MnO_2 表面的水分子,由导体上获得电子,而非 MnO_2 结合水中的 OH^-。这个反应直接在 MnO_2/电解质的界面上完成,继而表面上的 MnOOH 和内部的 MnO_2 进行交换,以使 MnO_2 完全反应,这要求 H^+ 向内部扩散,故称为固相扩散反应,MnO_2 的放电特性完全由这种质子的扩散过程决定。

在 γ-MnO_2 被还原的初始阶段,OH^- 和 Mn^{3+} 分别取代和占据了 O^{2-} 和 Mn^{4+} 的位置。此时晶体的基本结构并未发生改变,这是一个均相还原过程。

$$MnO_2 + H_2O + e \longrightarrow MnOOH + OH^-$$

随着反应的深化,MnOOH 可以进一步被还原:

$$MnOOH + H_2O + e \longrightarrow Mn(OH)_2 + OH^-$$

此过程是一个溶解-还原-沉积过程。即

$$MnOOH(s) \longrightarrow [Mn(OH)_4]^-(aq) + e \longrightarrow Mn(OH)_4^{2-}(aq) \longrightarrow Mn(OH)_2(s)$$

实验证明,MnO_2 的充放电反应的可逆性随着 OH^- 浓度的增加而减少。在 $1\ mol \cdot L^{-1}$ 的 KOH 溶液中,MnO_2 只能被还原到 $Mn(\mathrm{III})$。$Mn(\mathrm{III})$ 是具有电化学活性的,它能有效地被重新氧化为 MnO_2。对于 MnO_2 的充放电机理可以用循环伏安法来进行研究。

【实验步骤】

(1) MnO_2 的电解制备(图 1):将用砂纸打磨的碳电极用水清洗后,浸入 89~99 ℃ 的 $1\ mol \cdot L^{-1}\ Na_2SO_4 + 0.8\ mol \cdot L^{-1}\ MnSO_4$ 溶液中,在电流密度为 $5\ mA \cdot cm^{-2}$ 下,阳极电解 2.5 小时,取出后,用二次水冲洗干净,并浸在二次水中 2 小时以上备用。

(2) 循环伏安研究:将电解制备的 MnO_2 的碳电极作为工作电极,以 Pt 电极为对电极,$Hg/HgO, OH^-$ 电极为参比电极,40% KOH 为电解质。以开路电势为起始扫描电势,在 -1.3~$+0.7\ V$ 的电压范围内进行循环伏安研究,扫描速度为 $1\ mV \cdot s^{-1}$。仔细观察第一次扫描与二次扫描的结果。电势扫描方向为先阴极后阳极。

(3) X 衍射分析测定电解制备的 MnO_2 的结构。

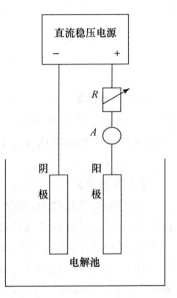

图 1 电解制备线路图

参 考 文 献

[1] Chouaib F, Cduquilet O, Lamache M. Electrochem Acta, 1985, 26: 325

[2] McBreen J. J Power Sources, 1986, 31: 525

[3] Ruetschi P. J Electrochem Soc, 1976, 123: 495

[4] 杨华铨, 等. 物理化学学报, 1991, 7: 409

[5] 杨华铨, 等. 北京大学学报, 1992, 28: 684

[6] Xia Xi, Li Hong, Chen Zhenhai. J Electrochem Soc, 1988, 11: 14

(杨华铨)

实验31 高聚物与表面活性剂双水相体系的制备及蛋白质分配系数的测定

【实验目的】

1) 通过制备高聚物双水相、正负离子表面活性剂双水相、非离子表面活性剂与高聚物共组双水相体系、高聚物与正负离子表面活性剂混合双水相,了解双水相体系的形成及制备,初步了解高聚物-高聚物、高聚物-表面活性剂的相互作用原理。2) 通过应用紫外分光光度计测定蛋白质在双水相体系两相中的浓度,掌握紫外分光光度计的原理与使用方法,及蛋白质浓度的测定方法。3) 通过测定蛋白质在双水相体系中的分配系数,了解双水相体系分离蛋白质的原理及方法。

【实验原理】

双水相体系是指某些物质的水溶液在一定条件下自发分离形成的两个互不相溶的水相。双水相体系最早发现于高分子溶液。高分子双水相体系通常由两类不同的高分子溶液(如葡聚糖和蔗糖)或一种高分子与无机盐溶液(如聚乙二醇和硫酸盐)组成。由于其两相都是水溶液,可作为萃取体系用于生物活性物质的萃取分离及分析。双水相萃取是目前所有的分离纯化技术中,最有发展前景的一类。其最大的优势在于双水相体系可为生物活性物质提供一个温和的活性环境,因而可在萃取过程中保持生物物质的活性及构象。自从瑞典隆德大学 Albertsson 等于 20 世纪 50 年代首次将其用于蛋白质的萃取分离以来,高分子双水相萃取已经发展成为一种适合于大规模生产、经济简便、快速高效的分离纯化技术。除了高分子双水相体系,一些非离子表面活性剂和正负离子表面活性剂也能形成双水相。高聚物与表面活性剂混合物也可形成共组双水相体系。它们均可作为萃取体系,用于蛋白质等生物活性物质的萃取分离及分析。本实验制备不同双水相体系,测定蛋白质在不同双水相体系中的分配系数。

【仪器与试剂】

离心机,紫外分光光度计,电子天平,5 mL 刻度试管(或比色管),2 mL 移液管,滴管,注射器。

聚乙二醇(PEG4000),聚乙二醇(PEG20000),Triton X-114,硫酸铵($(NH_4)_2SO_4$),十二

烷基硫酸钠(SDS)、辛烷基磺酸钠(C_8SO_3Na)、十二烷基三乙基溴化铵($C_{12}NE$)、十二烷基三甲基溴化铵($C_{12}NMe$)、牛血清白蛋白(BSA)。

【实验步骤】

1. 制备双水相体系

制备以下双水相体系：高聚物双水相、正负离子表面活性剂混合体系双水相、非离子表面活性剂与高聚物共组双水相体系、高聚物与正负离子表面活性剂混合双水相。

(1) 高聚物双水相：30%PEG4000 和 20%$(NH_4)_2SO_4$ 以质量比 1∶2 混合，混合后总质量为 3 g，振摇混匀，观察溶液状态。然后将试管置于离心机中，离心 10 分钟。观察分相情况，记录上、下相体积。

(2) 正负离子表面活性剂混合体系双水相：取 1 mL 0.1 mol·L^{-1} 的 $C_{12}NMe$，逐渐加入 0.1 mol·L^{-1} C_8SO_3Na(使 C_8SO_3Na 的总量依次为 2.4、2.5、2.6 mL)振摇混匀，离心 10 分钟。观察分相情况，记录上、下相体积随表面活性剂混合比例的变化。(注意：双水相形成区域与温度有关，如果实验时按照所给出的混合比例未出现双水相，则应在所给混合比例附近调节混合比以寻找双水相。)

(3) 非离子表面活性剂与高聚物共组双水相体系：取 2 g 20%Triton X-114，加入 1 g H_2O，然后逐渐加入 20%PEG20000(使 PEG 的总量依次为 0.4、0.6、0.8、1.0 g)，振摇混匀，离心 10 分钟。观察分相情况，记录上、下相体积随着 Triton X-114 与 PEG20000 质量比的变化。

(4) 高聚物与正负离子表面活性剂混合双水相：将 0.1 mol·L^{-1} 的 $C_{12}NE$ 和 SDS 以体积比 1.65∶1 混合，混合后总体积为 3 mL，然后加入 1 g 的 20%PEG20000，振摇混匀，离心 10 分钟。观察分相情况，记录上、下相体积。

2. 测定蛋白质在聚合物双水相体系中的分配系数

以牛血清白蛋白(BSA)为例，测定其在 PEG4000-$(NH_4)_2SO_4$ 双水相体系中的分配系数。

(1) 两个试管中分别加入 1.5 g 30%的 PEG4000、3 g 20%的 $(NH_4)_2SO_4$。其中一个用于 BSA 的分配，另一个用作参比溶液。

(2) 将 0.45 g 10 mg·mL^{-1} BSA 加入其中一个双水相溶液中，将 0.45 g H_2O 加入另一个双水相溶液中，混合均匀，离心 10 分钟使其分相，记录上、下相体积 V_t、V_b。(注意：BSA 或 H_2O 的加入量不要超过表面活性剂溶液总量的 1/10。)

(3) 用滴管分别取出两个双水相溶液的上、下相各约 1 g，准确称重。

(4) 将取出的两相溶液分别用去离子水稀释 5 倍，充分混匀。

(5) 用加 H_2O 的上、下相作为参比溶液，用紫外分光光度计测定 280 nm 处的吸光度。

(6) 从标准工作曲线算出 BSA 在两相中的浓度。(C(mg·mL^{-1})$=1.733A-0.05$)

(7) 计算 BSA 的分配系数 K：

$$K = C_t/C_b$$

式中,C_t 和 C_b 分别是上、下两相中 BSA 的平衡浓度。

3. 测定蛋白质在正负离子表面活性剂混合双水相体系中的分配系数

(1) 在两个试管中分别加入 1 mL 0.1 mol·L^{-1} 的 C_{12}NMe、2.5 mL 0.1 mol·L^{-1} 的 C_8SO_3Na。其中一个用于 BSA 的分配,另一个用于参比溶液。

(2) 将 0.4 mL 10 mg·mL^{-1} BSA 溶液加入其中一个双水相溶液中,将 0.4 mL H_2O 加入另一个双水相溶液中(此时溶液中表面活性剂的总浓度约为 0.09 mol·L^{-1})。混合均匀,离心 10 分钟使其分相,记录上、下相体积 V_t、V_b。

(3) 用注射器取出双水相的下相。

(4) 用加水的下相作为参比溶液,用紫外分光光度计测定 280 nm 处的吸光度。

(5) 从标准工作曲线算出 BSA 在下相中的浓度。(C(mg·mL^{-1})=1.733A−0.05)

(6) 根据物质守恒计算 BSA 在上相中的浓度:

$$C_t = (m_{BSA} - C_b V_b)/V_t$$

式中,m_{BSA} 是加入的 BSA 的总质量。

(7) 计算 BSA 的分配系数 K。

【结果与讨论】

(1) 讨论实验所涉及的各种双水相体系的表观现象和表观性质(如粘度)。

(2) 讨论正负离子表面活性剂混合体系双水相的相体积比(V_t/V_b)随表面活性剂混合比例的变化趋势,并解释之。

(3) 比较并讨论蛋白质在聚合物双水相体系和正负离子表面活性剂混合双水相体系中的分配系数。

思 考 题

1. 高聚物双水相体系的形成机理是什么?
2. 双水相分配的原理是什么?将其用于生物活性物质的分配有哪些优缺点?

参 考 文 献

[1] Albertsson P A. Partition of Cell Particles and Macromolecules[M]. 2nd ed. New York: John Wiley&Sons, 1986

[2] Xiao J X, Sivars U, Tjerneld F. J Chromatography B, 2000, 743: 327

附件

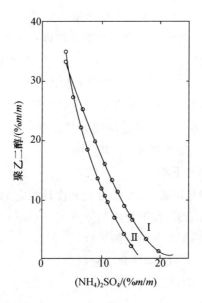

硫酸铵-聚乙二醇系统在 20 ℃时的双结点相图曲线
Ⅰ：$(NH_4)_2SO_4$-PEG1540 系统；Ⅱ：$(NH_4)_2SO_4$-PEG4000 系统

（肖进新）

实验 32　集成运算放大器电路在电化学研究方法中的应用

【实验目的】

本实验是根据本科生教学实验的安排从电化学研究方法课程的教学实验中精选出一部分而设置,旨在培养化学专业学生应用电子学知识和技术的能力,通过自己动手制作有关的仪器和设计典型测试系统并进行实际的电化学测试,能够了解和掌握以下内容:1)电子技术在化学实验方面的应用;2)电化学测试中运算放大器电路的工作原理;3)典型电化学仪器的制作及测试系统的设置;4)典型电化学测试方法的原理和操作。

【实验原理】

1. 集成运算放大器的基本性质及其若干典型电路的工作原理

本实验所采用的集成运算放大器型号为 μA741(在有关手册上可以查对),其外形和管脚排布如图 1 所示。

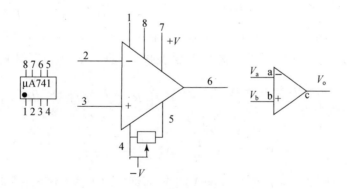

图 1　运算放大器基本结构示意图

集成运算放大器(OA)是一种高增益、稳定的直接耦合放大器,它的理想开环特性(open-loop feature)主要有:开环电压增益 $A_0 \to \infty$,输入阻抗 $Z_i \to \infty$,输出阻抗 $Z_o \to 0$。

在图 1 中,a 端为反相输入端(−),b 端为同相输入端(+),c 为输出端。OA 的输入和输出满足关系式:

$$V_o = A_0(V_b - V_a)$$

型号为 μA741 的 OA 共有 8 只管脚,其中 2 和 3 分别为反相输入端(一)和同相输入端(+),6 为输出端,4 和 7 接 DC 工作电源。OA 在实际使用时必须外接反馈电路,从而构成各种功能电路,此时它所反映的各种特性称闭环特性(closed-loop feature)。以下介绍几种典型电路的闭环特性。

2. 反相比例放大器

见图 2。R_i 为输入电阻,R_f 为反馈电阻,信号通过 R_i 从反相端(a 点)输入;若同相端(b 点)接地($V_b = 0$),根据 $V_o = A_0(V_b - V_a)$,因 $V_b = 0$,所以 $V_o = -A_0 V_a$。

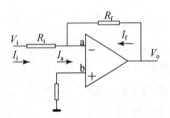 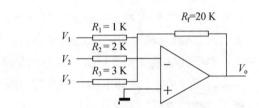

图 2 反相比例放大器原理图   图 3 加法器原理图

又因为 $A_0 \to \infty$,则有 $V_a = -\dfrac{V_o}{A_0} \to 0$,所以 $I_a = 0$,即所谓"虚地"的概念。由此,又据 Kirohhoff 及 Ohm 定律可推得

$$I_i = I_a - I_f = -I_f, \quad I_i = \frac{V_i}{R_i}, \quad I_f = -\frac{V_o}{R_f}, \quad \frac{V_o}{V_i} = -\frac{R_f}{R_i}$$

R_f/R_i 之比称 OA 的闭环增益(closed-loop gain),它决定了 OA 实际使用时的放大能力。

作为反相比例放大器的一个推广是加法器,见图 3。据 a 点"虚地",即 $V_a = 0, I_a = 0$,则

$$I_f = I_1 + I_2 + I_3 = \frac{V_1}{R_1} + \frac{V_2}{R_2} + \frac{V_3}{R_3} \quad 且 \quad I_f = -\frac{V_o}{R_f}$$

解之得

$$V_o = -\left(V_1 \frac{R_f}{R_1} + V_2 \frac{R_f}{R_2} + V_3 \frac{R_f}{R_3}\right)$$

当取 $R_f = R_1 = R_2 = R_3$ 时,则 $V_o = -(V_1 + V_2 + V_3)$,即实现了输入信号的加法运算。

3. 同相比例放大器

当信号 V_i 从 OA 的同相端输入,就构成了同相比例放大器,见图 4。

根据 $V_o = A_0(V_b - V_a)$,可写成 $\dfrac{V_o}{A_0} = V_b - V_a$,若 $A_0 \to \infty$,则 $V_b - V_a \to 0$,即 $V_b = V_a$;又因为同相比例放大器的输入阻抗 $r_i = \left(1 + \dfrac{A_0 R}{R + R_f}\right) r_o \xrightarrow{A_0 \to \infty} \infty$,所以 $I_i = I_b \to 0$,$V_b = V_a = V_i$,

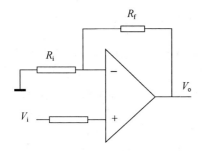
图 4 同相比例放大器原理图

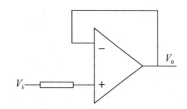
图 5 电压跟随器原理图

即
$$V_b = V_a = \frac{RV_o}{R+R_f} = V_i$$

因此得到
$$V_o = \frac{(R+R_f)V_i}{R}$$

作为同相比例放大器的一个特例是电压跟随器(voltage follower)，见图 5。当 $R=0$，$R_f=0$，则 $V_o=V_i$，即 $V_o/V_i=1$（电压增益为 1），在这里另外使我们感兴趣的是它具有极高的输入阻抗（$r_i \to \infty$）和极低的输出阻抗（$r_o \to 0$）的特点，因此，它又是一个理想的阻抗变换器。

4. 电流跟随器(current follower)

见图 6。根据 a 点"虚地"，即 $V_a=0$，$I_a=0$，所以
$$I_f = \frac{(V_o - V_a)}{R_f} = -I_i, \quad 即 \quad -I_i R_f = V_o$$

这就实现了将输入的电流信号转换成电压信号输出，故此电路亦称电流-电压转换器。

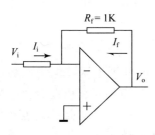
图 6 电流跟随器原理图

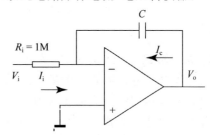
图 7 积分器原理图

5. 积分器(integrator)

见图 7。据 a 点"虚地"，即 $V_a=0$，$I_a=0$，则有 $-I_i = I_c = \frac{V_i}{R}$，又据电容充放电特性 $I_c = CdV_o/dt = CdV_c/dt$ 得到

$$V_\text{o} = \frac{1}{V}\int_0^t I_\text{c}\mathrm{d}t = \frac{1}{RC}\int_0^t V_\text{i}\mathrm{d}t \xrightarrow{V_\text{i}\,=\,常数} -V_\text{i}t/RC$$

式中 RC 为时间常数。因此,若输入信号 V_i 是一正负交替的脉冲电压 $V_\text{i}(t)$(如方波),则经积分器积分放大输出 V_o 为一线性扫描电压(如三角波)。

以上简单介绍了与本实验有关的几种所谓单元电路的工作原理,在本实验中实际应用的各种仪器装置的电路中,无非是这些单元电路的组合。

6. 函数发生器(function generator)

图 8 是一实用的函数(方波-三角波)发生器,它由两部分单元电路组成。A_1 是比较器(comparator),A_2 是积分器,A_1 和 A_2 互为反馈联系,有两条反馈路径:R_1 构成正反馈通路,正反馈电路的特点是其工作时只有暂稳态,即电路随时间自动来回翻转维持自激振荡。当在启动电源的瞬间激发作用下,A_1 电路产生振荡的输出信号并由一双向稳压二极管进行稳压和限幅得到一方波信号(V_o1),方波信号经 A_2 积分输出三角波信号(V_o2)并经 R_2 构成的负反馈通路触发 A_1 使其在三角波扫描到一定幅度时发生翻转,如此周而复始便可得到方波和三角波的周期输出信号。

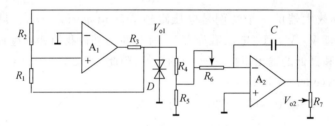

图 8　函数发生器

$R_1 = 2.2\ \text{k}\Omega, R_2 = 3.9\ \text{k}\Omega, R_3 = 2.2\ \text{k}\Omega, R_4 = 9.1\ \text{k}\Omega, R_5 = 100\ \Omega,$
$R_6 = 0 \sim 450\ \text{k}\Omega, R_7 = 0 \sim 10\ \text{k}\Omega, C = 0.3 \sim 1\ \mu\text{F}, D: 2\text{DW}7$

7. 恒电势仪(potentiostat)

恒电势仪是电化学研究中最常用的仪器之一。它不仅可用于调节电极电势或电极电流为恒定值以达到恒电势极化或恒电流极化下的稳态研究,而且还可以配合函数发生器进行各种电化学体系的暂态研究,可谓用途十分广泛。恒电势仪的功能是控制电化学体系中研究电极相对于参比电极的电势严格地按照人为的指令信号变化。若指令信号是某一恒定的电势值,则研究电极电势就被控制在此电势值;若指令信号是时间的某种形式的函数时,则研究电极电势就严格地按照指令信号的函数形式变化。图 9 是一简易实用的恒电势仪原理图。

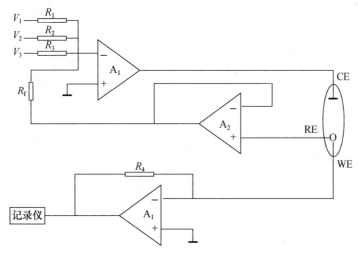

图 9 恒电势仪原理图

$R_1 = R_2 = R_3 = R_4 = R_f = 1\ \text{k}\Omega$

它由三部分电路组成。A_1 电路是恒电势仪的核心,起到控制电极电势(工作电极相对参比电极之间)$V_{R\text{-}W}$ 的作用。从已讨论过的反相比例放大器的加法器可推得其输入和输出的关系:

$$V_o = -\left(V_1 \frac{R_f}{R_1} + V_2 \frac{R_f}{R_2} + V_3 \frac{R_f}{R_3}\right)$$

当取 $R_f = R_1 = R_2 = R_3$ 时,且研究电极处于地电位(虚地),则

$$V_o = V_{R\text{-}W} = -(V_1 + V_2 + V_3)$$

可见 $V_{R\text{-}W}$ 只由指令信号 V_1、V_2、V_3 决定而与电极反应过程无关。换言之,不论电极反应过程使体系的阻抗、电流如何改变,$V_{R\text{-}W}$ 都将被控制而保持恒定(在一定精度范围内),这就达到了恒电势的目的。由此,恒电势仪控制电极反应的过程可简述为:当工作电极电位 φ_W 有改变(由电极反应等因素引起)时,则参比电极相对工作电极的电势 $V_{R\text{-}W}$ 与指令信号进行比较,其差值作为反馈(负反馈)信号至 A_1 输入,经放大后输出给电解池,调节流过电解池的电流 I,从而调节 $V_{R\text{-}W}$ 恒定。此过程可表示为

$$V_{R\text{-}W} = \varphi_W^{\downarrow} \Rightarrow \varphi_R^{\uparrow} \Rightarrow \varphi_a^{\uparrow} \Rightarrow I^{\uparrow} \Rightarrow \varphi_W^{\uparrow}$$

一般地,A_1 电路的品质愈高,则恒电势仪的频率响应时间愈短,调节过程进行愈快,则控制电势的精度愈高。这是恒电势仪的重要指标之一。

恒电势仪的另一重要指标是应具有尽可能高的输入阻抗。这主要是针对参比电极而言。因为在电极反应过程中,若参比电极中有过大的电流通过,一方面它可能被极化,另一方面在电解池的鲁金(Luggin)毛细管内产生电压降,这均会使参比电极标准性降低,从而影响控制电势的精度。A_2 电路是已讨论过的电压跟随器,它的主要特点除了具有良好的电压跟随特

性外,还具有很高的输入阻抗,因此它可以在准确检测工作电极相对参比电极的电极电势的同时,又可以保证流过参比电极的电流<10^{-7}A,又由于它具有很低的输出阻抗,带负载能力很强。A_3 电路是电流跟随器,它的主要功能是作为电流-电压转换器。电化学反应过程中的极化电流通过 A_3 电路,在其输出端得到相应的电压值,即 $-IR_f=V_o$,这样就可以利用电压测量仪(如函数记录仪、示波器等)直接测量之。

8. 电化学测试

本实验的特点是利用自己制作和调试的仪器去进行化学实验。为此,选用电化学研究方法中的线性电势扫描法对某些电化学体系极化曲线的测量作为对象。所谓线性电势扫描,就是对工作电极加上一线性变化的扫描电压(由函数发生器提供),令电极电势 $V_{R\text{-}w}$ 按恒定的速率变化(由恒电势仪控制)即 $dV_{R\text{-}w}/dt=$ 常数。此时反应电流 I 作为时间的函数被测定。如果加到电极上的电压以反复的方式随时间线性变化(如三角波扫描方式),即线性电压掠过了氧化过程的阳极峰(或还原过程的阴极峰)后,又加上逆向的线性电压扫描,这种技术就构成了所谓循环伏安法。此法对于一般的电化学过程的本质和机理提供了一个较全面的了解,如能迅速确定体系热力学可逆性,并能检测电解过程的电化学反应和化学反应的产物及可能的中间产物及其寿命。此法也被用于研究固体电极上的有机物质的电极反应过程和电极表面上发生的各种吸附效应。按照前述的原理制作和调试好函数发生器及恒电势仪后,将这些仪器装置与电化学测试体系(电解池)连接无误便可以进行测试了。

【实验步骤】

以工作电极铂 Pt 在 1N H_2SO_4 中的电化学体系为例,为研究氢和氧在 Pt 电极上的吸脱附反应情况,利用上述循环伏安法测定得到的实验结果(循环伏安曲线)如图 10。

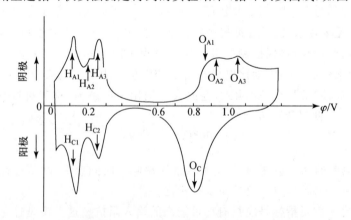

图 10　大幅度循环线性扫描 $I\text{-}V$ 关系,循环伏安曲线

(cyclic voltammetric current-potential curve)

工作电极:Pt;参比电极:饱和甘汞;溶液:1N H_2SO_4

本实验是控制一定的三角波电势扫描范围,按顺时针方向扫描到阴极零时,覆盖度随时间和电势的增加而增加,此时 H_2 在 Pt 电极上的吸附有两个束缚态(强态和弱态),引起两个峰(H_{A1},H_{A3})。扫描到双层区时,电极作用如同一个理想极化电极,即只存在双电层充电电流。扫描到氧吸附区,由于 H_2O 放电析出 O_2 的反应,电极表面不断吸附氧,随表面覆盖度的不同,吸附的难易不同,因而出现两个峰(O_{A2},O_{A3}),这是吸附氧析出过程中的中间态。若电势扫描范围再增大就发生氧的析出。当扫描回扫到阳极支,阴极扫描形成的吸附氧被定量地进行电化学氧化反应,依次出现吸附氧和氢的氧化峰。

思 考 题

1. 测试某电化学体系的极化曲线时,为什么要使用恒电势仪进行控制?
2. 恒电势仪的电平调谐起什么作用?

参 考 文 献

[1] Bard A J,Faulkner L R. Electrochemical Methods:Fundamentals and Applications[M]. New York:Wiley,1982

[2] 秦世才,王朝英.集成运算放大器应用原理[M].天津:天津人民出版社,1979

[3] 刘永辉.电化学测量技术[M].北京:北航出版社,1987

[4] 周伟舫.电化学测量[M].上海:上海科技出版社,1985

[5] 田昭武.电化学研究方法[M].北京:科学出版社,1984

(郁晓路)

实验 33　接触角和低能固体表面润湿临界表面张力的测定

【实验目的】

1) 了解润湿作用、接触角等概念；用液滴角度测量法测量水在石蜡、聚合物等固体表面上的接触角。2) 了解低能固体表面润湿临界表面张力的意义；用 Zisman 方法测定石蜡、聚乙烯、聚氯乙烯、聚四氟乙烯、聚甲基丙烯酸甲酯等聚合物固体表面的润湿临界表面张力。

【实验原理】

润湿是自然界和生产过程中常见的现象。通常将固气界面被固液界面所取代的过程称为润湿。研究无机和有机固体材料表面的润湿性质不仅有助于了解许多生产过程（如浮选、润滑、洗涤、焊接、印染等）的基本原理，而且可以通过固体材料的表面改性改变或扩展它们的用途。应用接触角的测量可以了解固体的润湿性质，它是材料表面科学研究的重要方法。

当液体与固体接触后，体系的自由能降低。因此，液体在固体上润湿程度的大小可用这一过程自由能降低的多少来衡量。设有面积皆为 $1\ cm^2$ 的液体及固体相接触，接触后原来的液气界面和固气界面消失形成新的固液界面。这一过程体系自由能的降低 $(-\Delta G)$ 为

$$-\Delta G = \gamma_{SA} + \gamma_{LA} - \gamma_{SL} = W_{SL} \tag{1}$$

式中 γ_{SA}、γ_{LA}、γ_{SL} 分别为固气、液气和固液界面张力；W_{SL} 为粘附功，它的大小可衡量润湿的程度。由于现时尚无可靠的方法测定 γ_{SA} 和 γ_{SL}，故欲据(1)式求出 W_{SL} 需要用别的方法。

如果液体滴在固体表面上形成一液滴，在固、液、气三相交界处自固液界面经液体内部到气液界面的夹角称为接触角或润湿角，通常以 θ 表示。1805 年 Young 提出，在达到平衡时界面自由能和接触角间有下述关系：

$$\gamma_{SA} - \gamma_{SL} = \gamma_{LA}\cos\theta \tag{2}$$

此式称为 Young 方程或润湿方程，它是描述润湿作用的最基本公式。

将(2)式代入(1)，可得

$$W_{SL} = \gamma_{LA}(1 + \cos\theta) \tag{3}$$

由上式可知，只要测量出液体与固体间的接触角和测定出液体的表面张力即可依(3)式求出粘附功 W_{SL}，从而可衡量润湿程度。由(3)式还可看出，只有当 $\theta=180°$ 时 W_{SL} 才为零，即为完全不润湿；当 $\theta=0°$ 时称为完全润湿；$0°<\theta<180°$ 时称为不完全润湿。在一般情况下 θ 总小于

180°,即液体在固体表面总有一定程度的润湿。应当指出的是,人们习惯上将 $\theta>90°$ 称为不润湿,$\theta<90°$ 称为润湿,θ 越小润湿性能越好,这为判断润湿程度带来方便。

液滴角度测量法是测量接触角最常用的方法之一。它是在平整的固体表面上滴一小液滴,直接测量接触角的大小。为此可用低倍显微镜中装有的量角器测量,也可将液滴图像投影到屏幕上或拍摄图像再用量角器测量,这类方法都无法避免人为作切线的误差。

决定和影响润湿作用和接触角的因素很多。如,固体和液体的性质,杂质、添加物的性质,固体表面粗糙程度,表面不均匀和表面污染等。对于一定的固体表面,在液相中加入表面活性物质常可改善润湿性质,并且随着液体和固体表面接触时间的延长,接触角有逐渐减小并趋于定值的趋势,这是由于表面活性物质在各界面上吸附的结果。

自润湿方程知,固体的表面自由能越大越易于被液体所润湿。固体的表面能至今仍难以直接精确测定,一般只能知道一大致范围。已知一般液体(除汞外)的表面张力均在 $100\ \text{mN}\cdot\text{m}^{-1}$ 以下,故常以此为界将固体表面分为两类。表面自由能大于 $100\ \text{mN}\cdot\text{m}^{-1}$ 的称为高能表面,一般金属及其氧化物、硫化物、无机盐皆属此类;表面自由能低于 $100\ \text{mN}\cdot\text{m}^{-1}$ 的称为低能表面,如有机固体和聚合物即是。

近几十年来,高聚物在生产和生活中得到广泛应用,因而促进了对低能固体表面润湿性质的研究。Zisman 发现,同系有机液体在同一低能固体表面上的接触角 θ 随液体表面张力降低而变小,且以 $\cos\theta$ 对液体表面张力 γ_{LA} 作图可得一直线,该直线外延至 $\cos\theta=1$ 处,相应的表面张力称为此低能固体表面的(润湿)临界表面张力,以 γ_C 表示。若采用非同系有机液体,$\cos\theta$-γ_{LA} 图也常是直线或一窄带。将此窄带外延至 $\cos\theta=1$ 处,相应的 γ_{LA} 的下限即为 γ_C。临界表面张力的意义是,凡是表面张力小于 γ_C 的液体皆能在此固体表面上自行铺展,而表面张力大于 γ_C 的液体不能自行铺展;γ_C 值越大,在此固体表面上能自行铺展的液体越多,其润湿性质越好,因此 γ_C 是表征固体润湿性质的经验参数。

实验结果表明,高聚物固体的润湿性质与其分子的元素组成有关。多种元素的加入对润湿性的影响有如下的次序:

$$F<H<Cl<Br<I<O<N$$

且同一元素的原子取代越多,效果越明显。实验结果还表明,决定固体表面润湿性质的是固体表面层原子或原子团的性质及排列状况,而与体相结构无关。换言之,只要能改变固体表面性质就可改变其润湿性质。

【仪器与试剂】

接触角(润湿角)测量仪,环法表面张力测定仪,注射器,烧杯,坩埚,容量瓶,表面皿,镊子。

玻璃片,聚乙烯片,聚四氟乙烯片,聚甲基丙烯酸甲酯片,石蜡,正癸烷,正十二烷,正十四烷,正十六烷,苯甲醇,乙二醇,甘油,正丁醇,十二烷基硫酸钠,去离子水。

【实验步骤】

1. JJC-1 型润湿角测量仪的使用方法

（1）水平调节。调节调平手轮，使水准器中气泡在中间位置。

（2）光源调节。将光源可调变压器调节钮左旋至不动为止，接通电源，右旋调节钮至电压约为 2~4 V（灯泡亮）。调节光源护筒支架上之手轮，使光线照射在样品盒的长方形小玻璃窗上。微调光源变压器调节钮使在目镜中可看到柔和的光线。

（3）将按照要求准备的固体样品片置于样品盒的平台上。

（4）调节调焦手轮、纵向移动手轮和升降手轮，使在目镜中看到清晰的固体样品片的横向面，并使其表面线与目镜中刻度板水平线重合。

（5）用注射器小心地滴一滴待测液体在样品片上（液滴直径以 1~3 mm 为宜），液滴不宜太靠近样品片中部和边缘。调节横向移动手轮和横向微动手轮，使液滴进入光路。各种液体的注射器不得混用。

（6）使液滴一端之固-液-气三相交界点与目镜中刻度板中心点重合。调节转动手轮，使目镜中可转动线在刻度板中心（即液滴一端三相交界点）与液滴相切，该线所指示角度即为接触角。每种液体和样品片都需多次测量，将所得结果取平均值。

（7）全部测量完毕后，关闭电源开关，切断电源并清拭仪器。

2. 接触角的测定

（1）固体样品的制备

石蜡片：将玻璃片洗净、干燥，浸入熔化的石蜡中，用镊子夹住玻片一角取出，控去多余石蜡，冷却后形成薄的石蜡层，备用。

聚合物固体片：聚乙烯、聚四氟乙烯、聚甲基丙烯酸甲酯片，先用洗衣粉等刷洗干净，用水冲洗，干燥后再用丙酮擦拭，干燥，备用。

玻璃片：将玻璃片先用去污粉洗净，干燥后再浸入热洗液中，数分钟后用水冲洗，干燥，备用。

（2）用下述接触角测定方法，测定水在石蜡、聚乙烯、聚四氟乙烯、聚甲基丙烯酸甲酯和玻璃片上的接触角。测定要进行多次，取其平均值。

（3）测 0.1% 十二烷基硫酸钠水溶液液滴在石蜡片上接触角随时间的变化，每半分钟测一次，至接触角变化不大时（约 10 分钟）为止。

3. 低能固体表面润湿临界表面张力的测定

（1）准备干净的石蜡、聚乙烯、聚四氟乙烯、聚甲基丙烯酸甲酯片（见前述步骤）。

（2）用环法表面张力仪（参见普通物理化学实验书或参考文献[5]）测定烷烃系列（正癸烷、正十二烷、正十四烷、正十六烷）、正丁醇水溶液（0.05、0.10、0.15、0.20、0.25、0.30、0.35、0.40 mol·L^{-1}）、苯甲醇、乙二醇、甘油、水的表面张力。应当注意的是，更换有机液体时所用盛液体的器皿及铂环必须清洗干净，铂环浸入丙酮中，再用煤气灯烧红以除去残存有机物，切勿使铂环扭曲。

(3) 用上述接触角测定方法,测定烷烃系列在聚四氟乙烯上,及正丁醇水溶液、苯甲醇、乙二醇、甘油、水在石蜡、聚乙烯、聚甲基丙烯酸甲酯片上的接触角。用正丁醇溶液测定时需在 30 秒钟内完成。每种液体的接触角都需多次测定,取其平均值。

【结果与讨论】
(1) 列表表示水在石蜡、聚合物片、玻璃片上接触角的实验结果。
(2) 作十二烷基硫酸钠液滴在石蜡上接触角随时间变化曲线,解释所得结果。
(3) 列表表示环法测定各液体样品的表面张力的有关参数和计算出的 γ_{LA} 及各液体在石蜡及聚合物上的接触角 θ。
(4) 作各体系的 $\cos\theta$-γ_{LA} 图,求出各低能固体表面的 γ_C。
(5) 比较各低能固体表面的 γ_C 的顺序,并讨论之。

思 考 题

1. 为什么测量接触角时要特别仔细地处理样品片?测量时样品片为什么要保持水平?
2. 怎样才能得到可靠的接触角数据?
3. 由接触角和液体表面张力数据能够估算固体表面能吗?
4. γ_C 的物理意义是什么?
5. 环法测定液体表面张力需知道哪些基本数据,怎样才能测得准确结果?

参 考 文 献

[1] 朱珧瑶,赵振国.界面化学基础[M].北京:化学工业出版社,1996
[2] Johnson R E, Detter R H. //Matijevic E. Surface and Colloid Science[M], Vol. 2. New York: Wiley-Interscience, 1969
[3] Zisman W A. Adv Chem, 1964, 43
[4] Adamson A W, Gast A P. Physical Chemistry of Surfaces[M]. New York: Wiley-Interscience, 1997
[5] 北京大学化学系胶体化学教研室.胶体与界面化学实验[M].北京:北京大学出版社,1993

(物理化学教研室)

实验34　三十六烷在石墨表面自组装结构的扫描隧道显微镜(STM)观测

【实验目的】

1) 了解扫描隧道显微镜的基本原理和功能；2) 了解分子自组装现象；3) 熟悉扫描隧道显微镜的操作；4) 利用STM观察三十六烷在石墨表面的自组装结构。

【背景介绍】

自组装(self-assembly)是自然界中普遍存在的现象，它广泛存在于从微观原子直到宇观天体的各种尺度的体系中[1]。分子自组装是分子之间通过相互识别而自发组织成有序结构的过程。研究这一现象可以为人们了解分子之间的相互作用力提供丰富的信息，同时它也与生命起源问题有着紧密的联系。在当今蓬勃发展的纳米科学与技术领域，分子自组装作为一种"自下而上"构建微纳米结构的基本方法，为人们提供了一种高效的大规模制备纳米器件的可能途径。分子自组单层(self-assembled monolayer, SAM)的畴区(domain)往往比较小，对它的研究非常困难，也更具挑战性；分子组装体也是其他组装体的基础，对于人们认识其他尺度较大的组装体的帮助是显而易见的。这些分子有序结构的尺寸一般在纳米量级，必须借助显微学的方法才能进行探测与表征。扫描隧道显微镜(scanning tunneling microscopy, STM)是由IBM瑞士苏黎世实验室的Binnig和Rohrer在1982年发明的[2]。它帮助人们第一次在实空间(而非倒易空间)看到了原子的图像。两个发明者也因此获得了1986年的诺贝尔物理学奖。迄今为止，它仍然是唯一能够在实空间探测固体表面的局域结构并且达到原子级分辨率的高技术表征仪器，是物理学、化学、材料科学、信息科学、生命科学等相关前沿研究领域中最强大的表征工具之一，对于纳米科学技术的发展起到了巨大的推动作用。在固体表面形成的分子自组装结构的特征尺寸往往在1～10 nm范围，对于这样尺度的微观结构，必须借助STM方可进行直接观测。因此，STM是研究各种分子的表面自组装结构不可或缺的表征手段。

【实验原理】

1. STM的工作原理

STM是借助于微细针尖与导电基底之间在距离很近的情况下发生的量子隧穿效应来工

作的。首先简单讲一下量子隧穿效应。量子隧穿效应的概念可以由一维势阱来解释,如图1所示。在经典力学中,能量为 E 的电子在势场 $U(z)$ 中的运动可描述为

$$\frac{P_z^2}{2m}+U(z)=E$$

式中 m 是电子质量,为 9.1×10^{-29} g。在 $E>U(z)$ 的区域中,电子具有非零动量 P_z。另一方面,电子不可能穿越 $E<U(z)$ 的区域(或叫做势垒)。

而在量子力学中,上述电子的状态由波函数 $\Psi(z)$ 表示,满足薛定谔方程:

$$-\frac{\hbar^2}{2m}\frac{d^2}{dz^2}\psi(z)+U(z)\psi(z)=E\psi(z)$$

式中 $-\frac{\hbar^2}{2m}\frac{d^2}{dz^2}$、$U(z)$ 和 E 分别是动能、势能和总能量算符。这个方程的数学解为:

(1) $E>U(z)$ 时,其解为 $\psi(z)=\psi(0)e^{\pm ikz}$,这同经典的情况一样。
(2) $E<U(z)$ 时,其解为 $\psi(z)=\psi(0)e^{-kz}$,而在经典情况下是无解的。

式中的 $k=\frac{\sqrt{2m(U-E)}}{\hbar}$ 是衰减常数,描述波函数沿 $\pm z$ 方向衰减的状态。

我们从如上简单的一维模型即可以看出,隧穿效应是区别于经典力学的一种量子效应,它说明了在很大势垒(大于粒子的总能量)的存在情况下粒子仍然有可能穿越势垒。如图1中所示的那样,关在高墙内的狮子在经典力学中不可能穿过墙壁跑出来,而在量子力学的情况下则有这样的可能。

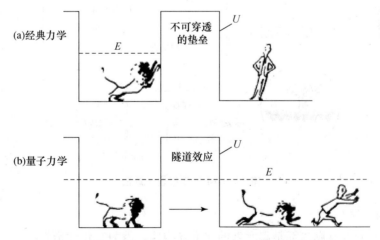

图1 一维势箱中经典力学结果和量子力学结果的差别

我们继续用一维势箱模型来简单讨论一下STM成像的机理。如上所述,STM是借助针尖与基底之间在一定偏压下的隧穿电流而成像的。在假设针尖状态不变化的情况下,隧穿电流的大小将正比于针尖与基底之间的有效叠加的波函数的数目,即基底费米能级附近的局域

态密度(local density of states, LDOS)的大小,那么在距离表面 z 处的隧穿电流大小为

$$I \propto \sum_{E_n = E_F - ev}^{E_F} |\psi_n(0)|^2 \cdot e^{-2kz} \propto V \cdot \rho_s(0, E_F) \cdot e^{-2kz}$$

此处的 k 值仍然是类似一维势箱中的衰减常数。对于特定的样品和针尖,z 的指数因子 $-2k$ 也是定值。在一般情况下,$-2k$ 的值约为 -2Å^{-1},所以隧穿电流随着针尖样品距离每增加 1Å 而降低 $e^2 \approx 7.4$ 倍。这就是 STM 能够获得原子量级表面起伏的原因。

图 2 是 STM 的工作原理示意图。我们可以看到 STM 主要由几个核心部件组成:金属探针(metal tip)、扫描管(piezo tube)、反馈电路(feedback circuit)和计算机(computer)。工作时,预先在金属探针和样品基底之间加上一个偏压(bias voltage, V),给电路设定相应的隧穿电流值(tunneling current, I),然后在扫描管的控制下将针尖与样品间的距离逐渐拉近直到所产生的隧穿电流达到设定值,最后让扫描管按照设定的参数对表面进行扫描。扫描过程中,通过反馈电路来控制扫描管沿 z 轴方向的运动(z-control)以便隧穿电流维持在设定值,而扫描管的 x-y 运动则由计算机记录并成像,这就得到表面的形貌像。关于 STM 的成像原理的细致描述可以参考文献[3]。

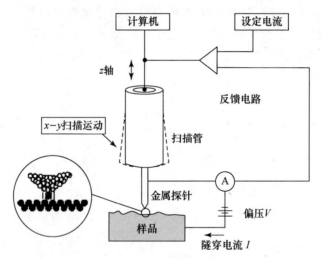

图 2 STM 工作原理示意图

2. 石墨的结构

石墨与金刚石和富勒烯都是碳元素的同素异构体。因为它化学惰性较高,很容易剥离获得洁净而且是原子级平整的表面,所以它在分子自组装的研究中常被选用为基底。石墨的碳原子都是 sp^2 杂化,其表面原子是价键饱和的,即使在空气中也仍然能够保持相当的清洁,不至于因为吸附而产生重构。常温常压下,石墨与吸附质之间一般不会形成化学键,分子在石墨表面的吸附一般都是物理吸附。

石墨的晶体结构如图3所示，它属于六方晶系，具有 D_{6h}^4 对称性；它是由具有蜂窝状结构的石墨片层按照 ABAB… 的方式堆砌形成的。图3(a)是石墨表面的俯视图，可以看到每一层内 C—C 键之间的键长为 1.42 Å，而标注的六方晶胞中的晶格参数则是：$u=v=2.46$ Å；夹角 $\gamma= 120°$。图3(b)是石墨晶格的侧视图，可以看到石墨层面距离约为 3.345 Å，而通常所划分的晶胞中的沿 z 轴方向的参数 $w=6.70$ Å 左右。在 STM 实验中，我们通常只能够看到如图中所示的 β 位置的碳原子，而看不到 α 位置的碳原子，因为 β 处的表面局域态密度比 α 处的要高得多。实验中使用的石墨是一种经过特殊方法合成的多晶石墨，称为高取向裂解石墨（highly oriented pyrolytic graphite，HOPG）。这种石墨因为其化学纯度高和易制成相应尺寸的块体材料而被人们选用。

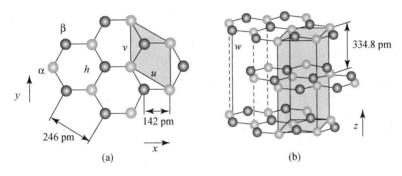

图 3　石墨的晶体结构

3. 分子在石墨表面的自组装

迄今为止，人们已经利用 STM 研究了各种各样的分子体系在石墨表面的自组装行为。如前所述，分子在石墨表面的吸附一般是物理吸附，分子与表面之间的相互作用力是范德华（van der Waals）作用力。为了降低体系的能量，分子往往铺展在石墨表面以形成较大的范德华作用力。这时 STM 可以很好地分辨吸附组装的分子的形貌特征，直接对分子进行识别。在本实验中是通过将溶液直接滴加在石墨表面来制备分子的自组装单层。这个过程中，自组装的形成往往都是瞬时的，而且在其形成后仍然不断地与体相溶液进行分子交换，处于动态平衡状态。

4. STM 对吸附到固体表面分子的成像

吸附到固体表面的分子往往都是绝缘体材料，然而实验证实确实可以通过 STM 对这些分子进行成像。一般认为这是由于分子的电子轨道和石墨表面原子的电子轨道形成一定的交叠，从而使得表面态向垂直于表面的空间中有所延伸，并最终与 STM 针尖态形成叠加，在施加偏压的情况下即产生隧穿电流。对于烷烃及其衍生物在石墨表面的吸附组装，人们已经开展了很多研究。由于碳-碳单键的键长跟石墨晶格中的碳-碳键长非常接近，所以往往发现烷烃分子的长轴与石墨层中的"之"字形（zigzag）碳链平行，这样的取向能够使得分子与基底最佳匹配从而形成最大的相互作用力，实现体系整体能量的最优化。关于烷烃分子在石墨表面的组装结构及其相应的 STM 图像计算可以参见文献[4]。

【仪器与试剂】

Multimode AFM，Nanoscope IIIa(美国 Veeco 公司)。

高取向石墨，三十六烷(98%，Aldrich)，辛基苯(98%，Acros)。

【实验步骤】

(1) 称量一定质量的三十六烷(约 1 mg)，然后用辛基苯配制成约 $1\ mg \cdot mL^{-1}$ 的溶液。

(2) 用透明胶剥离石墨表层获得新鲜石墨表面。

(3) 用 STM 扫描获得石墨表面形貌像以及原子像，成像条件为：$-50\ mV$, 800 pA。

(4) 用微量进样器将约 $1\ \mu L$ 的溶液滴加在石墨表面，然后用 STM 扫描获得三十六烷在石墨表面的组装图像，成像条件为：800 mV, 500 pA。至少应该获得两幅图像，其一为大范围扫描结果如 100 nm×100 nm，其二为高分辨结果如 15 nm×15 nm。

(5) 改变成像条件观察组装图像的清晰度和对比度的变化。成像条件包括成像偏压(bias voltage)、设定电流(current setpoint)、扫描角度(scan angle)和扫描速率(scan rate)等。偏压设定不得低于 10 mV(绝对值)，电流设定不得高于 5 nA。

【结果与讨论】

由仪器将实验数据拷入数据处理计算机，并且用相应软件进行参数测量和图像处理等。实验报告应含有以下数据：

(1) 确定石墨原子像中的晶轴方向，测量晶轴长度和晶轴间的夹角(附在图上)。

(2) 通过大范围扫描图像测量三十六烷分子组装结构的分子垄子的宽度。

(3) 在获得高分辨图像的情况下测量三十六烷分子的实际长度以及分子垄子内的相邻分子间的距离。

(4) 根据高分辨图像猜想三十六烷分子在石墨表面上的排列方式。特别是相邻分子垄子之间的甲基末端的相对取向。

【注意事项】

本实验主要是本着让同学们接触前沿、开阔眼界以及激发科研兴趣的宗旨而开设的，所以并不会有很多定量的要求。但是在实验中仍然要注意以下一些方面：

(1) 实验中的药品基本无毒，但是均为国外进口药品，价格较高，请同学们务必节约。一般情况下辛基苯溶剂使用量保持在 1 mL 左右。

(2) 爱护实验室的仪器设备。因为这是科研场所，不是专门的教学实验室，所以请同学们要爱护实验室的所有设施，尤其是大型仪器。操作仪器时必须严格按照指导老师的要求去做。

（3）实验中不包含剪切针尖这一实际实验经验要求非常高的内容，所以一旦无法获得正常图像，立即向指导老师提出更换探针。

（4）实验仪器只有一台，而参加实验的同学较多，所以本实验采取多人合作的方式进行。课后思考题不作为评分标准，但还是要求同学们通过独立思考与查阅文献等来给出自己的答案。

思 考 题

1. 为什么选用 Pt/Ir 合金丝作为 STM 的针尖？可以使用其他金属材料吗？
2. 为什么改变扫描角度会明显地改变扫描图像？
3. 在扫描过程中可以看到图像的清晰度、对比度等常常会不断地变化，这是什么原因？
4. 一般观察到的畴区大小为多大？畴区的大小可能会与使用的溶液浓度有关系吗？为什么？相邻畴区的分子垄方向的夹角一般为多少？怎么去解释这个现象？
5. 高分辨像中三十六烷分子中的亮斑总共有几个？你认为这是什么原因？

参 考 文 献

[1] Whitesides G M, Grzybowski B. Self-Assembly at All Scales[C]. Science, 2002, 295: 2418~2421
[2] Binnig G, Rohrer H, Gerber Ch, Weibel E. 7×7 Reconstruction on Si(111) Resolved in Real Space[C]. Phys Rev Lett, 1983, 50: 120~123
[3] Chen C J. Introduction to Scanning Tunneling Microscopy[M]. Oxford University Press, Inc, 1993
[4] Faglioni F, Claypool C L, Lewis N S, Goddard III W A. Theoretical Description of the STM Images of Alkanes and Substituted Alkanes Adsorbed on Graphite[C]. J Phys Chem B, 1997, 101: 5996~6020

（邵翔、吴凯）

实验 35　水热法制备纳米 SnO_2 微粉

【实验目的】

1) 通过本实验了解和掌握水热法制备纳米 SnO_2 微粉的技术，拓宽学生的视野。2) 学生用自己合成出来的产物来做相关的性质实验，进一步增强学生做实验的兴趣。

【实验原理】

纳米粒子(nanosized particles)通常是指粒径大约为 $1\sim100$ nm 的超微颗粒。物质处于纳米尺度状态时，其许多性质既不同于原子、分子，又不同于大块体相物质，构成物质的一种"新状态"——介观态(mesoscopic state)。处于介观态的纳米粒子，其中电子的运动受到颗粒边界的束缚而被限制在纳米尺度内，当粒子的尺寸可以与其中电子(或空穴)的德布罗意(de Bröglie)波长相比时，电子运动呈现显著的波粒二象性，此时材料的光、电、磁性质出现许多新的特征和效应。例如，由于量子尺寸效应将使半导体的带隙能增大，光吸收带边蓝移。磁性材料中出现由多畴到单畴、铁磁性到超顺磁性的转变等。从化学角度来看，在纳米材料中，位于表、界面上的原子数足以与粒子内部的原子数相抗衡，因而总表面能大大增加，粒子的表、界面化学性质异常活泼，此特性通常称为表、界面效应。此外，还将会产生宏观量子隧道效应、介电限域效应等。纳米粒子的这些新的特性为物理学、电子学、化学和材料科学等开辟了全新的研究领域，在 21 世纪初将引发一场新的技术革命[9]。用化学方法制备粒子尺寸可控、分布均一的纳米材料是纳米材料化学的基本任务。水热法将成为制备纳米粒子的主要湿化学方法之一。同时水热法本身也在不断发展，以有机溶剂为介质的溶剂热法为非氧化物纳米材料的制备提供了新的可能途径。

SnO_2 是一种半导体氧化物，它在传感器、催化剂和透明导电薄膜等方面具有广泛用途。纳米 SnO_2 具有很大的比表面积，是一种很好的气敏与湿敏材料[1]。制备超细 SnO_2 微粉的方法很多，有溶胶-凝胶(Sol-Gel)法、化学沉淀法、激光分解法、水热法等。水热法制备纳米氧化物微粉有许多优点，如产物直接为晶态，无需经过焙烧晶化过程，因此可以减少用其他方法难以避免的颗粒团聚，同时粒度比较均匀，形态比较规则。因此，水热法是制备纳米氧化物微粉的好方法之一[2]。

水热法是指在温度超过 100 ℃和相应压力(高于常压)条件下利用水溶液(广义地说，溶剂介质不一定是水)中物质间的化学反应合成化合物的方法[3]。

在水热条件(相对高的温度和压力)下,水的反应活性提高,其蒸汽压上升、离子积增大,而密度、表面张力及粘度下降,体系的氧化还原电势发生变化。总之,物质在水热条件下的热力学性质均不同于常态,为合成某些特定化合物提供了可能。水热合成方法的主要特点有:1) 水热条件下,由于反应物和溶剂活性的提高,有利于某些特殊中间态及特殊物相的形成,因此可能合成具有某些特殊结构的新化合物,例如各种微孔、中孔晶体材料。2) 水热条件下有利于晶体的生长,获得纯度高、取向规则、形态完美、非平衡态缺陷尽可能少的晶体材料。3) 产物粒度易于控制,分布集中,采用适当措施可尽量减少团聚。4) 通过改变水热反应条件,可能形成具有不同晶体结构和结晶形态的产物,也有利于低价、中间价态与特殊价态化合物的生成。基于以上特点,水热合成在材料领域已有广泛应用[4~8],水热合成化学也日益受到化学与材料科学界的重视。本实验以水热法制备纳米 SnO_2 微粉为例,介绍水热反应的基本原理,研究不同水热反应条件对产物微晶形成、晶粒大小及形态的影响。

【仪器与试剂】

100 mL 不锈钢压力釜(具有聚四氟乙烯衬里),管式电炉套及温控装置,电动搅拌器,抽滤水泵,pH 计。

$SnCl_4 \cdot 5H_2O$ (A.R.),KOH (A.R.),乙酸,乙酸铵,95% 乙醇。

【实验步骤】

1. 原料液的配制

用去离子水配制 1.0 mol·L^{-1} 的 $SnCl_4$ 溶液、10 mol·L^{-1} 的 KOH 溶液。

每次取 50 mL 1.0 mol·L^{-1} 的 $SnCl_4$ 溶液于 100 mL 烧杯中,在电磁搅拌下逐滴加入 10 mol·L^{-1} 的 KOH 溶液,调节反应液的 pH 至所要求值(如 1.45),制得的原料液待用。观察记录反应液状态随 pH 的变化。

2. 反应条件的选择

水热反应的条件,如反应物浓度、温度、反应介质的 pH、反应时间、矿化剂等对反应产物的物相、形态、粒子尺寸及其分布和产率均有重要影响。

水热反应制备纳米微晶 SnO_2 的反应机理:第一步是 $SnCl_4$ 的水解,

$$SnCl_4 + 4H_2O \rightleftharpoons Sn(OH)_4 \downarrow + 4HCl$$

形成无定形的 $Sn(OH)_4$ 沉淀。紧接着发生 $Sn(OH)_4$ 的脱水缩合和晶化作用,形成 SnO_2 纳米微晶。

$$nSn(OH)_4 \longrightarrow nSnO_2 + 2nH_2O$$

(1) 反应温度:反应温度低时,$SnCl_4$ 水解、脱水缩合和晶化作用慢。温度升高将促进 $SnCl_4$ 的水解和 $Sn(OH)_4$ 的脱水缩合,同时重结晶作用增强,使产物晶体结构更完整,但也将导致 SnO_2 微晶长大。本实验反应温度以 120~160 ℃ 为宜。

(2) 反应介质的酸度：当反应介质的酸度较高时，$SnCl_4$ 的水解受到抑制，中间物 $Sn(OH)_4$ 生成相对较少，脱水缩合后，形成的 SnO_2 晶核数量较少，大量 Sn^{4+} 离子残留在反应液中。这一方面有利于 SnO_2 微晶的生长，同时也容易造成粒子间的聚结，导致产生硬团聚，这是制备纳米粒子时应尽量避免的。当反应介质的酸度较低时，$SnCl_4$ 水解完全，大量很小的 $Sn(OH)_4$ 质点同时形成。在水热条件下，经脱水缩合和晶化，形成大量 SnO_2 纳米微晶。此时，由于溶液中残留的 Sn^{4+} 离子数量已很少，生成的 SnO_2 微晶较难继续生长。因此产物具有较小的平均颗粒尺寸，粒子间的硬团聚现象也相应减少。本实验反应介质的酸度控制为 pH＝1.45。

(3) 反应物的浓度：单独考察反应物浓度的影响时，反应物浓度愈高，产物 SnO_2 的产率愈低。这主要是由于当 $SnCl_4$ 浓度增大时，溶液的酸度也增大，Sn^{4+} 的水解受到抑制的缘故。当介质的 pH＝1.45 时，反应物的粘度较大，因此反应物浓度不宜过大，否则搅拌难于进行。一般用 $[SnCl_4]=1\ mol \cdot L^{-1}$ 为宜。

3. 水热反应

将配制好的原料液倾入具有聚四氟乙烯衬里的不锈钢压力釜内，用管式电炉套加热压力釜。用控温装置控制压力釜的温度，使水热反应在所要求的温度下进行一定时间（约 2 h）。为保证反应的均匀性，水热反应应在搅拌下进行。反应结束，停止加热，待压力釜冷却至室温时，开启压力釜，取出反应产物。

4. 反应产物的后处理

将反应产物静止沉降，移去上层清液后减压过滤。过滤时应用致密的细孔滤纸，尽量减少穿滤。用大约 100 mL 10% 的乙酸加入 1 g 乙酸铵的混合液洗涤沉淀物 4~5 次（防止沉淀物胶溶穿滤），洗去沉淀物中的 Cl^- 和 K^+ 离子，最后用 95% 乙醇洗涤两次，于 80 ℃ 干燥，然后研细。

5. 反应产物的表征

(1) 物相分析：用多晶 X 射线衍射法（XRD）确定产物的物相。在 JCPDS 卡片集中查出 SnO_2 的多晶标准衍射卡片，将样品的 d 值和相对强度与标准卡片上的数据相对照，确定产物是否为 SnO_2。

(2) 粒子大小分析：由多晶 X 射线衍射峰的半高宽，用 Schererr（谢乐）公式

$$D_{hkl} = \frac{K \cdot \lambda}{\beta \cdot \cos\theta_{hkl}}$$

计算样品在 hkl 方向上的平均晶粒尺寸。式中 β 为扣除仪器因子后 hkl 衍射的半高宽（弧度）；K 为常数，通常取 0.9；θ_{hkl} 为 hkl 衍射峰的衍射角；λ 为 X 射线波长。

用透射电子显微镜（TEM）直接观察样品粒子的尺寸与形貌。

(3) 比表面积测定：用 BET 法测定样品的比表面积，并计算样品的平均等效粒径。

(4) 等电点测定：用显微电泳仪测定 SnO_2 颗粒的等电点。

思 考 题

1. 比较同一样品由 XRD、TEM 和 BET 法测定的粒子大小,并对各自测量结果的物理含义作分析比较。
2. 水热法作为一种非常规无机合成方法具有哪些特点?
3. 用水热法制备纳米氧化物,对物质本身有哪些基本要求?试从化学热力学和动力学角度进行定性分析。
4. 水热法制备纳米氧化物过程中,哪些因素影响产物的粒子大小及其分布?
5. 在洗涤纳米粒子沉淀过程中,如何防止沉淀物的胶溶?
6. 从表面化学角度考虑,如何减少纳米粒子在干燥过程中的团聚?

参 考 文 献

[1] 李泉,曾广赋,席时权. 二氧化锡气敏材料的研究进展[C]. 应用化学,1994,11(6):1

[2] 程虎民,马季铭,赵振国,等. 纳米 SnO_2 的水热合成[C]. 高等学校化学学报,1996,17:833

[3] 冯守华,徐如人. 水热无机合成.//唐有祺. 当代化学前沿[M]. 北京:中国致公出版社,1997,6

[4] Lencka M M, Riman R E. Thermodynamic Modeling of Hydrothermal Synthesis of Ceramic Powder [C]. Chem Mater, 1993, 5:6

[5] Pyda W, Haberko K, Bucko M M. Hydrothermal Crystallization of Zirconia and Zirconia Solid Solutions[C]. J Am Ceram Soc, 1991, 74:2622

[6] Cheng Humin, Ma Jiming, Zhu Bin, et al. Reaction Mechanisms in the Formation of Lead Zirconate Titanate Solid Solution under Hydrothermal Conditions[C]. J Am Ceram Soc, 1993, 76:625

[7] Cheng Humin, Ma Jiming, Zhao Zhenguo, et al, Hydrothermal Preparation of Uniform Nanosize Rutile and Anatase Particles[C]. Chem Mater, 1995, 7:66

[8] Cheng Humin, Wu Lijun, Ma Jiming, et al. Hydrothermal Preparation of Nanosized Cubic ZrO_2 Powders[C]. J Mater Sci Lett, 1996, 15:895

[9] 林鸿溢. 纳米材料与纳米技术[C]. 材料导报,1993,6:42

(物理化学教研室)

实验 36　碳氟表面活性剂的制备及其与碳氢表面活性剂混合水溶液在油面上的铺展性能与铺展系数的测定

【实验目的】

1) 通过全氟辛酸与氢氧化钠反应制备全氟辛酸钠,以了解简单碳氟表面活性剂的制备方法。2) 应用 pH 计指示反应终点,以掌握酸碱滴定原理及 pH 计使用方法。3) 利用滴体积法测定所制备碳氟表面活性剂水溶液及其与碳氢表面活性剂混合水溶液的表面张力及油水界面张力,计算铺展系数,以掌握表面张力及界面张力的测定方法及铺展原理。4) 测定所制备碳氟表面活性剂及其与碳氢表面活性剂混合水溶液在油面上的铺展性能及水膜对油面的密封性能,以了解碳氟表面活性剂及其与碳氢表面活性剂混合体系和普通表面活性剂的区别,了解碳氟表面活性剂及其与碳氢表面活性剂混合体系这一特殊性能的用途及水成膜泡沫灭火剂的原理。

【实验原理】

碳氟表面活性剂是普通表面活性剂碳氢链中的氢原子部分或全部被氟原子取代的一种特种表面活性剂,是迄今为止所有表面活性剂中表面活性最高的一种,具有很多碳氢表面活性剂不可替代的重要用途。碳氟表面活性剂最突出的性质之一是其水溶液可在烃油表面铺展形成水膜,从而将油面与空气隔绝。一方面可阻止油的挥发,以避免油品挥发所造成的经济损失、安全隐患及环境污染;另一方面可作为高效灭火剂(即水成膜泡沫灭火剂),用于扑灭油类火灾。

欲使水溶液在油面上铺展,必须满足铺展条件,即铺展系数 $S_{w/o}>0$:

$$S_{w/o} = \gamma_o - \gamma_w - \gamma_{w/o} > 0$$

式中 γ_o、γ_w、$\gamma_{w/o}$ 分别表示油、水溶液的表面张力及油水界面张力。

一般而言,正负离子表面活性剂混合溶液的表面活性大大超过单一组分的表面活性,显示了明显的增效作用。这种增效作用源于两表面活性剂正、负离子间的相互吸引。由于碳氟链和碳氢链的互憎性,导致单一氟表面活性剂水溶液的油水界面张力 $\gamma_{w/o}$ 无法降得很低。因此,为确保铺展系数 $S_{w/o}>0$,可以加入与碳氟表面活性剂电性相反的碳氢表面活性剂。此时,加入的碳氢表面活性剂起两个作用:1) 正负离子表面活性剂的增效作用,进一步降低水

溶液的表面张力 γ_w;2)由于碳氢表面活性剂同时具有亲水亲油基团,可以在油水界面定向吸附,从而降低油水界面的界面张力。

【仪器与试剂】
电磁搅拌器,pH 计,滴体积表面张力仪。
$C_7F_{15}COOH$,NaOH,$C_8H_{17}N(CH_3)_3Br$,环己烷。

【实验步骤】
1. 氟表面活性剂的合成
反应方程式为
$$C_7F_{15}COOH + NaOH \longrightarrow C_7F_{15}COONa + H_2O$$
（1）用分析天平准确称量 0.1g 全氟辛酸,置于 50 mL 烧杯中,烧杯中加入 20 mL 去离子水,将 NaOH 溶液滴加到 $C_7F_{15}COOH$ 中,反应过程用电磁搅拌,用 pH 计指示反应终点（pH＝7 为反应终点）。
（2）将溶液全部转移到 50 mL 容量瓶中,用去离子水稀释至刻度。
（3）计算 $C_7F_{15}COONa$ 的浓度。
2. 测定水溶液在油面上的铺展系数
用滴体积表面张力仪测定（测定方法见附件）:设水溶液的表面张力为 γ_w,油的表面张力为 γ_o,油水界面张力为 $\gamma_{w/o}$,计算铺展系数:
$$S = \gamma_o - (\gamma_w + \gamma_{w/o})$$
3. 测定水溶液在油面上的铺展性能
在直径 4 cm 的烧杯中盛放 10 mL 环己烷,用注射器将 0.1 mL 碳氟表面活性剂及其与碳氢表面活性剂混合水溶液缓慢滴加到环己烷表面中心处,测定下列参数:
（1）铺展时间:从液滴与油表面接触至变成液膜的时间,用 t_s 表示。以铺展时间小于 0.5 秒作为迅速铺展的标准。
（2）铺展量:在同一位置滴加水溶液,出现第一滴水溶液下沉所加入的水溶液的体积,用 V_s 表示。
（3）临界铺展浓度:欲使水溶液在油面上迅速铺展,t_s 小于 0.5 秒所需表面活性剂的最低浓度,用 C_s 表示。
上面参数中,t_s 和 C_s 越小、V_s 越大,铺展性能越好。
4. 测定水膜对油面的密封性能
在直径 4 cm 的烧杯中盛放 10 mL 环己烷,用注射器将 0.1 mL 碳氟表面活性剂水溶液滴加到环己烷表面,每隔 10 秒在离油面 1cm 高度处迅速过明火,观察环己烷是否被点燃。若被点燃,立即用湿布覆盖烧杯,隔绝空气。记录环己烷能被点燃的时间 t_b。
实验操作过程中注意安全。

【结果与讨论】

(1) 在可以在环己烷液面上铺展的混合溶液中,全氟辛酸钠和溴化辛基三甲铵的浓度比值存在两个边界值。找出这两个边界值,并说明为什么会存在这两个边界值。

(2) 若要将本实验的混合溶液应用于实际灭火中,还应该考虑哪些问题?

思 考 题

已知单一的表面活性剂在有机溶剂上的铺展速度与铺展系数有下列关系:

$$\xi = \left(\frac{4}{3}\right)^{1/2} \cdot \frac{S^{1/2}}{(\eta\rho)^{1/4}} \cdot t^{3/4}$$

式中 ξ 为铺展距离,S 为铺展系数,η 为有机溶剂的粘度,ρ 为有机溶剂的密度,t 为时间。

计算要达到实验中所要求的快速铺展,铺展系数至少为多少? 并讨论可能引起误差的因素。

参 考 文 献

[1] 赵国玺. 表面活性剂物理化学[M]. 北京:北京大学出版社,1984
[2] 朱步瑶,赵国玺. 化学学报,1983,41:801
[3] Joos P and Hunsel J Van. J Colloid Interface Sci,1985,161:106

附件

滴体积表面张力仪使用方法

滴体积法测量表面张力是一种既简便又准确的方法。将液体在磨平了的毛细管口慢慢形成液滴并滴下,采用带刻度的毛细管移液管可直接读出体积。设 V 是一个液滴的平均体积,则可根据下式计算表面张力:

$$\gamma = \Phi V \rho g / 2\pi r$$

式中,ρ 是液体密度,r 是管口外半径,Φ 是校正因子。

将滴头伸进溶液内,用同样的方法可以测量两液体之间的界面张力。此时上述计算公式将改为

$$\gamma = \Phi V (\rho_1 - \rho_2) g / 2\pi r$$

式中 $\rho_1 - \rho_2$ 为两液体的密度差(大减小)。

具体操作事宜:

(1) 用读数显微镜测量滴头的外径($2r$)。旋转滴头,测量不同方向的外径,若数值相差不大,取平均值;若数值相差较大,说明滴头不能使用。

(2) 热洗液彻底清洗已选好的滴体积移液管和外套管。在清洗和以后的实验中切忌磕碰滴头。若发现滴头边缘有损坏则立即停止实验,重新磨平和测量外径。

(3) 测量前需将整个滴体积表面张力仪放入恒温槽中,恒温10分钟以上。

(物理化学教研室)

实验 37 自组装膜的制备及其表征

【实验目的】

1) 了解 LB 膜制备技术以及影响单分子膜形成的因素。2) 用循环伏安技术研究组装前后材料电性能行为变化,了解在不同膜压情况下液面上十八硫醇分子的烃链自由弯曲运动规律。

【实验原理】

有序有机超薄膜的制备与研究正在受到越来越多的重视。LB 膜、自组装膜是目前应用广泛、富有前途的对固体表面进行修饰的两种有序分子组装体系。利用 LB 技术和自组装技术可以简单、方便地制备出稳定性好、高度有序的超薄有机膜。

LB 膜是 Langmuir-Blodgett 膜的简称,如图 1 所示。它的基本原理是将带有亲水头基和长疏水链的双亲性分子在液相表面铺展形成单分子膜(Langmuir 膜),然后将这种气液界面上的单分子膜在恒定压力下转移到基片上,就形成了 LB 膜。从结构上讲,LB 膜具有相对规整的分子排列、高度各向异性的层结构、人为可控的纳米尺度膜厚。这些特点使 LB 膜技术在许多领域都显示了一定的应用前景,可望在半导体技术、非线性光学材料、生物膜和生物传感器,以及分子电子学器件的制备等方面占据一席之地。但在 LB 膜中,分子与基片表面、层内分子之间以及单分子层之间多为弱的范德华力结合,因此 LB 膜对热、时间、化学环境以及外压的稳定性较弱。同时由于存在着结构缺陷多、成膜分子结构受限制、设备复杂昂贵等不足,严重地影响了它的实用性。自组装技术(self-assembly)的引入和发展正是人们为了克服上述困难而进行的新探索。从传统的 LB 膜转向自组装膜,是当前分子组装研究领域的潮流。

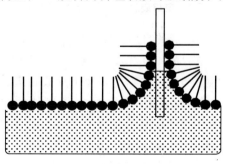

图 1 LB 膜构造示意图

自组装单分子膜(self-assembled monolayers，SAMs)的主要优点是：高密度堆积、低缺陷、分子有序排列，可方便地设计分子结构单元以赋予膜体系特定的功能，从而真正地按着我们的意愿改变界面的物理化学性质。它可以作为一个简单的理想模型体系，帮助我们从本质上理解和研究自然界中自组装现象的机理，考察结构和功能的关系，加深对诸多界面现象，例如润湿、粘接、润滑及腐蚀等的认识，是目前研究的热点之一。

自组装膜的形成依赖于特定头基和基底材料之间的强烈化学键合和分子链的定向排列。组装方法如图 2 所示，只需将基底材料在成膜分子的稀溶液中，常温常压下浸渍几分钟至几天，成膜分子就会在基底表面吸附并定向排列成有序致密的单分子层。成膜的动力基于特定头基和基底材料表面之间的化学键合以及分子链间的相互作用。自组装膜结构由头基、间链和尾基三部分组成。头基能和基底化学键合，保证有机分子牢固吸附在基底表面。间链之间存在相互作用，使膜有序化。在间链中可引入功能化基团使膜具有特定的物理化学性质。尾基可以是任何官能团，它对自组装膜的表面性质有重要影响。选择适当的尾基不仅可以赋予自组装膜特定的表面性质，并可为后续的进一步组装提供活性结合点。到目前为止，自组装膜可以分为五个主要的研究体系：脂肪酸单分子膜、有机硅烷单分子膜、含硫有机化合物单分子膜、硅表面脂肪链自组装单分子膜、双磷酸化合物形成的多层自组装膜。

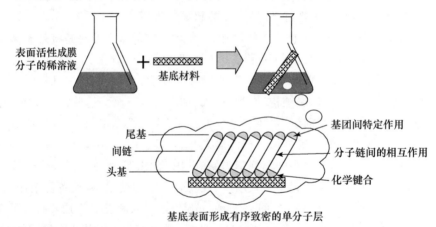

图 2　自组装膜的形成与结构示意图

硫化物在金属或半导体表面形成的自组装膜是目前研究得最广泛、最深入的一类。含硫化合物与过渡金属之间有比较强的亲和力，据认为这是由于它们与金属表面原子簇之间存在多重键合作用。多种含硫有机物都可以在金的表面上形成自组装单分子膜。除了最常用的硫醇以外，还有硫醚、双硫化合物、苯硫酚、巯基吡啶、原磺酸盐、Thiocarbaminates 等。适合于含硫化合物形成自组装膜的基底材料除单晶或多晶的金以外，还包括银、铜、铂、汞、铁、纳米级的 $\gamma\text{-}Fe_2O_3$ 粒子、胶体金微粒，以及砷化镓、磷化铟等。尽管如此，但绝大部分的研究工作还是在金表面上开展的。

关于硫醇在金表面的结合性质,一般认为是巯基与金发生化学反应生成金硫化合物并伴随氢分子的生成,反应过程可以简单地表示为

$$R-S-H+Au_n^0 \Rightarrow R-S^- Au^+ \cdot Au_n^0 + 1/2H_2$$

在完全无氧的气相条件可以同样地制备自组装单分子膜,是以上机理的证据之一。

自组装膜的表征技术不外乎三个方面:1)单层与基底的关系,如 Au—S 化合键键能、键角,不同基底材料、不同基底表面结构上含硫化合物的吸附行为等;2)构成单层膜的分子之间的关系,如分子间距离与分子排列点阵结构,分子结构组成与分子取向,分子间相互作用与分子聚散的关系;3)单层外表面及其与环境的关系,如 R 基团的大小、极性、变形性与取向、反应活性及表面自由能等。几乎所有灵敏的表面分析技术都已被用来表征自组装单分子膜,举例如表 1 所示。

表 1　自组装单分子膜结构和性质的分析研究技术

研究技术	研究内容
椭圆偏振(Ellipsometry)	厚度
光电子能谱(XPS)	表面组成分析
静态二次离子质谱(SSIMS)	表面组成分析
俄歇电子能谱(AES)	表面组成分析
接触角(Contacting Angle)	接触角、润湿性
石英晶体振荡微天平(QCM)	吸附动力学,表面吸附物质量测定
红外反射吸收光谱(IRRAS),拉曼光谱(Raman)	单层结构,分子取向与排列,分子间相互作用
电子衍射(LEED & HEED)	分子排列与取向,单层有序性
X 射线衍射(XD);NEXAFS	表面结构分析,单层有序性
低能氦原子衍射(LEHeD)	表面结构分析,表面层晶格参数
扫描隧道显微镜(STM),原子力显微镜(AFM),界面力显微镜(IFM)等	表面形貌,电子跨单层传递,界面作用力,表面层粘弹力,表面重组与重建
电化学(Electrochemistry)	厚度、通透性、缺陷;自组装机理,界面电子传递,法拉第过程

硫醇自组装膜的结构是重要的研究方向之一。电子衍射、低能氦原子衍射、原子力显微镜的研究均揭示了直链硫醇自组装膜的高度有序分子排列。在金(111)面上,硫原子呈六方堆积,相邻硫原子间距 0.497 nm,以 $(\sqrt{3}\times\sqrt{3})R30°$ 结构覆盖金表面(图 3)。单个硫醇分子的占有面积为 0.214 nm^2。最近的高真空 STM 结果则对自组装膜的形成过程给出了非常重要而直接的信息。短链硫醇(C_4SH、C_6SH)在金上组装时,同时存在二维的液相态。链长增加后(C_8SH、$C_{10}SH$)则观察不到该现象。在短链硫醇的组装过程中,表现出比较慢的组装速度,先形成一个有序的局域结构($p\times\sqrt{3}$,$8 \leqslant p \leqslant 10$),然后是一个生长过程。傅里叶红外光谱的研究表明,直链硫醇自组装膜中碳链与垂直方向的夹角约介于 26°~28°之间,在分子轴向上的扭转角度约为 52°~55°。碳链的取向倾斜是为了增大范德华相互作用。

电化学是研究表面现象的强有力技术。使用电化学方法检测 SAM 制备过程中生成的过氧化氢,确认了巯基与金作用的机理;微分电容技术可以用来表征 SAM 的厚度和离子通透性;欠电位沉积和 STM 结合测定 SAM 的缺陷分布;电化学技术还可以直接测定 SAM 的覆盖度。

电化学循环伏安扫描技术可以用于检验 SAM 成膜质量。其一是考察该自组装膜对外球反应的阻碍程度;其二是考察金电极在组装单分子膜前后双电层电容的变化。

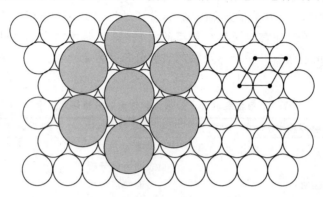

图 3　金(111)表面硫醇自组装单分子膜的点阵结构

本实验通过比较金片电极组装十八硫醇自组装膜前后,在 $0.1\ mol\cdot L^{-1}$ KCl 溶液中充放电电流的变化以及对 $K_4Fe(CN)_6/K_3Fe(CN)_6$ 氧化还原对电化学行为的影响来判断自组装膜是否形成及其成膜质量。

【实验步骤】

(1) 实验所用金基片预先已准备好,是利用真空蒸镀的方法得到的。

(2) 在 100 mL 烧杯中配制约 20 mL Piranha 溶液(H_2SO_4/H_2O_2,70/30,V/V),在水浴锅中加热到 90℃。(注意:Piranha 溶液具有强烈的腐蚀性,要特别小心!)将金片切成约 $2\ cm\times 2\ cm$ 大小,用乙醇冲洗后,再用二次水冲洗,镀金一面朝上放入 90℃ Piranha 溶液中浸洗 5 分钟,取出后用二次水和无水乙醇冲洗后置于约 $1\ mmol\cdot L^{-1}$ 十八硫醇的乙醇溶液中组装。之后,从组装液中取出,用无水乙醇和超纯水冲洗,然后保存在去离子水中。

(3) 配制 $0.10\ mol\cdot L^{-1}$ 的 KCl 溶液和 $0.10\ mol\cdot L^{-1}$ KCl + $0.001\ mol\cdot L^{-1} K_3Fe(CN)_6$ + $0.001\ mol\cdot L^{-1} K_4Fe(CN)_6$ 溶液。

(4) 在上述溶液中以自组装膜修饰的金电极为工作电极,饱和甘汞电极为参比电极,铂丝为对电极,分别进行循环伏安研究。注意,要先做空白溶液实验。为对比起见,同时研究空白金片电极在上述溶液中的循环伏安行为。

思 考 题

1. 单分子膜成膜条件与研究方法之间的关系是什么？
2. 影响 Π-A 曲线的因素有哪些？

参 考 文 献

[1] Ulman A. An Introduction to Organic Ultrathin Films, From Langmuir to Self-Assembly[M]. Boston: Academic Press, 1991
[2] 董献堆,陆君涛,查全性. 电化学,1995,1:248
[3] Chidsey C E D and Loiacono D N. Langmuir, 1990, 6:682

（物理化学教研室）

高分子化学实验

实验 38 半晶性高分子凝聚态结构和相转变的表征

【实验目的】

初步了解广角 X 射线衍射及差热分析方法表征半晶性高分子凝聚态结构和相转变的原理与方法。

【实验原理】

研究聚合物凝聚态的结构和相转变是高分子科学的重要任务。几乎所有在日常生活及高科技中得到应用的高分子材料都是以其某种凝聚态为基础。因此，要深入了解高分子的性能，并在材料的制备过程中对其进行有效的控制，人们就必须对高分子凝聚态的结构及其与性能的关系有充分的认识。

许多高分子材料都是可以结晶的，如我们熟知的聚乙烯(PE)、等规聚丙烯(iPP)、尼龙(nylon)、聚对苯二甲酸乙二酯(PET)等等。由于高分子的长链特征，高分子在结晶时通常倾向于生成厚度为 5～50 nm 的片晶。这样的片晶是由高分子链的来回折叠形成的，链的折叠部分分布在片晶的上下两个表面上，构成了片晶间的非晶区。同时，由于高分子链中可能存在种种化学结构上的缺陷，这也导致了高分子结晶时不可能达到百分之百的结晶度。因此，具有结晶能力的高分子又往往被称为半晶性(semicrystalline)高分子。表征半晶性高分子晶体结构、晶体取向、晶粒尺寸和结晶度的最重要手段是广角 X 射线衍射(wide angle X-ray diffraction，WAXD)方法；而表征半晶性高分子熔点(T_m)、玻璃化转变温度(T_g)，以及结晶行为的最为简便的实验方法是差热分析(differential thermal analysis，DTA)方法。以下我们将简要介绍 WAXD 和 DTA 的一般原理及其在半晶性高分子凝聚态研究中的简单应用。

1. WAXD 的原理和实验装置

半晶性高分子晶区的 WAXD 原理和一般无机或有机晶体的 X 射线衍射一致。晶体中原子作周期性排列，得到三维点阵。如图 1 所示，一束波长为 λ 的平行 X 射线束入射到晶体上，也就是入射到点阵上，可以认为原子或其他基元代表的每一个阵点是一个散射波的次波源。对于一个点阵面，只有入射角等于反射角方向的散射，从不同阵点发出的各散射波的相位相同，出现加强干涉，得到反射波，其他方向由于各散射波相位不同，强度为零，得不到反射光

束。从图 1 可以看到，面间距为 d' 的相邻点阵面的反射光束的光程差为

$$ML + LN = d'\sin\theta + d'\sin\theta = 2d'\sin\theta$$

只有当光程差是 λ 的整数倍时，即满足 Bragg 方程

$$2d'\sin\theta = \lambda n, \quad n = 1, 2, 3, \cdots, n$$

才会产生加强干涉，得到反射光束。在 Bragg 方程中，n 是衍射级次。

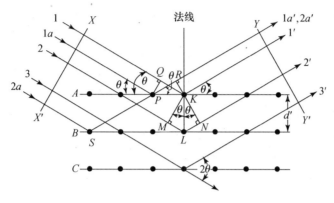

图 1　X 射线衍射图

如上所述，半晶性高分子中还包含了非晶部分。因此，在一 WAXD 谱图上，除了晶区给出的 Bragg 衍射外，人们还可以观察到非晶区所产生的 X 射线散射。图 2 是聚乙烯在 2θ 处于 $10°\sim30°$ 范围的 WAXD 谱图。从图中可以得到聚乙烯正交晶系的（110）和（200）衍射；在谱线底部的一个弥散的散射宽峰是由样品中的非晶部分贡献的，称为无定形包（amorphous halo）。从 WAXD 谱图中可以得到半晶性高分子的重量结晶度。重量结晶度定义为

$$w_c = m_c / m$$

式中，m_c 是晶态样品的重量，m 是样品的总重量。根据 X 射线衍射和散射的原理，晶相和非晶相散射的强度之比等于各自散射质量之比，因而重量结晶度为

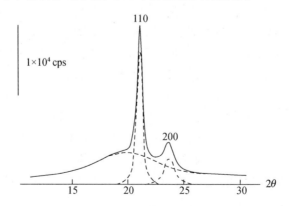

图 2　PE 的 X 射线粉末广角衍射图

$$w_c = I_c/I$$

I_c 为晶相散射(衍射)的总强度，I 为晶相和非晶相散射总强度的加和。

实现广角 X 射线衍射有许多方法，在此以 X 射线粉末衍射仪为例作一十分简要的介绍，详细内容可参见相关书籍。一般衍射仪由 X 射线源、准直光路、单色器、样品台和探测器组成。通常所用的 X 射线源是 X 射线管或旋转阳极靶，后者所产生的 X 射线的能量较高。在普通的衍射仪中，对线聚焦(line focus)光来说，准直光路由一组宽度合适的狭缝组成；对点聚焦(point focus)光(一般在粉末衍射仪中不用)，准直光路由一组针孔组成。单色器的作用是除去想要利用的具有单一波长的 X 射线以外的其他 X 射线，它可以放在入射光路中，也可放在衍射光路中，后者的好处是单色器不仅能提供衍射线的单色性，同时可以消除来自样品的荧光。在高分子衍射实验中常选用晶体单色器，它对 X 射线的单色化是通过 Bragg 衍射来实现的。X 射线粉末衍射仪所用的探测器包括计数器、位敏探测器和固体探测器等。图 3 是 PHILIPS X'pert Pro 型广角 X 射线粉末衍射仪的一种几何布置示意图。若图中的 X 射线管不动，样品台转动 θ 角，衍射光路(包括探测器)转动 2θ 角，从而记录衍射。当然，若保持样品不动，入射光路(包括 X 射线管)和衍射光路可以采用 θ-θ 联动方式进行衍射扫描。

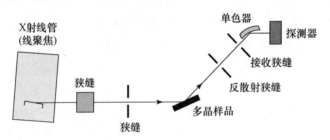

图 3 PHILIPS X'pert Pro 型广角 X 射线粉末衍射仪的一种几何布置示意图

2. DTA 的原理和实验装置

DTA 是在程序控制温度下，测量样品(sample，Spl)和参比物(reference，Rfc)之间温度差与温度关系的一种技术。参比物是那些在实验温度范围内不发生热效应的物质。通过测量样品和参比物的温度差，人们可以得到热流值(flow of heat，dQ/dt)。现代 DTA 仪器被用来测量热效应时，其精度可以达到传统量热仪的水平。因此，目前的大多数 DTA 仪器也被称为差示扫描量热仪(differential scanning calorimetry，DSC)。经典 DTA(热流型 DSC)的基本工作原理可以用图 4 来表示，共有五个基本组成(见图中方框)。热电偶用来测量温度。程序控制器用来控制 DTA 炉体以预设的线性速度平稳地升温或降温。控制热电偶用来检测炉体温度和程序温度的差别，根据该差别程序控制器可适时调整加热器上的功率输出。在炉体中，样品和参比物放置在对称的位置上，并分别和两个形状尽可能相同的热电偶相接触。因此，如果它们相对于炉体有同样的温度差，样品和参比物上的热流也将是一致的。图 4 中的冰浴为热电偶提供了参比温度，现代 DTA 有一内参比温度装置来取代冰浴。样品和参比物的温度差一般很小,在记录之前必须经过信号的前置放大。DTA 输出的数据文件中通常包括时间、温度、温度差或从温度差转换得到的热流值。图 5 是 TA 公司所产热流型 DSC 的炉体部分剖面示意图。

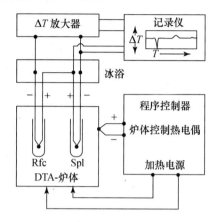

图 4　经典 DTA 的基本工作原理

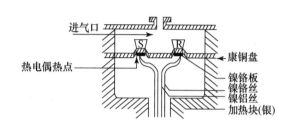

图 5　TA 公司所产热流型 DSC 的炉体部分剖面示意图

与图 4 和图 5 所示的单一炉体构造不同,Perkin-Elmer 公司在 1963 年发展了一种由两个炉体组成的 DTA 仪器,如图 6 所示,其工作原理更能反映量热仪的特征,称为功率补偿型 DSC。在这种 DSC 中,样品和参比物分别放在两个形状和性能尽可能一致的炉体中,每一个炉体是一独立的量热仪。程序控制器通过一个平均温度放大器来控制两个炉体以相同(平均)的线性速率升降温。当样品和参比物的热容不匹配时,热容高的量热仪将出现滞后,而热容低的温度变化将加快。为了矫正这一不平衡,温差信号将被输入温差放大器,进而调整两个量热仪上的加热器的功率。因此,Perkin-Elmer DSC 中的温差和输入两个量热器的功率差是直接成正比的。

在 DTA 实验中,样品温度的变化是由于相转变或反应的吸热或放热效应引起的。现以测量样品的熔融过程为例对此作一说明。图 7 中 T_S 和 T_R 分别是线性升温过程中样品和参比物的温度。在稳态(steady state)时,若样品的热容没有变化,也没有相转变引起的吸热和放热,$\Delta T(=T_S-T_R)$ 是一定值,样品和参比物的升温速率是一样的。当发生熔融时,样品要吸收热量,在一较短的时间内,其温度保持不变。由于参比物的温度在这一过程中始终保持线性增加,这使得 ΔT 的绝对值变大。在熔融结束之后,样品温度要经过一个暂态过程回复到以原有升温速率变化的状态中,此时 ΔT 又为一定值。若样品在熔融前后的热容变化不大,则熔融前后的 ΔT 很接近,但在发生熔融时,在 ΔT-时间曲线上可以观测到一个峰。通

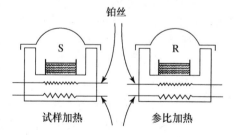

图 6　Perkin-Elmer 公司所产功率补偿型 DSC 的炉体剖面示意图

过对这一过程的焓变计算可知,该峰面积代表了样品的熔融焓。对没有潜热变化但样品热容发生变化的过程,如高分子的玻璃化转变,DSC曲线将相应出现一个台阶。

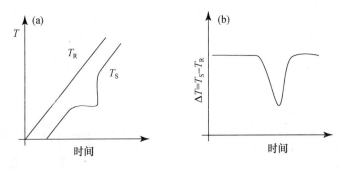

图7　DSC升温实验中样品熔融前后的温度-时间(a)及温度差-时间(b)曲线

DTA(DSC)不是一种绝对测量技术,因此其测量温度和信号幅度(amplitude,ΔT)均需用标准样品进行标定。DSC样品通常是装在一小的铝坩埚内放入DSC炉体中,样品用量很少,根据不同的实验要求,用量可从几百 μg 到几十 mg。人们经常用一空的铝坩埚作为参比物。严格的DSC实验,特别是想要得到定量热容数据的实验,要求参比用和样品用坩埚的重量尽可能完全一致。

【实验步骤】

1. 试样及样品准备

试样为等规聚苯乙烯(iPS)、聚对苯二甲酸乙二酯(PET)等。试样经纯化除去催化剂等物质。

称取 5 mg 左右样品,放入DSC用铝坩埚底盘中,上加坩埚盖,并用DSC坩埚压机将底盘和盖压成封闭状。用另一套空的铝坩埚底盘和盖压成参比。上述两套铝坩埚的重量应尽可能接近。将装有样品的铝坩埚放在一热台上,升温至样品的熔点以上等温熔融5分钟,然后淬冷至室温,以备DSC实验用。

将样品(约100mg)均匀地铺放在一大小合适的铝片上,用热台将样品升温至其熔点以上等温5分钟,淬冷至室温,以备WAXD实验用。

2. 样品表征

DSC和WAXD仪器的操作步骤较复杂,不同类型和型号的仪器在具体操作上也有所不同,在此我们不再赘述。

上述半晶性高分子的结晶较慢,熔融淬冷可以避免其结晶的发生,而使样品完全进入玻璃态。本实验用DSC和WAXD观察玻璃态样品从室温开始升温过程中变化。在WAXD实验中,铺有样品的铝片放在WAXD的样品台上,每升温10℃等温扫描得到一张谱图。

思 考 题

1. PET 的玻璃化转变温度及平衡熔点是多少？在玻璃态 PET 升温过程中，DSC 曲线将可观测到哪些转变，它们的特征是怎样的？
2. WAXD 能否用来观测玻璃化转变？为什么？在上述 WAXD 升温实验中，不同温度下得到的谱图有何变化？
3. 总结晶动力学可以用结晶度对等温结晶时间作图来表示。设在一实验中，我们将熔融的样品迅速转移到处于预设结晶温度的 WAXD 样品台上做等温结晶，并记录在不同时间下的 WAXD 谱图。问如何从所得谱图中得到总结晶动力学的信息？

（陈尔强）

实验 39　苯乙烯悬浮聚合

【实验目的】
学习悬浮聚合原理和实验技术。

【实验原理】
悬浮聚合是依靠激烈的机械搅拌使含有引发剂的单体分散到与单体互不相溶的介质中实现的。由于大多数烯类单体只微溶于水中或不溶于水，悬浮聚合通常都以水为介质。在进行水溶性单体如丙烯酰胺的悬浮聚合时，则应当以憎水性的有机溶剂如烷烃等作分散介质，这种悬浮聚合过程被称为反相悬浮聚合。

在悬浮聚合中，单体以小油珠的形式分散在介质中。每个小油珠都是一个微型聚合场所，油珠周围的介质连续相则是这些微型反应器的热传导体。因此，尽管每个油珠中单体的聚合与本体聚合无异，但整个聚合体系的温度控制还是比较容易的。

悬浮体系是不稳定的。尽管加入悬浮稳定剂可以帮助稳定单体颗粒在介质中的分散，稳定的高速搅拌与悬浮聚合的成功关系极大。搅拌速度还决定着产品聚合物颗粒的大小，一般来说，搅速越高则产品颗粒越细，产品的最终用途决定着搅拌速度的大小，因为用于不同场合的树脂颗粒应当有不同的颗粒度。用作离子交换树脂和泡沫塑料的聚合物颗粒应当比 1 mm 还大一些，而用作牙科材料的树脂颗粒的直径则应小于 0.1 mm，直径为 0.2~0.5 mm 的树脂颗粒则比较适于模塑工艺。悬浮聚合体系中的单体颗粒存在着相互结合形成较大颗粒的倾向，特别是随着单体向聚合物的转化，颗粒的粘度增大，颗粒间的粘连便越容易。这个问题的解决在大规模工业生产中有决定性的意义，因为分散颗粒的粘连结块不仅可以导致散热困难和爆聚，还可能使管道堵塞而造成反应体系的高压力。只有当分散颗粒中的单体转化率足够高、颗粒硬度足够大时，粘连结块的危险才消失。因此，悬浮聚合条件的选择和控制是十分重要的。

工业上常用的悬浮聚合稳定剂有明胶、羟乙基纤维素、聚丙烯酰胺和聚乙烯醇等，这类亲水性的聚合物又都被称为保护胶体。另一大类常用的悬浮稳定剂是不溶于水的无机物粉末，如硫酸钡、磷酸钙、氢氧化铝、钛白粉、氧化锌等等，其中工业生产聚苯乙烯时采用的一个重要的无机稳定剂是二羟基六磷酸十钙。

本实验进行苯乙烯的悬浮聚合。若在体系中加入部分二乙烯基苯，产物具有交联结构并有较高的强度和耐溶剂性等，可用作制备离子交换树脂的原料。

【仪器与试剂】

二乙烯基苯(PVB)：一般含量为44%～48%(其他为苯乙烯、二乙苯、乙基苯乙烯等)，用碱洗掉阻聚剂。因二乙烯基苯极易聚合，不使用时需放置冰箱中或加入阻聚剂，以防自聚。

苯乙烯(需精制过)，过氧化苯甲酰(BPO)，4%聚乙烯醇水溶液，蒸馏水或去离子水。

【实验步骤】

(1) 苯乙烯的精制：取30 mL苯乙烯于分液漏斗中，用5%氢氧化钠溶液20 mL分三次洗涤，再用蒸馏水洗涤到水层呈中性为止，洗涤后的单体用无水硫酸钠干燥3小时。

干燥过的苯乙烯加到100 mL蒸馏瓶中进行减压蒸馏，收集44℃/20 mmHg或59℃/40 mmHg的馏分，记下馏分的温度压力。测定其折光指数。

(2) 苯乙烯的悬浮聚合：在250 mL三口瓶上装有搅拌器、温度计、回流冷凝管。用1000 mL烧杯做水浴，将150 mL蒸馏水及3 mL 4%聚乙烯醇水溶液加入三口瓶中，慢慢搅拌均匀。然后取事先在室温溶解好0.1 g BPO的8 g苯乙烯(约9.2 mL)、3.6 g二乙烯基苯(4 mL)混合物倒入三口瓶中，慢慢开动搅拌，待油滴在水中分散成所要求的粒径(直径约为0.8 mm)，开始加热升温，在约半小时内使水浴温度升到85℃(内温80℃)，保持恒温聚合，当反应约0.5～1小时以后，小颗粒开始发粘，这时要特别控制速度，适当加快，不能放慢，否则易发生粘连现象。反应2～3小时后再升温至95℃，使反应进一步完成，反应大约30分钟，然后继续升温到100℃，10分钟后，停止加热。冷却水洗两遍，过滤，用甲醇(每次10 mL)洗涤三次，产物在60℃烘箱中烘干，称重，计算转化率并用显微镜观察珠子是否均匀透明。

(3) 聚苯乙烯小球的磺化：共聚小珠(白球)10 g，加二氯乙烷30 mL，在60℃溶胀半小时。升温到70℃，加硫酸银固体0.25 g(作催化剂)。逐渐滴加浓硫酸100 mL，升温到80℃，反应2～3小时，磺化结束。滤出小球，加30 mL 70%硫酸，冷水冷却下慢慢加入蒸馏水200 mL，温度不要超过35℃。放置半小时，加300 mL蒸馏水，稀释，不断搅拌10～15分钟后过滤，用20 mL丙酮洗两次，除去二氯乙烷再用蒸馏水洗至滤液无酸性，过滤，真空干燥即得H型树脂。(与NaOH溶液或NaCl溶液反应即可转为Na型树脂)。

(4) 用TG分析所制聚合物，了解反应条件及后处理方法对所制得的磺化聚苯乙烯小球热性能影响。

(5) 用DSC分析所制聚合物。

(6) 用TEM研究聚合工艺、配方等对聚合产物颗粒大小的影响。

思 考 题

1. 举出工业上悬浮聚合的例子并指出各实例中所用单体、引发剂和悬浮稳定剂等。
2. 如何控制悬浮聚合产物颗粒的大小？

(陈小芳)

实验40 超支化聚醚醚酮的合成

【实验目的】

1) 了解、掌握高性能树脂的合成方法以及超支化聚合物制备技术。2) 基本掌握对高性能树脂组成和结构的各种表征方法,特别是 IR、DSC、TG 和 XRD 方法。

【实验原理】

超支化聚合物因其分子结构而得名,它是一种经一步法合成得到的高度支化的聚合物。超支化聚合物(hyperbranched polymer)是一种链节高度支化的聚合物,不像树枝状聚合物那样有规则和具有良好的对称性,可看作是线性和树枝状聚合物之间的一种过渡结构,合成过程相对树枝状聚合物更简单,在催化、药物运载、传感器、基因疗法等方面有重要的应用前景。

早在1952年,Flory 就第一次提出超支化聚合物的概念,并指出具有 AB_2 结构的单体可以合成超支化高分子,同时他还就其性质作了一些推测。但是,直到20世纪80年代初,超支化聚合物一般由 AB_x 型($x \geqslant 2$,A,B 为反应性基团)单体制备,对其反应过程中生成的中间产物通常不作仔细纯化,并且聚合条件也不如树枝状分子严格,其产物分子结构允许出现缺陷,即分子内部可存在剩余的未完全反应的 B 基团。A 与 B 官能团反应必须只在不同分子之间进行,否则将产生环化而终止反应;反应最终产物将只含1个 A 基团和 $(x-1)n+1$ 个 B 基团(其中 n 为聚合度)。如果在体系中加入具有多个可与 A 基团反应的相同官能团的"核"分子,它将形成具有类似球形的三维立体构型超支化聚合物。超支化聚合物也可以采用 A_2B_3 型单体或预聚物反应制备,但必须严格控制反应物的计量关系和反应条件。

由于超支化聚合物与线性聚合物明显不同,故对其结构提出一个支化程度的描述。关于怎样描述支化程度,Frecher 等提出了支化度(DB)的概念:超支化聚合物的支化度是指完全支化单元和末端单元所占的摩尔分数,它标志着加"核"分子或不加"核"分子体系中的 AB_x 型单体通过"一步法"或"准一步法"聚合而成的超支化聚合物的结构和由多步合成的完善的树枝状分子的接近程度,是表征超支化聚合物形状结构特征的关键参数。超支化聚合物含有三种不同类型的重复单元,即末端单元、线性单元和树枝状支化单元。而树枝状分子结构中没有线性单元,只有末端单元和树枝状支化单元。超支化聚合物的支化度(DB)公式表示为

$$DB = \left(\sum 支化单元 + \sum 末端单元\right) \Big/ \sum 重复单元$$

树枝状分子的 DB 值为1,而与此相同化学组成的超支化聚合物的 DB 值一般都小于1,而且 DB 值越高,其分子结构越接近树枝状分子,相应的,溶解性越好,熔融粘度越低。

超支化聚合物的物理与化学性能与线性聚合物比较有了很大变化,主要表现在:1)活跃的反应特性。超支化聚合物由于其终端官能度非常大,一般为12、16、32,故其终端如具有反应活性基团,则反应活性非常高。2)低粘度。树枝状大分子的特性粘度随分子量增大而增大,经历一个最高值之后下降;超支化聚合物的特性粘度随分子量增大而增大,但比线性分子粘度小许多;线性聚合物的熔融粘度随分子量增大呈线性增大,直到临界分子量时粘度极度增大。因为在临界分子量之上出现链缠结,而树枝状大分子与超支化聚合物不存在临界分子量,这说明没有链缠结。

聚醚醚酮(polyether ether ketone, PEEK),是一种具有超高性能的特种工程塑料,常通过4,4-二氟二苯甲酮与对苯二酚在碱金属碳酸盐存在下,以二苯砜作溶剂进行缩合反应制得。由于具有刚性的重复单元和较高的结晶度,使得 PEEK 树脂具有优异的耐高温性,如玻璃化转变温度143℃,熔点334℃,可在250℃下长期使用,远远高于其他耐高温塑料。传统的聚芳醚酮由于主链的规整性和刚性,使其难溶难熔,给加工和应用带来一定的困难。

超支化聚合物一般由 AB_2 型单体合成,也是尺寸在纳米级的单分子,其粒子尺寸(纳米尺度)可以通过改变聚合条件调控,但其制备仍需要复杂的化学反应。超支化聚合物的合成可分为逐步控制增长(准一步法)及无控制增长(一步法),一般无需逐步分离提纯。通常超支化聚合物由 AB_x 二型单体一步反应所得,而且不加"核"分子。如果添加 B_y 型分子作为"核",可以控制产物的分子量,而且产物的分散度也会大大降低。从理论上讲,绝大多数聚合反应的方式都可以应用于 AB_x 二单体的聚合,而且通常溶液聚合最为适用,本体聚合、固相聚合等也有报道。特别地,对于树枝状聚合物,人们常采用的是发散法和收敛法。

【仪器与试剂】

电光天平,电磁搅拌器,电加热油浴锅(自制),标准玻璃仪器一套,温度计等。

^1H NMR 谱测试采用 Bruker 300 MHz 核磁共振谱仪,以 $CDCl_3$ 为溶剂;热性能测试采用 Mettler Toledo DSC 821 示差扫描量热仪;红外光谱测试采用 Nicolet Impact 410 红外光谱仪(KBr 压片);X 射线广角衍射仪等。

间苯三酚在 N_2 保护下利用丙酮重结晶,并于真空下干燥(HPLC 测试其纯度为99.6%);4,4′-二氟二苯甲酮(DFBP)采用甲醇重结晶(HPLC 测试其纯度为99.5%);对苯二酚(A.R.)、苯酚(A.R.)、无水碳酸钾(A.R.)与无水碳酸钠(A.R.),使用前于真空下100℃干燥;二苯砜为工业品,纯度98%,使用前用丙酮重结晶;N,N-二甲基甲酰胺(A.R.)与 N-甲基吡咯烷酮(A.R.),加入干燥的 4A 分子筛储存,使用前减压蒸馏。

【实验步骤】

(1) 3,5-三[4-(4-氟苯甲酰基)苯氧基]苯(B_3 型单体)的合成:将 0.06 mol 间苯三酚与30 mL DMAc 配成稀溶液,在165℃剧烈搅拌下缓慢滴加到0.84 mol 4,4′-二氟二苯甲酮的 DMAc

700 mL 和 K_2CO_3 13 g 浑浊液中,滴完后继续搅拌 6 小时。将液体倒入盐酸水溶液中,过滤得淡黄色固体,用大量乙醇常温下多次洗涤除去过量 4,4'-二氟二苯甲酮,再用乙醇和水的混合液热回流除去残余的 4,4'-二氟二苯甲酮,干燥,得白色粉末状 B_3 型单体 24.5 g。对得到的单体进行 IR、^{1}H NMR 300 MHz($CDCl_3$)分析,确认结构是否正确。

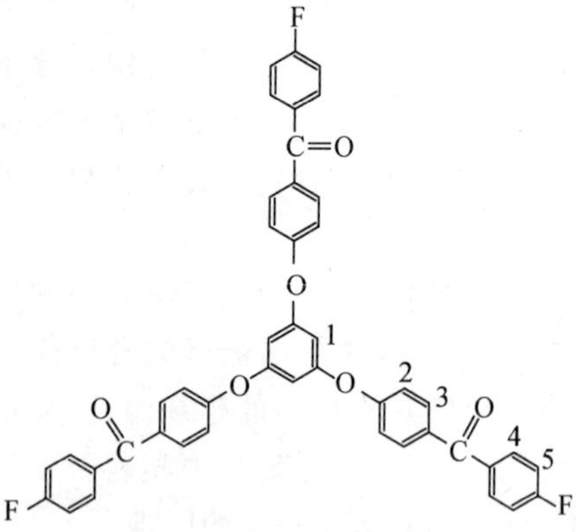

（2）聚合物的合成：在装有机械搅拌、温度计、吸水滤纸的 250 mL 三颈瓶中加入 6.6 g 对苯二酚、14.2 g A 单体{3,5-三[4-(4-氟苯甲酰基)苯氧基]苯}、一定量的二苯砜、Na_2CO_3 和 K_2CO_3,通 N_2,升温至 160℃ 1 小时,180℃ 1 小时,200℃ 1 小时,260℃ 3 小时,280℃ 2 小时。将反应产物倒入去离子水中,粉碎。分别用丙酮和甲醇洗涤多次除去溶剂二苯砜和低聚物,再用热去离子水多次洗涤除去包埋在聚合物中的盐,干燥,得到灰色聚合物粉末。

图 1 B_3 型单体结构式

【结果与讨论】

（1）用 IR 分析所制聚合物。注意：1652 cm^{-1} 为 C=O 的伸缩振动谱带,1163 cm^{-1} 为芳醚或芳酮结构中苯环的 C—H 平面内弯曲振动吸收谱带,840 cm^{-1}、764 cm^{-1} 为苯环的 C—H 平面外弯曲振动吸收谱带,且 840 cm^{-1} 为芳环对位取代的特征峰。

（2）用 XRD 分析所制聚合物,与文献数值进行对比。

（3）用 TG 分析所制聚合物,了解反应条件及后处理方法对所制得的 PEEK 热性能影响。

（4）用 DSC 分析所制聚合物。实验知道聚合物为结晶性聚合物,具有一定宽度的熔融吸热峰,注意对应的 T_m。

（5）了解溶剂与反应温度对产品分子量的影响。

思 考 题

1. 说明溶剂与反应温度对产品分子量以及后处理影响关系。
2. 为了避免凝胶化的出现,在非凝胶区间通过控制两种单体的配料比制备不同封端的超支化聚醚醚酮。如何控制两种单体比例来达到合成不同单元封端的超支化聚醚醚酮？为了制得高分子量聚合物,两种单体配料比尽量如何接近凝胶点？

参 考 文 献

[1] 王宝成,李鲲,周海鸥.化工科技,2006,145：46
[2] 徐利敏,赵剑锋,吴结丰,雷玉平,郭文勇.化工新型材料,2007,35(1)：54
[3] 牟建新,陈杰,张春玲,王力风,姜振华.吉林大学学报(理学版),2005,43(5)：662

（范星河）

实验 41 醋酸乙烯酯的溶液聚合及聚乙烯醇的制备

【实验目的】

1）了解溶液聚合的基本原理并掌握实验技术。2）了解聚合物中官能团反应的知识,并学会其操作技术。

【实验原理】

聚醋酸乙烯酯是由醋酸乙烯酯在光或过氧化物等引发下聚合而得。根据反应条件,如反应温度、引发剂浓度和溶剂的不同,可以得到分子量从几千到十几万的聚合物。

聚合反应可按本体、溶液或乳液等方式进行,采用何种方法决定于产物的用途。如果作为涂料或粘合剂,则采用乳液聚合方法。聚醋酸乙烯酯乳胶漆具有水基漆的优点,即粘度较小,而分子量较大,不用易燃的有机溶剂。作为粘合剂时(俗称白胶),无论木材、纸张和织物,均可使用。如果要进一步醇解制备聚乙烯醇,则采用溶液聚合,这就是维尼纶合成纤维工业所采用的方法。

溶液聚合就是将引发剂、单体溶于溶剂中成为均相,然后加热聚合,聚合时靠溶剂回流带走聚合热,使聚合温度保持平稳。这是其优点。但由于溶剂的引入,大分子自由基与溶剂发生链转移反应,使聚合物分子量降低。以甲醇为例:

$$\sim\sim CH_2-\overset{\cdot}{C}H + CH_3OH \xrightarrow{k_{trs}} \sim\sim CH_2-CH_2 + \overset{\cdot}{C}H_2OH$$
$$\underset{O=C-CH_3}{|O|} \qquad \qquad \underset{O=C-CH_3}{|O|}$$

$$\overset{\cdot}{C}H_2OH + H_2C=CH \xrightarrow{k_p} HO-H_2C-H_2C-\overset{\cdot}{C}H \xrightarrow{k_p} \cdots \xrightarrow{k_p} \sim\sim CH_2-\overset{\cdot}{C}H$$
$$\underset{O=C-CH_3}{|O|} \qquad \underset{O=C-CH_3}{|O|} \qquad \underset{O=C-CH_3}{|O|}$$

要使聚醋酸乙烯酯适宜于制成维尼纶纤维,控制分子量是关键。单体纯度、引发剂和溶剂类别,以及聚合温度和转化率高低,都对产物分子量有很大影响。由于醋酸乙烯酯自由基活性很高,容易对聚合物发生链转移而形成支链或交联产物。

由于单体乙烯醇并不存在,聚乙烯醇不可能从单体聚合得到,只能以它的酯类(即聚醋酸乙烯酯)通过醇解而得到,醇解可以在酸性或碱性催化下进行,通常用乙醇或甲醇作溶剂。酸性醇解时,由于痕量的酸极难自聚乙烯醇中除去,残留在产物中的酸可能加速聚乙烯醇的脱水作用,使产物变黄或不溶于水。碱性醇解时,产品中含有副产物醋酸钠。目前工业上都采用碱性醇解法。醇解在搅拌下进行,初始时微量聚乙烯醇先在瓶壁析出,当约有60%的乙酰氧基被羟基取代后,聚乙烯醇即自溶液中大量析出。在反应过程中,除了乙酸根被醇解外,还有支链的断裂,聚醋酸乙烯酯的支化度愈高,醇解后分子量降低就愈多。

聚乙烯醇是白色粉末,易溶于水,将它的水溶液自纺丝头喷入乙醇的溶液中,聚乙烯醇即沉淀而出,再用甲醇处理就得到强度高、密度大的人造纤维,商品名叫"维尼纶"。

【仪器与试剂】

三颈瓶,搅拌器,四颈瓶,回流冷凝管,滴液漏斗等。

醋酸乙烯酯,过氧化苯甲酰,无水乙醇,95%乙醇,氢氧化钾乙醇溶液,甲醛溶液。

【实验步骤】

(1) 醋酸乙烯酯的精制:取 60 mL 粗的醋酸乙烯酯于分液漏斗中,用 10% 碳酸钠溶液洗涤数次,直到溶液呈弱碱性为止,再用去离子水洗到中性,加无水硫酸钠干燥。倾至 250 mL 圆底烧瓶中,进行常压蒸馏。收集 72~73℃ 的馏分,即为纯的醋酸乙烯酯,称重,测其折光指数。

(2) 聚醋酸乙烯酯的制备:在装有搅拌器、冷凝管、温度计和导气管的 250 mL 四颈瓶中加入 25 g 醋酸乙烯酯、5 mL 无水乙醇、0.13 g 过氧化苯甲酰。通氮气,加热水浴,搅拌,在氮气保护下进行反应,温度控制在 65~70℃ 之间,反应 3 小时后,得到透明的粘状物,加入 95% 乙醇 71 g,配成 26% 的溶液,温度保持在 70~75℃ 搅拌半个小时,使其成均匀溶液。称取 3~4 g 溶液先在通风橱中用红外灯加热,使溶液大部分挥发,再在真空烘箱中烘干,计算转化率。

(3) 聚乙烯醇的制备:在装有搅拌器、冷凝管、温度计和滴液漏斗的 250 mL 四颈瓶中加 100 mL 6% 的氢氧化钾乙醇溶液,用水溶液保持温度在 20~25℃ 左右,滴加 25 g 浓度为 26% 的聚醋酸乙烯酯溶液,速度不宜太快,在 40~45 分钟内滴完。然后维持此温度 2 小时,冷却至室温,用布氏漏斗过滤。产物为白或浅黄固体,用 20 mL 70% 乙醇分四次洗涤,抽干。然后置于真空烘箱中在 50~60℃ 之间烘干。

(4) 聚乙烯醇缩甲醛的制备:在 250 mL 三口瓶中加入去离子水 50 mL、聚乙烯醇 7 g(由实验室提供)。搅拌下升温溶解(90℃,机械搅拌下),溶解后于 90℃ 下加入 8 mL 甲醛,搅拌 15 分钟后再加入 1:4 盐酸 0.5 mL,控制 pH 1~3,继续在 90℃ 下搅拌,体系逐渐变稠,当有气泡或絮状物产生时,迅速加入 1.5 mL 8% 的氢氧化钠溶液,再加入 30~40 mL 去离子水,调节体系 pH 约 8~9,冷却降温得透明粘稠状液体,即为胶水。

思 考 题

1. 请扼要地总结一下溶剂对聚合反应的影响。
2. 溶液聚合有什么缺点?

附件

引发剂的纯化、过氧化物的检查和处理

1. 过氧化苯甲酰(BPO)的纯化

在 50 mL 烧杯中加入 12 mL 氯仿和 6 g 粗过氧化苯甲酰,不断搅拌使其全部溶解①。溶液过滤后,滤液倒入 35 mL 的甲醇中,得到白色针状结晶。用布氏漏斗过滤后,将结晶置于真空保干器中干燥,熔点为 107℃(分解)。产品放在棕色瓶中,置于保干器中保存。

2. 偶氮二异丁腈(AIBN)的纯化

在 50 mL 锥形瓶中加入 10 mL 95% 乙醇,于 78~80℃ 水浴上加热至将近沸腾,迅速加入 1 g 粗的 AIBN,不断摇动,使其全部溶解,越快越好,热溶液迅速抽滤,滤液冷却后得到白色结晶,用布氏漏斗过滤后,结晶置于真空保干器中干燥,称重,测其熔点为 102℃(分解)。产品放在棕色瓶中并于保干器中保存。

3. 过氧化物的检查和处理

一些溶剂(例如乙醚、四氢呋喃)易产生少量的过氧化物,某些合成中也常用到过氧化物,在处理这些溶剂或提纯产物前,一定要将少量过氧化物除去,以防止发生爆炸事故。

检查方法是:取 0.5 mL 待查液,加入 0.5 mL 2% 碘化钾溶液和几滴稀盐酸(2 mol)一起振荡,再加入几滴淀粉溶液,若溶液显蓝色或紫色,即证明过氧化物存在。

除去过氧化物的方法:(不溶于水的样品)在分液漏斗中加入待处理液和相当于待处理液体积 20% 的新配制的硫酸亚铁溶液,剧烈摇动后分去水层。直至用碘化钾溶液检查不再显蓝色或紫色。

硫酸亚铁的配制:在 110 mL 水中加入 6 mL 浓硫酸,再加入 60 g 硫酸亚铁溶解即可。

(陈小芳)

---

① BPO 在氯仿中只能在室温下溶解,不能加热,否则易爆炸。

实验 42 单分散交联聚苯乙烯微球的制备

【实验目的】

1) 学习以醇水为介质,分散聚合制备粒径 4 μm 单分散交联聚苯乙烯微球的原理和实验技术。2) 了解苯乙烯、二乙烯基苯、稳定剂、引发剂的浓度对粒子粒径及分布与体系中粒子数目变化情况的影响。

【实验原理】

交联聚苯乙烯作为一种通用的功能高分子材料的聚合物骨架,广泛用作离子交换树脂、聚合物试剂及聚合物催化剂、高分子吸附剂、生物与医用高分子等材料。单分散交联聚苯乙烯微球(CPS 均球)更因其良好的吸附性能、力学性能、表面活性以及可回收性在固相有机合成中得到广泛的应用。但是通常所用的树脂颗粒直径多在数百甚至上千微米,存在着容量低、反应效率差等问题。因此,$5\sim 10\ \mu m$ 的 CPS 均球合成技术,最近成为高分子领域的重要研究课题。分散聚合是 20 世纪 70 年代发展起来的可以合成微米级 CPS 微球的一种新方法。为了在固相合成大分子生物活性手性试剂中,提高载体的容量及反应产物的收率,需要研究用苯乙烯(St)与二乙烯基苯(DVB)合成平均粒径 4 μm 的单分散交联聚苯乙烯微球。

【仪器与试剂】

聚乙烯基吡咯烷酮(PVP),M_w=40 000,进口分装;偶氮二异丁氰(AIBN,C. R.),经重结晶处理;二乙烯基苯(DVB,C. R.),用碱洗掉阻聚剂,因二乙烯基苯极易聚合,不使用时需放置冰箱中或加入阻聚剂,以防自聚;对苯二酚(A. R.);苯乙烯(C. R.),经减压蒸馏,干燥;无水乙醇(EOH,A. R.);去离子水。

【实验步骤】

向 100 mL 四口瓶中投入定量的溶有 PVP12%(m/m)的醇水溶液,然后加入 AIBN 3%(m/m)与 DVB 0.5%(m/m)的苯乙烯 25%(m/m)溶液,保持醇水比例一定[$H_2O:EtOH=5:95(m/m)$],搅拌并通 N_2 0.5 小时以上,将反应瓶置于 70℃的水浴中,并开始计时,反应在 70℃下恒温 5 小时后结束。

粒径与粒径分布表征:取一定量的聚合物分散液,用乙醇稀释,在 SA-CP3 型离心沉降粒

度分布仪上测定平均粒径及分布。粒径与粒径分布分别用平均粒径(D_n)和多分散系数(PDI)表示,计算公式如下:

$$D_n = \sum_{i=1}^{n} d_i \Big/ n$$

$$D_w = \sum_{i=1}^{n} d_i^4 \Big/ \sum_{i=1}^{n} d_i^3$$

$$\text{PDI} = D_n / D_w$$

式中,n 表示计算粒子的数目,d_i 表示第 i 个粒子的直径。将分散体样用去离子水稀释至一定浓度,用磷钨酸染色,在日本电子株式会社的 JEM-100SX 透射电子显微镜(TEM)上观察粒子形态。通过如下公式计算粒子数目:

$$N_p = 6S/(\pi D_n^3 \rho)$$

式中,S 为样品的固体质量分数(%);D_n 为粒子的平均粒径(μm);ρ 为聚合物的密度(g/cm³),设定为 1.05;N_p 为每克液体样中的粒子数(10^9/g)。

【注意事项】

聚合物粒子粒径的控制包括以下几方面:

(1) 单体质量分数对粒径及分布的影响:一般随单体质量分数的增加,粒径增大,粒子数目减小。这是由于反应体系中单体质量分数的增大,反应初期作为混有较多单体的反应介质对聚合物链的溶解性增大,从介质中沉淀出来形成初级核的聚合物链增长,也就是初级粒子核所对应的粒径更大,粒子核数目较少,因而使得反应终了时粒径也较大;但当单体质量分数高于 30%,再继续增大时,平均粒径反而减小。这是由"二次成核"、"多次成核"的几率变大,形成许多小粒子的缘故。St 的质量分数由 30%增加到 40%,粒径增大,粒子数基本无变化,单分散性变差。这也说明单体质量分数达 40%时,二次成核明显存在。随初始单体质量分数的增大,粒子多分散系数(PDI)在较低质量分数范围内减小,质量分数较高时增加。这是由于质量分数较低时,聚合速率较小,导致成核期的延长,生成的初始粒子核大小不均一,从而导致粒径分布宽,PDI 值大;当单体质量分数高于一定值后,"二次成核"、"多次成核"也会使粒径分布变宽,PDI 值增大。因此只有单体质量分数在一定范围内,才能得到单分散较好的粒子,本实验单体质量分数在 20%~30%之间,可得到单分散性很好的聚合物粒子。

(2) DVB 对平均粒径及分布的影响:一般随着 DVB 质量分数的增大,平均粒径增大。这可能是因为 DVB 加入后,在粒子成核期内,它的交联作用使形成的低聚物链相互连接,生成的初级核较大的缘故。但当 DVB 的质量分数增大到 1%以上时,由于聚合体系中的单体难以溶入形成的交联度更大的聚合物粒子中,聚合过程后期,粒子粒径进一步增大更困难,从而粒径变化不大。图 1 为分散聚合制备的 CPS 粒子的 TEM 照片,平均粒径为 4 μm 左右。当DVB 量增加后,粒子有相互聚集现象,并形成了少量不规则粒子和小粒子。而且,DVB 量超过2%时,产生大量的凝结物,这可能是DVB的交联作用使形成的初级核过大、难以稳定所致。本实验DVB质量分数在0.2%~0.6%之间。

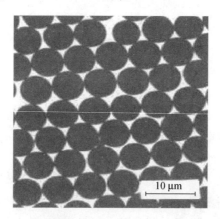

图 1　分散聚合制备的CPS粒子的TEM

(3) PVP对平均粒径及分布的影响：一般PVP的质量分数增加,粒径减小,粒子数目增大,但这种减小的趋势越来越小。PVP质量分数由8%增至12%时,PDI值略有减小。这是因为PVP的浓度增加,体系中所能稳定的粒子数目更大,导致形成的初始粒子核的数目多,其他条件相同情况下,粒子数目增大,致使最终粒径减小。PVP浓度较低时,稳定效果差,粒子之间容易相互碰撞,形成大粒子,导致粒径分布变宽。但在分散聚合的体系中,对于一定的单体,决定粒子数目及初级核大小的是引发剂、反应介质、反应温度等条件。因而当PVP的质量分数达到一定值后,PVP的加入对粒子数目、分布就几乎没有影响了。但是,PVP的质量分数低于6%时,反应体系很不稳定,得到较多的凝结物。只有在质量分数由8%增大到10%,PDI值才略有减小。本实验PVP质量分数在10%~12%之间。

思　考　题

1. 比较分散聚合与悬浮聚合工艺的特点。
2. 如何控制分散聚合产物颗粒的大小？

参　考　文　献

张洪涛,黄锦霞,江兵兵,李小琴.应用化学,2001,9:726

附件

单体的精制

能够通过加聚或缩聚反应形成高分子化合物的简单有机化合物,在高分子化学的术语中称为单体,一些高分子单体的合成方法、物理常数大都可以在文献资料或手册中查到。单体在制得后必须考虑长期存储及使用时如何提纯的问题。在合成单体时,为了防止聚合,一般加入金属铜或铜盐、元素硫和易于氧化还原的对苯二酚等。在储存时一般常加入对苯二酚、二苯胺或对-叔丁基邻苯二酚作为阻聚剂,低温下进行储存。但在单体进行聚合时需要把这些阻聚剂完全除净,所以在聚合反应前必须先进行单体的提纯和精制。对于液态单体通常都采用蒸馏或减压蒸馏的方法。但有时阻聚剂是挥发性的,在蒸馏时会与单体一道蒸出,此时必须先用化学方法处理,如用稀酸或稀碱溶液洗涤后,然后用水洗至中性,经干燥脱水后再蒸馏,以保证单体的纯度。当单体和所含挥发性杂质沸点相近时,则要采用分馏的办法。

近些年来,很多实验室采用柱法分离方式,对液态单体进行纯化处理,其特点是快速、简便。

苯乙烯的精制:取 150 mL 苯乙烯于分液漏斗中,用 5% 氢氧化钠溶液 60 mL 分三次洗涤,再用去离子水洗涤到水层呈中性为止,洗涤后的单体用无水硫酸钠干燥 3 小时。干燥过的苯乙烯加到 250 mL 蒸馏瓶中进行减压蒸馏,收集 44℃/20 mmHg 或 59℃/40 mmHg 的馏分,记下馏分的温度压力。测定其折光指数。

(范星河)

实验 43　多方位高分子材料力学性能测试

【实验目的】

1) 从高分子物理与材料角度了解、掌握应力-应变曲线的内涵。2) 了解、掌握电子多功能测定仪的基本原理及使用方法。

【实验原理】

研究高分子材料结构与物理性能的关系是高分子物理的核心。高分子材料的物理性能包括力学性能、耐热性能、电学性能、光学性能、透气性以及其他性能，范围相当广泛，测试技术也多种多样。

为了正确了解高分子材料的加工条件以及正确选择、设计、使用材料和改进材料的性能，必须测定材料的各种性能。高分子材料在拉力下的应力-应变测试是一种广泛使用的最基础的力学试验。高分子材料的应力-应变曲线提供力学行为的许多重要线索，从而得到有用的表征参数(杨氏模量、屈服应力、屈服伸长率、破坏应力、极限伸长率、断裂能)以评价材料抵抗载荷、抵抗变形和吸收能量的性质优劣；从宽广的试验温度和试验速度范围内测得的应力-应变曲线，有利于判断高分子材料的强弱、硬软、韧脆和粗略估计高分子材料所处的状态与拉伸取向过程，以及为设计和应用部门选取最佳材料而提供科学依据。

电子多功能测定仪是将高分子材料的刺激(载荷)和响应(变形)由换能装置转变为电信号传入自动记录仪，扫描出载荷-变形(或载荷-时间)曲线，经计算处理后，可得到应力-应变曲线。电子拉力机除了应用于力学试验中最常用的拉伸试验外，还可进行压缩、弯曲、剪切、撕裂、剥离以及疲劳、应力松弛等各种力学试验，是测定和研究高分子材料的力学行为和机械性能的有效手段。

高分子作为材料使用时，总是要求高分子具有必要的力学性能，可以说对于大部分的应用而言，力学性能比高分子的其他物理性能显得更为重要。几种常用的力学性能指标为：拉伸、抗张强度、抗压强度、抗弯强度等。这里将介绍这几个力学性能指标的测定方法。

1. 拉伸

拉伸试验是在规定的试验温度、湿度与速度条件下，对标准试样沿其纵轴方向施加拉伸载荷，并使其破坏。拉伸试验可以获得拉伸应力-应变的曲线，从中可获得丰富的信息。拉伸时，试样在纵轴方向受到的标称应力 σ 为

$$\sigma = P/A_0 \quad (公斤/厘米^2) \tag{1}$$

式中，P 为拉伸载荷，A_0 为试样的初始截面积。试样的伸长率即应变 ε 为

$$\varepsilon = \frac{\Delta L}{L_0} \times 100\% \quad (厘米/厘米) \tag{2}$$

式中，L_0 为试样标线间的初始长度，ΔL 为拉伸后试样标线间原长的增量。根据拉伸过程中屈服点的表现、伸长率大小及其断裂情况，应力-应变曲线大致可分为五类：1) 软而弱；2) 硬而脆；3) 硬而强；4) 软而韧；5) 硬而韧。但是，随着试验条件（温度、湿度、速度）的变化，高分子材料的应力-应变行为可以发生脆性-韧性互变，这是高分子材料具有粘弹性的缘故。

2. 抗张强度

抗张强度（断裂强度）表示材料被拉断所需要的极限应力。它是反映材料机械强度的主要指标。测定时用哑铃形小试样，先测量试样中部（拉伸有效部分）的宽度和厚度，然后把试样装在材料试样机的夹具上，在室温下以一定速度逐渐拉伸，至拉断。

$$抗张强度 = \frac{P}{bd} \quad (公斤/厘米^2) \tag{3}$$

式中，P 为破坏载荷（公斤），b 为试样宽度（厘米），d 为试样厚度（厘米）。

3. 抗压强度

表示材料被压碎所需要的应力。测定时将柱形试样磨平后，放在材料试样机的两块压力板间，均匀地施加压力至试样破裂为止。压缩应力：压缩过程中加在试样上的压缩负荷，除以试样原始截面积。压缩应变：压缩过程中试样在纵向产生的单位原始高度的变化的百分数。破坏压缩应力：试样在破坏时所承受的压缩应力。压缩屈服应力：压缩过程中指针停留较长时间的负荷值，除以原始截面积，在应力-应变曲线上则为形变增加而负荷不再增加的那点所对应的压缩应力。

$$抗压强度 = \frac{P}{F} \quad (公斤/厘米^2) \tag{4}$$

式中，P 为破坏载荷（公斤），F 为试样截面积（厘米^2）。

4. 抗弯强度

表示材料耐弯曲的强度。按国家标准规定是以标准长条试样平放在试样机的两个支架上，然后依垂直方向加一个负荷在试样的正中，负荷逐渐增大至试样断裂后。静弯曲试验就是用来获知某材料在弯曲应力作用下所能承受的最大弯曲应力和变形的。弯曲应力：为试样在弯曲过程中任何时刻跨度中心处截面积上的最大外层纤维正应力。定挠度时的弯曲应力：当挠度等于规定值时的弯曲应力。弯曲破坏应力：在规定挠度前或之时破断瞬间所达到的弯曲应力。最大负荷时弯曲应力：在规定挠度前或之时，负荷达到最大值时的弯曲应力，即弯曲强度。挠度：在弯曲时，试样跨度中心的底面偏离原始位置的距离。表观弯曲强度：超过定挠度时，负荷达到最大值时的弯曲应力。

由于高分子材料本身特点，它们的力学性能指标不仅和测试的环境温度、湿度、测试的条

件有关外,还与试样的尺寸有关,即"尺寸效应"。为了使所测的数据具有可比性,试样应需根据有关标准制备或技术协议中规定的尺寸及要求制备。

【实验步骤】

INSTRON5567 电子多功能测定仪使用注意事项:本仪器有 10N、100N、1kN、30kN 四个力传感器,可以根据需要选择。更换力传感器一定要在关机状态下进行。不可在所选力传感器的极限范围以上测定样品。本仪器配有气动夹具、手动夹具、纤维夹具;还配有恒温箱,可以测定样品的变温拉伸等变温试验数据。

1. 开机

(1) 检查拉伸机、压缩机、计算机的电源,确保连接正确(注意压缩机的使用电压为 110 V,要连接在配套的变压器上),先打开拉伸机和压缩机电源开关,再打开计算机。

(2) 在 Windows 操作系统中,双击 Merlin 图标,点击"系列Ⅸ"按钮进入仪器控制主屏。

2. 设置实验方法

(1) 在仪器控制主屏中,单击"方法[M]"图标进入方法编辑程序。

(2) 方法编辑方法有二:

创建法:"文件"菜单中,选择"新的"子菜单。在方法种类框中选择要进行试验的类型,输入两位数字方法数和方法标签。然后在其他菜单中设置方法的参数。保存,返回主屏。

修改法:"文件"菜单中,选择"打开"子菜单。依次修改相应的参数。另存为,返回主屏。

(3) "主要"菜单→总体参数,依次选择输入单位种类、结果单位种类(一般为国际标准),机器控制,是否使用引伸仪,是否启用结果文件和 ASCII 测试数据文件。

(4) "试样"菜单中输入样品的尺寸、样品信息。

(5) "实验"→控制,在控制子框选择试验方向,控制通道。在速度子框输入横梁速度。输入所用磅力传感器的大小。

(6) "实验"→极限,确定断裂点检测,绝对限制,到达极限值时机器的动作。

(7) "数据"→记录,用计算机。

(8) "数据"→标定,用计算机。

(9) "报告"→设置,选择报告类型,或在范本中选择标准类型。

(10) "图形"→屏幕设置,点击自动刻度尺,确定相应 X,Y 轴的标签,或点击范本选择标准类型。

(11) "计算"→屏幕,对话框中删除项目,或分别在功能列表和计算列表中选择修改、增加要计算的结果,如此反复可以确定计算项目。

3. 样品测试

注意:为了保护仪器,保证实验正常进行,在进行试验之前,将拉伸机机架上的限制旋钮放在适当的位置,让横梁在旋钮之间运行时不能太高或太低而夹具相互碰撞。

(1) 安装样品,用控制面板上的 TOG UP 和 TOG DOMN 按钮调节夹具,将样品放在气动夹具中,踩 CLOSE 一次,上夹具自动夹住样品,再踩一次下夹具夹住样品。踩 OPEN 夹具松开。如果使用引伸仪,将引伸仪用橡皮圈固定在样品上。在编辑方法中选用引伸仪并在选取计算点之后,将引伸仪取下。

注意:安装样品时注意安全,防止手被气动夹具夹伤。引伸仪为贵重附件,要小心使用,及时从样品上取下。

(2) 单击平衡 1,2 或在控制面板中按下 BALANCE 1、BALANCE 2 清零。

(3) 在仪器控制主屏中,单击"实验"图标进入试验程序,输入样品名,确定试验类型、实验方法、样品信息。

(4) 单击"开始"试验,试验完成后,单击"继续",测下一个样品或退出试验。

4. 数据处理

(1) 在仪器控制主屏中,单击"重播"→方法→确定→开始重播实验。单击"继续重播"选择其他样品或退出。

(2) 在仪器控制主屏中,单击"图形",选择文件名,查看图形。

5. 关机

在仪器控制主屏中,单击"退出"→退到 Windows →关闭计算机。再关闭拉伸机开关,关闭压缩机电源。

6. 实验报告

实验报告应包括下列内容:1) 材料名称、规格、牌号、来源、制造厂家;2) 试样的制备方法;3) 试样的形状和尺寸;4) 试验的环境温度、湿度;5) 试验机型号;6) 试验条件;7) 试验数量;8) 试验结果 A:拉伸屈服应力、拉伸断裂应力、拉伸强度、断裂伸长率、弹性模量;B:试样压缩强度、屈服强度、破坏应力、定压缩应变为 25% 时的压缩应力;C:在规定扰度时的弯曲应力、断裂时的弯曲应力、最大负荷时的弯曲应力;9) 实验日期、人员;10) 讨论。

(范星河)

实验 44 甲基丙烯酸甲酯的铸板聚合

【实验目的】

学习烯类单体铸板聚合的方法,认识烯类单体本体聚合的特点和困难,加深对自由基链式聚合中自动加速效应的理解。

【实验原理】

铸板聚合是生产甲基丙烯酸甲酯玻璃板(即常见的有机玻璃板)的方法。其过程是先在较高温度(如 90℃)下,使单体预聚合,制得粘度为 1 Pa·s(1000 cP)的聚合物-单体溶液(甘油在 25℃时的粘度为 0.954 Pa·s(954 cP)。也可以将聚合物溶解于单体之中制成具有相似粘度的溶液,加入引发剂,然后将此聚合物-单体溶液灌入事先制好的板式模具中,在较低温度(如 60℃)下使聚合进行完全。模具通常用干净的厚玻璃板制成。预聚物溶液的粘度不可过高,否则容易在制成品中出现气泡。此外,过高的粘度还会使灌模过程难以进行。在较高温度下进行单体的预聚合是为了加快工艺过程,但灌模后一定要使聚合温度降到 40℃左右,使聚合缓慢进行,约经 24 小时使单体聚合转化率达到 80%~90%,才可以升高聚合温度使残余单体转化为聚合体,并使引发剂分解完全。

铸板聚合是本体聚合的一种工艺形式。本体聚合指没有溶剂或其他介质存在下的聚合。本体聚合的优点是聚合物中不含有杂质,不需进行聚合物的纯化后处理。但是,由于烯类单体的聚合热很大,其聚合物又都是热的不良导体,它们的本体聚合常常是非常困难的。因此,在本体聚合中,一定要严格控制聚合速度,使聚合热能及时导出,以免造成局部过热、产物分解变色和产生气泡等问题。

烯类单体本体自由基聚合难于控制的另一个重要原因是聚合过程中出现的自动加速效应。所谓自动加速效应,是指烯类单体自由基聚合过程中聚合速度随单体转化率增大而急剧增加的现象。自动加速效应往往发生在本体聚合或者单体浓度较高的体系中。在烯类单体的自由基沉淀聚合即高分子聚合物在聚合过程中发生沉淀的体系中,自动加速效应也很明显。发生自动加速效应的原因,一般认为是链终止速度随转化率增加而有很大的下降。转化率增大,聚合体系的粘度必然增高。体系粘度的增高导致了分子运动特别是大分子链自由基运动的迟缓。分子运动速度的下降固然造成了单体分子与大分子链自由基反应速度的下降,但受到影响最大的还是发生在两个大分子自由基之间的链终止反应,因为前者只涉及到一个大分子和一个小分子。后者则涉及到两个大分子,而大分子的运动受到体系粘度变化的影响要比小分子运动所受的影响大得多。实验表明,甲基丙烯酸甲酯在 22.5℃聚合时,链生长速度常数在转化率由 0%到 50%之间没有很大变化,而链终止速度常数在这之间却下降了 100 倍之多。根据烯类单体自由基聚合的速度方程

$$R_\mathrm{p} = \left(\frac{K_\mathrm{p}}{K_\mathrm{t}^{1/2}}\right)[\mathrm{M}]\left(\frac{R_i}{2}\right)^{1/2}$$

可见,因转化率增大所产生的比值的增加(可高达 10 左右)会带来聚合速度的显著升高。

【仪器与试剂】

玻璃板,锥形瓶,玻璃纸,弹簧夹或螺旋夹,聚乙烯管。
甲基丙烯酸甲酯(MMA),过氧化苯甲酰(BPO)。

【实验步骤】

1. 甲基丙烯酸甲酯的精制

方法一:取 100 mL 甲基丙烯酸甲酯(MMA)于分液漏斗中,用 5%氢氧化钠溶液 50 mL 分三次洗涤,再用去离子水洗涤到水层呈中性为止,洗涤后用无水硫酸钠干燥至 MMA 清澈透明。装好减压分馏仪器,在三口瓶中加入干燥好的甲基丙烯酸甲酯,进行减压蒸馏,收集 34.5℃/30 mmHg 或 46℃/100 mmHg 的馏分,记下馏分的温度压力,测其折光指数。

方法二:柱纯化 MMA 单体。在酸式滴定管改装的柱子底部,加入玻璃纤维,以支撑吸附剂。称取 10 g $\mathrm{Al_2O_3}$ 吸附剂(200~300 目),经漏斗装入柱子中,轻轻振动柱子,减少吸附剂中的空隙,吸附剂上层加入一层玻璃纤维或滤纸,防止液体对上层吸附剂的搅扰。量取 20 mL MMA,先用滴管慢慢滴入 1~2 mL,然后小心倒入其余的 MMA,打开活塞,接收流出的单体,直至单体不再流出。注意观察 $\mathrm{Al_2O_3}$ 上层颜色的变化,将接收的单体保存好。

可将这两种方法纯化的单体分别做封管聚合,观察变粘时间,比较蒸馏纯化和柱法纯化对聚合的影响。

2. 甲基丙烯酸甲酯的铸板聚合

取两片平板玻璃洗净,烘干,按图 1 做好模具。

(1) 预聚:取 30 mL 新蒸馏过的 MMA 单体放入干净的干燥锥形瓶中,加入引发剂过氧化苯甲酰(为单体重的 0.1%)。为防止预聚时水汽进入锥形瓶中,可在瓶口包上一层玻璃纸,再用橡皮圈扎紧。用 80~90℃水浴加热锥形瓶,至瓶内预聚物粘度与甘油粘度相近时立刻停止加热,并用冷水使预聚物冷至室温。

(2) 灌模:如图 1 所示,将上面所得的预聚物灌入模具中,也可借助于用玻璃纸折叠的漏斗完成

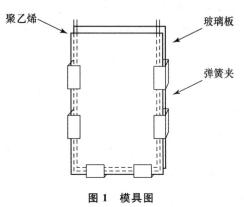

图 1 模具图

此步操作。灌模时要小心,不使预聚物溢至模外。不要全灌满,预留一点空间,以免预聚物受热膨胀而溢出模外。用玻璃纸将模口封住。

(3) 聚合:模口向上,将上述封好模口模具放入 40℃ 烘箱中,继续使单体聚合 24 小时以上,然后在 100℃ 处理 1 小时。

(4) 脱模:关掉烘箱热源,使聚合物在烘箱中随着烘箱一起逐渐冷却至室温。打开模具可得透明有机玻璃一块。

【注意事项】

(1) 为使所得有机玻璃板较大,可用四个垫片代替制模具时所用的聚乙烯管,垫在两块玻璃模板之间四个角的位置上,然后用玻璃纸将模具四周包住,并以聚乙烯醇水溶液为粘合剂使玻璃纸粘在模板上,注意粘牢,以防渗漏。

(2) 为提高学生的实验兴趣,模具中可由学生放入美丽的风景照片等。

(3) 预聚时不要频繁摇动瓶子,以减少氧气在单体中的溶解。预聚需 20 分钟左右。

(4) 学生可将剩余的预聚物倒入一支小试管中进行爆聚实验,即在沸水温度下继续加热使爆聚发生。

思 考 题

1. 为什么要进行预聚合?
2. 如何制大尺寸的有机玻璃块?又如何制备长度为 1 m、直径为 0.3 m、厚度为 1 cm 的无缝有机玻璃圆筒?
3. 甲基丙烯酸甲酯聚合到刚刚不流动时的单体的转化率大致是多少?
4. 除有机玻璃外,工业上还有什么聚合物是用本体聚合的方法合成的?

参 考 文 献

[1] Ringsdorf H. Bulk Polymerization. p642—666// Mark H F, Gaylord N G and Biklales N M. Encyclopedia of Polymer Science and Technology, Vol 2[M]. Interscience, 1965

[2] Lenz R W. Organic Chemistry of Synthetic High Polymers[M]. Wiley-Interscience, 1967

[3] 冯新德. 高分子合成化学[M], 上册(重印本), 第五章. 北京: 科学出版社, 1982

(陈小芳)

实验 45　具有非寻常液晶性的甲壳型液晶高分子的合成与表征

【实验目的】

1) 了解、掌握甲壳型液晶高分子的合成方法以及制备技术。2) 基本掌握对液晶高分子的组成和结构的各种表征方法，特别是 GPC、PLM、DSC 和 XRD 方法。

【背景介绍】

1. 液晶高分子

物质除三维长程有序的晶体和完全无序的液体及气体之外，还能以液晶态存在。液晶具有部分有序性，而具有液晶性质的大分子就是液晶高分子。传统的液晶高分子由两种不同的方法合成：将液晶或者介晶基团直接嵌入到聚合物主链中，形成主链型液晶高分子；液晶或者介晶基团作为侧基接到聚合物主链上，形成侧链型液晶高分子。Finkelmann 和 Ringsdorf 等人在 1978 年提出柔性去偶理论，即刚性液晶基元与柔性聚合物链之间必须引入柔性间隔基，以减少它们之间的相互作用，使得侧基的有序排列不受主链热运动的限制，从而具有液晶性质。与此相对照，作为第三类液晶高分子的甲壳型液晶聚合物的概念首先由周其凤院士提出，特指一类液晶基元只通过一个共价键或很短的间隔基在重心位置（或腰部）与高分子主链相连的液晶高分子。从化学结构上看，甲壳型液晶聚合物类似于腰接型侧链液晶高分子，因此在合成方法上，和常见的侧链液晶高分子一样，可以通过烯类单体的链式聚合反应来获得。而甲壳型液晶聚合物的物理性质却有别于侧链液晶高分子，由于侧基和主链存在较强的相互作用，众多庞大的刚性侧基会迫使柔性主链采取伸直链的构象，整个聚合物链会表现出一定的刚性，因此其性质又与主链型液晶高分子相似。这些特点使得甲壳型液晶聚合物独成系统。

2. 甲壳型液晶高分子 PBPCS 的合成

聚合物样品 PBPCS 由单体 BPCS 通过原子转移自由基聚合（ATRP）制得。ATRP 已经被成功应用到甲壳型液晶高分子的合成，研究表明聚合体系可控。以 PMDETA 为配体，在 110℃可以很好地调控 BPCS 聚合，得到分子量较高、分散度低的聚合物。聚合物的分子量及分子量分布可以用 GPC 来表征。

3. PBPCS 的非寻常液晶相行为

物质从晶态向液态转变过程中晶态的三维有序结构部分失去，进入液晶态，然后有序性完全丧失，进入液态。对热致液晶，一般的相转变过程为：晶态→液晶态→液态。总之，升温过程中，物质的有序性逐渐降低；降温过程，有序性逐渐升高。而甲壳型液晶高分子 PBPCS 则呈现出非寻常液晶行为：升温过程中，高分子量 PBPCS 在玻璃化转变之上存在一个各向同性相，进一步升温进入液晶相——六方柱状向列相；降温过程中，液晶相消失，重新进入各向同性相。通过使用 PLM、DSC 和 XRD（一维及二维 WAXD）等多种手段可以表征 PBPCS 的液晶相行为。

【仪器与试剂】

电光天平，电磁搅拌器，电加热油浴锅（自制），标准玻璃仪器一套，温度计等。

凝胶渗透色谱(GPC)：Waters 2410 折光检测仪；分离柱 Waters μ-Styragel (10^3、10^4、10^5 Å)；淋洗剂 THF；流速 1 mL/min；温度 35℃；标样聚苯乙烯。

示差扫描量热仪(DSC)：TA Instruments Q100；升温速率 10℃/min；氮气流速 60 mL/min。

热失重(TGA)：TA Instruments SDT2960；升温速率 10℃/min；氮气流速 50 mL/min。

偏光显微镜(PLM)：Leitz Laborlux 12；热台 Leitz 350。

一维 X 射线衍射(1D WAXD) 粉末实验：Philips X'Pert Pro 衍射仪，X 射线源(Cu Kα) 由陶器管产生，X 射线波长 0.154 nm，X'celerator 检测器。样品台平行放置，衍射峰位置用硅粉末（$2\theta > 15°$）和山嵛酸银（$2\theta < 10°$）校正。衍射背景从样品衍射图中扣除。

二维 X 射线衍射(2D WAXD) 纤维实验：Bruker D8 Discover 衍射仪，DADDS 二维探测器。样品放在样品台上，点光源分别垂直和平行于纤维方向。二维衍射图以透射模式记录。

无水甲醇，Na_2CO_3，$KMnO_4$，浓 H_2SO_4，无水 $CaCl_2$，无水 Na_2SO_4，无水乙醇，1-溴丁烷，丙酮，N-溴代琥珀酰亚胺(NBS)，三苯膦，六氯乙烷，对苯二酚，均为分析纯(A. R.)，直接使用；2,4-二甲基苯甲酸，99.21%，直接使用；N,N,N',N'',N''-五甲基二亚乙基三胺(PMDETA)，>99.5%，直接使用；α-溴代乙苯(BEB)，97%，直接使用；过氧化二苯甲酰(BPO，C. R.)，甲醇重结晶，低温保存；吡啶(A. R.)，KOH 回流后蒸馏；CuBr，自制，先用冰醋酸洗涤，然后甲醇洗涤后，真空干燥；氯苯(A. R.)，浓硫酸、$NaHCO_3$ 水溶液、水洗涤后干燥，CaH_2 回流后蒸馏。

【实验步骤】

1. 乙烯基对苯二甲酸的合成

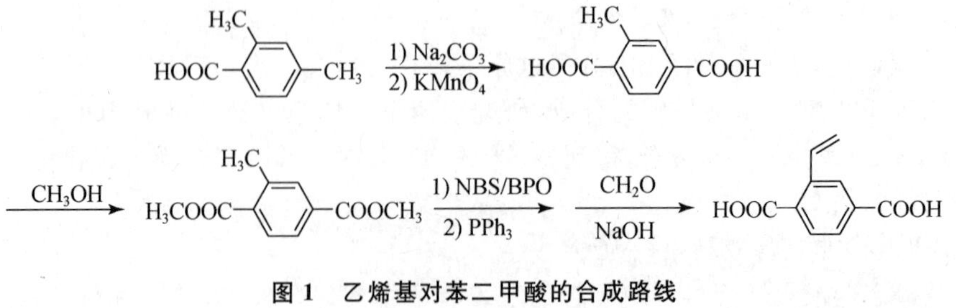

图 1 乙烯基对苯二甲酸的合成路线

(1) 甲基对苯二甲酸的合成

100 mL 烧杯中依次加入 13.2 g Na_2CO_3、13.2 g 2,4-二甲基苯甲酸和 60 mL 水,加热使混合物溶解,然后停止加热。在搅拌下将 13.2 g $KMnO_4$ 粉末分多次缓慢加入。待 $KMnO_4$ 紫色消失后,过滤冷却后的混合物,滤饼用水清洗。清洗液与滤液合并后用盐酸中和至 pH=2,产生大量沉淀。过滤、水洗至中性,然后干燥。产物为白色固体。

(2) 甲基对苯二甲酸二甲酯的合成

预先放有沸石的 250 mL 烧瓶中加入 10 g 甲基对苯二甲酸,然后加入 100 mL 甲醇。微加热,使甲基对苯二甲酸溶解。用滴管缓慢加入浓硫酸 3 mL。然后升温,回流过夜。反应结束后,旋干甲醇,得到白色固体。将其溶于 30 mL 苯中,然后依次用水、5% $NaHCO_3$ 溶液、水洗涤至中性。分出有机相,用无水 Na_2SO_4 干燥。过滤后旋干苯,用石油醚重结晶。产物为白色晶体。

(3) 乙烯基对苯二甲酸的合成

100 mL 烧瓶中加入 5 g 甲基对苯二甲酸二甲酯、5 g NBS 和 0.1 g BPO,然后加入 50 mL CCl_4。升高温度,使 CCl_4 回流。当体系中有大量白色漂浮物产生时,终止反应。待溶液冷却后过滤,旋干滤液,得到浅黄色粘稠液体。

将浅黄色粘稠液体溶于 40 mL 丙酮,室温搅拌下分批加入 6.2 g PPh_3。搅拌 1 小时后,有大量白色沉淀产生。过滤后,用丙酮清洗磷盐。磷盐在室温下自然干燥。

磷盐 20 g 溶于 120 mL 40% 的甲醛水溶液中。搅拌下滴加含 18 g NaOH 的水溶液。在开始滴加的过程中有鲜红色的中间体产生然后又迅速消失,此时应放慢滴加的速度。当没有鲜红色产生后,可加快滴加的速度。室温下继续搅拌两天后过滤。滤饼用 NaOH 水溶液洗涤。合并滤液,在搅拌下加入盐酸,有大量白色沉淀生成。过滤,用水洗至中性。产物为白色固体。

2. 对丁氧基苯酚的合成

$$HO-\bigcirc-OH + CH_3CH_2CH_2CH_2Br \xrightarrow{KOH} HO-\bigcirc-OC_4H_9$$

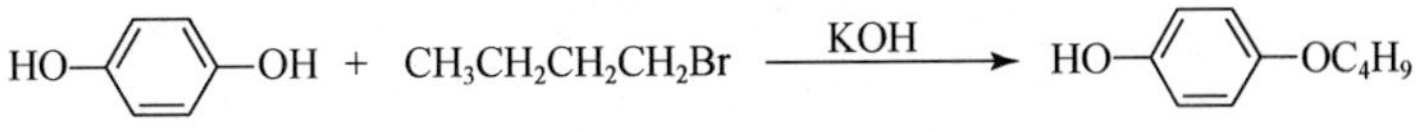

图 2 对丁氧基苯酚的合成路线

将 4.4 g 对苯二酚溶于 8 mL 乙醇,加入含 2.24 g KOH 的水溶液。在搅拌条件下,缓慢滴加 5.48 g 1-溴丁烷,加热回流。反应完成后,在碱性条件下用石油醚萃取反应产物,除去两端醚化的副产物。收集水相,用盐酸酸化,过滤得到粗产物。以二氯甲烷为淋洗剂,用 160~200 目硅胶色谱柱分离($R_f=0.2$)。产物为白色片状固体。

3. 单体 BPCS 的合成

乙烯基对苯二甲酸 1.8 g、三苯膦 4.988 g 溶于 16.8 mL 新蒸的吡啶中,配制成溶液 A。对丁氧基苯酚 3.418 g、六氯乙烷 5 g 溶于 33.2 mL 新蒸的吡啶中,配制成溶液 B。在冰浴和搅拌

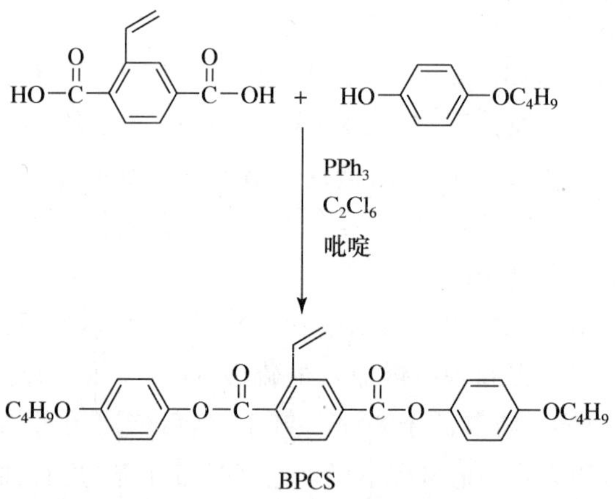

图3 单体 BPCS 的合成路线

条件下将溶液 B 缓慢滴加到溶液 A 中。反应 36 小时后,将反应物倒入 1∶4 的乙醇/水混合溶剂中,得到沉淀。过滤,滤饼用 1∶2 的乙醇/水混合溶剂多次洗涤至滤液无色。烘干后得到浅黄色固体。以二氯甲烷为淋洗剂,用 160～200 目硅胶色谱柱分离粗产品。柱色谱提纯后的产物用苯/石油醚混合溶剂重结晶。产物为白色晶体。

4. 聚合物 PBPCS 的合成

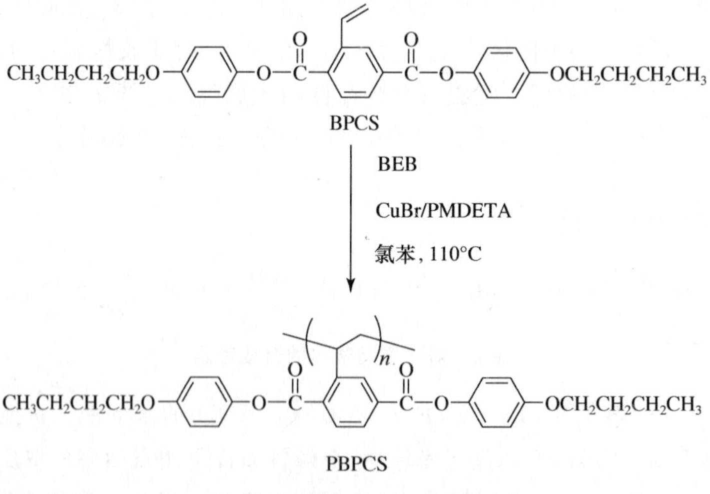

图4 聚合物 PBPCS 的合成路线

向带有磁子的 10 mL 聚合管中加入 0.25 mg (0.0017 mmol) CuBr 和 0.5 g (1.02 mmol) BPCS。然后用注射器加入 10 μL 含有 PMDETA (0.0017 mmol) 和 BEB (0.0017 mmol) 的氯苯溶液。再加入 1.30 g 氯苯后,将聚合溶液冷冻、抽真空、充 N_2,反复四次,然后在真空下封管。

聚合管在110℃油浴中反应一段时间后,中止反应,打破聚合管。聚合物用 THF 稀释后,通过中性 Al_2O_3 柱,用甲醇沉淀。过滤、干燥后,用重量法测定转化率。

5. PBPCS 的非寻常液晶相行为的表征

(1) DSC：聚合物样品先升温至 250℃,然后以 10℃/min 的速率降温至 25℃,然后以 10℃/min 的速率升温至 250℃。除了看到玻璃化转变以外,当分子量大于一定值以后,在升温曲线上可以观察到明显的吸热峰,而在降温过程中相应的放热峰在较低的温度下出现。这个过程可以重复出现,表明在这个过程中发生了可逆相转变。

(2) PLM：聚合物样品先升温至 250℃,然后以 10℃/min 的速率降温至 25℃,然后以 10℃/min 的速率升温至 250℃,在升降温过程中用 PLM 观察样品的织构。和 DSC 上的吸热峰相对应,在偏光显微镜下可以观察到双折射的出现和消失。另外,把具有较高分子量的 PBPCS 样品在 210℃ 剪切,用 PLM 可以观察到条带织构,条带的法线和剪切方向平行。

(3) 1D WAXD：聚合物样品以 5℃/min 第一次升温和第一次降温过程中记录 1D WAXD 结果。升温过程中低角衍射峰在大约 185℃ 以下弥散而且较弱,到了大约 185℃ 以后,在低角度范围会发育出一个尖锐的衍射峰($2\theta = 4.75°$);随着温度升高强度迅速增强。降温过程中,这个衍射峰逐渐变弱,到大约 160℃ 时完全消失。

(4) 2D WAXD：聚合物样品在 210℃ 剪切后,立即淬冷到室温。当 X 射线分别平行和垂直于剪切方向时,得到两个方向的 2D WAXD 衍射花样。剪切方向垂直于 X 射线的衍射花样中可以看到在赤道方向有一对强的衍射弧,$2\theta = 4.73°$,同时在高衍射角度的宽衍射峰有向子午线聚集的趋势。剪切方向平行于 X 射线的衍射花样中可以看到在 $2\theta = 4.73°$ 有六个衍射弧,相应方位角强度分布图可以看到六个相间 60°的衍射弧。根据以上结果可以确定 PBPCS 的液晶相结构为六方柱状向列相。液晶相是由整个分子链构成的超分子柱构成,而不是侧基。

【结果与讨论】

(1) 了解溶剂与反应温度等对产品分子量及分子量分布的影响。

(2) 用 DSC 分析所制聚合物。PBPCS 存在一个各向同性相到液晶相转变,高温形成的液晶相在降温过程中消失,进入各向同性相,注意对应的转变峰及热焓。

(3) 用 PLM 分析所制聚合物,与 DSC 结果以及文献结果进行对比。

(4) 用变温一维 WAXD 分析所制聚合物,与 DSC、PLM 结果进行对比。

(5) 用二维 WAXD 分析取向的聚合物样品,确定聚合物液晶相态。

思 考 题

1. 说明溶剂与反应温度对产品分子量以及分子量分布的影响。
2. 说明使用多种测试手段表征 PBPCS 的液晶相行为的原因。

参 考 文 献

[1] Donald A M,Windle A H. Liquid Crystalline Polymers[M]. Cambridge:Cambridge University Press,1992
[2] McArdle C B. Side-Chain Liquid Crystal Polymer[M]. Blackie:Glasgow,1989
[3] Finkelmann H,Ringsdorf H,Wendorff J H. Makromol Chem,1978,17:273
[4] Zhou Q-F,Cheng S Z D. Contemporary Topics in Advanced Polymer Science and Technology[M]. Edited by Peking University Press(北京大学出版社),2004
[5] 周其凤.聚合物液晶态与超分子有序态研究进展[M].武汉:华中科技大学出版社,2002,10
[6] 周其凤,王新久.液晶高分子[M].北京:科学出版社,1994
[7] 赵永峰.博士学位论文,北京大学,2005

(沈志豪)

实验 46　聚丙烯酸联苯酯的合成及其液晶相的表征

【实验目的】

掌握液晶高分子单体的制备及聚合,通过对聚合物的表征掌握液晶高分子主要表征方法,并深入理解液晶高分子结构与性能的关系。

【实验原理】

液晶是物质存在的一种状态,它介于固态与液态之间。因此液晶既能表现出晶体的各向异性,同时又具备液体的流动性。液晶作为一种相态,相对于三维各向有序的晶态来说,在某些方向上出现平移有序或取向有序性消失,只保留部分平移和取向有序,这导致材料能够出现"软"的机械响应。另外液晶属于软物质体系,其有序尺度一般在 1~1000 nm 之间,属于纳米尺度的有序。构成自组装周期性结构的重复单元最常见的是小分子,这也曾是传统的液晶科学领域的研究对象,但也可以是一个小的超分子聚集体、一个聚合物,或是一个大分子中的某个片段,等等。因此,液晶态结构的周期性尺寸大小可从几个纳米到几百个纳米不等。由于结构对称性的要求的限制,其自组装结构本质上具有一定的相似性,基本的自组装有序结构可分为以下几种(图 1):向列相(nematic phase)、层状相(lamellar phase)[棒状小分子液晶体系为近晶相(smectic phase)]、柱状相(columnar phase)和立方相(cubic phase)(其中包括球状相和双连续相)。其中向列相液晶由于其粘度低,在电场下具有快速响应行为,已经成为目前液晶显示中最常用的显示材料。当分子结构中引入手性后,可以引起相对称性的降低,从而获得具有独特结构和性质的液晶相态,可以在一般自组装的结构中,引入分子在三维空间的螺旋分布,如胆甾相(即在向列相中形成螺旋状超结构)以及手性近晶 C 相。另一个由手性引起相结构对称性降低的结果是在某些液晶相中出现极化有序,例如手性近晶 C 相由于分

 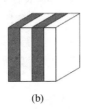  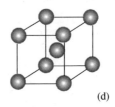

(a)　　　　　　(b)　　　　　　(c)　　　　　　(d)

图 1　基本液晶态结构

(a) 向列相;(b) 层状相(或近晶相);(c) 柱状相;(d) 立方相

子的手性和倾斜产生的自发极化,使得物质在此液晶态下具有铁电性(ferroelectricity)或反铁电性(antiferroelectricity)。

20世纪70年代,Kevlar纤维的发现很大程度上促进了液晶高分子的研究和发展。液晶高分子是在一定条件下具有液晶态的高分子。它既有液晶态的各向异性,又具备高分子的性能,如可加工性等。根据Flory和Ronca的理论,若分子可以用具有一定长径比的刚性棒来描述,则生成向列型热致液晶态的分子的长径比为

$$X = L/d = 6.417$$

式中,X代表长径比,L为分子的长度,d表示分子的直径。实际分子与硬棒不同,它们之间还存在着相互作用如极化力等,使得热致液晶分子的长径比可以小于6.4。在液晶高分子链中通常含有这种具有一定长径比的棒状结构单元,我们称之为液晶基元。根据液晶基元在高分子链中的位置不同,可以将液晶高分子分为侧链型和主链型两大类,其中侧链型又可分为尾接型和腰接型两类,见图2。

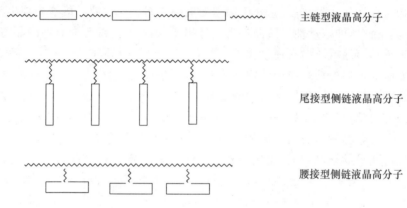

图2 常见液晶高分子结构示意图

主链型液晶高分子的合成方法主要是缩合聚合。侧链型液晶高分子包括大分子主链和含有液晶基元的侧链,其基本合成方法包括:1)通过高分子的化学反应将液晶基元侧链引入高分子中;2)含液晶基元的单体聚合,包括加成聚合、缩合聚合、开环聚合等各种成熟的聚合方法。

与小分子液晶不同的是,聚合物中液晶基元虽然对液晶相的形成起重要作用,但聚合物主链和连接侧基的间隔基对液晶相的形成也有一定影响,有时甚至能决定聚合物能否呈现液晶相。同样,聚合物的分子量大小、分子量分布宽窄等因素也会影响液晶相的形成。

高分子液晶态的表征最常用的是偏光显微镜、热分析和X射线衍射等。

1. 偏光显微镜观察液晶的织构

物质的液晶态是各向异性的,因而在偏光显微镜下能看到明显的双折射现象。液晶的织构是由液晶分子或液晶基元排列中因外部作用产生平移和取向缺陷而形成的。常见的织构有丝状织构、纹影织构、焦锥织构等。织构是判断液晶态的存在和类型的最重要手段之一。

但是不同类型的液晶型态有时也可以产生很相似的织构。因此液晶态类型的确定需借助两种乃至多种方法的综合应用。

2. 热分析法

热分析法也是确定液晶态存在的一种重要的方法，利用示差扫描量热(DSC)或差热分析(DTA)可以直接得到液晶态的相变温度和相变的热效应。液晶态与晶态，液晶态与各向同性液态之间的转变是一个相变的过程，在 DSC 曲线上表现出吸热峰(升温)或放热峰(降温)。因此当 DSC 曲线，尤其是降温曲线上出现 2～3 个峰，则测试的样品有可能存在液晶态。但是必须注意样品的纯度和稳定性都会影响我们对液晶性的判断。对于高分子来说样品在升温和降温过程中涉及到的变化更为复杂。如非结晶性液晶高分子，液晶相存在于玻璃化温度以上，它们的玻璃化转变是与液晶态直接相关的转变；对结晶性液晶高分子，直接与液晶相发生关系的是晶体的熔融与结晶过程。聚合物的老化、结晶高分子的多重熔融现象以及样品的热处理方式都会对 DSC 曲线产生影响，干扰对液晶态的正确判断。所以热分析法一般也需要和其他手段配合，才能准确地鉴别出液晶聚合物。

3. X 射线衍射法

X 射线衍射法在对物质液晶态的研究中和对物质结晶态的研究一样，起着重要的作用，它可用于了解原子和分子的堆积排布以及这种堆积排布的有序程度等信息。包括高分子在内的物质的各种液晶型态，其分子排布和有序程度都可以利用 X 射线衍射方法进行研究。通常近晶型的聚合物在 2θ 处于 $4°\sim5°$ 处有一尖锐的衍射峰，表明分子排列成层状结构；另外还会在 2θ 处于 $10°\sim30°$ 的范围内产生衍射峰，反映层内分子排列状况。若峰尖锐，表明层内有序，如 S_B 相(层内分子与层面垂直，分子在层内呈大致规则的六角排列)；若弥散，则层内无序，如 S_A 相(层内分子倾向于垂直层面排列)和 S_C 相(层内分子彼此平行，但与层面有一倾角)。向列相和胆甾相分子只在 $10°\sim30°$ 的范围内产生弥散的宽峰。

【仪器与试剂】

凝胶渗透色谱(GPC)仪(Waters 515 型)，示差扫描量热(DSC)仪(TA DSC2010 型)，带热台的偏光显微镜(Leica DMLP 型)。

联苯酚(CP)，丙烯酰氯(A.R.)，四氢呋喃(A.R.，干燥)，三乙胺(A.R.，干燥)，氯仿(A.R.)，甲醇(A.R.)，偶氮二异丁腈(重结晶提纯)，盐酸(A.R.)，NaOH(A.R.)，无水 Na_2SO_4(A.R.)，160～200 目硅胶。

【实验步骤】

1. 聚丙烯酸联苯酯的制备

反应式：

操作步骤：在带有恒压滴液漏斗的 25 mL 干燥的锥形瓶中，依次加入 1 g (5.8 mmol) 联

$$H_2C=CH-\underset{\underset{O}{\|}}{C}-Cl + \text{(4-hydroxybiphenyl)}-OH \xrightarrow[\text{THF}]{Et_3N} \text{(biphenyl)}-O-\underset{\underset{O}{\|}}{C}-CH=CH_2$$

苯酚、5 mL 四氢呋喃及 1 mL 三乙胺。在带有塞子的磨口锥形瓶中称取 0.6 g（6.6 mmol）丙烯酰氯，加入 5 mL 四氢呋喃，溶解后，倒入恒压滴液漏斗中。反应体系必须密闭，防止水汽进入。锥形瓶置于冰水浴中冷却，在电磁搅拌下自滴液漏斗向烧瓶中逐滴加入丙烯酰氯的四氢呋喃溶液。在此过程中，反应液逐渐变浑浊，有白色沉淀产生。约 20 分钟滴加完后，撤去冰水浴，常温反应，用薄层色谱板（TLC）跟踪反应进程，直至 TLC 上原料点消失或原料点强度不再发生变化，即可将反应终止，反应时间一般在 1 小时左右。反应结束后，将反应液用 20 mL 氯仿稀释，依次用 50 mL pH=1 的盐酸水溶液、3% 的 NaOH 水溶液洗涤，再用去离子水将氯仿层洗至中性。分出氯仿层，用无水 Na_2SO_4 干燥 3 小时，在旋转蒸发仪上旋去氯仿，得到粗产品。粗产品用柱色谱法提纯（160～200 目硅胶作为固定相，以氯仿为展开剂，收集第一点），得白色晶体，熔点为 64℃。

2. 液晶高分子的制备

反应式：

$$\text{丙烯酸联苯酯} \xrightarrow[\text{THF}]{AIBN} \text{聚(丙烯酸联苯酯)}_n$$

操作步骤：聚合物采用溶液聚合来制备，在真空-液氮脱氧条件下封管聚合。方法如下：在聚合管中，称取 0.2 g 丙烯酸联苯酯，用 1 mL 苯溶解后，加入 0.4 mg 偶氮二异丁腈（AIBN）作为引发剂。将聚合管连接到液氮-真空管线上，把聚合管放入液氮中冷冻 2 分钟（单体完全固化），转动三通活塞使聚合管与真空连接，抽去管中空气。3 分钟后关闭真空，从液氮中取出聚合管，待单体完全熔化后，再冷冻聚合管 2 分钟，然后连接真空，重复上述操作。反复冷冻-熔化过程三次后在液氮冷冻真空下熔封聚合管。将封好的聚合管放入 60℃ 恒温水浴中聚合 24 小时。聚合结束后，打破聚合管，用 5 mL 四氢呋喃将聚合物溶解（若聚合物溶解缓慢，可加热或适当增加四氢呋喃的量，加快其溶解），将管内液体滴入盛有 20 mL 甲醇的烧杯中，随即有白色沉淀出现。在滴加过程中，需不断搅拌，以防止沉淀颗粒过大，单体等小分子不易扩散。过滤出沉淀，抽干后用少量四氢呋喃溶解，过滤后，再将溶液滴入 10 倍四氢呋喃体积的甲醇中沉淀。将白色沉淀过滤、干燥后，称量，计算产率。

注意事项：丙烯酰氯极易水解并有强烈的刺激性气味，因此称量酰氯时要迅速并要在通风橱内小心操作。四氢呋喃及三乙胺都要经过无水处理，所用仪器都必须严格进行干燥。

3. 聚丙烯酸联苯酯的表征

（1）凝胶渗透色谱法测定分子量：在小试管中称取 5 mg 聚合物样品，加入 0.5 mL 四氢呋喃。溶液经微孔聚四氟乙烯膜过滤后，用微量注射器吸取 25～50 μL 溶液，注射到凝胶渗透色谱仪中，以四氢呋喃为流动相，测定聚合物的分子量。

（2）偏光显微镜观察：将少量聚合物放置在两块干净的盖玻片间，稍微压紧后置于偏光显微镜的载玻片上，调节好焦距和升温速度，边升温边在目镜中观察聚合物的变化，记录下观察到的现象及相转变温度，拍摄聚合物在液晶态下的织构照片，记录拍摄温度和放大倍数。

（3）差热扫描量热法测量聚合物的相转变温度：在铝坩埚中称取约 3 mg 的聚合物，盖好铝盖，压制成样品后，将样品放置到 DSC 仪的测试炉中。设定好测试程序，在氮气保护下，进行 DSC 测试。升温速率为 20℃·min^{-1}。根据所给出的 DSC 曲线，确定玻璃化转变温度和相变温度，并与偏光显微镜观察到的相变温度进行对比。

【结果与讨论】

（1）数据记录

数均分子量 $\overline{M}_n$	重均分子量 $\overline{M}_w$	分子量分布 $\overline{M}_w/\overline{M}_n$	玻璃化温度 T_g/℃	清亮点/℃

（2）GPC 曲线

（3）DSC 曲线

（4）液晶织构照片，描述偏光显微镜下聚合物在加热和降温过程中的变化，包括形状、颜色（双折射）、流动性等，比较升温过程和降温过程中聚合物外观差异。

思 考 题

1. 丙烯酸联苯酯聚合时为什么采用真空封管聚合，在自由基聚合过程中哪些因素会影响聚合物的分子量？
2. 比较用带热台的偏光显微镜观察和用热分析法测到的聚合物的玻璃化转变和相转变温度有什么不同。存在差异的原因是什么？
3. 如有条件，可在偏光显微镜下观察小分子液晶在液晶态时的现象，并与高分子液晶作比较，分析其原因。

参 考 文 献

[1] 周其凤，王新久. 液晶高分子[M]. 北京：科学出版社，1994
[2] 北京大学化学系高分子教研室. 高分子实验与专论[M]. 北京：北京大学出版社，1990
[3] 北京大学化学学院高分子系. 高分子合成化学实验[M]. 北京：北京大学出版社，1993
[4] Bresci V, Frosini A, Lupinacci D and Magagnini P L. Makromol Chem, Rapid Commun, 1980, 1: 183

（陈小芳）

实验 47 聚合物结晶速度实验

【实验目的】

学习聚合物结晶具有双折射性质及聚合物等温结晶速度原理和实验技术。

【实验原理】

许多线性聚合物都能结晶,其结晶过程是合成纤维和塑料加工成型过程中的一个重要环节,是直接影响纤维制品使用性能的一项重要因素。聚合物的结晶过程是聚合物分子链由无序的排列转变成在三维空间中有规则的排列,影响这样的转变的外因主要是温度和时间两个因素。我们往往也就利用这两个因素来控制结晶速度,从而得到一定大小的聚合物晶体和一定结晶度的聚合物,来达到我们要求的性能。例如,聚四氟乙烯的熔点 $T_m=327℃$,从实验得知,聚四氟乙烯在 300℃ 时结晶速度最快,250℃ 以下结晶速度就降到很低的程度。所以淬火加工成型与不淬火加工成型所得到的塑料制品的力学性能有很大的差别。又例如,通过利用控制温度或其他条件来控制结晶速度,防止聚合物在结晶过程中形成大的晶粒是生产透明的聚乙烯、定向聚丙烯或乙烯-丙烯共聚物薄膜工艺中要考虑的重要因素。我们知道,定向聚丙烯是容易结晶的聚合物,要得到透明的薄膜,要求聚合物结晶颗粒尺寸要小于入射光在介质中的波长,否则颗粒太大,在介质中入射光要产生散射,导致混浊,使透明度降低。在生产中,除了采取加入成核剂的措施之外,我们将熔融定向聚丙烯急速冷却,也就是进行所谓淬火处理,减弱聚合物链段运动的能量,结晶速度变得很慢,使形成的许多晶核保持在较小的尺寸范围内,不再继续增长。这样就得到了高透明度的聚丙烯制品。由此看来,对聚合物结晶速度的研究和测定无疑是一件很有意义,也是一件很重要的工作。

对一个聚合物结晶速度的研究,通常是先将聚合物加热熔融,然后将其迅速冷却至一定温度,再在该温度下观察它的等温结晶转变过程,即所谓测定过冷聚合物熔体等温结晶速度。测定聚合物等温结晶速度的方法很多,其原理都是基于对伴随结晶过程的热力学、物理或力学性质的变化的测定,如比容、红外、X 射线衍射、广谱核磁共振、双折射诸法都是如此。常用的也是经典的方法是膨胀计法。

1. 结晶聚合物的光学效应

根据振动的特点不同,光有自然光和偏振光之分。自然光的光振动(电场强度 E 的振动)均匀地分布在垂直于光波传播方向的平面内所有的方向上。自然光经过反向、折射、双折射或选择吸收等作用后,可以转变为只在一个固定方向上振动的光波。这种光称做平面偏光,简称偏振光或偏光。偏振光振动方向与传播方向所构成的平面叫做振动面。如果沿着同一方向有两个具有相同波长并在同一面内振动的光传播则二者相互起作用而发生干涉。

当光从一种介质进入另一种介质时,由于它在两种介质中的传播速度不同,在两种介质的分界面上将产生折射现象。折射率的定义为

$$n = \frac{\sin\alpha}{\sin\beta} = \frac{\sin\alpha'}{\sin\beta'}$$

式中,入射角为 α,折射角为 β。

折射率 n 与两种介质的性质及光的波长有关。对于确定的两种介质而言,n 是一个常数,称做第二介质(折射介质)对第一介质(入射介质)的相对折射率。通常以各个物质对真空或粗略地对空气的折射率作为该物质的绝对折射率,简称折射率。晶体的折射率总大于1。n 值的大小反映介质对光波折射的本领大小。n 值越大,折射线越折离原入射线的方向而更加靠近法线,即表明该介质使光线偏折的能力越强。

光波在光学各向同性介质(如熔体聚合物)中传播时,折射率值只有一个,所以只发生单折射现象,不改变入射光的振动特点和振动方向。而当光波在各向异性介质(如结晶聚合物)中传播时,其传播速度随振动方向不同而发生变化,其折射率值也因振动方向不同而改变,即不只有一个折射率值。光波射入晶体,除特殊方向(光轴方向)外,都要发生双折射,分解成振动方向互相垂直、传播速度不同、折射率不等的两条偏振光。

2. 聚合物的结晶动力学

一个聚合物的结晶敏感温度区域,一般处于其熔点 T_m 以下10℃和玻璃化温度 T_g 以下,无定形链段的旋转和移动是十分困难的。因此,对于每一个聚合物来说,它的结晶温度区域决定于其 T_m 和 T_g 之差。如天然橡胶的结晶温度区在 $-50\sim15℃$,聚乙烯的结晶温度区在 $-50\sim110℃$。此外,大量实验表明,聚合物结晶速率最大的温度与其 T_m 有关,多数聚合物结晶速率最大的温度在其 T_m(用开氏温标表示)的 $0.65\sim0.9$ 之间。例如,全同立构聚苯乙烯(平均分子量19万)的 $T_m=250℃$,结晶速率最大的温度为74℃,相当于 $0.66T_m(K)$。

聚合物结晶的机理与小分子物质机理相类似,分子搅动的结果形成由有某种取向的分子或大分子链段构成的晶核,晶核又受着两方面矛盾的影响:一方面,晶核内的分子施取向地作用于其周围的分子,晶核要生长;另一方面,由于热搅动作用,晶核要消失。在熔点以上,第二种现象总是占据优势,晶核不断地消失,又不断地生成。在熔点以下,情况就不同了,临界尺寸以上的晶核生长的趋势要大于消失的趋势。温度越接近熔点,临界尺寸越大。与此相反,当与热搅动有关的温度降低时,临界尺寸减少,因此,这时可以生长的小晶核数目就多得多了。

此外,体系粘度也影响着从熔融体的聚合物结晶。当温度降低时,粘度很快地增大,分子运动就困难得多了,尽管热力学上有利条件仍然具备,也不会再生长新核。在某一温度下,当粘度增大到阻碍了临界尺寸以上的晶核的产生时,结晶便不会发生,我们就得到一个玻璃态

物质。除了像聚乙烯那样结晶速度非常快的聚合物外,我们可以通过对熔体聚合物进行淬火而得到它的无定形体。

如果观察一个过冷熔体聚合物的结晶过程,就会发现在开始时结晶相当慢;而过了这个诱导期后,结晶加速;过了一个极大值后,又慢下来并趋向一个平衡值。对于某聚合物,可以找到这样的一个温度,在此温度下,它的总结晶速度是最大的,高于或低于此温度结晶速度都要减小。

另外,聚合物分子量越小,结晶速度越快,这相当于体系粘度的减少。对某些聚合物而言,结晶速度还与它的历史有关,这包括熔融前它的结晶态、熔融温度及维持熔融时间的长短。这是因为聚合物结晶的熔点随着有序程度的增高而升高。事实上,当大部分晶区熔融后,还可能存在着有序程度特高的小晶区,如果这样的小晶区足够大,在从熔体结晶时,它们就会起到预先准备好的晶核的作用。总之,影响着结晶总速度的熔体聚合物中存在的晶核的数目和尺寸,与以下三个因素有关:1) 样品结晶状态,因为结晶越完善,熔点就越高。2) 熔融温度,低了就不能保证没有预先准备的晶核存在。3) 维持聚合物处于熔融状态的时间长短,因为聚合物有序区的消失过程不是瞬时完成的。

在结晶的第一过程,即最初形成晶核、比较快地球晶生长之后,晶体并未达到完善,球晶晶片之间还保留着非晶态。当结晶片维持在同样的温度时,会继续发生缓慢的第二阶段结晶,使球晶趋于完善。二次结晶有时进行得很慢,比如聚乙烯;有的进行较快,如尼龙66的一次结晶与二次结晶是同时进行的。

3. 聚合物结晶速度的测定

我们已经讲过,膨胀计法是测定聚合物结晶速度的经典方法,但是对于较快的结晶速度不宜使用。使用光学解偏振法则大大缩短从样品熔融温度到结晶温度的热平衡时间,使测定较快结晶速度得到可靠的结果。日本岩波照男等人报道所用仪器的热平衡时间为10秒。本实验所使用仪器的热平衡时间为40秒。

光学解偏振法测定聚合物结晶速度的依据是聚合物结晶具有双折射性质。显然,双折射的大小依赖于分子的排列和取向,如果拉伸或结晶引起的分子取向同时对双折射产生贡献,就不能用双折射,即置于正交偏光镜之间的聚合物样品,从熔体结晶时产生的解偏振光强度的变化来确定结晶速度,所以,用该法时必须在无内应力存在、没有拉伸及流动的情况下进行。

按照过冷熔体本体结晶速度以球状对称生长的理论,阿夫拉米(Avrami)指出,聚合物结晶过程可用下面的方程式来描述:

$$1 - C = \exp(-Kt^n) \tag{1}$$

式中,C 为 t 时刻的结晶度;K 为与成核及核生长有关的结晶速度常数;n 为一整数,叫做阿夫拉米指数,它决定于成核机理及晶体生长的形状(是纤维状还是盘状或球状)。此式已由对不少聚合物球晶生长速度的直接观察所证实。

用 X_c 表示 t 时间的结晶相重量分数,用 X_∞ 表示结晶过程终了时结晶相重量分数,则(1)式可改写为

$$\frac{X_c}{X_\infty} = 1 - \exp(-Kt^n) \tag{2}$$

用膨胀计法时,

$$\frac{X_c}{X_\infty} = \frac{V_0 - V_t}{V_0 - V_\infty} \tag{3}$$

式中,V_0、V_t 和 V_∞ 分别表示结晶开始、结晶到 t 时刻以及结晶终了时样品的比容。

【仪器装置】

整个仪器由熔化炉、结晶浴、解偏振光检测系统和透射光强度补偿电路等四部分组成。

熔化炉的温度控制范围和精度为室温至 350 ± 0.1℃。解偏振光检测系统由光源(6 V,15 W 灯泡)、透镜组、起偏镜、检偏镜、光电倍增管以及记录仪组成。透镜组用于产生平行光,以起偏镜后变为偏振光,透过检偏镜的光照射到光电倍增管上,所产生的光电信号由启示仪记录,直接给出解偏振光强对时间的曲线。

聚合物开始结晶后,晶相和非晶相具有不同的折射率,因而在两相的界面上散射光产生。随着结晶过程的进行,晶区不断增加,散射光强度也不断增加,使样品的透明度不断下降。这样,在光源亮度不变的情况下,透射过样品的光强度不断下降,直接影响了实验结果的可靠性。透射光的补偿装置可以消除散射光的影响。这一装置由光电倍增管、参比电压、放大器和衰减亮度高速电路组成。由于光散射使透过样品的光减弱的信息由半透镜传递给补偿装置(透射过样品的光线由半透镜反射出一部分,照射到光电倍增管上),补偿装置可以自动地增大通过光源的电流,以保证在结晶过程中自始至终维持透过样品的光强度为一恒定值,使我们得到准确可靠的数据。

【实验步骤】

(1) 打开熔化炉温度控制器电源开头使熔化炉升温,并恒温在 280℃。

(2) 接通结晶浴 DWT-702 型精密温度控制仪(配铜-康铜热电偶)电源,将其"手动/自动"选取钮扳至"手动"一边,将毫伏定值器先扳至 5.18 mV,使硅油大约升温至 120℃,并在此温度至少恒温 10 分钟以上之后,从铜-康铜热电偶温差电势-温度对照表中查出 5.18 mV 所对应的温度(精确到 ± 0.1℃),记下此温度 T_1。

(3) 打开光电倍增管高压电源开关、补偿系统稳压电源开关及记录仪电源开关,缓缓转动起偏镜,使记录仪示出最小的电信号。这时起偏镜与检偏镜处于正交,即完全消光的位置。

(4) 调节参比电压,使光源亮度变暗些,以便使补偿电路有适当范围的调节量,以保证实验过程中光源电压不致超过光源所允许的范围。

(5) 样品为全同立构聚丙烯,平均分子量为 30 万。

取适量颗粒状的上述样品,置于平板模具之中,加热至230℃,然后压制成厚度为0.1mm的薄膜。将制好的膜放入装有P_2O_5的真空干燥器中保存备用(此项事先由教师准备好)。取一直径为10mm、经充分干燥的薄膜夹持在两片盖玻片之间,并放入样品夹内夹好。

(6) 将样品夹顺导轨移入恒温好的熔化炉中,同时记下时间,控制熔化时间为30秒。

(7) 迅速将熔化好的样品顺导轨移入恒温好的结晶浴,同时记下时间。

(8) 打开记录仪同步马达,控制走纸速度在10 mm/min即可。

(9) 样品在结晶浴中经过40秒(热平衡时间)作为结晶诱导期的起点,立即在记录纸上做出标记,这便是I_0与t_0。

(10) 当从记录仪上看到解偏振光强不再随时间增强时,从导轨上提起样品。记录仪给出的是全同立构聚丙烯在温度T_1时的等温结晶曲线。

(11) 样品熔融温度不变,依次将结晶浴恒温控制仪的毫伏定值器拨至5.13、5.45、5.58和81 mV(并查出各个对应温度T_2、T_3、T_4和T_5),按上述的方法(熔化时间为30秒,热平衡时间为40秒),新取样品再作出四条等温结晶曲线。

【数据处理】

(1) 从记录仪给出的等温结晶曲线,计算并标出不同温度下的半结晶期$t_{\frac{1}{2}}$。

(2) 求出每个结晶温度下的半结晶期的倒数并列入下表:

$T/℃$					
$t_{\frac{1}{2}}$					
$\frac{1}{t_{\frac{1}{2}}}$					

以结晶温度为横坐标,$t_{\frac{1}{2}}$为纵坐标,画出全同立构聚丙烯等温结晶速度与温度的关系曲线。

(3) 根据记录仪给出的曲线统计计算出不同温度下的(未结晶相重量分数)$(I_\infty-I_t)/(I_\infty-I_0)$与时间$t$的关系,并列入下表(在未结晶相重量分数下填时间,秒):

$\frac{I_\infty-I_t}{I_\infty-I_0}$ $T/℃$	0.05	0.1	0.2	0.3	0.4	0.5	0.6	0.7	0.8	0.9	0.95

再用半对数坐标纸,作出五条$(I_\infty - I_t)/(I_\infty - I_0)$对$\lg t$的全同立构聚丙烯等温结晶曲线。

思 考 题

1. 聚合物结晶过程有何特点,形态变化过程怎样,结晶速度与哪些因素有关?根据你作出的两张图,试分析结晶温度对结晶速度的影响。
2. 在偏光显微镜正交镜下观察聚乙烯、聚丙烯球晶的光学效应,并解释聚乙烯球晶在正交镜下出现黑十字和一系列同心圆的晶体光学原理。
3. 比较用膨胀计法及光学解偏振法测定聚合物结晶速度的特点。前者的局限性何在,后者是否就不存在所能测定的最快结晶速度范围的限制了?
4. 本实验样品熔化时间为30秒(280℃),可否随意延长或缩短这个时间,为什么?

附件

DPL-II 结晶速度仪使用说明

DPL-II 结晶速度仪(DPL-II crystallization recorder)是采用最新电子技术设计的以处理器为核心的智能仪器。它能精确控制熔化炉和结晶炉的温度并具有数据采集的存储功能。实验数据可通过串口对仪器遥控及显示实验曲线和数据存盘。仪器内部结构及画板如图1所示。

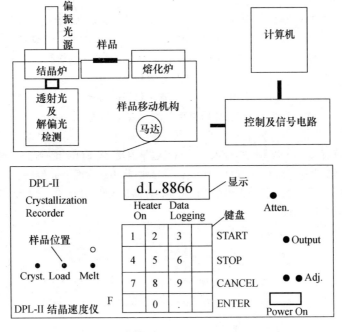

图 1　DPL-II 结晶速度仪内部结构及面板示意图

该仪器根据光学解偏振法测定高聚物的结晶过程及熔点。高聚物结晶体具有双折射性质,因而,若将高聚物样品置于正交偏振镜之间,伴随其结晶过程解偏振光强度将增加,记录随时间的变化可跟踪结晶过程。另一方面,当升温过程中解偏振光强度的下降可测定熔点。

1. 技术指标

工作温度:熔化炉,室温至 350℃;结晶炉,室温至 300℃。

线性升温:1~12℃/min。

数据存储:最多 9 组;通讯:RS232。

电源:AC220/200 W;尺寸:400 mm×200 mm×380 mm;重量:8 kg。

2. 操作说明

(1) 显示及键盘

显示共六位,左两位为绿色,受键盘控制显示功能,且此两位小数点分别指示温度控制和数据采集正在工作。右四位为红色,显示数值。键盘为十六键,含数字键 0~9 及功能键(F)、开始(Start)、停止(Stop)、取消(Cancel)及确认(Enter)。键入 1~3 选择显示参数:键 1 显示 t1,为熔化炉温度;2 显示 t2,为结晶炉温度;3 显示 Dl,为解偏振光强度;4 显示 HU,为光电倍增管高压指示;Enter 键和 Cancel 键分别开、关炉温控制。工作状态及工作参数的定值:F2 为结晶化炉温度定值,F3 为熔化时间定值,F4 为结晶炉线性升温模式。其他功能键不是为用户准备的,请勿键入。若无意中改动了这些数值应马上复原,以免影响仪器的正常工作。

本机接通电源后显示 888888,5 秒后转为解偏振光强度显示。样品亦可在熔化炉上直接制作。初次使用应仔细转动偏振光源使 DL 显示值为最小,使起偏镜与检偏镜正交。DL 值的范围在 0~9999,实验中应尽量使用 1000 至数千范围,调节灵敏度旋转钮使晶片的解偏振光信号强度适当。

(2) 结晶速度测量

电源接通,仪器自动进入该模式。1) 按 F1、F2、F3 键分别设定炉温和熔化时间。例如,熔化 280℃,结晶 105.5℃,30 秒。步骤为:按 F1,显示 280.0,此值不作变更,按 Cancel 键或按 F2 均可。按 F2 后显示 0.0,键入 105.5,按 Enter 键;按 F3,显示 30.0,按 Enter 键。仪器长期记忆键入的熔化温度和时间值。2) 按 Enter 键开始加热,此时第一位小数点亮。按 1、2 键查看温度是否到设定值。3) 按样品 Start 键,样品自动移入熔化炉。到设定时间移入结晶炉。此时第二位小数点亮,指示数据记录开始。4) 按 3 键监视解偏振光强度,实验结束时按 Stop 键,第二位小数点灭。将实验结果存盘,实验结束后关机。

(3) 熔点测量

按 F4 仪器进入该模式。1) 按 F4 键,键入线性升温起始温度,按 Enter 键;键入升温速率,按 Enter 键。按 Start 键启动熔点测量模式。按 Enter 键启动加热。结晶炉将快速升温至起始温度后转入线性升温并开始解偏光强度及温度的数据采集。注意及时按 Cryst 键将样品移入结晶炉。2) 实验结束时按 Stop 键,并按 Cancel 键停止加热,将结果存盘。

(4) 结晶过程可用 Avrami 方程解析,即

$$\frac{X_c}{X_\infty} = (I_t - I_0)/(I_\infty - I_0) = 1 - \exp(-Kt^n)$$

或

$$\lg(\ln(I_\infty - I_0)/(I_\infty - I_t)) = \lg K + n \lg t$$

式中,X_c、X_∞ 为 t 时刻及最终结晶分数,I_0、I_∞、I_t 为始、终及 t 时刻解偏光强度,K、n 为结晶指数。随机软件给出及 Avrami 处理。

3. 维护

(1) 应避免样品流出盖玻片污染炉面和光路。

(2) 可用酒精擦洗炉腔,注意勿使脏物经结晶炉之透光孔落到光电倍增管盒,复原时勿忘放回结晶炉上的两个钢珠。两半炉体应密合,紧固螺钉不可随意加长,以免损坏炉内的加热器。

(3) 仪器长时间在高温下工作将缩短使用寿命。尤其是结晶炉上部的偏振光源内的起偏镜在高温下易损坏,应时常检查并及时更换。关机后小心拔下偏振光源的电源插头,拔去上端灯座,对着光检查。建议结晶时较少使用250℃以上的高温,或加风冷,避免偏振镜过热,延长使用寿命。

(4) 虽然该仪器是智能化仪器,在软件及硬件上作了详尽考虑,但故障仍可能发生。为减少故障损失,请实验期间注意仪器的工作状态是否正常,尤其是炉温是否过高。

(高分子教研室)

实验 48　聚乙烯树脂流动性实验

【实验目的】

了解聚合物流动行为,学习聚合物熔融指数原理和实验技术。

【实验原理】

大部分聚合物都是利用其粘流态下的流动行为进行加工成型,因此必须在聚合物的流动温度 T_f 以上才能进行加工。但是究竟选择高于流动温度多少,要由在 T_f 以上粘稠聚合物的流动行为来决定。如果流动性能好,则加工时可选择略高于流动温度,所施加的压力也可小一些。相反,如果聚合物流动性能差,就需要温度适当高一些,施加的压力也要大一些,以便改善聚合物的流动性能。

在塑料加工成型工业上,衡量聚合物流动性能好坏的指标常用熔融指数(MI),它是热塑料在一定温度和压力下,熔体在 10 分钟内通过标准毛细管的重量值,以(g/10 min)来表示。一般来说,对一定结构的聚合物,其熔融指数小,分子量就大,则聚合物的断裂强度、硬度等性能都有所提高。而熔融指数大,分子量就小,加工时流动性就好一些。因此熔融指数在聚合物的应用上,尤其是在加工上是一个重要指标。在工业上经常用它来表示熔体粘度的相对数值。

值得注意的是,熔体粘稠的聚合物一般都属于非牛顿流体,即粘度与剪切应力或剪切速率有关。随着剪切应力或剪切速率的变化,粘度也发生变化。通常剪切速率增大,粘度反而变小,只有在低的剪切速率下才比较接近于牛顿流体。因此,从熔融指数仪中得到的流动性能数据,是在低剪切速率的情况下获得的,而实际成型加工过程往往是在较高剪切速率的情况下进行。所以在实际加工工艺中,还要研究熔体粘度对温度和剪切应力的依赖关系。对某一个热塑性聚合物来讲,只有当熔融指数与加工条件、产品性能从经验上联系起来之后,它才具有较大的实际意义。

在聚合物加工中温度是进行粘度调节的重要手段,提高温度,所有聚合物的粘度几乎都急速下降。按照阿仑尼乌斯(Arrhenius)公式,液体(或熔体)的流动粘度可表示为

$$\eta = Be^{\frac{\Delta E_\eta}{RT}}$$

此式表示了粘度与温度的关系,B 为频率因子,ΔE 为粘流活化能。经对同一聚合物不同分子量样品的 ΔE 值的测定,表明 ΔE 随分子量的增高而增大,但分子量到几千以上即趋于恒定,

不再依分子量而变化。因此可以推断,流动时高分子链的运动单元是链段,由于链段的跳跃,从而实现整个高分子链的运动。

由高分子物理可知,柔性链(如聚乙烯)链段易于运动,粘流活化能低,反之刚性链(如聚苯乙烯和聚 α-甲基苯乙烯)活化能则高,粘流活化能也反映了粘度对温度的敏感性。ΔE 值愈大,表明粘度随温度的变化率就愈大。亦即,改变温度对刚性大的聚合物粘度影响较大。

此外,由于结构不同的聚合物测定熔融指数时选择的温度、压力均不相同,粘度与分子量之间的关系也不一样,因此,它只能表示同结构聚合物分子量的相对数值,而不能在结构不同的聚合物之间进行比较。

熔融指数仪及其测定方法简便易行,工业上应用十分广泛,国内对聚烯烃树脂也附有熔融指数(MI)的指标。本实验用 XRZ-400-1 型熔融指数仪来测定热塑性聚合物的熔融指数。熔融指数测试仪由物料挤出系统和加热控制系统两部分组成。

XRZ-400-1 型熔融指数测试仪用铂电阻作热电转换元件,当炉体温度变化时,它的电阻值随着变化。铂电阻放在炉体内与炉体外面的电阻网格构成一个交流电桥。电桥用交流 50 周 15 伏从 3、4 插头供电,精密多圈电位器担当定值。当炉温达到定值所控制的温度时,铂电阻的电阻值恰好使电桥达到平衡,即插头 1、2 间的电位差接近于零,温度偏高或偏低都使插头 1、2 之间的电位差变大。温度偏高时,1、2 之间的交流电压与 3、4 之间供电电压同位相;温度偏低时则反位相。正是利用这种位相的区别来控制炉体温度。

炉体由铜棒或硬铝棒制成,中间长孔是放料筒的。铜棒四周垫有绝缘云母片,并以绕电炉丝进行通电加热。铜棒上的一个偏心长孔放置铂电阻,与炉体外的桥路连接,提供控制温度的电讯号。另一个偏心孔中放置测温热电偶,与 XCZ-101 高温计相连接,用来监视炉体温度。

【仪器与试剂】

XRZ-400-1 型熔融指数仪一台,秒表一个(准确至 0.1 秒),小改锥一把,放置切割样品的表玻璃五个。聚乙烯样品,乙醇,清理料筒用的绸布。

【实验步骤】

1. 试样准备

放入圆筒的试样可以是热塑性粉料、粒料、条状薄片或模压块料。并根据塑料的种类按相应的规定,进行去湿处理(常用红外灯烘照)。

根据熔融指数的大小,决定所取试样量。本实验测定聚乙烯的熔融指数,毛细管内径为 2.095 mm,称取试样约 4 g。

2. 测试条件

(1) 温度、负荷的选择:测试温度必须高于所测材料的流动温度,但不能过高,否则易使材料受热分解。负荷的选择要考虑熔体粘度的大小,粘度大的试样应取较大的荷重,而粘度小的试样应取较小的荷重。本实验选择 180℃、190℃、200℃,在 2160 g 荷重下测定聚乙烯的熔融指数。先使温度稳定在 180℃,以后再逐步改变温度。

(2) 切取样条时间的选择:当圆筒内试样达到温度时,就可以加上负荷,熔体通过毛细管而流出,用锐利的刀刃在规定时间内切割流出的样条,每个切割段所需时间与熔体流出速度有一定关系。用时间来控制取样速度,可使测试数据误差较小,提高精确度。本实验确定间隔 1(或 2)分钟切割一次。

3. 测试步骤

(1) 接通熔融指数测试仪的电源,这时指示灯亮,表示仪器通电。

(2) 按选定的测试温度,参照控温定值调节好控温旋钮(由精密多圈电位器来选定)的位置。此时电流表将给出大于 1.5 A 的电流读数,表示炉体加热。当达到所控制温度后,电流为零,停止供电。以后电流波动几次,直到小于 1.0 A 的某一电流值而稳定下来,温度趋于稳定。

(3) 料筒预热:待温度稳定后,将料筒毛细管和压料杆放入炉体中恒温预热 10 分钟。

(4) 装料:将压料杆取出,往料筒中装入称好的试样,将料压实,压料杆插入料筒,固定好导套,开始用秒表记时。

(5) 切取试样:待试样预热约 6~8 分钟后,在压料杆顶部装上选定的负荷砝码,试样即从毛细管挤出,切去料头 15 cm 左右。连续切取至少五个切割段(每隔相等的时间切一段),舍去含有气泡的切割段。取五个无气泡的切割段分别称重。

(6) 清洗:取样完毕,趁热将余料全部挤出,然后取出毛细管和压料杆,除去上面余料并清理干净。再取出料筒,将料筒内清洁光亮为止(可蘸少许乙醇擦洗)。

(7) 实验完毕,停止加热,关闭电源,各种物件放回原处。

【数据处理】

1. 实验结果

试样名称_____;测试条件_____;

负荷_____g;切割段所需时间_____s。

表 1　测试熔融指数实验记录

T/℃	切割段所需时间/s	切割段重量 m/g					$\bar{m}$/g	MI/(g·10 min^{-1})
180								
190								
200								

2. 计算熔融指数

$$\mathrm{MI} = \frac{\overline{m} \times 600}{t} \quad (\mathrm{g}/10\,\mathrm{min})$$

式中,$\overline{m}$ 为五个切割段重量的算术平均值(g),t 为每个切割段所需时间(s)。

【注意事项】

(1) 装料、按导套、压料都要迅速,否则物料全熔之后,气泡难排出。
(2) 整个取样及切割过程要在压料杆线以下进行,要求在试样入圆筒后 20 分钟内切割完。
(3) 整个体系温度要求均匀,在试样切取过程中,要尽量避免炉温波动。
(4) XCZ-101 高温计仅监视升温情况,不能精确指示真实温度。

思 考 题

1. 改变温变和剪切应力对不同聚合物的熔体粘度有何影响?
2. 聚合物的熔融指数与其分子量有什么关系?为什么熔融指数值不能在结构不同的聚合物之间进行比较?
3. 为什么要切取五个切割段?是否可以直接切取 10 分钟流出的重量为熔融指数?

附件

聚合物熔体表观流动活化能的计算

从聚合物熔融指数实验所获得的数据,我们可以进一步计算聚合物熔体的表观流动活化能。根据安德雷德方程 $\eta = B e^{\frac{\Delta E}{RT}}$,式中 ΔE 为高聚物熔体的流动活化能,E_0 为熔体的零剪切粘度。我们采取恒剪切应力下测定每一温度点的 MI 值,即固定负荷 2160,由此测得的 E_η 为表观流动活化能。式中常数 B 表示当温度 $T \to \infty$ 时的熔体粘度值,是熔体粘度的最小值,它具有粘度的量纲。

由实验数据可得出下表:

编号	1	2	3
$T/℃$	142	165	186
$1/T$	2.41	2.28	2.18
MI	0.47	1.04	2.0
lgMI	0.328	−0.017	−0.301

由表中数据作 $(-\lg \mathrm{MI})$-$(1/T)$ 曲线,得其斜率为 2.5。

代入安德雷德方程可得

$$E_\eta = 2.588 \times 10^3 \times 2.303 \times 1.987 \times 4.187$$

由 $(-\lg \mathrm{MI})$-$(1/T)$ 曲线,求得该试料的熔融指数 MI。由下式计算 190℃时的熔体粘度:

$$\eta_{190} = \frac{\pi R^4 \Delta P}{8VL}$$

式中,R 为毛细管平径,ΔP 为施加在熔体上的压强。已知砝码和压杆的总重为 2160 g,压杆头直径为 0.9551 cm,则

$$\Delta P = \frac{2160 \times 980}{\pi (0.9551/2)^2} = 2.956 \times 10^6 \,(\text{g/cm} \cdot \text{s}^2)$$

设 v 为体积流速(cm³/s),可由试料的 MI 和 PE 的密度求得

$$v = \frac{BL}{10 \times 60 \times 0.93}$$

式中,L 为毛细管长度,$L=0.8$ cm。

由安德雷德方程可以计算 B 值:

$$\lg B = \lg \eta_{190} - E_\eta / [2.303 \times 1.987 \times (190 + 273.16)]$$

另外,由经验式 $\lg MI = 24.05 - 5 \lg M_w$ 可求出分子量 M_w。

(高分子教研室)

实验49 聚乙烯亚胺-DNA复合物的Zeta电势和粒径分析

【实验目的】

1）初步了解基因治疗和非病毒基因传递载体。2）了解 ZetaPALS-Zeta 电势分析仪的工作原理与使用方法。3）掌握测量 Zeta 电势（ξ电势）和粒径大小的方法。4）了解不同聚乙烯亚胺/DNA 配比时复合物的 Zeta 电势和粒径大小的变化。

【背景介绍】

基因治疗是 20 世纪 90 年代发展起来的一种革新性的生物医学技术。它通过一定的方式将人的正常基因或具有治疗作用的基因导入人体靶细胞以纠正基因的缺陷或者发挥治疗作用，从而达到治疗疾病的目的。基因治疗可用于治疗血友病、囊性纤维病等很多遗传病，以及癌症、艾滋病等恶性病。1990 年美国科学家成功地进行了 ADA（腺苷脱氨酶）缺陷患者的人体基因治疗，这一开创性的工作标志着基因治疗已经从实验研究过渡到临床实验。1991 年，我国首例 B 型血友病的基因治疗临床实验也获得了成功。

影响基因治疗技术发展的最大障碍是缺乏将外源的基因安全高效地导入生物细胞内的技术方法或载体。目前常用的基因传递载体主要分为病毒类和非病毒类。病毒类载体的优点是病原性低，基因传递效率高，但是安全性差，对外源基因大小有限制、造价高。1999 年 9 月一名美国患者在腺病毒介导基因治疗的研究中不幸死亡，给以病毒载体为基础的人类基因治疗敲响了警钟。非病毒载体（阳离子聚合物、阳离子多肽和阳离子脂质体）没有上述缺陷，但传递效率远不如前者。如何有效提高非病毒类载体的传递效率是近年来该领域研究的热点和难点。

用于基因传递的聚阳离子主要有聚左旋赖氨酸（poly L-lysine）、聚乙烯亚胺（polyethylenimine，PEI）、聚甲基丙烯酸胺脂类、多糖类和树枝状高分子等。聚阳离子中的氨基基团能够与 DNA 的磷酸基团通过电中和作用形成稳定的复合物，防止了 DNA 在传递过程中被体内的核酸酶降解，从而大大提高转染效率。因此，非病毒类载体的效率与 DNA 的电中和程度以及复合物的粒径大小有直接关系。

PEI 是具有最高正电荷密度的有机大分子，主要分直链和支化两种。图 1 是支化 PEI 的结构式。近年来发现 PEI 可促进 DNA 的核转运，核摄取效率增加约 10 倍，可能机理为：

1) PEI 能将 DNA 压缩为紧密的球状颗粒,可提高转运效率;2) PEI 具有裂解内吞小泡、减少 DNA 降解的能力;3) PEI 本身具有入核能力。

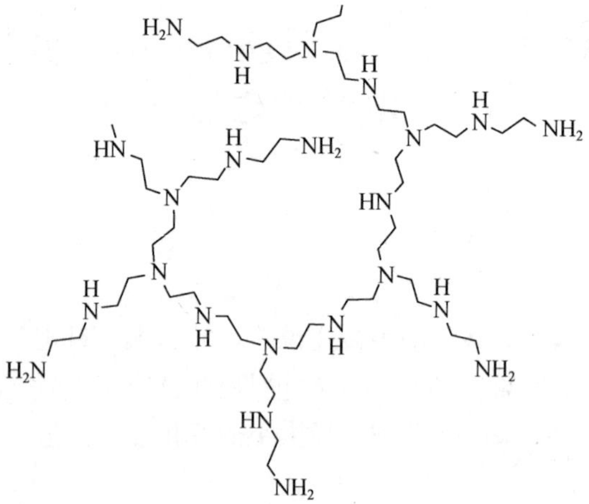

图 1 支化 PEI 的结构式

PEI 中氮含量(N)与 DNA 中磷含量(P)的比率,即 N/P 的数值,直接决定了 DNA 的电中和程度和复合物的粒径大小,是基因递送过程中很重要的因素。本实验旨在利用 Brookhaven 公司出产的 ZetaPALS(图 2),测定 PEI 与 DNA 形成的复合物的 Zeta 电势和粒径大小的变化规律。

图 2 ZetaPALS-Zeta 电势分析仪

【实验原理】

1. Zeta 电势测定原理

Zeta 电势是表征颗粒带电特征的一个最重要的指标。Gouy 和 Chapman 分别于 1910 年和 1913 年提出扩散双电层模型,并给出了 Zeta 电势的定义。他们认为双电层包括紧密层和扩散层两部分。在电场的作用下,固液之间发生电动现象,移动的切动面(或称滑动面)与溶液本体之间的电势差称为电动电势(electrokinetic potential)或 ξ 电势(Zeta-potential)。

目前测量 Zeta 电势的方法主要有电泳法、电渗法、流动电位法以及超声波法,其中以电泳法应用最广。电泳是指分散体系在电场的作用下,带电颗粒向带相反电荷的电极运动的现象。影响电泳的因素有:带电粒子的大小、形状;粒子表面电荷的数目;介质中电解质的种类、离子强度、pH 值和粘度;电泳的温度和外加电压等。

Zeta 电势是通过测量颗粒在某一特定电场中的迁移速度而得到的。计算 Zeta 电势的数学公式如下:

$$\mu = \xi \frac{\varepsilon}{\eta} f(\kappa_a)$$

式中,μ 为电迁移率,ε 为溶剂介电常数,η 为溶剂粘度,κ_a^{-1} 为双电层厚度。

对于上式,有两种计算方式:

Huckel 方程式: $\mu = \dfrac{2\xi\varepsilon}{3\eta}$ $\kappa_a R \ll 1$ (R 为带电粒子半径)

Smoluchowski 方程式: $\mu = \dfrac{\xi\varepsilon}{\eta}$ $\kappa_a R \gg 1$

ZetaPALS-Zeta 电势分析仪使用的是一项称之为"相位分析光散射"的技术(phase analysis light scattering,PALS)。它在检测相移时,颗粒只需要移动其自身粒径的几分之一,就可以得到很好的结果。与传统的 Doppler 频移分析技术相比,该技术有着极高的分辨率和灵敏度。另外,测量时不必外加较大的电场,以免样品遭受电流的污染以及温度的局部漂移。因此,即使在盐浓度高达 3 mol·L^{-1},电场强度只有 1~2 V·cm^{-1} 的测量条件下,ZetaPALS 也能得出正确的结果。另外,仪器的自动跟踪特点可以补偿局部温度的微小漂移。

2. 粒径测定原理

ZetaPALS-Zeta 电势分析仪本身还配备了数字相关器,能够利用动态光散射(dynamic light scattering,DLS)来测定颗粒的粒径大小和粒径分布。在动态光散射中,相关仪器测定的是由布朗运动引起的光强的时间自相关函数 $G^{(2)}(\tau)$。$G^{(2)}(\tau)$ 与电场的时间自相关函数 $g^{(1)}(\tau)$ 之间满足下面的关系:

$$G^{(2)}(\tau) = A[1 + \beta |g^{(1)}(\tau)|]$$

式中,τ 是弛豫时间;A 为基线;β 为空间相干因子,为一常数。

归一化后的电场自相关函数 $g^{(1)}(\tau)$ 和线宽分布函数 $G(\Gamma)$ 的关系如下:

$$g^{(1)}(\tau) = \int_0^\infty G(\Gamma) \cdot e^{-\Gamma\tau} d\Gamma$$

利用反 Laplace 变换计算程序 CONTIN,得平均线宽 $\bar{\Gamma} = \int \Gamma \cdot G(\Gamma) d\Gamma$。

而且 $\lim_{q \to 0} \bar{\Gamma} = Dq^2$,$D$ 和 q 分别是平动扩散系数和散射因子。利用 Stokes-Einstein 方程 $D = k_B T / 6\pi\eta R_h$,可求算流体力学半径 R_h。

【仪器与试剂】

ZetaPALS(Brookhaven Instruments Corporation)。

TE 缓冲液(Trisbase：10 mmol·L^{-1}，EDTA：1 mmol·L^{-1})：三次水配制，0.22 μm 膜过滤。

聚乙酰亚胺(PEI, Branched, 25 000, Aldrich)。

小牛胸腺 DNA(Calf Thymus DNA, SABC)：用 TE 缓冲液配制。

【实验步骤】

1. Zeta 电势的测量

打开 Zeta 电势仪电源和显示器，运行 Zeta PALS 程序，预热至少 15 分钟，待机器和激光稳定后用移液枪移取 2 mL TE 缓冲液至样品池中。根据 DNA 母液的浓度，加入适量的 DNA，使得 DNA 浓度为 10 μg·mL^{-1}。插入洗净的电极开始测量 Zeta 电势，记录 N/P=0 的相关数据。

根据 PEI 浓度，计算配制 N/P=2 所需的量，按照计算比例加 PEI 溶液到 DNA 溶液中，注意加样方式，加样后于 1200 r/min 离心 12～20 秒(转速太快会产生气泡，影响电极的插入)，室温放置 20 分钟，开始测量。

重复上述步骤，测量 N/P=4、7、9 的数据。

注意：电极用过之后必须清洗干净。先用二次水清洗，后用酒精冲洗，务必将电极表面洗净擦干，否则将损害电极。由于 Zeta 电势测量的是在电场作用下粒子的运动，溶液中的气泡会对测量结果产生较大的影响。在放入电极时注意不要在检测窗口和电极表面产生气泡，如有，则应拿出电极重新放置，然后测量。

2. 粒径的测量

运行 Particle Sizing 程序，待机器稳定(15 分钟)后，用移液枪移取 1 mL 的 TE 缓冲液至样品池中。根据 DNA 母液的浓度，加入适量的 DNA，使得 DNA 浓度为 10 μg·mL^{-1}。插入测量池中测量。

根据 PEI 浓度，计算配制 N/P=1 所需的量，按照计算比例加 PEI 溶液到 DNA 溶液中，注意加样方式，加样后于 1200 r/min 离心 10～20 秒，室温放置 20 分钟，开始测量。

重复上述步骤，测量 N/P=3、7 的数据。

注意：测量的时候，注意放入池子的深度，需要使得光束成一细直线。

【结果与讨论】

表 1　Zeta 电势的测量结果

N/P 比率	0	2	4	7	9
迁移率					
Zeta 电势					

表 2　粒径的测量结果

N/P 比率	0	1	3	7	
粒径					
粒径分布					

(1) 确定 Zeta 电位随 N/P 增加的变化规律，并分析原因。

(2) 确定粒径和粒径分布随 N/P 增加的变化规律，并分析原因。

(3) 根据(1)和(2)的结果，描述 DNA/聚阳离子形成复合物的过程。

思 考 题

1. Zeta 电势与粒径及其分布是否存在内在联系？
2. Zeta PALS 测定 Zeta 电势和动态光散射测定粒径有哪些相同和不同？
3. 携带不同电荷的 DNA 复合物在基因传递过程中有哪些优缺点？

参 考 文 献

[1] 傅献彩,深文霞,姚天扬,侯文华.物理化学[M].第五版.北京：高等教育出版社,2006,433～437
[2] 左榘.激光散射原理及在高分子科学中的应用[M].郑州：河南科学技术出版社,1994
[3] 周芬,程时远.化学通报,2005,68：131
[4] Chu Benjamin. Laser Light Scattering[M]. Boston：Academic Press,1991

（梁德海）

实验 50 利用熵驱动的开环聚合反应

【实验目的】

1) 通过对苯二甲酸乙二酯环状低聚物的合成、分离与开环聚合制备工程塑料。2) 从热力学和动力学两个方面理解溶液缩聚过程中的"线-环平衡",加深对熵驱动的开环聚合反应的认识。3) 学习综合应用有机化学、分析化学以及高分子化学和物理等学科的基础知识和实验技能研发高性能工程塑料。

【背景介绍】

工程塑料主要有尼龙(聚酰胺)、聚碳酸酯(PC)、聚苯醚(PPO)、聚甲醛及饱和聚酯等高分子材料。高分子材料许多优异的性能(如强度、模量、化学稳定性好等)得益于它比小分子化合物大得多的分子量,这也是高分子有别于小分子的一个最重要的结构特征。聚对苯二甲酸乙二酯(PET)是开发最早、产量最大、应用最广的聚酯产品。它被广泛应用于工业、农业、国防及人们的日常生活领域,如感光基片、服装面料以及各种膜制品(如农用棚膜),还有轴承、齿轮、电器零件等。对于绝大多数塑料制品的生产过程,一般是先合成单体,再选择合适的聚合反应制备高分子量聚合物,最后通过挤出成型、注塑成型等方法得到应用产品,也就是说高分子的合成与成型加工是分别独立进行的。按照这一传统的工艺路线,成型前,聚合物的分子量已经很高,流动粘度大,制备薄壁精密制品或增强材料含量很大的高性能复合材料时容易存在充模不足或不能在增强材料中均匀分配的缺点。

人们在合成聚对苯二甲酸乙二酯的过程中,发现有 2%~4% 的环状低聚物存在。早期有关环状低聚物的研究集中在发现、确认和分离存在于线性高聚物中的环化物的工作上。1954年,Goodman 等用索氏提取和重结晶的方法首次分离得到了 PET 的环状三聚体;1969年,Repin 通过柱色谱的方法得到了 PET 的环状二聚体;其他很多学者也做了大量关于环状聚酯低聚物的研究工作。目前,环状低聚物的研究集中在制备、开环聚合和应用三个方面。利用环状低聚物熵驱动的开环聚合生产 PET 的方法就是在这一基础上脱颖而出的。即先合成环状低聚物(COET),以其为原料,由于环状低聚物分子量较小、熔融粘度低,容易充模,在开环聚合反应中没有反应热或反应热很小,不产生可挥发性副产物等优点,在成型加工的同时诱导开环聚合反应,构成最终制品的高分子量,能够保证材料所需的性能,因而在纤维增强高性能复合材料领域具有极大的应用前景。

【实验原理】

1. 制备环状低聚物的方法

（1）一步合成法：运用假高稀技术由单体直接合成环状物的方法。制备环状低聚物的成环反应为动力学控制过程，反应体系的浓度至关重要，环状化合物的产率与反应浓度呈相反关系。所谓"假高稀"技术是一种通过滴加反应物溶液的方法在正常浓度的反应条件下拟造出高稀反应条件的技术。

（2）多步合成法：相对于一步合成法而言，由初始单体先通过多步合成路线合成长链化合物，而后通过关环反应得到环状低聚物。此方法多用于起始单体的分子结构不利于成环或制备窄分布的环状低聚物。

（3）利用环化解聚反应(CDP)合成环状聚酯低聚物：由线性齐聚物或高聚物作为反应起始物而得到环状产物。由反应过程看，CDP 相当于开环聚合(ROP)的逆反应。环化解聚反应从机理上来说是一个酯交换反应(见图 1)，金属烷氧化合物(如钛酸盐、锡氧烷等)是这类反应最有效的催化剂，金属和线性聚合物上的羰基氧进行配位后，进行酯交换，生成两个较短的线性聚合物链段，金属烷氧化合物进入其中一个链段，然后进行分子内酯交换，生成环状低聚物和一个更短的线性聚合物链段。因此，随着反应的进行，体系中线性聚合物的链段将逐渐变短，生成更小的环状低聚物。

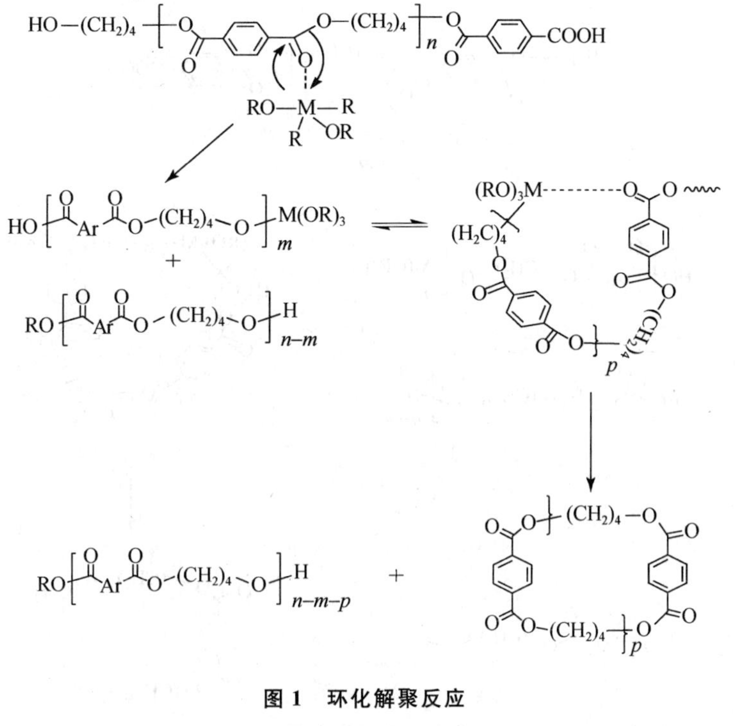

图 1　环化解聚反应

2. 开环聚合

开环聚合(ROP)是聚合技术中的重要组成部分,通常分为三种类型:第一类反应伴有大量的反应热,如环氧或者环硫化合物的聚合;第二类聚合反应伴随中等程度的放热效应,如己内酰胺的聚合;第三类是由熵驱动的聚合反应,如环状硅氧烷的开环聚合。

对于环状低聚物熵驱动的开环聚合反应而言,在熔融条件下,环状低聚物的结构比对应的线性聚合物有序得多;在聚合温度下,线性聚合物链的热松弛也导致了线性聚合物链的自由度很大且结构紧凑,僵硬的环状化合物构型自由度少,这样熵驱动的聚合反应便得以进行。

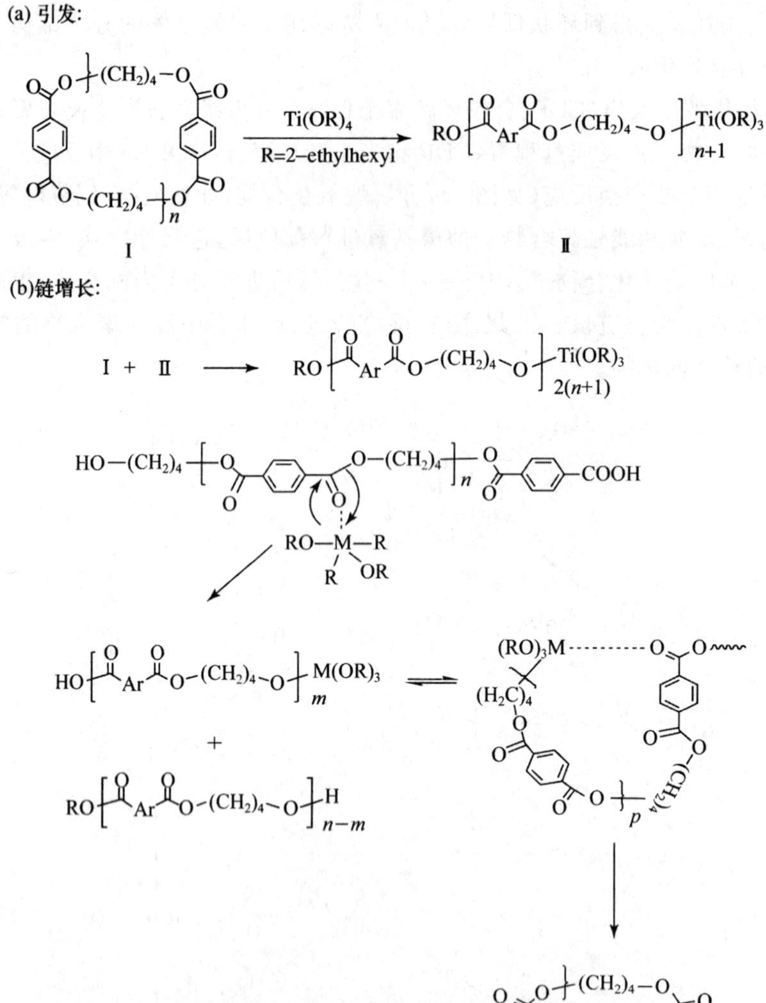

图 2 开环聚合反应

本实验利用环化解聚反应合成环状低聚物。该方法在回收废旧高聚物、提高材料再利用率、减少环境污染等方面的研究具有明显的优势;与能量回收(焚烧)和热裂解等循环回收方式相比,尤其显示了优越性。同时,利用熵驱动的开环聚合制备线性高聚物。许多化合物都可以催化环状低聚物的开环聚合反应,其中钛酸盐和环状锡氧烷是最有效的催化剂,它们催化开环聚合的机理也是酯交换(见图2)。

3. 实验反应方程式和反应装置图

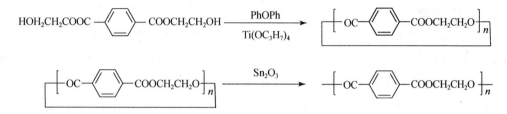

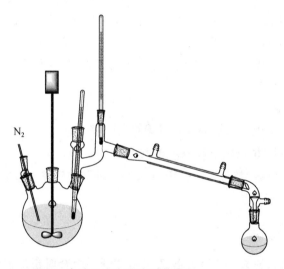

图 3 实验反应方程式和装置图

【仪器与试剂】

机械搅拌器,不锈钢搅拌棒,电热套,紫外灯,高效液相色谱,盐浴,500 mL 三口瓶,200 mL 单口圆底烧瓶,空气冷凝管,蒸馏头,尾接管,温度计,13×100 mm 聚合管,小磁子,锥形瓶(沉淀用),油封,通气管,布氏漏斗,抽滤瓶,恒压滴液漏斗,注射器,油泵或水泵(减压蒸馏回收溶剂用)。

对苯二甲酸二羟乙酯,二苯醚,四异丙基钛酸酯,石油醚,三氯甲烷,甲醇,四氢呋喃,去离子水,硅胶薄层板,三氧化二锑。

【实验步骤】

(1) 对苯二甲酸二乙酯环状低聚物的合成：按照图 3 所示安装实验装置，通氮气下，于 500 mL 的三口烧瓶中加入 5 g 对苯二甲酸二羟乙酯(BHET)、6 μL 四异丙基钛酸酯、300 mL 重蒸过的二苯醚。开动搅拌器，控制反应混合物温度为 270 ℃。反应体系中有液态物质蒸出，待馏出物体积约为 125 mL 时(约需 1 小时)停止反应。将反应物冷却到室温，过滤除去沉淀，然后将滤液滴加至三倍体积的石油醚中。过滤收集固体，少量石油醚洗涤 2～3 次，放置于红外灯下干燥后称重，计算产率。

(2) 环状低聚物的表征和溶剂回收：取几粒前面得到的固体溶于氯仿，用毛细管在硅胶薄层色谱板上点样。待溶剂挥发后，以 $CHCl_3$ 为展开剂检测环状低聚物的组成。把前面得到的固体配制成 0.2 mg/mL 的四氢呋喃溶液，利用高效液相色谱进行产物组成分析(进样量 5～10 μL，流动相 THF：CH_3OH：H_2O=15：75：10，流速 1 mL/min，UV 检测器)。

(3) 熵驱动的开环聚合反应：在装有小磁子的聚合管中加入干燥的 0.5 g 环状低聚物和 1.2 mg 催化剂三氧化二锑，在液氮冷却抽真空系统中，进行冷冻、抽真空、融化、充氮气等操作，反复三次，在抽真空状态下于煤气灯外焰上对聚合管进行熔封。将聚合管置于 260 ℃ 盐浴中，反应半小时后取出。水浴冷却到室温后破碎开管，取出聚合物。

【结果与讨论】

(1) 计算对苯二甲酸二乙酯环状低聚物的产率。

(2) 核磁 ^1H NMR 谱图及高效液相色谱图。

(3) 根据薄层色谱、核磁 ^1H NMR 谱及高效液相色谱来初步确定产物中对苯二甲酸二乙酯环状低聚物的组成和所占比例。

【注意事项】

(1) 制备对苯二甲酸二乙酯环状低聚物和开环聚合时反应温度较高(约 270 ℃)，注意安全，防止烫伤。

(2) 反应应该在状态良好的通风橱中进行。

(3) 减压蒸馏回收溶剂时，注意油泵的保护和防止倒吸。

思 考 题

1. 制备对苯二甲酸乙二酯环状低聚物可以有几种方法，各种方法的优缺点是什么？
2. 解释为何产品中对苯二甲酸乙二酯环状三聚体较多？
3. 请简要介绍几种其他表征对苯二甲酸乙二酯环状低聚物的方法。
4. 为什么说对苯二甲酸乙二酯环状低聚物的开环聚合反应是熵驱动的开环聚合反应？

参 考 文 献

[1] Goodman B F. Nesbitt Polymer, 1960, 1: 384
[2] Giorgio Montaudo, et al. Polymer Degradation and Atability, 1993, 42: 13
[3] Robert R Burch, Steven R Lustig, Maria Spinu. Macromolecules, 2000, 33: 5053
[4] Philip Hodge, Howard M. Colquhoun Polym Adv Technol, 2005, 16: 84
[5] 王红华,陈天禄.高分子通报,2005,12: 6

（宛新华）

实验51 双螺杆反应挤出法制备聚乳酸的研究

【实验目的】

1) 了解、掌握熔融缩聚法。2) 通过双螺杆反应挤出机制备聚乳酸共聚物,了解其原理与操作方法。3) 了解比较釜式反应与双螺杆反应挤出机制备的聚合物分子量、形态结构、热性能和力学性能。4) 了解双螺杆反应挤出制备聚乳酸共聚物的可行性;与釜式反应相比较,其反应混合效果好。

【背景介绍】

双螺杆挤出机具有两大功能,一是以混炼、塑化、改性为主;二是用于反应挤出。反应挤出的主要应用及研究进展如下:

(1) 聚合物合金的制备:聚合物合金是由两种或两种以上的聚合物材料构成的复合体系。它可以改进原有聚合物材料的性能或形成具有崭新性能的聚合物材料。聚合物合金各组分之间的相容性问题是决定其性能优劣的关键。利用反应挤出设备将不相容或相容性较差的聚合物材料进行反应共挤出可以有效地解决其相容性问题。一种方法是通过螺杆高速剪切引起聚合物降解或加入引发剂使一些聚合物分子上引入自由基,这些自由基可以与其他聚合物形成化学键,从而有效地改善共混体系之间的界面,达到相容的目的。另一种方法是挤出时通过在聚合物分子上引入活性基团来提高共混组分的相容性。

(2) 本体聚合:采用反应挤出技术进行本体聚合可分为缩聚反应和加聚反应两大类。缩聚反应的实例有聚酰亚胺、聚酯、PA等;加聚反应的实例有聚氨酯、聚丙烯酸酯及相关共聚物、聚烯烃、聚硅氧烷、聚环氧化物和聚甲醛等。应用反应挤出技术进行本体聚合反应最关键的问题在于:1) 物料的有效熔化混合、均化和防止因形成固相而引起的挤出机螺槽的堵塞。2) 能否自由有效地向增长的聚合物进行链转移。3) 排除聚合物反应热以保证反应体系的温度低于聚合反应的上限温度(一般指分解温度)。

(3) 偶联/交联反应:偶联/交联反应包括单个聚合物大分子与缩合剂、多官能团偶联剂或交联剂的反应,通过链的增长或支化来提高分子量,或通过交联增加熔体粘度。由于偶联/交联反应中熔体粘度增加,而且其反应体系的粘度梯度与挤出机内物料本体聚合的粘度梯度相似,因此适用于偶联/交联反应的挤出反应器与用于物料本体聚合的挤出机类似,都有若干个强力混合带。常见的偶联/交联反应主要为由聚酯、PA与多环氧化物的反应及动态硫化制备热塑性弹性体。

(4) 可控降解反应：反应挤出技术可用于控制聚合物的分子量分布，特别是用于聚烯烃的可控降解。经过降解后的聚烯烃分子量分布变窄。

(5) 反应挤出：利用反应挤出技术生产可部分生物降解的淀粉塑料。以过氧化物为引发剂，在双螺杆挤出机上将 PS 接枝到淀粉上，挤出了含有 PS 接枝淀粉的接枝物、PS 均聚物及淀粉的混合物。由于淀粉可生物降解，所以这种共混物具有部分生物降解功能。

随着现代科学技术的迅速发展，对于聚合物材料性能的要求也越来越高。单一品种的聚合物材料已很难满足需要，而合成聚合物新品种又比较困难，因此，立足于聚合物现有品种的改性已成为一种发展趋势。利用反应挤出进行聚合物改性，其发展前景十分广阔。在聚合物合成方面，由于反应挤出技术能实现小批量、多品种、专门化生产聚合物的部分品种，因而其应用也十分广泛。反应挤出在聚合物加工中具有很大的优越性，但是加工过程有些问题比如反应接枝中的低反应效率，接枝程度，聚合物加工的变化，单体接枝与均聚反应的竞争、交联，以及聚合物链的降解，复杂的偶合变化等，至今仍未解决。相信不久，对反应挤出加工的机理等诸多问题将有更深的了解。采用反应挤出技术开发高性能的聚合物合金将对未来社会产生巨大的影响。

【实验原理】

反应挤出是 20 世纪 60 年代后兴起，以聚合物的加工机械——挤出机作为反应器进行聚合物的合成或改性的一种新技术。该技术将高分子材料制品生产过程中的传统操作"聚合"与"加工"合二为一，在挤出机里连续操作一次完成，从而使工艺流程大为缩短。由于采用无溶剂的本体聚合方式，从而大大降低了能耗，减少了环境污染，成为目前较有影响的新工艺。

以单体为原料的反应挤出过程既不同于通常聚合物的挤出过程，也不同于一般化工反应器的单元操作过程。在挤出反应器里由于流动、传热与反应之间相互作用，使得反应挤出过程中挤出物质的性质沿挤出机不断变化，而且流动通过粘性耗散、反应热、对流及停留时间分布又影响着传热、传质以及化学反应。同时流动本身又受到温度分布、传质、化学流变学等多种因素的影响。因此，开展这种流动、传热、传质以及化学反应相互交织在一起的复杂的反应挤出聚合过程实验，对了解优化反应器的结构和反应挤出的操作工艺条件，具有十分重要的理论意义和实际意义。

聚乳酸(PLA)是一种无毒、可完全生物降解的聚合物，作为通用型高分子材料而得到广泛应用。它在生物医药方面也已得到广泛的应用，如骨折内固定材料、手术缝合线和药物控释体系等。合成 PLA 的方法有开环聚合法和直接缩聚法等。开环聚合法由于生产工艺冗长，能耗大，生产成本高，妨碍了其大规模生产应用。采用直接法制备聚乳酸，由于缩聚反应后期小分子脱除困难，很难得到高分子量聚乳酸。

本实验采用熔融缩聚法先合成一定分子量的聚乳酸,再通过双螺杆反应挤出机来制备较高分子量、具有良好性能的聚乳酸产物。采用双螺杆反应挤出机可以将原料的计量、输送、混合、反应及熔融产物的加工连成一体,从而实现连续化生产。

【仪器与试剂】

双螺杆挤出机:螺杆长度与螺杆直径比为40:1,螺杆直径为27 mm,机筒上采用11个加热单元分段加热,各段温度控制通过冷却循环水能够独立进行;多个排气口能够让气体和挥发性成分移除。凝胶渗透色谱仪:Waters2150C型,Waters公司,以四氢呋喃为淋洗剂,流速110 mL/min,以聚苯乙烯为标样,测试聚合物的摩尔质量及其分布。差动热分析仪:将样品从0℃加热到350℃,升温速率10℃/min。INSTRON5567型电子多功能测定仪:测试聚合物的热力学行为。

乳酸:90%左右乳酸水溶液,乳酸中含L-乳酸95%以上,工业级;聚己内酯多元醇(HO-PCL-OH)($M_n=1000$)日本大赛璐化学工业株式会社;1,6-己二异氰酸酯(HDI):日邦聚氨酯工业株式会社;氯化亚锡($SnCl_2 \cdot 2H_2O$),四氢呋喃(THF),氯仿($CHCl_3$),均为分析纯。

【实验步骤】

(1) PLA的制备:将50 g乳酸加入300 mL反应器中,在120℃下真空脱水2~3小时后,加入质量分数为0.5%的催化剂$SnCl_2 \cdot 2H_2O$,逐步升到反应温度,反应5~20小时左右,整个反应在强力搅拌高真空条件下进行。

(2) PCL预聚体的制备:将准确计量的PCL在120℃下真空脱水1~2小时。然后冷却至50℃,解除真空,加入到异氰酸酯中,氮气保护。反应放热,体系自然升温30~40分钟后,缓慢加热到85℃,保温反应2~3小时,取样分析—NCO含量,当与设计值基本相符时,脱泡后即得预聚物。

(3) 釜式反应制备PLA共聚物:将PLA和PCL预聚体按一定配比加入到500 mL烧瓶中,通氮气,在150~190℃范围内反应20~30分钟。反应完成后,将共聚体倒出,使其自然凝固。在制备过程中,最后抽真空脱泡即得产物,并通入氮气保护,防止聚合产物的氧化变色,影响产物性能。

(4) 双螺杆反应挤出制备PLA共聚物:如图1所示,将事先合成的PLA和PCL预聚体加入双螺杆反应器,分别通过进料器与计量泵控制两种物料的进料量。PLA通过进料器从加料口加入,PCL预聚体通过计量泵从螺杆一区的中部进入(双螺杆进行了特殊加工),螺杆四区的温度分别为160、165、165、160℃,螺杆转速40 r/min,反应挤出后熔体通过水浴直接冷却成条。

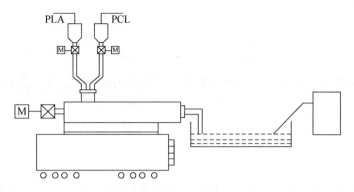

图 1 双螺杆反应器法制备 PLA-PCL 共聚物工艺示意图

【结果与讨论】

(1) 红外光谱(IR)分析：采用 FTIR 光谱仪用透射法进行测试，KBr 压片制样。

(2) 扫描电镜(SEM)：将样品在液氮中折断，断口喷金，观察其截面结构。

(3) 差热扫描量热分析(DSC)：以 DSC 测定产物热性能，扫描速度 10℃/min，扫描温度范围 −50～210℃。测试中为消除热历史，温度先由 −50℃ 升温至 210℃，再快速降温至 −50℃，然后再升温至 210℃。

(4) 力学性能测试：采用通用型材料试验机，在室温下测试样条的拉伸性能，拉伸速度 250 mm/min，夹头之间长度为 100 mm。

(5) 粘度法测定分子量：以四氢呋喃为溶剂，(30±0.1)℃ 恒温水浴，内径为 0.35 mm 的乌式粘度计测定聚合物的特性粘度，用公式 $[\eta]=1.25\times10^{-4}M_w^{0.717}$ 计算出聚合物的重均分子量 M_w。

思 考 题

1. 比较两种不同反应产物的红外光谱分析。
2. 比较两种不同反应产物的形态结构分析。
3. 比较两种不同反应产物的力学性能。
4. 根据实验结果说明催化剂用量对聚乳酸摩尔质量的影响。
5. 根据实验结果说明反应挤出温度对聚乳酸摩尔质量的影响。

参 考 文 献

[1] 靖波,徐红,滕翠青,余木火.东华大学学报(自然科学版),2006,32(3):110
[2] 任杰,张振武,任天斌,廖文俊.塑料工业,2006,34(8):1
[3] 官仕龙,方继德.江苏化工,2005,33(4):15
[4] 陈怡,刘廷华.中国塑料,2004,18(6):17
[5] 烟伟,刘洪来,郑安呐.高校化学工程学报,2004,18(4):447

(范星河、宛新华)

实验 52 温度及 pH 敏感水凝胶的制备与溶胀性能

【实验目的】
1) 用顺丁烯二酸酐(MAH)对 β-环糊精(β-CD)进行化学改性,合成一种新型功能性单体 MAH-β-CD。2) 以 N,N'-亚甲基双丙烯酰胺(BIS)为交联剂,过硫酸铵(APS)为引发剂,通过氧化还原自由基引发单体 MAH-β-CD、N-异丙基丙烯酰胺(NIPA)及阴离子单体丙烯酸钠(SA)共聚。3) 学习烯类单体氧化还原自由基聚合方法,认识烯类单体聚合的特点和困难。4) 用核磁共振、红外光谱对水凝胶进行表征,了解该类水凝胶具有较好的 pH 及温度敏感性。

【实验原理】
β-环糊精(β-cyclodextrin,β-CD)是一类含有 7 个葡萄糖基单元的中空环状低聚糖,具有腔内疏水、腔外亲水的两亲性特点,可与许多客体有机小分子形成超分子包合物。因此在化学分离、药物控制释放、食品加工和环境保护等领域得到了广泛应用。β-环糊精经高分子化后,具有独特的物理化学性能,近年来已经成为研究热点之一。

水凝胶是介于液体和固体之间的由共价键交联而形成的三维网络或互穿网络,是一种能显著地溶胀于水但并不能溶于水的亲水聚合物。它们在水中可溶胀至一平衡体积仍能保持其形状。近年来智能型水凝胶由于其对环境刺激的独特响应性因而引起越来越多科学家的注意,其中对温敏性水凝胶聚(N-异丙基丙烯酰胺)(PNIPA)的研究尤其引人注目,它的低温临界溶解温度(LCST)在 32℃ 左右,当温度低于其 LCST 时,PNIPA 水凝胶高度溶胀;而当温度在 LCST 以上时,水凝胶会剧烈收缩,溶胀程度突然减少。因这种特殊的性能,其在药物控制、释放酶的固定化和循环吸收剂等领域有广阔的应用前景。如果将具有分子包络能力的 β-CD 结构单元和 NIPA 等环境敏感性单体结合起来制备出新的聚合物,可望交织和扩展各组分的功能。

【仪器与试剂】
Bruker-IFS53 型红外光谱仪,核磁共振仪测定(DDR 为内标)。
N-异丙基丙烯酰胺(NIPA,纯度 99%),N,N'-亚甲基双丙烯酰胺(BIS),β-环糊精(β-CD),顺丁烯二酸酐(MAH),过硫酸铵(APS),亚硫酸氢钠(SBS),N,N-二甲基甲酰胺(DMF),丙酮,以上试剂均为分析纯;丙烯酸钠,由丙烯酸与氢氧化钠在无水乙醇中反应制得。

【实验步骤】

1. 单体 MAH-β-CD 的制备

反应方程式如下：

取 35 mL 干燥的 N,N'-亚甲基双丙烯酸酯转移至三口瓶，磁力搅拌下加入 5 g (4.4 mmol) 的 β-CD 与 6 g (61 mmol) 的顺丁烯二酸酐，待其全溶后在 70℃下恒温反应 6 小时。反应结束后冷却至室温，用 140 mL 的丙酮沉淀产物，真空抽滤，然后用 240 mL 丙酮分三次洗涤产物并真空抽滤，干燥至恒重，备用。收率 86%。进行 IR、^{13}C NMR (D_2O) 谱分析。

2. 水凝胶的制备

向三口瓶中加入 20 mL 去离子水并开始磁力搅拌，然后依次加入表 1 中相应质量的 NIPA、MAH-β-CD、BIS、SA、SBS，待反应物全溶后开始通氮除氧，时间持续 15 分钟。用注射器注射 2 mL 的 APS 水溶液[APS 与 SBS 一起构成水溶性的氧化还原引发剂，$n(APS):n(SBS)=1:1$]，15℃下反应 24 小时。反应结束后将产物取出，用去离子水浸泡 7 天，每 12 小时换一次水，以除去残留单体和未交联的大分子。最后将水凝胶置于室温下晾干，真空干燥至恒重，并计算凝胶的收率，计算公式如下：

凝胶的收率=(干凝胶的质量/单体总质量)×100%

通氮除氧与增加 BIS 的用量均可以显著减少共聚体系的凝胶化反应时间，提高共聚物的收率。

表 1 不同 SA 含量的水凝胶的制备条件

编号	NIPA/g	MAH-β-CD/g	SA/g	BIS/g	SBS/g	APS/g
SA_1	2.5	2.5	0.20	0.25	0.14	0.3
SA_2	2.5	2.5	0.25	0.25	0.14	0.3
SA_3	2.5	2.5	0.30	0.25	0.14	0.3
SA_4	2.5	2.5	0.35	0.25	0.14	0.3
SA_5	2.5	2.5	0.40	0.25	0.14	0.3

3. 溶胀率的测定

用称重法测定水凝胶的溶胀率(SR)。在一定条件下将水凝胶浸入 pH 缓冲溶液，使其溶胀一定时间后，取出并用滤纸擦去水凝胶表面带出的水，称重。一定条件下 SR 的定义为

$$SR=(m_1-m_0)/m_0$$

式中，m_0 为溶胀前干胶的质量(g)，m_1 为溶胀后水凝胶的总质量(g)。水凝胶达到溶胀平衡

时所对应的溶胀率称为平衡溶胀率(ESR)。

【结果与讨论】

(1) 凝胶聚合物的红外光谱表征：了解红外光谱图上各基团的伸缩振动吸收峰和弯曲振动吸收峰。

(2) 水凝胶的 pH 敏感性：对于不同 SA 含量的水凝胶，一定温度下其在不同 pH 的缓冲溶液中的平衡溶胀率不同。测量其在 pH＝2.0、3.6、4.5、5.8、6.6、7.8 的缓冲溶液中的平衡溶胀率并作图，考察不同 SA 含量对水凝胶 pH 敏感性的影响。

(3) 水凝胶的温敏性：对于不同 SA 含量的水凝胶，即使在同一介质中，不同温度下的平衡溶胀率也不相同。测量其在 pH 为 2.0 与 7.8 的缓冲溶液及去离子水中的平衡溶胀率并作图，考察不同 SA 含量对水凝胶温敏性的影响。

思 考 题

1. 在去离子水中，水凝胶的 ESR 随 SA 含量的增加而依次增大，温敏性依次增强，为什么？
2. 水凝胶的 ESR 会随离子强度的增大而减小，主要有哪两个方面的原因？
3. 当用 MAH 对 β-CD 进行接枝改性时，可以用丙酮直接沉淀产物，为什么？

参 考 文 献

[1] 吴生辉,李谊,杨芬,王玉玲,宋宏锐.精细化工中间体,2007,37(3)：54
[2] 胡晖,范晓东.高分子学报,2004,47(6)：805
[3] 曹维孝,陈四文.高等学校化学学报,1996,17(10)：1630

(范星河)

实验 53 用原子转移自由基聚合方法
合成窄分布聚甲基丙烯酸甲酯

【实验目的】

1) 了解活性聚合尤其是原子转移自由基聚合和反向原子转移聚合的基本原理。2) 熟悉冷冻真空封管聚合技术。3) 合成得到窄分布的聚甲基丙烯酸甲酯。

【实验原理】

自由基聚合是工业上生产聚合物的重要方法。但由于自由基聚合的特点（慢引发,快增长,易终止和转移）,常常导致聚合产物呈现宽分布,分子量和结构不可控,有时甚至会发生支化交联等,从而严重影响了聚合物的性能[1]。近年来,有关"活性"/可控自由基聚合的研究异常活跃。

其中在 1995 年,Matyjaszewski[2] 和 Sawamoto[3] 所领导的两个研究小组首次提出了原子转移自由基聚合(atom transfer radical polymerization,ATRP),这种反应是基于有机化学中过渡金属催化的卤原子转移自由基加成(ATRA)的基础之上而发展的。ATRP 引发体系的组成是由卤代烃作引发剂,低价过渡金属络合物作催化剂。ATRP 是由一系列的卤代烃(R—X)与单体 C=C 键的加成反应组成,加成物中 C—X 键断裂产生自由基,引发聚合。ATRP 是通过增长链自由基被可逆钝化形成休眠种而实现的活性聚合,即活性种 P_n· 与休眠种 $P_n X$ 之间存在如下的可逆平衡过程：

$$P_n\text{-}X + M_t^n\text{-}Y/\text{Ligand} \underset{k_{da}}{\overset{k_a}{\rightleftharpoons}} P_n\cdot + X\text{-}M_t^{n+1}\text{-}Y/\text{Ligand}$$

$$\overset{k_p}{\circlearrowleft} \text{单体} \qquad \overset{k_t}{\searrow} \text{终止}$$

由于这一可逆反应的存在,体系中自由基浓度非常低,自由基的双基终止反应得到了有效的抑制,从而实现"活性"/可控自由基聚合。ATRP 适应单体范围是苯乙烯及其衍生物、(甲基)丙烯腈、(甲基)丙烯酸酯类等单体。其机理如下所示：

(a) 引 发：

$$R-X + M_t^n \rightleftharpoons R\bullet + M_t^{n+1}X$$

$$R\bullet + 单体 \longrightarrow P_i\bullet$$

(b) 链增长：

$$P_n-X + M_t^n \rightleftharpoons P_n\bullet + M_t^{n+1}X$$

$$P_n\bullet + 单体 \longrightarrow P_{n+1}\bullet$$

引发剂通常是含活泼氯或溴的化合物，常见的有如下类型：

配体通常是可与铜离子配位的含氮化合物,常用的有如下几种:

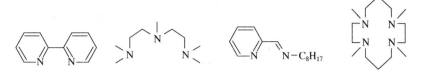

聚合可以在溶液、本体、悬浮、乳液中进行。由于最大程度地避免了链终止反应,所以聚合可表现出活性聚合的特征。具体如下:1)聚合过程中活性中心的浓度基本保持不变,聚合显示一级动力学特征;2)聚合物的数均分子量与单体的转化率呈正比关系,可以通过控制单体的转化率或单体与引发剂的摩尔投料比来调解聚合的分子量;3)聚合物的分子量分布较窄,一般小于1.5;4)加入第二单体可以用来制备嵌段共聚物。目前ATRP已经发展成为一种最有效的合成不同结构和组成的高分子化合物的手段之一。

本实验采用ATRP方法制备窄分布的PMMA,引发剂为对甲基苯磺酰氯(TsCl),配体为N,N',N',N'',N''-五甲基二亚乙基三胺(PMDETA),催化剂为CuBr,溶剂为丙酮。实验设计PMMA的聚合度为200,具体摩尔配比为:TsCl:CuBr:PMDETA:MMA=1:1:1:200,单体量2g(约2.14 mL),溶剂量为1 mL。

【仪器与试剂】

13×100 mm聚合管,小磁子,真空泵,锥形瓶(溶解用),烧杯(沉淀用),滴管,水浴,节点温度计,温度计,继电器,电磁搅拌器,小布氏漏斗,抽滤瓶,微量注射器(25 μL,2支),移液管(5 mL、1 mL各5支)。

甲基丙烯酸甲酯(MMA):除去阻聚剂,减压重蒸馏,冰箱保存待用。

溴化亚铜(CuBr):将7.5 g硫酸铜(含5个结晶水)和4.4 g溴化钠(含2个结晶水)溶入25 mL水中,在搅拌下加入1.9 g磨细的亚硫酸钠,室温反应至完全无色,离心,底部固体用1N硫酸溶液洗涤两次,用无水甲醇洗一次,50℃真空干燥,得白色粉末状固体,密封闭光保存。

N,N',N',N'',N''-五甲基二亚乙基三胺(PMDETA):美国Aldrich公司。

对甲基苯磺酰氯:北京化工厂,使用前用石油醚重结晶。

丙酮:北京化工厂,分析纯,使用前用五氧化二磷干燥后蒸出。

四氢呋喃(约10 mL),石油醚(60~90℃)(约60 mL)。

【实验步骤】

(1) 依次称(量)取14.3 mg CuBr、19 mg TsCl、1 mL丙酮、2.14 mL MMA于聚合管中(注意称量后用橡胶塞密封试管),并加入小磁子,轻轻振摇。然后用微量注射器加入20 μL PMDETA,迅速将试管密封。

(2) 将上述聚合管在液氮冷却抽真空系统中,进行冷冻、抽气、熔化等操作,反复三次。然后在真空状态下于煤气灯外焰上对聚合管进行熔封。

(3) 将熔封有反应物的试管放入已恒温至 60℃的恒温水浴中,打开搅拌器,使试管中的磁子搅拌至均匀。计时开始。

(4) 待反应 3 小时,取出试管,立即放入液氮(或冰水)中淬冷,终止反应。

(5) 破碎开封管,将反应混合物溶于约 3 mL 四氢呋喃。

(6) 待溶解完全后,用滴管将产物逐滴沉淀在 30 mL 石油醚中。将沉淀物过滤并收集,再用 3 mL 四氢呋喃溶解,重复进行沉淀、过滤。将样品置于红外灯下干燥 20 分钟,称重,计算转化率和理论分子量。

理论分子量的计算方法:

$$M_{n,th} = 100 \times \{[M]_0/[TsCl]_0\} \times 转化率 + 155$$

参 考 文 献

[1] 张兆斌,应圣康. 高分子通报,1999,3:138
[2] Wang J S, Matyjaszewski K. Macromolecules, 1995, 28:7901
[3] Kato M, Kamigaito M, Sawamoto M, Higashimura T. Macromolecules, 1995, 28:1721
[4] Wang J S, Matyjaszewski K. Macromolecules, 1995, 28:7572
[5] Moineau G, Dubois Ph, Jérôme R, Senninger T, Teyssié Ph. Macromolecules, 1998, 31:545
[6] Grimaud T, Matyjaszewski K. Macromolecules, 1997, 30:2216

(李子臣)

实验 54　蒸气压渗透计测定低分子量聚合物

【实验目的】

1) 通过本实验从实践和理论上探讨低分子量聚合物表征方法。2) 培养综合分析问题和解决问题的能力。3) 掌握实验中涉及的基本操作。

【实验原理】

测定聚合物分子量的方法很多,每一种方法根据不同的原理,各有不同的特点。一个简便的对溶剂无依赖性的测定低分子量聚合物的仪器是蒸气压渗透计(VPO)。

"蒸气压渗透计"的名称可能不一定恰当,因为此仪器的设计是记录溶剂和溶液蒸气压产生的温度(以电阻测量)。如果把 VPO 看作是一种渗透计也可以,因为它是溶剂而不是溶质进行迁移,但这是一种与变通的膜渗透计不大相同的蒸气渗透计。

在一恒温、密闭的容器中充有某一种挥发性溶剂的饱和蒸气。这时置一滴不挥发性溶质的溶液和一滴纯溶剂悬在饱和蒸气中。从热力学我们知道,溶剂在溶液中的饱和蒸气压低于纯溶剂的饱和蒸气压。于是就会有溶剂分子,自饱和蒸气相凝聚在溶液滴表面上,并放出凝聚热,使得溶液滴的温度升高,当温差建立起来以后,通过传导、对流、辐射,蒸气相和测温元件等的总热损可以预测。在定态时,测温元件所反映出的温差不再增高,这时溶液滴和溶剂滴之间的温差 ΔT 和溶液中溶质的克分子数 X_2 成正比:

$$\Delta T = A X_2 \tag{1}$$

式中,A 是比例系数。对于稀溶液:

$$X_2 = \frac{n_2}{n_1 + n_2} \approx \frac{n_2}{n_1}$$
$$\approx \frac{m_2 M_1}{m_1 M_2} = C_2 \frac{M_1}{M_2} \tag{2}$$

式中,n_1、n_2 分别是溶剂和溶质的克分子数;m_1、m_2 分别是溶剂和溶质的质量;$C_2 = \frac{m_2}{m_1}$,是溶液的质量浓度。

从(1)、(2)式可以得到

$$\Delta T = A \frac{M_1}{M_2} C_2 \tag{3}$$

(3)式即为气相渗透法测定分子量的基础。

把两只匹配很好的热敏电阻 R_1 和 R_2 置于溶剂的饱和蒸气相中,这两只热敏电阻构成直流惠斯登电桥的两个相邻的桥臂,另外两个桥臂由固定电阻 R_3 和 R_4 组成,R_2 是匹配电阻,R_5、R_6 是调零电阻。

仪器中选用的是具有负温度系数的热敏电阻,它的阻值和温度的关系是

$$R(T) = R_0 \exp\left(\frac{B}{T}\right) \tag{4}$$

式中,$R(T)$ 是热敏电阻在绝对温度为 $T(K)$ 时的阻值,R_0 是常数,B 是材料常数。

如果在这两个热敏电阻上各滴一滴溶剂,这时这两个热敏电阻的温度应当相同,电桥处于平衡状态。现在在一个热敏电阻上滴一滴具有一定浓度的溶液,而在另一个热敏电阻上仍滴一滴溶剂。这时由于溶剂的蒸气压差而造成两个液滴之间的温差。溶液的温度升高,使得该热敏电阻的阻值下降,导致电桥的不平衡。对于全等臂电桥(即 $R_1=R_2=R_3=R_4$),电桥的不平衡电压 V_s 和温差 ΔT 的关系是

$$V_s = -\frac{BE}{4T^2}\Delta T \tag{5}$$

式中,E 是桥电压,B 和 ΔT 的意义同前。

综合(3)式和(5)式可以得到

$$V_s = -A\frac{BE}{4T^2} \cdot \frac{M_1}{M_2}C_2 = K'\left(\frac{C_2}{M_2}\right) \tag{6}$$

在前面讨论中我们是把溶液当作理想溶液处理,但是聚合物溶液不是理想溶液,因此(6)式应改写成

$$V_s = K'\left(\frac{C_2}{M_2} + A_2 C_2^2 + \cdots\right) \tag{7}$$

式中,K' 是仪器常数,与溶剂种类、测试温度、电桥电压以及仪器结构等到有关,而和溶质的种类、分子量无关;A_2 是维利系数。

如果检流计指示的不是电桥的不平衡电压而是不平衡电流 I_s,则有

$$I_s = K\left(\frac{C_2}{M_2} + A_2 C_2^2 + \cdots\right) \tag{8}$$
$$K = K'(R_B + R_G)$$

式中,R_B 是电桥电阻,R_G 是检流计内阻。

用(7)式或(8)式,在仪器常数 $K(K')$ 的情况下,根据溶液的浓度 C_2 和测得的不平衡电压 V_s(或不平衡电流 I_s)即可计算出试样的分子量 M_2。

和其他测数均分子量的方法相比,气相渗透法有其优点:样品用量小、速度快,可以随时测试,可以在任意温度下测试(只要求测定温度低于溶剂的沸点,以及在该温度下样品在此溶剂中能够溶解)。另外,由于在 VPO 的实验中每个数据的测定是独立的,因此在实验过程中可以任意抽查或重复某一浓度的效应,以及随时可以检查零点,这样就提高了实验数据的可

靠性,消除了零点漂移所造成的误差。

气相渗透法的效应和沸点升高法一样,都是基于溶剂在溶液中的化学势和纯溶剂的化学势不同而造成的,在沸点升高法中已达到热力学平衡状态时,而 VPO 只是达到定值。相比之下,气相渗透法也存在一些缺点:1) 效应小,在实验上表现为仪器常数低;2) 由于没有达到完全平衡状态,所以检测器上反映的是时间的函数,这就造成了测试上的一些麻烦。另外,还有人认为气相渗透法有一个严重的缺点,即效应本身有溶质分子量依赖性。如果这样,则又给实验结果的准确性带来很大问题,特别是在用低分子量的标准样品标定仪器常数 K 来测定聚合物的分子量时,问题更为严重。

关于气相渗透法测定分子量所适用的分子量范围,文献报道很不一致。一般认为目前广泛应用的几种商品仪器所能测定的分子量范围大约是 200～25 000。Corona-117 型仪器的使用说明书中表明该仪器可以测定的分子量上限为 20 万(误差 10%)。韦奇特(Wacpter)和西蒙(Simon)曾报道了用自制仪器测定了分子量为 40 万的聚苯乙烯样品,但数据处理比较繁琐,很难推广使用。而分子量的下限,则仅由样品的挥发性所决定。

【仪器与试剂】

国产气相渗透计。

联苯甲酰($M=212.2$, A. R.),用乙醇作溶剂,二次重结晶;未知分子量的聚苯乙烯样品(2000～20 000)(可以学生自己合成,参考相关的高分子合成实验);苯(A. R.)。

【实验步骤】

1. 溶液配制

我们采用每公斤溶剂中含有溶质的质量作溶液的浓度单位(克/公斤,g/kg)。

溶液的浓度范围视所用的溶剂以及样品的分子量而异。因为 VPO 方法测定的是数均分子量,测量讯号和溶液中溶质的分子数目成正比,亦即和分子量成反比。所以对于分子量越大的样品,为了得到一定讯号,所需溶液的浓度也越大。但是溶液的浓度不能任意增大,特别是分子量较大的样品,浓度过大时使其粘度增大,不仅操作困难,而且也偏离稀溶液理论范围,带来很大的误差。因此用 VPO 方法测定分子量有一定的上限。溶剂的种类对于所产生的讯号大小也有影响,理论和实验都证明,气化热小的溶剂产生比较大的讯号。

因为 VPO 实验中,每个浓度的溶液产生的讯号彼此是独立的,故不能采取逐步稀释或逐步加浓的办法,而要先准备好 5 个不同浓度的溶液。在质量为 m_1 的小容量瓶(10 mL)中放少许样品,称质量得 m_2,然后再加入溶剂(10 mL 左右),称质量 m_3。于是溶液的浓度(C)可由(9)式计算:

$$C = \frac{m_2 - m_1}{m_3 - m_2} \times 1000 \quad (\text{g/kg}) \tag{9}$$

用同样方法配制 3～5 个不同浓度的溶液,准备实验用。本实验中,在标定仪器常数 K 时,先用前述的称量法配制一个联苯酰-苯溶液,浓度为 2.5 克/公斤左右,然后稀释为浓度 2.0、1.5、1.0、0.5 克/公斤左右等不同浓度的标准样品溶液。

在溶液的配制中须注意小分子杂质(例如水分)的存在对于测定结果影响极大。如分子量 5000,掺 0.1% 质量的水分,其数均分子量 $\overline{M_n}=3920$;若分子量 20 000,掺 0.1% 质量水分,其数均分子量为 9500。所以在测定数均分子量时,样品的纯度和干燥非常重要。

2. 标定仪器常数 K

(8)式中的 K 为仪器常数,它和测试温度、溶剂种类、桥电压以及气化室的几何参数等有关,但和溶质种类、溶质的分子量大小(至少在一定范围内)无关。所以可以通过一已知分子量的溶质来标定仪器常数 K。待 K 值确定后即可用此值在同一温度、同一溶剂的条件下计算其他未知样品的分子量。标定方法是选择一种分子量较大、溶于多种有机溶剂、容易纯化的有机化合物,如联苯甲酰($M=212.2$)、菲($M=178.1$)、八己酰蔗糖($M=678.6$)、三十二烷($M=450.85$)等或分布很窄的聚合物如聚苯乙烯等作为标准样品。把标准样品配成溶液进行测试,从实验得到 $(\Delta G_i/C_i)$。应用(8)式得

$$K = \left(\frac{\Delta G_i}{C_i}\right)_0 \cdot M \tag{10}$$

式中 ΔG_i 的意义,见溶液测试。

3. 仪器操作前的准备工作

(1) 将仪器及检流计的接地端子相连并妥善接地。用专用屏蔽线将仪器讯号输出端子连接。用专用导线将仪器电源输出端子与检流计电源连接。将电源线的一端插入仪器的电源输入插孔,另一端接入 220 V 交流电源。

(2) 按使用温度参考表,将 R_s 调正在对应温度下的最佳值(数字指示值)(注意:不同仪器,R_s 值不同,见仪器说明书)。按欲使用温度将温度选择的转换旋钮指向对应温度(本实验在 35℃ 进行测试)。

(3) 向气化室注入 30 mL 左右的溶剂(此步同学可不做,气化室中已加溶剂)。将两只吸有一定量溶剂的 1 mL 注射器(编号分别为 1、2 号)及吸有某种浓度液体的 1 mL 注射器(编号为 3),分别垂直插入 1#、2#、3# 滴样孔内,做溶剂与溶液的测试前预热,时间不少于 10 分钟。

(4) 将"电压选择"转换旋钮转向 220 V 档,以加快恒温炉的升温速度。待接近实验 35℃ 时,可将"电压选择"转向 65 V 档(具体电压选择应根据室温及所使用温度参照而定)。

(5) 打开电源开关,将指温仪表右下方转换开关扭向"调"点,调正"温度指示调零"旋钮,使"C"表的指针指在满刻度线上,然后将此开关扭向"测"的位置,此时指针值即为加热铝块内的温度值。

如指示温度低于欲使用温度,则按逆时针方向调正"调节器节"旋钮,使指示灯亮则是加热指示,由于控温灵敏度较高,一段时间后此灯将灭,此时继续再调节旋钮使灯又亮,如此几

次,待"C"表的指示值到达所需要温度时再左右旋转调节钮,使其在最灵敏的一点上,这时可根据所需的温度来选择能够维持在该温度的恒温电压值,半小时后可观察指示值的准确程度。如偏高,可将旋钮向顺时针方向稍旋一个角度,如偏低,则向逆时针方向旋转,如此几次,直至调准为止,并在此温度稳定4小时。

(6) 将"讯号补偿"旋钮转向"I","工作"键在垂直部位,调节"桥墩电压调节"旋钮,使电压表指在有关的电压值上。各温度下的桥路电压值见仪器说明书(不同仪器其值不同)。

(7) 将检流计电源开关打开,调正机械零点,使光点指在某一点上(注意在整个实验过程中,不要振动检流计!)。关闭检流计,然后关"工作"键(开关拨向左方)。

4. 溶液测试

(1) 检流计放在×0.01档,使滴样孔的1#、2#针筒各注入0.02~0.04 mL溶剂,开动秒表。1分钟后将"工作"键拨向右方,此时仪器面板左下方的白指示灯亮,调正检流计的"零点调节"使光点移至标尺的左端,逐步将检流计扳向×0.1、×1,并再调检流计的"零点调节",使光点稳定在某一值上(此值定为 G_0)。调节中注意,AC15/1 直流复射式检流计上的"零点调节"旋钮的旋转方向与光点移动方向正相反,而气相渗透仪"电桥零点"旋钮的旋转方向与光点一致。

(2) 记下零点读数(G_0),先关检流计,然后将"工作"键关闭(在垂直部位),使1#针筒仍滴。1分钟后"工作"键拨向右方,检流计拨动开关拨向 220 V,这时光点移动,每个浓度重复2~3次,取其平均值。溶液的测试顺序由稀到浓,每次更换新浓度时,3# 上可多滴些溶液(0.06~0.1 mL)使热敏电阻上置换为新浓度的溶液,待重复测定时,仍滴 0.02 mL 即可。

标准样品联苯酰-苯溶液测完后,即可测未知分子量的聚苯乙烯-苯溶液的样品,浓度的顺序仍由稀到浓。在测定中可以随时检查零点的读数,以减少由于零点漂移而引起的误差。

5. 更换溶剂

由于在实验过程中不断加进各种浓度的溶液,虽然多余的液体可以用吸液管吸出,但在气化室内的液体浓度仍然逐渐增加,导致饱和蒸气压发生变化。所以在经过一定时间(例如一天)便需要换溶剂。如果溶剂种类不变,则可以不必把气化室从恒温炉内取出,再注进新的溶剂即可,但若改变溶剂种类,则需将气化室打开,用新溶剂冲洗几次,滤纸筒也要更换新的。不论采取哪种方法,当加进新溶剂后都要确定温度已经达到平衡才能进行新的实验。

每组实验完后,均需把气化室内的液体全部吸出,然后用注射器加入 30 mL 的苯(分析纯)。

【数据处理】

(1) 通过上述实验操作,把得到的联苯酰-苯溶液和聚苯乙烯-苯溶液数据列于下表。

编号	C_i(g/kg)	$\overline{G_i}$	G_0	ΔG_i	$\Delta G_i/C_i$
1					
2					
3					
4					
5					

表中的 $\Delta G_i = G_i - G_0$，在实验过程中零点会有很小漂移，G_0 的值可能不完全相同。

把 $\Delta G_i/C_i$ 对 C_i 作图，得一直线。直线的截距是 $(\Delta G_i/C_i)_0$。把 $\Delta G_i/C_i$ 的数值外推到 $C \to 0$，是为了校正溶剂和溶质之间的相互作用。

（2）标定仪器常数 K：用(10)式计算仪器常数 K，其中 M，对于联苯酰是 212.2。

（3）未知物分子量的计算：当仪器用标准样品标定好以后，实验条件就不得任意改变，在同样条件下测试未知样品（聚苯乙烯），得到样品的 $(\Delta G_i/C_i)_0$。根据仪器常数 K，可以通过下式计算样品的数均分子量。

$$\overline{M_n} = \frac{K}{\left(\dfrac{\Delta G_i}{C_i}\right)_0}$$

思 考 题

1. VPO 能否用于测定水溶液中溶质的分子量？
2. 在 VPO 的测定中，温度对测定的精确度有何影响？
3. VPO 测定的灵敏度与所用溶剂的类型有何关系？
4. 怎样测定 VPO 的仪器常数 K？

（范星河）

应用化学实验

实验 55 定标器的使用及计数管工作曲线的测量

【实验目的】

1) 掌握正确使用定标器的方法。2) 测定 G-M 计数管的坪曲线,正确选择工作电压和判别计数管的性能。3) 掌握三种射线的基本穿透性能。

【实验原理】

在放射性测量中,定标器是精确记录在任意选定时间内大脉冲数目的电子仪器。它是实验室里最常用的一种电子仪器。它可与 G-M 计数管探头、闪烁探头等直接配合,可用于测量射线的强度,也可用于单道能谱仪中记录各道的脉冲数。FH-408 通用型定标器是最常用的,由低压电源、高压电源、甄别器、计数电路、定时电路及控制电路等组成。

定标器与探头配合时,应注意定标器对输入脉冲的要求和高压电源的电压范围及稳定性。例如,FH-408 型定标器的技术指标是:输入脉冲幅度 200 mV~2 V,脉冲宽度 0.1~100 μs,脉冲极性"+"或"-"。因此 G-M 计数管探头和 α 闪烁探头的输出脉冲较大,可直接进入定标器计数。若脉冲太小,必须通过放大器后再输入定标器。FH-408 型定标器的高压电源的输出电流为 300 μA,输出电压有两挡,分别是 0.3~1 kV 和 1~2 kV,高压不稳定性为 0.1%,可满足普通计数探头的要求。

G-M 计数器是最简单的核辐射测量装置。由 FJ-365 型计数管探头与 FH-408 型定标器组成。G-M 计数管被装在铅室内以降低测量本底。样品托架和铅室内壁材料使用轻元素物质组成(有机玻璃和铝),可以减少散射对测量的影响。实验使用的 G-M 管是 J141αβ 型薄窗钟罩形计数管,云母窗的质量厚度 1.5 mg/cm^2,测量 α 和 β 粒子的本征探测效率接近 100%,测量 γ 射线的本征探测效率约为 1%。

G-M 计数器的坪特性是衡量计数管性能的主要指标,可通过测量计数器的坪曲线求得。有机管与卤素管的坪特性有明显差别,有机管的起始电压(1000 V)较高、坪长(200 V)较长,坪斜(5%/100 V)较小。卤素管的起始电压、坪长和坪斜分别为 300 V、80 V 和 10%/100 V。有机管在实验室用得较多,而卤素管多用于携带式测量仪器。计数器的工作电压通常选在坪长的前 1/3～1/2 范围内。若计数管工作正常,有机管的工作电压可选在"起始电压+100 V"处。计数管使用一段时间后,应注意坪特性的变化,由于淬熄气体的消耗,计数管逐渐会出现坪长缩短、坪斜增大,直至连续放电现象,这时就需要更换计数管。一般有机管的使用寿命为 108 计数,卤素管为 109 计数。

放射性原子核衰变时发射出 α、β、γ 三种射线。α 射线是高速飞行的氦粒子流,带正电,在磁场中能发生偏转,和周围的物质粒子碰撞时,其速度迅速下降,因此,α 粒子在空气中所走路程总共不到 7～8 cm,在金属中的行程还要短,用厚度 0.05 mm 的铝片就可将所有 α 粒子全部吸收。β 射线是速度接近光速的电子流,带负电,它在磁场中的偏转比 β 射线显著,而且偏转方向相反,β 射线的穿透能力要比 α 射线强,最快的 β 射线在空气中能飞出达 20 m,在水中达 2.6 cm,在铅中达 0.3 cm。α 粒子和 β 粒子主要是由被碰撞原子的直接电离作用而丧失其能量,电离作用的强弱则决定于带电粒子的带电量、速度和周围物质的密度,β 粒子的行程要比 α 粒子长,而 α 粒子比相同能量的 β 粒子所造成的电离密度要大。

γ 射线是光子流,它通过物质时,光子的数目减少,光子可以把全部能量给原子中的一个电子而使原子电离,也可能把一部分能量传给原子中的电子或传给物质中的自由电子,并变成一个能量较低的光子,同时它的前进方向改变,离开了原来的光子流,这就是 γ 射线与物质相互作用中的康普顿效应。按其性质来说,γ 射线不带电,磁场不能使它发生偏转,但它的穿透能力很大,在物质中,光子的数目是按照如下公式减少:

$$I = I_0 e^{-\mu x}$$

式中,x 是通过物质的厚度(cm);μ 是吸收系数;I_0 是 γ 射线的起始强度,也就是原来的光子数;I 是通过厚度为 x 的物质后 γ 射线的强度,也就是剩下的光子数。阻挡物质中所含的电子数愈多愈容易吸收 γ 射线,所以,对于能量相同的 γ 射线,吸收系数也是随着物质的密度而增加的,这和带电粒子的情况相类似;同一物质对不同能量的 γ 射线的吸收系数又是不同的,能量愈低愈容易被物质吸收,因此高能 γ 射线的穿透能力大。但是,吸收系数并不是随着光子的能量的增加而一直减小下去,能量大到某一定值后(至少大于 1 MeV),γ 光子与物质相互作用不仅能发生电离、康普顿效应及光电效应,还能转化为一对正负电子,高能 γ 辐照时,阻挡物质中电子数目增加,吸收系数就反过来随着能量的增加而增大。

【仪器与试剂】

J141αβ 型薄窗钟罩形计数管,FJ365 计数管探头和 FH-408 型定标器(北京核仪器厂)。

各种密封放射源:^{60}Co、^{147}Pm、^{152}Eu、^{204}Tl、^{239}Pu、^{241}Am 等。各种射线吸收物质:纸片、铝片、铅片等。

【实验步骤】

1. 校验定标器

（1）将定标器的"电源"和"高压"开关断开，把"高压细调"电位器反时针旋到底，定标器机箱后面的高压选择为"2 kV"，高压极性为"+"。

（2）接通电源并预热数分钟，按"复位"钮，数码显示为"0000000"。

（3）拨到"自动"、"自检"状态，按"计数"键后，改变"时间选择"挡，仪器即可用不同的时间间隔（$1.0 \times 10^{-3} \sim 6.0 \times 10^3$ 秒）来检查定标单元的工作是否正常，机内标准是 $10\,000 \pm 1$ cps，要检查 60 秒以内的各时间挡的工作情况。测量时间为分钟以上时，可用"半自动"挡。

2. 测量计数管的坪曲线

把定标器的甄别电压调到较低的阈值上。选择"工作"和"手动"计数，将 β 源放在计数管的云母窗下。打开"高压"开关，缓慢升高电压，直到有计数产生，此时的高压值即为起始电压。之后，每增加 20 V 测三次一分钟计数，测得较明显的坪长为 150 V 为止。切记不要人为地使电压过高而导致连续放电，造成无谓的损失。

3. 射线种类鉴别

用不同的吸收物质对不同的放射源进行阻挡，大致确定每种放射源的射线种类。

【数据处理】

（1）用坐标纸作坪曲线图，并注意标出每一测量点的统计误差。

（2）确定起始电压、坪长、坪斜和工作电压，评价计数管的好坏。

（3）将射线种类判别结果与核素数据相比较，确定方法的可信度。

思 考 题

提高甄别电压会对坪特性有何影响？

（孙建永）

实验 56 放射性药物在动物体内的分布

【实验目的】

1) 了解放射性药盒的应用及标记化合物的鉴定。2) 了解放射性核素不同标记化合物在动物体内的分布。

【实验原理】

放射性核素在生物医学中的应用已经很广泛。在医院中,临床应用的放射性药盒很多。由于某些标记的放射性药物的特性,能较多地集中在人体内的某种器官上,再利用射线来显像,可以诊断某种器官的病变。较常用的有 ^{99m}Tc[①]-Sc 胶体或 ^{99m}Tc-植酸[②]对肝显像,^{99m}Tc-葡萄糖酸钙对肾显像,^{99m}Tc-焦磷酸钙对骨显像,$^{99m}TcO_4^-$ 对胃显像及 ^{99m}Tc 标记的胆道显影剂等等。除 ^{99m}Tc 外,还有用 ^{125}I、^{111}In、^{75}Se、^{11}C、^{15}N 等放射性核素的药物。

本实验分别测定 $^{99m}TcO_4^-$ 和 ^{99m}Tc-植酸两种核药物在小鼠体内的分布。^{99m}Tc 来源于 ^{99}Mo 的衰变,这种 ^{99m}Tc 发生器也被称为"^{99}Mo-^{99m}Tc 母牛"。

用 ^{99m}Tc 标记的植酸,其标记状况如何?是否标记上去?标记率是多少?还需要进行鉴定。本实验用纸上色层法来鉴定。以 85% 的甲醇溶液作为展开剂,由于标记的 ^{99m}Tc-植酸和未标记的 $^{99m}TcO_4^-$,其化合物的性质不同,以及在有机相和无机相之间的分配比不同,在溶液展开流动过程中,使标记的和未标记的化合物分离开。纸上色层法常用比移值 R_f[③] 来表示某物质对展开剂的移动速度。

【仪器与试剂】

^{99m}Tc 发生器(中国原子能科学研究院),色层纸(宽 1.5 cm,长 25.0 cm),玻璃色层缸,FT-603 井形 γ NaI(Tl)晶体闪烁探测器一套(北京核仪器厂),高效液相色谱仪(带放射性测量装置)。

植酸药盒(自制),甲醇(北京化工厂)。

[①] ^{99m}Tc,IT(γ),β^-(0.004%),6.01 小时。

[②] 植酸(phytic acid):别名肌醇己磷酸,化学式 $C_6H_6[OPO(OH)_2]_6$。

[③] 在一定的体系中,某一化合物的 R_f 值是一定的,R_f 值的大小可以表征标记化合物的状况。

$$R_f = \frac{某物质的移动速度}{流动相前沿移动速度} = \frac{某物质色带中心至原点的距离}{流动相前沿移动的距离}$$

【实验步骤】

(1) ^{99m}Tc 标记植酸的制备：用无菌生理盐水(0.9% NaCl)从 ^{99m}Tc 发生器上淋洗出 5.00 mL 含 ^{99m}TcO$_4^-$ 溶液供全体同学使用。粗测其放射性比活度后，取一部分加入植酸药盒中混合，摇匀后再进行标记率检查，合格后才可作为标记药物使用。

(2) 取色层纸两条编号，距一端 2 cm 处标好点样位置，并每隔 1 cm 画一标记(为分段测量方便)。

(3) 用毛细管分别将 ^{99m}TcO$_4^-$（淋洗液）和 ^{99m}Tc-植酸标记物滴加在两条色层纸的点样位置上，再用红外灯烤干或晾干。

(4) 将点样的色层纸悬挂于层析缸内，下端浸入展开剂(85%甲醇)中约 1 cm，当展开剂前沿爬到 10 cm 处时，停止层析，取出烘干。

(5) 自点样位置开始，沿展开方向剪下，每 1 cm 段进行测量。

(6) 利用高效液相色谱仪，对标记物进行分离，根据各峰的面积计算标记率。

(7) 动物体内药物分布实验：分别将高锝酸(TcO$_4^-$)和 ^{99m}Tc-植酸各 0.20 mL，注入两只小鼠的尾静脉，10 分钟后解剖老鼠，取出心脏、肝脏、肺脏、胃和肾脏并洗净，用铝箔(事先预称重量)包紧称重，放入小试管内测量放射性强度。

【数据处理】

(1) 作放射性强度 I(cpm)-展开距离 d(cm)的直方图，计算高锝酸与锝标记植酸的比移值(R_f)。

(2) 求出标记物的纯度和比活度。

(3) 计算小鼠各种脏器的 ID 值(每克组织的放射性含量占注入量的百分数，%/g)。

(孙建永)

实验 57 利用(n,γ)反应浓集放射性核素^{56}Mn

【实验目的】
利用齐拉-却尔曼斯效应浓集^{56}Mn,并测定其产率及浓集系数。

【实验原理】
1932 年 Fermi 发现中子后,相继用中子对许多核素进行了(n,γ)核反应,得到许多原子序数不变而质量数增加 1 的核素。怎样将这些生成的放射性核素和靶子的稳定同位素分开呢?一般化学方法是无从解决的。1934 年齐拉-却尔曼斯发现了核转变过程的化学效应(即热原子化学)以后,人们着手用热原子化学方法浓集(n,γ)核反应后生成的放射性核素,成功地从稳定的同位素中富集了放射性同位素。该方法的主要依据是核过程中子核具有反冲动能,可以挣脱母体原子在原始化合物中的化学键,而以不同元素或同一元素的不同化学状态存在,借助化学方法很容易将它们分离。

本实验是利用如上原理,将 $KMnO_4$ 用慢中子照射,进行^{55}Mn(n,γ)^{56}Mn 反应。生成的热原子^{56}Mn 发生一系列化学效应,最终分布在^{56}MnO$_4^-$、^{56}MnO$_2$ 和^{56}Mn 等不同化学状态之间,而大部分以^{56}MnO$_2$ 方式存在。经过溶解、过滤,把 MnO_2 与 $KMnO_4$ 分离,使^{56}Mn 在 MnO_2 中浓集。浓集的效果由产率及浓集系数来衡量。

$$产率 = \frac{产物中^{56}Mn 原子数}{总^{56}Mn 原子数} \times 100\%$$

$$浓集系数 = \frac{\dfrac{分离出的 MnO_2 中^{56}Mn 的计数率}{分离出的 MnO_2 中 Mn 的原子数}}{\dfrac{样品中的^{56}Mn 计数率}{样品中 Mn 原子总数}}$$

【仪器与试剂】
中子源,测量契连柯夫辐射的装置(或液闪装置),滴定管,锥形瓶,水浴锅,玻璃砂漏斗,瓷研钵。$KMnO_4$,$H_2C_2O_4$ 固体,$H_2C_2O_4$(0.200 mol·L^{-1}),$KMnO_4$(0.03 mol·L^{-1})溶液。

【实验步骤】
(1) 将研细的 $KMnO_4$,放在塑料瓶中密封好,在用水慢化中子照射池中(500 mci 镭-铍中子源)照射 12~15 小时。(距源 3~5 cm 左右,不要求同学做。)

(2) 称取 3 g 照射后的 $KMnO_4$,溶解于约 80 mL 去离子水中,充分搅拌、静置一段时间后将溶液转移到一干燥的烧杯中(溶液①)(因溶液颜色较深,难以判断 $KMnO_4$ 是否溶解完全)。取 10.00 mL 溶液①放在 50 mL 锥形瓶中,加入 1.00 mL 浓硫酸,缓慢地加入固体 $H_2C_2O_4$,直至 $KMnO_4$ 变成无色,定量转移到测量瓶中,用液闪装置直接测量 ^{56}Mn 的契连柯夫辐射,记下时刻 t_1 及计数率 I_1。

(3) 用 0.3 g 未经照射的 $KMnO_4$ 也溶于 10 mL 去离子水中,加入 1.00 mL 浓硫酸,缓慢地加入固体 $H_2C_2O_4$,直至 $KMnO_4$ 变成无色,测得计数率 I_b 作为本底。

(4) 取 40 mL 溶液①,用玻璃砂漏斗过滤(滤液称②),取滤液②10.00 mL 用步骤(2)的同样方法,制成可测量的样品,测得计数率 I_2,记下测量时刻 t_2。

(5) 用热水洗玻璃砂漏斗上的 MnO_2,把玷污的 $KMnO_4$ 洗掉(洗涤液弃掉),直至洗液无红色(洗涤液辨之)。取 5.00 mL 标准 $H_2C_2O_4$(0.200 N)放在 50 mL 锥形瓶中,加入 1 mL 浓 H_2SO_4,在水浴上加热至约 80℃,然后用它把漏斗上的 MnO_2 洗到测量瓶中,再用 4 mL H_2O 分几次洗锥形瓶和漏斗,都收集在测量瓶中,测量计数率 I_3,记下测量时刻 t_3。测量后的溶液定量转移到锥形瓶中(可用 H_2O 多洗几次测量瓶),用标准 $KMnO_4$ 溶液滴定至终点,记下消耗的 $KMnO_4$ 溶液的体积 V_3,计算 MnO_2 的摩尔数。

(6) 滴定 $KMnO_4$ 溶液①及滤液②的浓度:

取 0.50 mL 溶液①在锥形瓶中,先加入约 10 mL 去离子水,再缓慢加入 1.00 mL 浓 H_2SO_4 及 5.00 mL 标准 $H_2C_2O_4$ 溶液,在此过程中要加以摇动,稍加热至温度小于 75℃,使溶液至无色。用标准 $KMnO_4$ 溶液反滴定至终点,记下所消耗的体积 V_1。

用同样的方法滴定滤液②的浓度。

(7) 标准 $KMnO_4$ 溶液在使用前必须用标准 $H_2C_2O_4$ 溶液标定。取 2.00 mL 标准 $H_2C_2O_4$ 溶液,加入约 10 mL 去离子水,再缓慢加入 1 mL 浓 H_2SO_4 并加以摇动,稍加热至温度小于 75℃,用标准 $KMnO_4$ 溶液滴定至终点,记下所消耗的体积 V_0,计算出 $KMnO_4$ 溶液的浓度。

【数据处理】

(1) 根据测得数据,进行 Mn 原子及 ^{56}Mn 原子在溶液①、滤液②、产物 MnO_2 中含量的计算,检查物料是否平衡。计算时,可先求出 Mn 的当量数,再根据价态变化得出摩尔数。

(2) 计算产率 P 及浓集系数 F。

思 考 题

1. 本实验是根据什么原理进行测量的?为什么测量样品要进行预处理?还可以用什么方法进行测量?
2. 在实验数据处理时,为什么要进行时间校正,可否采用别的方法校正?

(孙建永)

实验 58 气液吸收及化学反应平衡测定

【实验目的】

1)初步学会利用所学到的各种基础化学知识,设计并组装一些用于测定气液吸收及化学反应平衡的装置,使其完成某一个或多个任务(如:经济、有效地脱除气体中的有害成分,工业化合成某些有机或无机化学物质等)。2)了解并掌握硫化氢、硫氧化碳、二硫化碳、二氧化硫和酚类物质的性质与危害及其实验室制备方法。3)了解"气-液"传质平衡及化学反应平衡的过程和状态。4)掌握气相色谱和液相色谱的基本原理和操作方法,以及利用气相色谱和液相色谱测定气体或液体中硫化氢、硫氧化碳、二硫化碳、二氧化硫、二氧化碳、酚类等化学物质含量的方法。5)了解实验室科研成果转化成工业化生产的基本步骤和过程。6)了解高效性、经济性和环保性的化学、化工生产过程及其发展趋势。

【背景介绍】

硫在自然界中以各种有机、无机结合形态存在,其中无机含硫气体有 SO_2 和 H_2S,而有机含硫气体则一般为硫的还原性化合物,如甲硫醚(DMS 或 CH_3SCH_3)、二甲基二硫(DMDS 或 CH_3SSCH_3)、羰基硫(COS)、甲硫醇(MSH 或 CH_3SH)和二硫化碳(CS_2)等。

由于工业的迅猛发展,含硫燃料的消耗日益增多,烟气及其他废气的排放量也随之增加。含硫废气的排放造成了严重的环境污染,例如,酸雨的形成、建筑物的酸化腐蚀,及协同作用引起癌症、呼吸道疾病及皮肤病等,直接危害人类健康。这不仅给生态环境和人类健康造成了威胁,也给工业生产带来了许多问题。随着环境意识的增强,烟道气及其他废气的脱硫问题越来越受到人们的重视。世界各国的科技工作者对烟气及其他废气的脱硫进行了较为深入的研究,也积累了较多的研究资料。但是,至今烟气及其他废气脱硫仍然是一个富有挑战性的课题。因此,开发一种有效的废气和工业原料气脱硫脱碳新技术便成为这一领域的当务之急。

迄今为止,许多研究工作者已经开发出了一些脱硫脱碳的方法,如 HiPure 法、Benfield 法、G-V 法和 A.D.A. 法等,并已应用于气体的净化,但效率不高,且对设备的腐蚀也较为严重。经过潜心的研究,1994 年我们开发出了一种含有 Fe^{2+} 和 Fe^{3+} 的醋酸和氨的缓冲溶液应用于半水煤气的脱硫脱碳,这种方法具有较高的脱硫效率和较低的腐蚀性,但该溶液会产生离子效应和盐效应,导致其稳定性较差。为了改善这一状况,我们在此基础上又开发出了一种含有半合成的含铁化合物的碱性溶液(简称为 DDS 溶液),在加压或常压的条件下可以用于脱硫脱碳,取得了良好的效果,并由此创立了 DDS 脱硫技术。

DDS 脱硫技术是"铁-碱溶液催化法气体脱硫脱碳脱氰方法"(专利号 ZL99100596.1)和"生化铁-碱溶液催化法气体脱硫方法"(专利号 02130605.2)的统称,是一种湿法生化脱硫技术。该技术所对应的脱硫液是在纯碱(氨、有机胺、有机碱或其他无机碱)的水溶液中配入 DDS 络合铁催化剂和亲硫耗氧耐热耐碱菌而组成的。该技术应用于合成氨工艺的半水煤气和变换气脱硫时,可将气体中的 H_2S 含量降至 5 mg 以下,无机硫的脱除率达到 99% 以上,有机硫的脱除率也在 90% 以上。其特点是脱硫效率高,溶液循环量小,电耗低,操作弹性大,综合经济效益显著。DDS 脱硫技术自 1997 年 10 月首次工业化应用成功以来,已经取得了显著的成绩,尤其是在合成氨工业领域得到了快速广泛的推广。

可以预计,日益严格的环境法规的颁布实施将使得高效、无污染、资源化成为脱硫工艺发展的主流。就目前的干法和湿法两大脱硫工艺而言,前者主要适于气体精细脱硫,其硫容量相对较低,脱硫剂大多不能再生,需要废弃;后者能够适应较高负荷的脱硫要求,应用面较宽。因此,开发新型的高效湿法脱硫技术便成为国内外学者研究的重点。

我们在进行脱硫研究过程中发现,在各种状态和条件下气体和液体接触平衡和反应平衡的数据非常贫乏,更谈不上系统化,国内外情况都是如此;而现实科研和实际工业化设计和生产中,又不能没有这些基础数据。由此,严重阻碍了科学技术的发展和实际工业化应用的发展。因此,系统地开展在各种状态和条件下,气体和液体接触平衡和反应平衡的数据的研究具有非常重要的现实意义、理论意义和重要的应用价值。我们就是在科研过程中找不到这些基础数据,才不得不自己来建立实验装置,研究这些基础数据。

【实验原理】
1. 气液吸收及化学反应平衡理论

在一定的条件(温度、压力等)下,当一个气液混合系统中各种物质的性质和含量均不再随时间变化时,称此系统处于平衡状态,而常规条件下的气态组分与液态组分间的平衡关系称为气液平衡(GLE)。若各物质之间存在化学反应,则为化学反应平衡状态;若不存在化学反应,仅为气液两相间的物理吸收,则为气液吸收平衡状态;若二者同时存在,则为气液吸收及化学反应平衡状态。当系统处于平衡状态时,从宏观上看,没有物质由一相向另一相的净迁移,但从微观上看,不同相间分子转移并未停止,只是两个方向的迁移速率相同而已。

气液平衡的研究虽然受到各国学者的重视,但并不是十分成熟的,气体溶解度数据发表也不多,一般是 25℃ 时的数据。气液平衡的数据采集困难主要联系到客观上的两个原因:1) GLE 的数据精度较低;2) GLE 中分子大小相差很大,是高度不对称混合物。一般气相中液体组分的含量很少,液相中气体组分的浓度又很小,气、液相含量稍有一点误差,就使相对误差很大,给计算带来困难。正是这两个原因,影响了 GLE 研究的发展。

2. 气液平衡的几种类型

在 GLE 实验计算中,考虑到所用方法的不同,会出现下面的几种情况:1) 常压 GLE,又称为气体溶解度。气体在液相中的含量很少,而气相中几乎全是气体。液相可以是单一溶剂,也可以是混合溶剂,甚至含少量盐类。Henry 定律是这类 GLE 最常用的表达方法。2) 高压 GLE。压力较高,一般在 10 MPa 以上,液相中的气体含量明显增加,其摩尔分数甚至可达到 0.9 以上(接近临界区域)。Henry 定律难于表达这类平衡关系,常用状态方程进行描述。3) 液相伴有化学反应的 GLE。液相中的某一组分可与气体发生化学反应,大大增加该气体的溶解度,即使在常压下,其溶解量也会增加几倍甚至几十或更多倍。在实际吸收过程中这类 GLE 是相当有用的,但计算的复杂性却大为增加,除了要考虑物理溶解过程外,还须考虑化学反应量,两种结合,使得液相的组分数增多。

本实验采用封闭的气液共存气体循环吸收装置,使得实验体系在该装置中进行充分接触以达到气液吸收及化学反应平衡状态,测定并记录实验过程中的各种数据,采用物料衡算的方法来确定该实验液体样品对气体样品的吸收能力,以此来判断该种液体是否能够拓展到工业应用。并可以采用 HPLC、GC、MS、UV 以及化学分析法等分析方法分析体系中是否有新的物质生成。如有新的物质生成,还可以测出其生成速率、反应平衡常数等;同时,还可以推导其反应机理。

【实验方法及操作原理】

1. 气体组分含量的测定

H_2S、COS、CS_2、SO_2,采用气相色谱仪进行测定,测定方法如下:

(1) 色谱工作条件:采用 Restek Sulfur(2 m×2 mm)色谱柱和 FPD 检测器(394 nm 的硫滤光片),色谱柱为经过防吸附处理的填充柱;柱温和六通阀温度采用程序升温,进样口和检测器的温度均为 200 ℃,载气(高纯氮)流速为 30 mL/min,氢气流速为 50 mL/min,空气流速为 60 mL/min。

(2) 标准气体:标准气体购自国家标准物质研究中心,硫化氢(H_2S)、羰基硫(COS)、二硫化碳(CS_2)和二氧化硫(SO_2)的浓度分别为 7.6 ppm、18.3 ppm、22.4 ppm 和 53.8 ppm。

(3) 标准曲线的绘制:采用外标法,利用三点进行校准。具体方法如下:保持标气的浓度不变,分别用 0.25 mL、0.5 mL 和 1.0 mL 三个定量环改变气体进样量,采用六通阀自动进样方式,根据 FPD 的检测原理,以峰面积 A 对硫化合物的绝对含量 C 作双对数线性回归,得到 H_2S、COS、CS_2 的回归方程分别为 $\lg A = 1.73\lg C + 1.32$,$\lg A = 1.50\lg C + 1.81$,$\lg A = 1.47\lg C + 2.11$,对应的线性相关系数分别为 0.9995、0.9997、0.9997。图 1 是 H_2S、COS、CS_2 的分离色谱图,图 2 是它们的标准曲线。

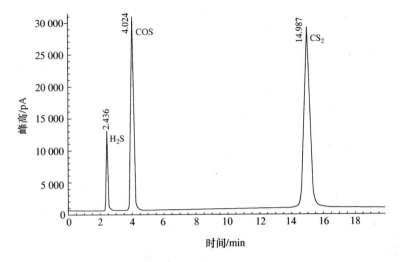

图 1　硫化合物的色谱图

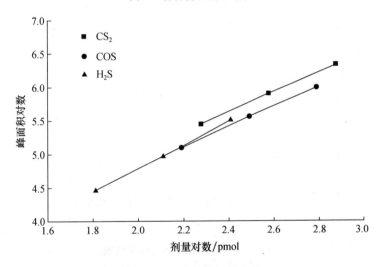

图 2　硫化合物的标准曲线

(4) 方法精度：对标准气体平行测定 10 次，H_2S、COS、CS_2、SO_2 停留时间的相对标准偏差分别为 0.047%、0.066%、0.078% 和 0.18%，峰面积的相对标准偏差分别为 1.3%、1.1%、0.9% 和 0.092%，说明该方法有很好的精密度。

(5) 方法检出限：方法检出限与气相色谱的检测条件设置和采样量有关，本实验采用国际纯粹与应用化学联合会推荐的以 3 倍信噪比所对应的硫化合物的量为检出限。在本方法所确定的色谱条件下，进样量为 0.5 mL 时，H_2S、COS、CS_2 的检出浓度分别为 0.043 ppm、0.036 ppm 和 0.045 ppm，如果通过对气体浓缩增大进样量，还可以检测到更低的浓度。而对于 SO_2/N_2 混合气可于 5 μL 的定量环中进行测定。

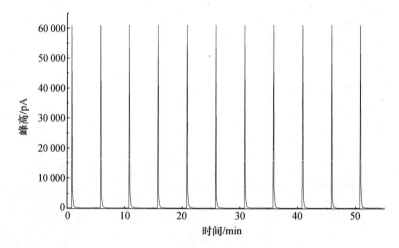

图3 二氧化硫多次测定的色谱图

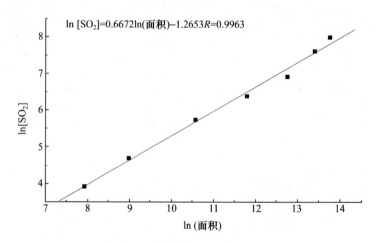

图4 二氧化硫气相色谱的标准曲线

2. 液体组分含量的测定

Na^+：用钠玻璃电极作为指示电极，AgCl 电极作为参比电极，用电位滴定法测定；

Fe^{2+}、Fe^{3+} 和酚类物质：经过钛试剂和醋酸处理后，用分光光度计同时测定其含量；

H^+ 和 OH^- 浓度：由酸度计测定；

CO_3^{2-} 和 HCO_3^- 浓度：用盐酸标准溶液滴定，由酸度计指示终点；

S^{2-} 和 HS^- 浓度：用碘氧化法和硫离子选择电极测定；

有机成分：可以用气相色谱法测定，也可以用液相色谱法测定。采用液相色谱法测定时，方法如下：1) 色谱工作条件。采用 Agilent(25 cm×4.6 mm)、C18 反相色谱柱和 UV 检测器(190～900 nm)。2) 标准液体。采用 Fisher HPLC 级试剂。3) 标准曲线的绘制。采用外标法,利用三点进行校准,具体方法参照气相色谱法。

3. 反应生成物质的鉴定

利用气相色谱仪(GC)、液相色谱仪(HPLC)、质谱仪(MS)、紫外-可见分光光度计(UV)、傅里叶变换红外光谱仪(FT-IR)、核磁共振谱仪(NMR)等仪器或者化学方法进行综合测定。

【仪器与试剂】

1. 分析仪器

VARIAN PREPSTAR SD-1 型液相色谱,Agilent 6890N 型气相色谱,Fuli 9790 气相色谱,N2000 色谱工作站[Restek Sulfur(2 m×2 mm)色谱柱,作了防吸附处理的填充柱],UV-1802H 型紫外-可见分光光度计(UNICO,美国),721 型分光光度计(国产),PHS-3 型酸度计(国产),FA1604S 型分析天平(国产),超级恒温槽,普通分析玻璃仪器等。

2. 吸收反应装置

本实验中采用连续式封闭的气液共存气体循环吸收装置,该实验装置主要由气体吸收反应器、气体循环泵和超级恒温槽组成,如图 5 所示。

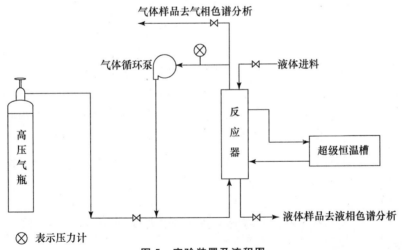

图 5　实验装置及流程图

3. 气体样品

N_2：可以购买钢瓶装 N_2；

待测气体：H_2S、COS、CS_2、SO_2 等,这些待测气体可以购买,也可以按以下方法制备。

H_2S：$Na_2S + H_2SO_4 \longrightarrow H_2S + Na_2SO_4$

COS：$KSCN + 2H_2SO_4 + H_2O \longrightarrow KHSO_4 + NH_4HSO_4 + COS$

SO_2：$Na_2SO_3 + H_2SO_4 \longrightarrow Na_2SO_4 + H_2O + SO_2$

CS_2：可以购买液体 CS_2。

4. 液体样品

液体样品可以是如下几类：

有机溶剂：可以是甲醇、乙醇、乙二醇、丙三醇、二乙二醇二醚、苯、甲苯、氯仿、丙酮、乙酸乙酯、石油醚等；（以上何种有机溶液更适用于实际的工业应用，为什么？）

水溶液：水中可以含碱性物质（如碳酸钠、氢氧化钠、氨、有机胺等）、酚类物质（苯酚、对苯二酚、没食子酸等）、铁盐等；

水和有机溶剂的混合物。

【实验内容】

1. 气体组分浓度的测定

CO_2：首先用氯化钡溶液吸收，生成碳酸钡沉淀，然后过滤、洗涤并称重，根据碳酸钡的重量计算出气体中 CO_2 的含量；

H_2S、COS、CS_2、SO_2：采用气相色谱仪进行测定。

2. 液体组分的测定

采集液体样品进行各种分析，以此确定液体和气体接触后是否发生了化学反应。如果有化学反应发生，要确定其生成产物及含量；如果不发生化学反应，只是物理吸收，要测定溶液中待测气体成分的含量。

在本实验中，Na^+ 的含量采用电位滴定法进行测定，以玻璃电极作为指示电极，$AgCl$ 电极作为参比电极；Fe^{2+}、Fe^{3+} 和酚类物质经过钛试剂和醋酸处理后，用分光光度计同时测定其含量；H^+ 和 OH^- 的浓度由酸度计进行测定；CO_3^{2-} 和 HCO_3^- 用盐酸标准溶液滴定，由酸度计指示终点；SO_2、HSO_3^- 和 SO_3^{2-} 以标准碘液进行固定，并以标准硫代硫酸钠溶液进行分析，确定其中含硫物质的总含量（以 SO_2 计）；有机成分可以用液相色谱法测定，也可以用气相色谱法测定。

【实验步骤】

首先用去离子水对气体吸收实验系统的体积进行标定，记录水的温度以及系统的体积 $V_1(L)$，然后按照以下操作步骤进行实验：

(1) 开启超级恒温水槽，将系统的温度设定在 T_1；

(2) 用氮气瓶中的氮气置换系统中的空气三次，并对体系进行减压处理；

(3) 将装有待测气体（可以是 H_2S、COS、CS_2 和 SO_2 等）的高压气体钢瓶和系统相连，向系统中充入一定量的待测气体；

(4) 开启气体循环泵，待系统温度和压力恒定后，对系统中的气体间断地进行取样分析，直至其组成恒定为止，说明系统中的气体已经混合均匀，记录此时气相的组成 X_1、液相组成 Y_1 以及系统的温度 T_1 和压力 p_1；

(5) 关闭气体循环泵，向系统中注入 $V_2(L)$ 体积的液体样品，然后开启气体循环泵，使气体和液体在实验装置内充分接触；

(6) 待系统压力恒定后,对系统中的气体进行取样分析,直至其组成恒定为止,说明系统中已经达到了吸收或反应平衡,记录此时系统的压力 p_2 及平衡气相组成 X_2、液相组成 Y_2；

(7) 重复以上操作步骤,实验测定一系列操作条件(温度、压力、气体组成、液体组成及进液量)下的气液平衡数据；

(8) 整理实验装置,结束实验。

【数据处理】

1. 实验数据记录

实验室环境温度_____℃,环境压力(大气压)_____Pa,吸收装置总体积_____mL；

吸收(或反应)系统中气体组成和含量：吸收(或反应)前系统压力_____Pa,吸收(或反应)前系统温度_____℃；

吸收液的组成和含量：注入吸收液的体积(或质量)_____mL(g),吸收(或反应)后系统压力_____Pa,吸收(或反应)后系统温度_____℃。

表 1　吸收(或反应)过程中气体成分分析记录表

取样序号	1	2	3	4	5	6	7	8	9	10
时间 t/min										
H_2S/ppm										
COS/ppm										
SO_2/ppm										
SO_3/ppm										
CS_2/ppm										

2. 气液吸收/反应平衡曲线的绘制

根据实验测得的各种相平衡数据,可以采用各种数学处理方法(如线性拟合法、曲线拟合法等),导出系统达到平衡时,气相中待测气体组分的含量与液相中各种成分含量之间的关系曲线或关系方程,这些关系曲线或关系方程就是气-液实际吸收/反应平衡曲线。

3. 液体样品吸收能力的确定

待测液体在温度 T_1 和压力 p_2 条件下吸收待测气体的量,即吸收能力 M 值可以利用下式进行计算：

$$M = \frac{T_0}{22.4 p_0} \cdot \frac{(p_1 X_1 - p_2 X_2)V_1 + p_2 X_2 V_2}{T_1 V_2} \cdot M_r$$

式中,M 为待测液体在温度 T_1 和压力 p_2 条件下吸收待测气体的能力(g/L); T_0 为气体标准温度,298.15 K; p_0 为气体标准压力,1.013×10^5 Pa; p_1 为未吸收前的系统压力(Pa); p_2 为平衡时的系统压力(Pa);V_1 为反应系统体积(L);V_2 为向反应系统中注入的待测液体的体积(L);M_r 为待测气体组分的摩尔质量(g/mol);X_1 为吸收或反应平衡前系统气体中待测气体的含量(ppm);X_2 为吸收或反应平衡后系统气体中待测气体的含量(ppm)。

利用一系列操作条件下的相平衡数据,根据以上方程式可以计算出在温度 T_1、压力 p_2 条件下,液体样品吸收气体样品的量即吸收能力,进而导出该体系化学反应或物理吸收的平衡方程式。

【注意事项】

(1) H_2S、COS、CS_2、SO_2 均为有毒气体,应在通风橱内进行实验。

(2) 有机溶剂能透过皮肤进入人体,应避免与皮肤接触。

(3) 禁止在实验室内喝水、吃东西。饮食用具不要带进实验室,以防毒物污染,离开实验室及饭前要洗净双手。

(4) 实验室内不能有明火、电火花或静电放电。实验室内不可存放过多有机溶剂,用后要及时回收处理,不可倒入下水道。

(5) 气体钢瓶的使用:1) 开启总阀门时,不要将头或身体正对阀门,防止阀门或压力表冲出伤人。2) 使用减压阀时应慢慢地顺时针转动调压手柄,至低压表显示出实验所需压力为止。3) 停止使用时,先关闭总阀门,待减压阀中余气逸尽后,再关闭减压阀。4) 不要让油或易燃有机物沾染气瓶上(特别是气瓶出口和压力表上)。

(6) 离开实验室前,检查实验室中的"水、电、气"是否关闭。

思 考 题

1. 什么是气-液传质平衡及化学反应平衡的过程和状态?
2. 叙述气相色谱和液相色谱的基本原理、操作方法和注意事项。
3. 叙述 H_2S、COS、CS_2、SO_2、SO_3 的物理性质和化学性质。
4. 什么是连续式封闭的气液共存气体循环吸收装置?由哪些部分组成?并叙述其操作方法和维护方法。

参 考 文 献

[1] Jensen A B, Webb C. Treatment of H_2S-containinng Gases: A Review of Microbiological Alternatives [C]. Enzyme Microb Technol, 1995, 17: 2

[2] Pagella C, De Faveri D M. H_2S Gas Treatment by Iron Bio-process[C]. Chem Eng Sci, 2000, 55: 2185

[3] 朱世勇. 环境与工业气体净化技术[M]. 北京: 化学工业出版社, 2000, 37

[4] Eng S J, Motekaitis R J, Martell A E. The Effect of End-group Substitutions and Use of a Mixed Solvent System on β-Diketonates and Their Iron Complexes[C]. Inorg ChimActa, 1998, 278: 170

(魏雄辉)

实验 59　亚化学计量同位素稀释法测定稳定铟的含量

【实验目的】
1) 了解亚化学计量同位素稀释法的基本原理。2) 掌握用亚化学计量同位素稀释法测定微量金属元素的实验技术。

【实验原理】
同位素稀释分析(isotope dilution analysis,IDA)是早在 20 世纪 30 年代发展起来的一种定量分析方法。它的原理是：稳定与放射性同位素的混合物的比活度(specific activity,SA)，在化学反应过程中是不变的。在直接同位素稀释法(direct isotope dilution analysis,DIDA)中，将已知质量为 m_0、放射性比活度为 S_0 的放射性同位素加到待测样品中，然后非定量地从该混合物中分出一部分纯的待测物，并测定其放射性比活度 S_X。那么样品中待测物的含量 m_X 可以从下式中求得：

$$S_0 m_0 = S_X (m_0 + m_X) \quad 即 \quad m_X = m_0 \left(\frac{S_0}{S_X} - 1 \right)$$

显然，在上述方法中必须从体系分出一部分待测物，并测定其放射性比活度，这就需要用重量法或其他的物理化学方法来分析测定所分出的那一部分纯物质的准确含量。可见，经典的直接同位素稀释法灵敏度实际上取决于其他分析方法，分析的灵敏度受到限制。

亚化学计量[①]同位素稀释法(substoichiometric IDA)是要在分析操作中创造一个分离条件，使得从标准溶液和经过稀释的样品溶液中分离出来的待测物的重量相等，那么它的放射性比活度之比就等于放射性强度之比，此时上式就可改写成

$$m_X = m_0 \left(\frac{A_0}{A_X} - 1 \right)$$

式中 A_0 和 A_X 分别是从标准溶液和待测溶液中分离出来的等重量物质的放射性强度。由于该法只要根据同位素稀释前后分出样品的放射性强度之比就能求得待测物的含量，此法的灵敏度可以大大提高。

通常 $A_0 \gg A_X$，所以

---

① 在一般的金属离子分离过程中，加入的反应剂的量总是超过化学计量的，以期待反应完全。若加入的反应剂的量少于化学计量，此即亚化学计量。

$$A_X = A_0 \frac{m_0}{m_X}$$

当溶液中金属离子的含量相对于反应剂来说是过量的,反应剂将全部与金属离子作用。因此,只要向标准溶液和待测溶液中加入完全相等的亚化学计量反应剂,经过同样的化学分离方法就可分离出等量的金属离子。溶剂萃取、离子交换、沉淀、电解、吸附等方法均可用作亚化学计量法的分离方法。其中萃取法最为常用。

本实验用铟的放射性同位素 ^{113m}In[①] 作为示踪原子,用标准的稳定铟作标准曲线,从而求出未知稳定铟溶液的浓度。由于 8-羟基喹啉与铟在 pH 3～5 时定量反应,生成的 8-羟基喹啉铟溶于氯仿,因此,用亚化学计量的 8-羟基喹啉-氯仿溶液定量萃取部分铟,再测量放射性。作 A_X 对 $1/m_X$ 图,从图中可查出未知液中铟的含量。

【仪器与试剂】

铟-113m 发生器(也称锡-铟母牛,北京原子能科学研究院生产),FT-603 井型 γ 闪烁测量装置(北京核仪器厂),分液漏斗,移液管,试管及烧杯若干。

标准和未知氯化铟(InCl₃)溶液,HAc-NaAc 缓冲溶液,8-羟基喹啉-氯仿溶液。

【实验步骤】

(1) 从锡-铟发生器中淋洗下放射性铟并稀释到 20 000～30 000 cpm·mL⁻¹ 待用。

(2) 分别移取浓度为 80～90 μg·mL⁻¹ 的稳定铟 2.00、2.50、3.00、3.50、4.00 mL(中间加入两个未知样)于分液漏斗中,然后分别加入 1.00 mL 放射性铟、5.00 mL HAc-NaAc 缓冲溶液以及去离子水 2.00、1.50、1.00、0.50、0.00 mL,搅拌均匀。

(3) 各加入 8-羟基喹啉-氯仿溶液 5.00 mL。手摇振荡 15 分钟,再静置 5 分钟。

(4) 分液,取有机相 2.00 mL 进行放射性测量。

【数据处理】

(1) 作计数率 I-铟量 m_X 变化图,并从图上查出未知样品铟的量。

(2) 通过公式计算未知稳定铟的量。

(孙建永)

---

① ^{113m}In,衰变方式 IT,γ,$T_{1/2}=1.6582$ 小时。

第3章 设计性综合实验

　　作为以后将从事化学教学与研究的本科学生而言,最关键的是要有灵活的头脑和丰富的化学合成知识。灵活的头脑是天生的,丰富的化学合成知识是靠大量的阅读和与高年级的前辈交流及不断实践得到的,二者缺一不可。只有化学合成知识而没有灵活的头脑把知识灵活地应用,充其量只是化学合成匠人,成不了高手,也就没有创造性。只有灵活的头脑而没有知识,只能做无米之炊。通过综合性化学实验后进入综合设计性化学实验的高年级同学在头脑中应该掌握基本的化学技能,能灵活加以运用,并将其中的原理(机理)烂熟于胸,看到一个分子结构,稍加思索,其合成路线应该马上在脑中浮现出来。

　　合成路线的设计与选择是化学合成中很重要的一个方面,它反映了一位化学合成人员的基本功和知识的丰富性与头脑的灵活性。一般情况下,合成路线的选择与设计代表了一个人的合成水平和素质。合理的合成路线能够很快地得到目标化合物,而笨拙的合成路线虽然也能够最终得到目标化合物,但是付出的代价却是时间的浪费和合成成本的提高,因此合成路线的选择与设计是一个很关键的问题。综合设计性化学实验的目的就是要培养高年级同学这方面的技能。

　　合成路线的选择与设计应该以得到目标化合物的目的为原则。如果得到的目标化合物是以工业生产为目的,则选择的合成路线应该以最低的合成成本为依据。一般情况下,简短的合成路线应该反应总收率较高,合成成本较低;而长的合成路线总收率较低,合成成本较高。但是,在有些情况下,较长的合成路线由于每步反应都有较高的收率,且所用的试剂较便宜,因而合成成本反而较低;而较短的合成路线由于每步反应收率较低,所用试剂价格较高,合成成本反而较高。所以,如果以工业生产为目的,则合成路线的选择与设计应该以计算出的和实际结果得到的合成成本最低为原则。

　　如果得到的目标化合物是以发表论文为目的,则合成路线的选择与设计则有不同的原则。设计的路线应尽量具有创造性,具有新的思想,所用的试剂应该是新颖的,反应条件是创新的,这时考虑的主要问题不是合成成本的问题而合成中的创造性问题。

　　如果合成的是系列化合物,则设计合成路线时,应该共同的步骤越长越好。若每个化合物只是在最后的合成步骤中不同,则这样的合成路线是较合理的和高效率的,可以在很短的时间内得到大量目标化合物。

　　在设计性综合化学合成实验中有一个问题经常遇到——合成工艺创新。怎样进行合成路线创新?第一,进行详细的文献调研,掌握文献中各种合成路线,详细分析每条路线的优缺点,从而设想出自己的合成路线。第二,参考同系列产品的合成路线,有时,可以从同系列产品的合成路线得到借鉴。第三,搜索该产品的中间体,就可知道目前国内外的合成路线。这时就可以设计自己的新的合成路线了。第四,在目前的合成路线基础上进行优化,改变价格高的原料为价格低的原料。第五,如果有一步反应的收率很低,那么该步反应就是你的公关对象,通过优化反应条件,获得较高收率,那你就取得了成功。当然这需要扎实的基本功和成功的经验。平常多看一些合成路线的资料对你是很有帮助的。

总之,设计性综合化学实验是在学生经过了化学实验的基本操作技术和技能训练后,以及学习了化学、材料与相关仪器知识的基础上独立完成。目的是让同学亲自经历一次小科研,学会分析问题,同时在进行实验的过程中提高自己解决问题的能力。

本部分的实验涉及合成、提取、纯化、分离和鉴定等项操作内容,每个实验都有方法提示和说明。要求根据题目查阅相关资料,并注意结合理论课所学的知识设计出实验方案,经过指导老师审阅批准后实施自己的实验方案。

实验一　苯酚制备邻、对硝基苯酚

【方法提示】

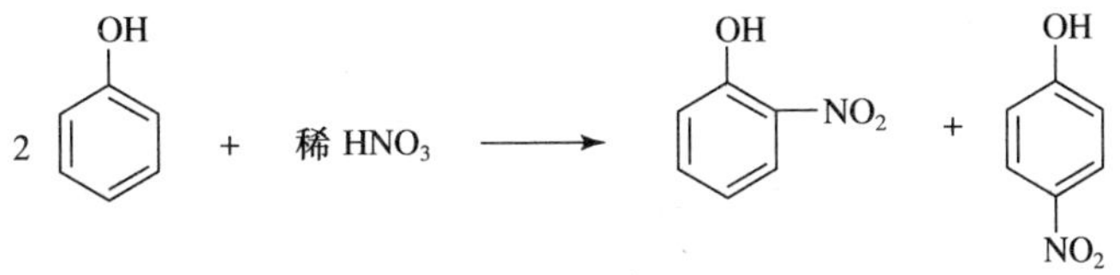

$$2\,C_6H_5OH + 稀\,HNO_3 \longrightarrow o\text{-}O_2N\text{-}C_6H_4\text{-}OH + p\text{-}O_2N\text{-}C_6H_4\text{-}OH$$

芳香族化合物直接硝化可以生成芳香族硝基化合物，当芳环上连有活化基时，这种硝化反应很容易进行，苯酚硝化时用稀硝酸在室温下就可以进行。

【注意事项及说明】

(1) 硝化时可采用硝酸钠与硫酸混合的方法，苯酚硝化是放热反应，反应温度不能超过 20℃，否则生成的硝基苯酚会继续被硝化或被氧化。为提高产率，应如何有效操作这一步？

(2) 生成的邻硝基苯酚可以形成分子内氢键，沸点较对位的低，在水中溶解度小，可用水蒸气蒸馏的方法将这两种异构体分开。如何得到对硝基苯酚？

实验二　1-氯-3-溴-5-碘苯的合成

【方法提示】

有机合成和有机分析是从事化学科学研究和生产实践所必备的重要基本技能。1-氯-3-溴-5-碘苯的制备以苯胺为起始原料，经 N-乙酰化、溴代、氯代、N-去保护、碘代和重氮化脱氨基等六步反应，最终合成所要求的目标物。

【注意事项及说明】

制备 4-溴乙酰苯胺时，必须保证两种反应物按等化学计量反应，否则将因反应不完全或过度溴化而不能得到纯的 4-溴乙酰苯胺，并且使后面几个化合物的制备难以进行。为确保溴的用量准确，可预先对溴的纯度进行标定。另外，氯代反应时会产生有毒害作用的氯气，故应在通风橱中进行该步反应，或用气体吸收装置（稀的氢氧化钠溶液）将产生的氯气吸收掉。本实验步骤相对较多，重结晶时溶剂不能用得太多，否则产物损失会很大。

(1) 用溴的醋酸溶液溴化乙酰苯胺时，两种反应物必须等化学计量。试结合 GC 分析结果说明其理由。

(2) 写出一氯化碘与 2-氯-4-溴苯胺反应的机理。

(3) 水或低摩尔质量的醇等含羟基的溶剂常用于精制酰胺。简要说明为什么这些溶剂要比石油醚等烃类溶剂为好。

实验三　CaSnO₃ 的软化学制备与表征

【方法提示】

$$\mathrm{CaSn(OH)_6} \xrightarrow{\text{加热}} \mathrm{CaSnO_3} + 3\mathrm{H_2O}$$

采用软化学法制备前驱体 $CaSn(OH)_6$，经不同温度下热处理得到锡酸钙粉末。

【注意事项及说明】

本实验采用湿化学法合成 $CaSnO_3$，具有正交晶格结构粒度分布均匀、合成方法简单、环境友好等优点。试结合 XRD、TG-DTG、IR、SEM 等多种手段分析结果，说明用软化学方法合成锡酸钙粉末特点。

实验四　哒嗪酮类衍生物的合成

【方法提示】

了解有关杂环反应的原理与方法。以糠醛为原料，分别经卤代、氧化脱羧等反应，制备溴酸、氯酸，再进一步反应制得相应的哒嗪酮类衍生物。

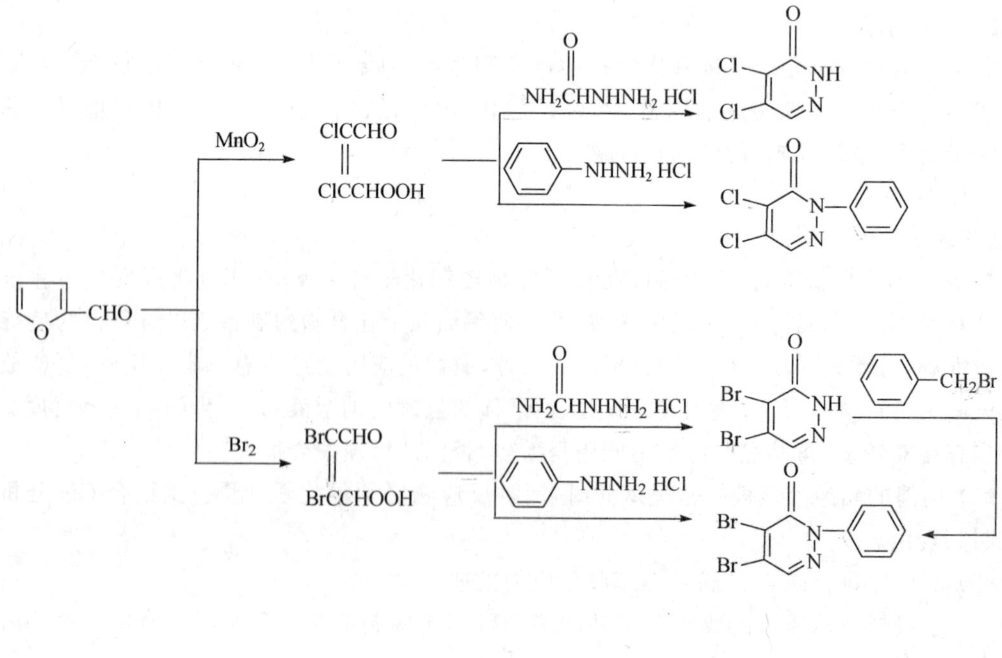

【注意事项及说明】

用滴液漏斗滴加溴时,一定要注意实验室通风,防止溴泄漏,以免污染环境和灼伤皮肤。

实验五　电动势法研究甲酸溴化反应动力学

【方法提示】

研究化学反应动力学过程和测定原电池的电动势,是基础物理化学实验的两个重要的教学内容。本实验采用电动势测量法研究甲酸溴化反应的动力学方程。

【注意事项及说明】

(1) 写出甲酸溴化反应的动力学方程。

(2) 本实验为何要在反应溶液中均匀通入 CO_2 气体;通与不通对实验结果会有什么影响?

实验六　电化学方法合成聚苯胺电致变色膜

【方法提示】

以导电玻璃为电极,了解电化学方法合成聚苯胺时电压、聚合时间及酸浓度等因素对聚苯胺导电膜电致变色性的影响,将复杂的生产工艺以简单直观的实验表现;了解聚苯胺的重要特性——电致变色性。电致变色现象是指在外加偏电压感应下,材料的光吸收或光散射特性的变化。这种颜色的变化在外加电场移去后仍能完整地保留。

(1) 写出聚苯胺的结构式。

(2) 化学法能够制备大批量的聚苯胺样品,是最常用的一种制备聚苯胺的方法。说出聚苯胺的化学合成方法与工艺情况。

(3) 电化学法制备聚苯胺是在含苯胺的电解质溶液中进行,说出电化学条件对聚苯胺合成的影响。

(4) 说明聚苯胺电致变色膜的存在形式及转化条件。

实验七　聚丙烯催化裂解的动力学方法研究

【方法提示】

聚丙烯在废塑料垃圾中所占的比例在 25% 以上。粉煤灰是火力发电厂排放的固体废物,它的物理化学性质一般取决于燃煤的品质、煤粉细度、燃烧方式、燃烧温度以及粉煤灰的收集和排放方式。

对固体废物热解模型研究的方法一般有两种,一种是程序升温的热重分析(TG),另一种是固定温度的恒温法。本实验要求用这两种方法对聚丙烯催化裂解进行研究,并确定其动力学参数。

【注意事项及说明】

在聚丙烯裂解过程中有着很复杂的聚合、裂解化学反应,其反应的级数也是不确定的。在本实验的研究中,为了得到聚丙烯催化热解的动力学参数,先设定催化反应的级数(n),然后比较不同 n 条件下得到的相关系数,以及反应活化能、频率因子等,最后确定最佳的聚丙烯催化热解的反应级数(n),比较计算的反应曲线与实验曲线拟合情况。

(1) 通过 TG 和恒温法两种模型研究聚丙烯催化热解。

(2) 比较实验曲线和模型计算曲线的拟合情况,判断哪一种方法更准确地体现反应过程中催化剂降解的情况。

实验八　水介质中 2,6-二甲基苯酚的氧化偶合聚合

【方法提示】

聚 2,6-二甲基苯醚(PPO)是重要的工程塑料,一般采用在有机溶剂中使 2,6-二甲基苯酚(DMP)氧化聚合的方法合成,这就需要溶剂回收装置和防爆反应器,且污染环境。本实验建议采用全水介质中使 DMP 氧化聚合合成 PPO 的方法。

【注意事项及说明】

了解 PPO 合成方法的研究进展,包括 DMP 氧化聚合的机理,水介质中对聚合速率、氧化偶合选择性及 PPO 分子量等的影响因素。

实验九　乙酰二茂铁的制备和电化学性质研究

【方法提示】

乙酰二茂铁是一种非常有用的精细化工中间体。以二茂铁为原料,在无水三氯化铝存在下与乙酰氯进行傅-克酰基化反应即可制备,然后运用循环伏安法测试它的电化学性质。

【注意事项及说明】

傅-克反应是有机化学中的一个重要反应,通过傅-克烷基化反应和傅-克酰基化反应可以在芳环上引入新的碳碳键,因此在有机合成中处于重要的地位。

(1) 了解、掌握合成乙酰二茂铁的合成原理及操作技能。

(2) 了解、掌握无水操作技能。

(3) 了解、掌握循环伏安法的基本原理及电化学工作站的使用。
(4) 利用循环伏安技术研究乙酰二茂铁的电化学性质。

实验十　反应性微凝胶的制备与应用

【方法提示】

聚合物微凝胶是分子内交联并具有轻度网络结构的高分子微粒，其尺寸在 1～1000 nm 之间，一个微凝胶颗粒即为一个大分子，在微凝胶颗粒之间，或者说在各个微凝胶分子之间，不存在化学键合。通过聚合反应和后处理，可在微凝胶中引入羧基、羟基、磺酸基和氨基等反应性基团成为反应性微凝胶。

【注意事项及说明】

反应性微凝胶通常是在适当的体系中采用多官能度单体进行自由基聚合，或者采用多官能度单体和二官能度单体进行自由基共聚合而制得。最常用的制备方法是乳液聚合（常规）及溶液聚合，其次还有沉淀聚合、分散聚合、微乳液聚合和无皂乳液聚合等方法，引发的方式可以是热引发，也可以是 γ 射线辐射引发或光引发。可以从小分子单体开始聚合制备微凝胶，也可以从大分子单体或高分子聚合物开始通过分子内交联制备微凝胶。

(1) 了解、掌握合成反应性微凝胶的原理与方法。
(2) 了解、掌握反应性微凝胶的分子设计及其在有机涂料中的功能和相互作用机理。

实验十一　手性席夫碱 Ni(Ⅱ)络合物的合成与表征

【方法提示】

首先采用拆分方法获得手性二胺与 L-(＋)-酒石酸的非对映异构体盐，并直接用所得酒石酸盐与碱反应游离出的手性二胺(1,2-pn)与脱氢乙酸(DHA)发生缩合反应形成相应的席夫碱配体，最后用乙酸镍与手性席夫碱配体进行配位反应。用元素分析、旋光度、电导、核磁共振、紫外-可见光谱、CD 光谱测定等分析所得产物的组成、结构和光谱性质。

(1) 了解、掌握立体选择性地合成含手性四齿席夫碱配体的 Ni(Ⅱ)络合物方法与学会 1～2 种手性有机配体或中间体的合成和拆分方法。

(2) 基本掌握对手性络合物组成和结构的各种表征方法特别是 CD 光谱方法。从实践和理论上探讨手性配体在立体选择性形成手性络合物中的作用。

实验十二　氧化钛及碳/氧化钛复合材料的光催化性能

【方法提示】

光催化是目前催化领域的一个研究热点,具有诱人的应用前景及理论意义。具有独特结构的碳/氧化钛复合材料,其光催化活性远高于相应纯氧化钛,在可见光下表现出较好的催化性能。建议用共沉淀法及浸渍法制备碳/氧化钛复合材料样品。

(1) 了解光催化过程的有关原理、光催化的应用范围,掌握碳/氧化钛复合材料的制备及性能测试。

(2) 了解、基本掌握用于氧化钛及碳/氧化钛复合材料表征的 XRD、漫反射、紫外-可见分光光度计及光催化测试装置的原理与方法。

实验十三　Y_2O_3:Eu 胶体纳米圆盘的制备、自组装行为和光学性质

【方法提示】

以具有较低分解温度的稀土配合物为前驱体,在高沸点混合溶剂(油酸、油胺和十八烯)中通过调控前驱体热分解方式和溶剂组成,进而控制晶体的成核和生长过程,一步获得高度晶化、尺寸均一可调、形貌可控、无团聚、易分散于非极性溶剂的、具有新颖结构的稀土氟化物和氧化物纳米材料(如纳米三角板、纳米四方板和纳米圆盘等)。进一步通过分散溶剂的调节和材料表面控制,得到材料能在各种基体上自发组装成高度有序的二维或三维超晶格结构。同时,化合物呈现显著的纳米材料的结构和表面效应,具有丰富的光学、催化等性质。

(1) 熟悉并掌握无水无氧合成方法,合成 Y_2O_3:Eu 胶体纳米圆盘;了解 Y_2O_3:Eu 在纳米尺寸下的结构特点和发光特性;理解 Y_2O_3:Eu 纳米颗粒结构和性质间的关系。

(2) 了解并掌握产品的分散性能、自组装特性测试和各种表征技术,如 X 射线衍射测试和荧光光谱测试。

实验十四　高稳定性微孔磁性甲酸配位
聚合物的合成、结构与性质研究

【方法提示】

基于配位化学方法,合成微孔磁性甲酸配位聚合物,表征组成与结构关系;研究材料的吸脱附性质和磁性、热稳定性与多功能性。

(1) 了解配位化学基本知识。

(2) 认识、掌握配位物合成与结构表征的一般方法,如显微红外光谱仪、X 射线多晶衍射

仪、热分析仪、吸脱附性质测定系统、SQUID 磁测量系统等的原理与测试方法。

实验十五　脯氨酸催化的直接不对称羟醛缩合反应

【方法提示】

不对称催化是当今有机合成化学中的前沿领域，其中有机小分子作为不对称反应的催化剂更是近年来的重要进展。天然氨基酸之一 L-脯氨酸是最近最受注目的有机小分子手性催化剂。本实验的内容是进行以下不对称催化反应：

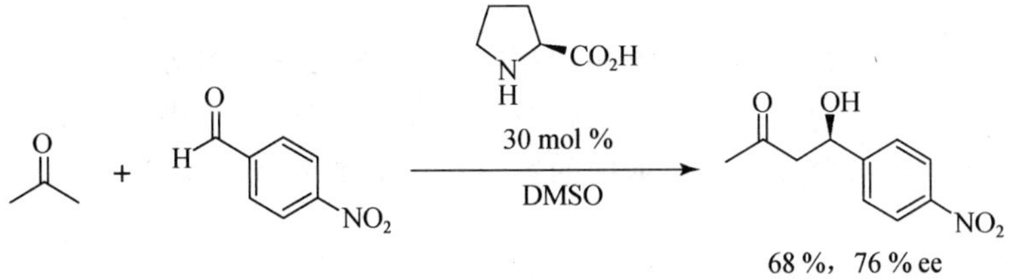

$$\text{丙酮} + \text{4-硝基苯甲醛} \xrightarrow[\text{DMSO}]{\text{L-脯氨酸 30 mol \%}} \text{产物 (68\%, 76\% ee)}$$

（1）通过上述实验，学生可以了解不对称催化的最新进展。
（2）了解、掌握混合物柱色谱分离纯化方法和旋光性测定仪器或者手性 HPLC 检测光学纯度的工作原理、操作软件、操作步骤。

实验十六　有序介孔二氧化硅薄膜制备及其组装化学

【方法提示】

有序介孔二氧化硅薄膜无论从制备工艺还是组装化学都已经取得了一定的研究成果。本实验是利用有机模板法合成有序介孔二氧化硅薄膜，了解有序介孔二氧化硅薄膜的组装化学，包括金属元素掺杂、纳米粒子在介孔薄膜中的组装，以及有机物/二氧化硅纳米复合薄膜的制备；了解影响介孔二氧化硅薄膜结构的主要因素和有序介孔二氧化硅薄膜的组装化学。

（1）了解、掌握两相界面外延生长和蒸发诱导自组装两种制备方法及其合成机理。
（2）了解有序介孔二氧化硅薄膜制备中影响因素。
（3）了解介孔薄膜的后处理技术发展，如模板剂的去除和提高介孔薄膜相结构的稳定性；了解介孔薄膜组装化学研究的进展。

实验十七　手性 Co(Ⅲ)络合物的不对称自催化合成和表征

【方法提示】

通过本实验从实践和理论上发现和探讨手性 Co(Ⅲ)络合物的不对称自催化合成的奇妙现象，掌握对手性络合物组成、结构和手性性质的各种表征方法。

(1) 按实验内容通过自催化不对称合成获得 Δ-(＋)-或 Δ-(−)-cis-[CoBr(NH$_3$)(en)$_2$]Br$_2$。

(2) 基本掌握对手性络合物组成、结构和手性性质的各种表征方法，特别是 CD 光谱和有色溶液的比旋光度测定方法。

(3) 从实践和理论上探讨不对称自催化在绝对不对称合成手性 Co(Ⅲ)络合物中的作用。

实验十八　玉米中天然色素的提取、分离和分析

【方法提示】

天然产物中含有多种化合物。根据相似相溶原理，选用适当的溶剂可有目的地提取其中的一些化合物，这些化合物往往还是混合物。利用薄层色谱可分离提取液中的各种组分。由于玉米黄色素中 5 种化合物所含的官能团的数目和化学微环境不同，它们的红外光谱也是不同的。

(1) 学习提取和分离天然产物的基本方法。

(2) 掌握薄层层析操作。

(3) 应用红外光谱和高效液相色谱方法分析天然产物。

第 4 章　研究型综合化学实验(案例)

　　研究必须具备创新性。综合化学实验课程是创新意识型人才培养中的一个环节。"研究型综合化学实验项目"的目的是培养学生的创新能力和对科学的好奇心,让学有余力的本科生提前感受科研的氛围,直接接触最前沿的研究领域和课题,在科研与人才培养、科研与教学的结合中得到锻炼和成长。学生是完全自愿参与这一计划。

　　开设"研究型综合化学实验"的宗旨:培养学生实践能力、创新能力和提高教学质量。

　　开设"研究型综合化学实验"的依据:1) 建立新型的适应学生能力培养、鼓励探索的研究型实验考核方法和实验教学模式,是实验教学改革研究的重要内容;2) 实行分流教学,培养学生综合分析问题、解决问题的能力,培养学生科研能力和探索精神是我们本科教学的长期任务;3) 以学生为主体,着眼于能力的提高,注重学生的个性发展,培育学生的创新精神;4) 以化学院整体研究室资源开放共享为基础,以化学院具有高素质教师队伍和完备的研究室实验为条件;5) 设置研究型综合化学实验项目与综合实验课程的目的、宗旨是一致的;6) 减轻学生的学业负担,强化指导教师在本科生培养过程中的作用。

1. 主要措施要点

　　通过研究型综合化学实验项目,使学生在更宽松的环境中和更高的层次上主动学习,培养学生具有创造性的思维和较强的实践能力。

　　(1) 学生可以利用每学期综合化学实验课程申请研究型综合化学实验项目;

　　(2) 研究型综合化学实验项目的指导教师负责指导学生的研究工作、判定学生的成绩。

2. 主要规定要点

　　在研究型综合化学实验项目中,学生根据自己的兴趣,自由选择相关研究机构的课题和导师,正式组织一个项目、完成一学期实验可得 2 个学分,在学生的学业记录中进行记载。

　　(1) 每年 1 月中旬或 6 月中旬前,学生自由选择课题组与导师,确定实验项目,设计实验方案,撰写申请书,提交化学基础实验中心审核、批准。

　　(2) 化学基础实验教学中心对申请书进行审核、批准后,申请学生必须在学校的选课系统中选综合化学实验课,否则申请书无效。

　　(3) 研究室根据学生人数和实验内容,做好实验仪器和材料的准备工作;指导教师协助学生完成研究型综合化学实验项目。

　　(4) 每学期末的最后一星期前,申请人必须向主讲教师提交一份有导师给出成绩和评语的实验报告及实验记录复印件。

(5) 为了保证公开、公平、公正，指导教师对自己指导学生的评定成绩将以适当形式公示。

(6) 申请研究型综合化学实验项目的学生必须参加中心组织的结题报告会并汇报一学期研究情况。

(7) 化学基础实验教学中心对实验报告和实验记录复印件进行审核，并根据报告会的表现确定最后成绩。

3. 综合实验研究型实验的评分细则

(1) 实验记录：20%，规范、详细、可读，集体打分（两到三位教员同时打分，再平均）；

(2) 中期汇报：20%，口头报告（汇报 10 分钟，提问 5 分钟），集体打分；

(3) 期末报告：20%，口头报告（汇报 10 分钟，提问 5 分钟），集体打分；

(4) 书面报告：20%，将自己的实验内容加以总结，集体打分（两到三位教员同时打分，再平均）；

(5) 导师评定：20%，导师对该位同学的实验能力等各方面的评价。

编号：_____

《综合化学实验》
研究型实验项目

申 请 书

项 目 名 称
申 请 者
所 属 系 所
指 导 教 师
申 请 日 期　　年　　月　　日
批 准 日 期　　年　　月　　日

化学基础实验教学中心
综合化学实验教学组

课程说明

一、综合化学实验研究型实验项目说明

1. 综合化学实验课程分为：正常教学计划安排的综合化学实验和带有研究性质的研究型综合化学实验项目（简称研究型综合实验项目）。

2. 每学期的综合化学实验（必修或选修）都可以选做研究型实验项目，时间为一学期，不得跨学期。实际实验时间必须大于60学时。

3. 学生自由选择课题组与导师，确定实验项目，设计实验方案，撰写申请书。实验内容不能与各类基金项目相重叠，也不能成为将来毕业论文的一部分。

4. 每位导师在同一学期内只能带同一年级的一名同学做研究型综合实验项目。对导师而言，这项工作是义务性的，化学学院不提供教学工作量和实施研究型实验项目的任何实验费。

5. 每年1月中旬或6月中旬前向主讲教师提交申请书；化学基础实验教学中心对申请书进行审核、批准后，申请学生必须在学校的选课系统中选综合化学实验课，否则申请书无效。

6. 每学期末的最后一星期前，申请人必须向主讲教师提交一份有导师给成绩和评语的实验报告及实验记录复印件，并在结题报告会上进行汇报；化学基础实验教学中心对实验报告和实验记录复印件进行审核，并根据报告会的表现确定最后成绩，作为此次综合化学实验的成绩上报院教务。

二、填写说明

1. 申请者应认真了解、阅读研究型实验课项目的说明，向综合化学实验主讲教师申请综合化学实验研究型实验项目。

2. 申请者逐项认真填写《综合化学实验研究型实验项目申请书》。填表必须实事求是，认真翔实，不得弄虚作假。

3. 填写完成后打印一式2份（A4纸双面打印，左侧装订），每份申请书必须有指导教师签名。

4. 2份纸质申请书与电子版同时报送主讲教师。

一、申 请 表

姓　　名		性　别		出生日期	
学　　号		班　级			
研究类别	教学研究□　　　基础研究□　　　应用基础□　　　技术开发□				
申请者承诺	我保证填报内容真实、准确并认真按计划开展研究工作。 　　申请者（签章）： 　　电　　话： 　　邮　　箱： 　　　　　　　　　　　　　　　　　　　　　　　　年　月　日				
指导教师承诺	我已对《申请书》认真审阅，表中各项内容属实，保证提供必要实验条件，指导该同学实验工作，并客观公正地评价其实验，给出成绩。 　　指导教师（签章）： 　　电　　话： 　　邮　　箱： 　　　　　　　　　　　　　　　　　　　　　　　　年　月　日				
综合化学实验教学组	经专家评审，决定： 　　同意　□　　不同意　□ 　　_____ 同学研究型实验项目申请。 　　　　　　　　　　　　　　　　　　　　　　　　年　月　日				

二、申请书正文

1) 研究型实验项目的目的和原理

2) 项目主要目标、实验内容

3) 拟采取的研究方法和技术路线（包括实验方法与步骤及其可行性论证，可能遇到的问题与解决办法）

4) 实验计划（包括研究工作的总体安排与进度）

5) 实现本项目预期目标已具备的条件（包括指导教师研究组已有的和准备提供的条件）

案例 1　$Ln_4Cu_{3-x}Zn_xMoO_{12}$(Ln=Pr、Nd、Sm、Eu、Gd、Tb、Dy、Ho、Er、Tm)系列化合物的合成与性质表征

1.1　背景、目的和原理

过渡金属与稀土元素的氧化物具有比较丰富的磁学和电学性质,其中包括极具诱惑的高温超导性质。$La_4Cu_{3-x}Zn_xMoO_{12}$是一种具有罕见的Kagomé格子结构的氧化物,这类化合物具有很强的磁阻挫现象。通过文献阅读,我们发现与之具有类似结构的化合物$La_4Cu_3MoO_{12}$中的La可以被其他稀土元素取代而形成一系列同构化合物。因此我们希望尝试将$La_4Cu_{3-x}Zn_xMoO_{12}$中La用其他稀土元素Ln(Ln=Pr、Nd、Sm、Eu、Gd等)取代,通过优化相应的合成条件,试图合成出具有与$La_4Cu_{3-x}Zn_xMoO_{12}$类似结构的化合物,并对相关的化合物进行磁性和电性表征,从而研究这类体系中Kagomé格子出现的规律及其对磁性和电性的影响。

1.2　目标、实验内容

用其他稀土元素如Pr、Nd、Sm、Eu、Gd等取代上述化合物中的La,通过高温固相合成,测定解析其结构与磁性。

如时间充足,可尝试用其他过渡金属取代$La_4Cu_3MoO_{12}$中Cu的位置,形成$La_4Cu_{3-x}M_xMoO_{12}$化合物。

1.3　拟采取的研究方法和技术路线(包括实验方法与步骤及其可行性论证,可能遇到的问题与解决办法)

(1) 合成:采用高温固相法,用金属氧化物混合压片后在高温下焙烧。
(2) 分析探索:利用相图,通过合成条件的改变与控制,得到目标化合物。
(3) 测试表征:X射线衍射、电子衍射、中子衍射、磁性测量等。

1.4　实验计划(包括研究工作的总体安排与进度)

计划在10周左右完成合成与结构分析,4周左右测试表征其性质,学期终完成实验。

1.5　实现本项目预期目标已具备的条件(包括指导教师研究组已有的和准备提供的条件)

本研究组对金属氧化物的研究由来已久,合成与表征都具备相当的经验,并且有物相分析所必需的X射线粉末衍射仪,对此课题的研究提供了很大便利。本组老师在结构解析方面比较有经验,希望在实验过程中能在此方面得到提高。

案例 2　贵金属纳米复合催化剂的合成及性能探索

2.1　背景、目的和原理

合成贵金属纳米复合催化剂并对其性能进行探索。

2.2 目标、实验内容

在实验室合成出来的 $Pt/\gamma\text{-}Fe_2O_3$ 催化剂催化氯代硝基苯加氢时可有效抑制脱氯的基础上,拟进一步扩展其应用对象至溴代硝基苯、二硝基溴代苯、碘代硝基苯等。

2.3 拟采取的研究方法和技术路线

在卤代硝基苯的选择性氢化时,往往会伴随脱卤的副反应,组里开发的 $Pt/\gamma\text{-}Fe_2O_3$ 催化剂已经具备了抑制脱氯的优良性质。但是—Br 和—I 是比—Cl 更容易脱去的基团,在实验中,很可能会出现脱溴或脱碘的情况,这就需要对实验条件进行进一步的优化,以及对催化剂作适当的改进,使其更好地适应不同的反应体系。

2.4 实验计划

第 1~4 周做准备工作,并合成催化剂;

第 5~12 周对催化剂的性能进行探索;

第 13~16 周总结整理实验数据,完成实验报告。

2.5 实现本项目预期目标已具备的条件

本研究组 2007 年发表的论文"*Selective hydrogenation of aromatic chloronitro compounds*"及相应的后续研究为实验打下了坚实的基础,而组里良好的研究氛围和实验条件也为实验的开展提供了有力的保障。

案例 3 表面碳层对氧化钛物化性质和光催化性能的影响

3.1 背景、目的和原理

锐钛矿型氧化钛由于具有优良的抗化学和光腐蚀性能、价格低廉等优点而成为目前最重要的光催化剂。但是氧化钛热稳定性较差,在逐渐焙烧的过程中部分的氧化钛会由锐钛矿相转变为金红石相。而表面改性有助于提高载体的热稳定性,并且可能改善其晶化程度,提高光催化活性。

3.2 目标、实验内容

通过制备 C/TiO_2 复合物并在不同温度下焙烧,考察载碳量、焙烧温度以及载体掺杂对于 TiO_2 晶化程度的影响,并测定所得锐钛矿型 TiO_2 粉末的光催化活性。

3.3 拟采取的研究方法和技术路线

1. C/TiO_2 复合材料的制备

(1) TiO_2 的制备:将一定量的 $TiCl_4$ 溶于水,在搅拌下加入沉淀剂,陈化、过滤、洗涤后干燥除去残余水分,研磨后在不同温度下焙烧,得纳米 TiO_2 粉体。

(2) C/TiO_2 复合材料的制备:采用浸渍法制备前身物,以蔗糖为碳源,浸渍、蒸干、研磨后直接放入保干器中保存。取样品于 U 形石英管中,通 N_2 除氧,在 N_2 保护下焙烧一段时间,即可得 C/TiO_2 复合物。

2. 光催化活性测试

利用亚甲基蓝的光催化降解为模型反应,考察所制催化剂在紫外光照射下的光催化活性。用紫外-可见分光光度计测定在不同催化剂下亚甲基蓝浓度随时间的变化。

3. 表征方法

(1) 测定样品比表面积和孔分布(N_2-adsorption)
(2) X 射线衍射物相分析(XRD)
(3) 紫外-可见漫反射光谱(UV-Vis)
(4) 热重-差热测试(DTA-TG)
(5) X 射线光电子能谱(XPS)
(6) 傅里叶红外光谱(FT-IR)

3.4 实验计划

计划在 10 周内完成实验计划,每周进行 6 学时的实验,根据实际情况可能进行调整。其中前 3 周完成 C/TiO_2 复合物的制备,后 7 周交叉进行光催化活性测试及表征。

3.5 实现本项目预期目标已具备的条件

本研究组对于 TiO_2 光催化剂已有较深入的研究,制备条件以及表征手段都比较成熟,在此基础上可以提供本实验所需的仪器、试剂,并且可就实验结果展开讨论。

案例 4 基于原子力显微镜刻蚀和微接触印刷技术的无机功能纳米结构制备

4.1 背景、目的和原理

随着纳米技术的发展,无机纳米结构,特别是一些金属、半导体和无机复合结构,由于其丰富的物理和化学性质引起了大家的广泛关注。扫描探针刻蚀技术是在表面上制备无机纳米结构的一种重要手段。由于 SPM 的针尖曲率半径小,且与样品之间的距离可以很近,它就像一把纳米级别的剪刀,可以对表面微小区域进行修饰。现在 AFM 和 STM 都已用于表面纳米级别微结构的加工。它们具有高分辨率、实时成像以及可以研究样品局域性质的优点。蘸笔纳米刻蚀技术(dip-pen nanolithography,DPN),就是在合适的驱动力下,利用 AFM 针尖基底间形成的毛细水珠的传质作用,直接将物质"书写"到目标基底上,从而构建各种有序或连续的纳米结构或图案的技术。DPN 技术不但具有扫描探针刻蚀的全部优点,而且适用范围较广,从有机小分子到高聚物、从金属离子到溶胶,都可以书写。

但由于无机分子与基底相互作用较弱,利用 DPN 技术在表面上直接构建无机纳米结构的研究还比较少。迄今为止,都是间接通过书写得到有机小分子自组装膜,再使用湿法刻蚀来得到。另一个困难是由于 DPN 使用针尖和基底间的毛细水珠作为墨汁的传输介质,其书写速度慢,通常只有几十到几百纳米每秒。

我们从传统的 DPN 方法出发,发展出了以长程静电相互作用作为驱动力的高速纳米刻蚀技术,克服了书写无机纳米结构的两个主要困难,不但实现了 DPN 直接书写无机纳米结构,还把书写速度提高了约 10^4 倍。我们已经实现了以此种方法书写无机金属盐类以及 ZnO、CdTe 等无机物,下一步的目标是把该方法扩展到较复杂的无机功能纳米结构,如无机掺杂荧光体系等的制备。

相比较来说,微接触印刷技术操作相对简单,但只适合制备微米亚微米尺度结构。我们成功使用微接触印刷技术在表面制备了图案化的 Y_2O_3:Eu 微米结构,把合成温度由上千度降到了几百度。如果与 DPN 相结合,互为补充,可能发展出制备微纳米尺度无机功能结构的普适方法。

4.2 目标、实验内容

将静电相互作用驱动的 AFM 纳米刻蚀技术应用于无机复合功能纳米结构的制备。

4.3 拟采取的研究方法和技术路线

首先,理解纳米刻蚀技术的机理,以及纳米尺度下静电形成的细节问题。

其次,将这种直接快速的纳米刻蚀方法加以推广,从制备较简单的无机纳米结构入手,逐渐将其发展为一种定点定位地制备无机复合功能纳米结构的普适方法。

4.4 实验计划

第 1~8 周,学习 AFM 和 DPN 的原理和操作。

第 9~16 周,利用该方法定点制备一些稍复杂的无机复合功能纳米结构,争取发展出一种普适手段。

4.5 实现本项目预期目标已具备的条件

本研究组发现针尖与基底摩擦可以产生静电,而这种静电可以作为高速 AFM 纳米刻蚀技术的驱动力。以其为驱动力,克服了传统 DPN 书写速率低以及无机纳米颗粒与基底相互作用弱的难题,将书写速度提高了 4 个数量级,实现了 ZnO、CdTe 纳米结构的表面高速构筑。这部分的工作发表在 *Applied Physics Letters* 上。

其次,利用这种刻蚀技术实现了表面无机掺杂功能材料的制备,如氧化钇掺铕等发光材料,其优点是直接在表面得到功能结构,方法简单,制备条件温和。

案例 5 基于原子力显微镜刻蚀技术的碳纳米管的定点修饰

5.1 背景、目的和原理

碳纳米管独特的结构特征决定了它可能在纳米电子器件、场发射与平板显示、导电和电磁屏蔽以及结构增强等众多领域得到应用,通过化学手段对碳纳米管的性质进行调控,是大家广泛关注的焦点。经过化学修饰的碳纳米管可能产生同未经过修饰的碳管不同的性质,从而在提升碳管器件的性能和制造有特殊功能的碳纳米管器件方面有潜在的应用前景。目前,人们对碳纳米管进行化学修饰,通常是将整个碳管都进行了修饰,修饰的产物单一,修饰的位点也不可控,而采用原子力显微镜(AFM)刻蚀技术则可以利用其实时扫描、定点定位等特点,实现对碳纳米管的特定位点进行修饰,并可以实现在不同位点修饰不同的基团,极大地提高了碳纳米管修饰的可控性和灵活性。

5.2 目标、实验内容

(1) 利用蘸笔纳米刻蚀技术实现碳纳米管常规的定点修饰反应,如碳纳米管与重氮盐的反应。

(2) 利用带电的 AFM 针尖给碳纳米管注入电荷,实现常规条件下不能发生的定点修饰反应,如碳纳米管与卤代烃的反应。

(3) 利用拉曼光谱、EFM 以及电学性质测量系统对修饰前后的碳纳米管性质进行表征。

(4) 利用修饰后产生的基团实现纳米颗粒在碳纳米管定点位置的组装,并探讨在电学器件或传感器方面的潜在应用。

5.3 拟采取的研究方法和技术路线

(1) 学习并理解纳米刻蚀技术的机理,利用蘸笔纳米刻蚀等技术实现一些对碳纳米管的修饰反应。

(2) 利用多种方法和手段对修饰前后的碳纳米管性质进行表征,如拉曼光谱、EFM 以及电学性质测量系统等。

(3) 利用修饰后产生的基团实现纳米颗粒在碳纳米管定点位置的组装,并探讨其潜在应用(例如电学器件或传感器方面)。

5.4 实验计划

第 2~4 周,学习 AFM 的原理和操作。第 5~8 周,利用蘸笔纳米刻蚀技术实现碳纳米管常规的定点修饰反应,并利用拉曼光谱、EFM 以及电学性质测量系统对修饰前后的碳纳米管性质进行表征。第 9~15 周,利用带电的 AFM 针尖给碳纳米管注入电荷,实现常规条件下不能发生的定点修饰反应,并利用拉曼光谱、EFM 以及电学性质测量系统对修饰前后的碳纳米管性质进行表征。利用修饰后产生的基团实现纳米颗粒在碳纳米管定点位置的组装,并探讨在电学器件或传感器方面的潜在应用。

5.5 实现本项目预期目标已具备的条件

本研究组长期从事使用 AFM 进行纳米刻蚀的研究,使用的主要手段是蘸笔刻蚀技术(DPN)。之前,在对碳纳米管进行重氮盐修饰的实验中发现,修饰后的碳纳米管无论其拉曼光谱还是静电力显微镜的相位图都发生了比较明显的变化。在以前定点修饰的初步尝试中,发现利用我们所提出的方法进行定点修饰时定位准确,可重复性好,以前的实验也排除了修饰过程中由于 AFM 针尖对碳纳米管可能的操纵引起的变化。

案例6 铽钴锰氧化物晶体结构、特性研究

6.1 背景、目的和原理

近几年,三元稀土化合物领域的研究越来越活跃。本实验通过X射线衍射等手段对铽钴锰体系中新物相的晶体结构、特性进行研究。

6.2 目标、实验内容

焙烧制备铽钴锰氧化物,学习物相分析方法。测定新化合物的晶体结构及磁学和电学特性。

6.3 拟采取的研究方法和技术路线

(1) 样品的制备:将一定量 Tb_4O_7、Co_3O_4、$MnCO_3$ 混合,马弗炉焙烧,改变温度,得到晶体存在温度范围以及整个体系的物相结构,在各个物相三角形中寻找新的物相,用逐渐逼近法得到新物相的确切位置。

(2) 晶体结构解析:X射线衍射测定新物相,进行结构解析;电子衍射测定晶体晶胞参数、空间群,进行元素组成分析。

(3) 晶体特性测定:Squid 测定晶体磁性;中子衍射测定晶体磁结构。

6.4 实验计划

计划在10周内完成实验计划,每周进行6学时的实验,根据实际情况可进行调整。前5周完成晶体的制备,后5周完成对晶体结构、特性的测量及表征。

6.5 实现本项目预期目标已具备的条件

本研究组对于铽钴锰体系已有较深入的研究,分析手段比较成熟,在此基础上可以提供本实验所需仪器、试剂,并且可就实验结果展开讨论。

案例7 Micrandilactone A 简单模型分子的合成

7.1 背景、目的和原理

Micrandilactone A 是从狭叶五味子植物中分离出的一种降三萜类化合物,它具有高度的氧化骨架结构,具有14个手性中心,而其中的7-8-5的三环骨架自然界中很少见到。该分子具有八个环系,大小不同,而且五、六、七和八元环等四种环系,除碳环外,还有内酯环、呋喃环、吡喃环及含氧桥环,因此分子就有高度的多样性。

Micrandilactone 家族还具有较好的生物活性。目前,已经发现它们具有较好的抗HIV活性,并且具有较低的细胞毒性,它们作为药物先导物必将具有很好的应用前景。

鉴于 Micrandilactone A 独特的结构特点和较高的生物活性,它的全合成研究引起化学家的广泛关注。目前研究组已经完成了 Micrandilactone A 的 ABC 和 FGH 环系的构建,而

现在最主要的问题就是如何构建核心的 7-8-5 三环体系,尤其是八元环。我们尝试采用 RCM 反应作为关八元环策略,首先从一个简单的模型分子合成的研究来确定 RCM 反应能否达到构建八元环体系的目的,从而完成 7-8-5 三环体系的构建。

7.2 目标、实验内容

完成 7-8-5 三环体系的简单模型分子的构建,从而确定 RCM 策略能否达到构建核心的八元环,为后续完成真实分子的全合成工作中 7-8-5 环系奠定基础。设计的简单模型分子如下:

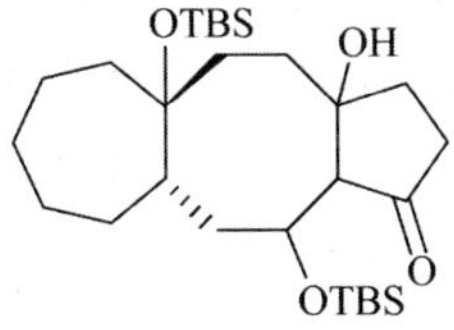

实验内容:以简单的环庚酮出发,在 LDA 作用下,与溴代乙酸乙酯反应,乙烯基格氏试剂加成羰基,形成 lactone,DIBAL-H 还原得 lactol,在碱的作用下尝试与 1,3-环戊二酮偶联,TBSOTf 保护所有的羟基,再用乙烯基格氏试剂加成一个羰基,从而合成出 RCM 前体,并试验 RCM 反应的可行性。当得到足够量该前体时,就可以试验各种关环条件,从而完成模型分子的构建。

7.3 拟采取的研究方法和技术路线

设计的合成路线如下:

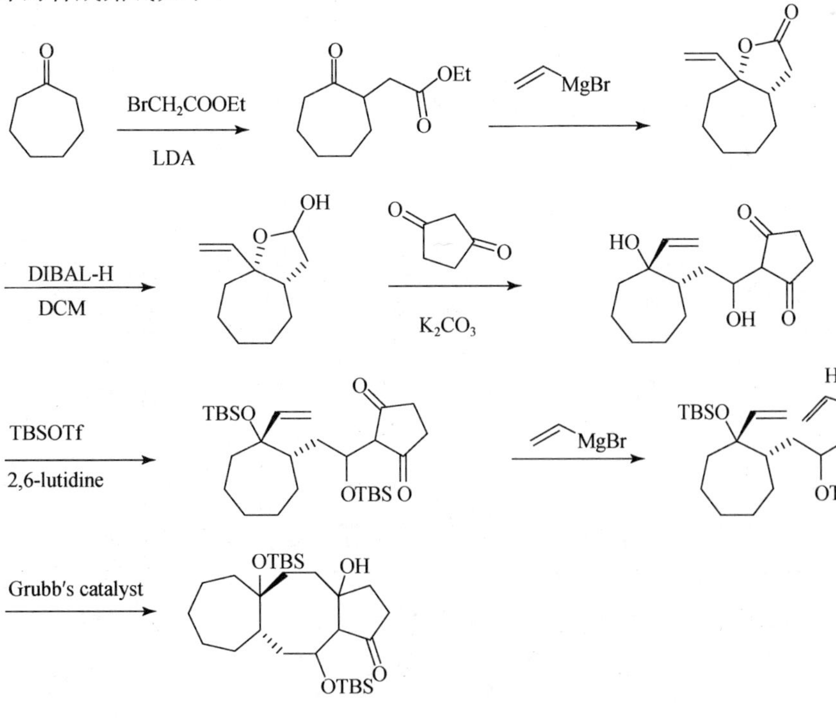

第一步反应已完成反应条件的优化,可行性不存在问题。主要步骤是以 THF 为溶剂,在二异丙胺中加入丁基锂,再将环庚酮加入,反应 1.5 小时后加入溴代乙酸乙酯,整个过程保持 -78 ℃,用 TLC 监测反应,用饱和氯化铵溶液淬灭反应,柱层析分离。第二步有文献(J. Am. Chem. Soc.,1996,118:4059—4071)报道,文献中的底物与本实验的底物的唯一差别是文献中是五元环,而本路线中是七元环。虽然产率较低,但原料可以回收。主要步骤是 -78 ℃下在 THF 中加入底物,慢慢加入乙烯基格氏试剂,用 TLC 监测反应,用饱和氯化铵溶液淬灭反应,柱层析分离。第三步有文献(J. Org. Chem.,1992,57:7133—7139)报道,底物不同,由于是通用方法,可行性应该不存在问题。在 -78 ℃下,在底物的 DCM 溶液中,加入 DIBAL,用水淬灭反应,得到的粗产物直接进行后续反应。合成路线中问题最大的是第四步的偶联反应,无文献报道此类反应,拟采用不同的碱优化该反应。第五步反应也有文献(J. Org. Chem. 1989,54:3354—3359)报道,是一个通用方法。在底物的 DCM 溶液中,在 0 ℃下加入 TBSOTf 和 2,6-lutidine,TLC 监测反应至反应完全,柱层析分离。第六步反应主要步骤与上面第二步反应相似。最后一步反应需要进行探索,尝试不同催化剂和溶剂进行优化。

对于偶联反应,如果不成功的话,可以不用 DIBAL 还原,而用 lactone 直接与 1,3-环戊二酮反应,见以下路线。其中,第一步反应也需要进行优化和尝试;第二步仍需尝试,无文献记载,但此路线如果成功,则可以高效地构建氧桥,有很重要的意义。

7.4 实验计划

总体计划平均每两星期向前推进一步,前几步有文献报道,可以很快推进(一周或少于一周),但有几步需要优化,需要花更长时间来完成。

7.5 实现本项目预期目标已具备的条件

本研究组能提供所需试剂,而且实验室具备无水无氧操作条件。

案例8 适配子SPR生物传感器的固定化方法

8.1 背景、目的和原理

表面等离子体共振(surface plasmon resonance,SPR)是一种物理光学现象。利用光在玻璃界面处发生全内反射时的消逝波,可以引发金属表面的自由电子产生表面等离子体。在入射角或波长为某一适当值的条件下,表面等离子体与消逝波的频率和波数相等,二者将发生共振,入射光被吸收,使反射光能量急剧下降,在反射光谱上出现共振峰(即反射强度最低值)。

SPR生物传感器是基于亲和反应的生物传感器。检测前将能够专一性识别溶液中的待测物质的分子(即探针分子)固定在金片上,含有被分析物的样品通过芯片表面时,探针分子与待测物质之间发生亲和反应,SPR信号发生变化。计算机通过记录反应过程中SPR谐振信号的变化来反映芯片上分子间的相互作用,从而将整个反应过程显示出来。固定在芯片表面的配体的专一性确保对混合物中、甚至结合在生物膜上的分析物进行直接分析而不需对样品进行预处理和分离。

适配子是指具有识别能力的短链DNA或RNA片段,它可以通过折叠形成如发卡、G-四联体、茎-突起、假结、T-联结等特定三维结构与其识别对象进行高亲和力和高特异性的结合。相比于抗体-抗原作用,适配子与其识别对象具有类似或更高的结合能力。同时,适配子还具有稳定性高、无毒、分子量小、体外化学合成,以及识别对象广泛等优点。因此,以适配子为新型识别元件,以SPR为换能器的传感体系可以综合适配子高特异性、高亲和力和SPR快速、免标记、高灵敏的优点,克服传统方法的不足,实现对蛋白质的快速、灵敏、准确的检测。

本实验拟以凝血酶为模型蛋白,以SPR为换能器,研究固定化方法对凝血酶适配子在金表面的固定密度和结合能力的影响,并优化固定化条件,总结适配子在金表面固定化的一般规律;研究适配子在金表面的固定化方法,考察各种固定方法和固定条件对适配子固定密度和结合能力的影响,总结适配子在金表面固定的一般规律,为实现适配子在金表面的有效固定提供实验基础和理论指导。

8.2 目标、实验内容

通过考察各种固定方法和固定条件对适配子固定密度和结合能力的影响,总结出适配子在金表面固定的一般规律。

8.3 拟采取的研究方法和技术路线

(1) 采用巯基自组装法对凝血酶适配子在金表面进行固定:从DNA合成公司购买带巯基标记和连接臂的凝血酶适配子;分别采用紫外/臭氧、Piranha洗液(30% H_2O_2:浓 H_2SO_4 体积比为1:3),以及体积比为 $NH_3 \cdot H_2O:30\% H_2O_2:H_2O=1:1:5$ 的洗液对金表面进行清洗,通过AFM表征评价清洗效果;在清洗后的金片上进行巯基自组装,并用6-巯基己醇封闭,使用 SPR 对固定过程进行在线监测;AFM 表征固定后的金片,与固定前对比;对凝血酶标准品进行检测。

(2) 采用链霉亲和素-生物素偶联法对凝血酶适配子在金表面进行固定:将干净、干燥的金片置于 DSP[3,3-dithiodipropionic acid di(N-succinimidyl ester)]溶液中处理;经 6-巯基己醇封闭后,将金片置于链霉亲和素中反应;经 2-氨基乙醇封闭后,进行对生物素修饰的凝血酶适配子的自组装,使用 SPR 对固定过程进行在线监测;对比金片固定前后的 AFM 表征结果;对凝血酶标准品进行检测。

(3) 用中性链亲和素-生物素偶联法对凝血酶适配子在金表面进行固定:使用干净的金片直接在线修饰中性链亲和素,并用 6-巯基己醇封闭;对生物素修饰的凝血酶适配子进行自组装,使用 SPR 对固定过程进行在线监测;对比金片固定前后的 AFM 表征结果;对凝血酶标准品进行检测。

(4) 采用 PAMAM 法[poly(amidoamine)dendrimers]对凝血酶适配子在金表面进行固定:使用干净的金片首先与烷基巯醇和树状大分子的混合物反应形成树状大分子层;经戊二醛与亲和素交叉偶联;对生物素修饰的凝血酶适配子进行自组装,使用 SPR 对固定过程进行在线监测;对比金片固定前后的 AFM 表征结果;对凝血酶标准品进行检测。

(5) 总结适配子在金表面固定的一般规律。

8.4 实验计划

第 2~4 周,完成金片清洗方法优化和巯基自组装法对凝血酶适配子在金表面进行的固定。第 5~8 周,完成链霉亲和素-生物素偶联法对凝血酶适配子在金表面进行的固定。第 9~12 周,完成中性链亲和素-生物素偶联法对凝血酶适配子在金表面进行的固定。第 13~14 周,完成 PAMAM 法对凝血酶适配子在金表面进行的固定。第 15~16 周,总结适配子在金表面固定的一般规律,补充并完善实验数据,撰写结题报告。

8.5 实现本项目预期目标已具备的条件

本研究组在生物分子的识别及分离分析新方法方面具有多年的研究经验,在生物传感器方面有多篇论文发表,为本项目的完成提供了可靠的实验与理论基础。本实验所需要的试剂均可由研究组提供。本组具备 SPR 光谱仪,化学院可提供 AFM 仪器。

案例 9 新型含环状 PEO 枝接型共聚物的形态结构研究

9.1 背景、目的和原理

本实验的目的主要是研究新型含环状 PEO 的接枝状高分子的相行为。高分子共聚物链段间常发生相分离现象。对于两嵌段共聚物的相形态人们已经了解得比较清楚,然而,对于高分子多嵌段聚合物、枝接型共聚物的微观有序相形态的研究工作仍在开展之中。

本实验研究的高分子共聚物就是具有环状 PEO 主体,支链分别为 PS 和 PDMAEMA 的两种枝接型共聚物 c-PEO-g-PS 和 c-PEO-g-PDMAEMA。我们可以猜想,由于聚合物主链的环状 PEO 和支链的不相溶性,无论在聚合物的本体还是表面上都会具有极为丰富的相行为。

在共聚物本体中,随着枝接型共聚物主链和支链结构的不同,往往会形成丰富多样的有序结构。Gido、Hadjichristidis、Mays 等人曾观察过直线型主链的枝接型共聚物形成的片状、柱状、球状等有序结构。用倒易空间自洽场模型研究直线型主链的枝接型共聚物相行为的工作也有报道。但有关环状 PEO 主链的枝接型共聚物的相行为还没有相关研究。通过本实验,我们希望能够得到样品的相分离和相转变信息,为进一步的理论模型的提出和解释提供基础。

由于枝接型共聚物单个分子就存在多条支链,因此对于本实验样品这种两亲性分子,其界面性质与一般的嵌段共聚物相比也有很大不同。在不同亲和性的表面上,分子可以自发聚集成不同于本体相的有序结构。另外,枝接型共聚物分子在超薄膜上的相行为也会有所不同,由于处在二维受限环境中,单个分子在表面上的形态非常有可能发生变化,从而诱导共聚物在表面上的形态发生变化。此外,PEO 段的表面结晶生长也是一个值得研究的课题。

9.2 目标、实验内容

实验内容主要分为两大部分:对本体相的研究计划集中在本体可能出现的微相分离和本体结晶行为,观察并确定本体中形成的微观有序相结构;对表面上的相行为研究计划集中在对共聚物处于界面上所产生的有序排列和分相现象,此外还计划研究样品在表面上的结晶生长行为。结合本研究组对 PEO 在二维受限表面的片晶生长、两嵌段聚合物的本体相行为等课题的研究,与本实验的结论进行对比和分析。

9.3 拟采取的研究方法和技术路线

初期工作计划利用 DSC 观察聚合物的相转变温度,获得有关相转变现象的初步信息,验证对于共聚物相行为的设想。从 DSC 实验结果中能够体现出均聚物的相转变温度的信息,根据 DSC 的实验结果可以确定后续实验进行的条件,对后续工作的开展具有启发性的意义。

对共聚物本体相的研究,计划利用小角 X 射线散射(SAXS)观察可能出现的微相分离行为,利用二维 X 射线衍射(2D-WAXD)确定晶相的形态,观察不同温度下的相区形态结构。此外,还可以通过制备厚度远大于高分子链均方回转半径的薄膜样品,即创造一个三维环境,使其相行为类似于本体中相行为。这样利用原子力显微镜(AFM)也可以在实空间内观察相分离和相转变的现象。综合以上几种实验方法得到的结果,给出两个样品准确的本体相形态结构。

对共聚物表面相行为的研究,计划在不同亲和性的介质表面上观察样品的聚集行为,利用 AFM 扫描样品表面形态,观察样品在表面上形成的有序结构。对样品超薄膜上的微相分离行为也可以通过 AFM 直接观察。影响超薄膜表面形态的因素比较复杂,样品在表面的浓度、温度、薄膜厚度都对表面形态有着重要影响。此外,利用带热台的 AFM 可以控制样品的温度,观察相转变过程,进而研究相转变过程的动力学性质。

9.4 实验计划

本实验课程一共16周。计划第1周完成实验步骤的细化,同时开始利用DSC初步观察样品的相转变现象。第2周初步完成样品相转变温度测定。第3~5周,对样品的本体相行为进行研究,重点研究样品的微相分离行为。第6~8周,研究样品的本体结晶行为,观察在PEO段结晶后样品产生的微观有序相结构。第9~11周,对样品的表面相行为进行研究,观察样品在不同亲和性表面上的有序聚集形态和超薄膜表面的分相现象。第12~15周,研究样品的表面结晶行为。第16周,完成对实验结果的总结,提交实验报告。

9.5 实现本项目预期目标已具备的条件

本研究组已有能完成本实验所需的实验设备,包括SAXS、2D-WAXD、DSC、AFM等仪器。

案例10 稀土金属配合物的制备及反应性研究

10.1 背景、目的和原理

稀土金属配合物是金属配合物家族的一个重要组成部分,它们在计量反应和催化反应上都有非常独特的反应性能。另一方面,我国拥有大量的稀土矿物储量,在稀土金属有机化学的研究方面有着很大优势和必要性,因此稀土金属配合物的制备和反应性的研究具有重要意义。

本实验的研究重点是制备结构新颖的多取代环戊二烯负离子稀土金属配合物,并研究其反应性能。多取代环戊二烯负离子配体拥有更高的电子云密度和更多样的空间位阻效应,这两个特性有利于稳定稀土金属配合物并有可能调控配合物的性能。

10.2 目标、实验内容

制备不同取代基类型的环戊二烯负离子配体;合成具有新颖结构的稳定稀土金属配合物,研究其在有机合成以及高分子聚合方面的反应性能。

10.3 拟采取的研究方法和技术路线

根据文献调研结果并结合研究室的现有实验条件,拟采用如下研究方法和技术路线:

无水无氧操作:Shlenk技术、手套箱;反应过程检测:薄层色谱(TLC)、气相色谱(GC)、气质联用(GC-MS);产物结构鉴定:核磁共振(NMR)、高分辨质谱(HRMS)。

初步的研究计划是:环戊酮经Wittig反应然后被亲核试剂进攻得到配体,或是通过直接在环戊二烯环上进行偶联反应的方式得到配体,具体的合成方式需要以实际情况确定。

寻找到有效的配体合成方法后,在手套箱中进行相应稀土金属配合物的制备,得到的产品可以使用X射线单晶衍射确定结构。本步骤原料或者产物可能对氧气和水分敏感,为了保证整个操作过程的无水无氧,反应必须在手套箱中进行。最后研究稀土金属配合物的计量反应或催化反应的反应性。这部分的路线视具体得到的配合物而定,初步想法可以尝试一些反应条件、化学选择性或者底物适用比较差的简单的催化反应,例如催化加氢,胺类和醛类、碳二亚胺的催化加成,D-A 的催化等等,找到一些有特点的反应。同样,从小量开始尝试,可以避免时间和原料的浪费。

反应开始前充分查阅文献,可以了解可能出现的问题,并且适时调整具体的进度。

10.4 实验计划

首先每次实验结束后记录并总结相关的问题,在平时进行详尽的文献查阅工作以及下次实验内容的安排。大致时间安排如下:第7~8周进行配体的制备;第9~14周进行配合物的合成及反应性的研究;第15~16周进行补充、完善实验工作,完成总结报告。

10.5 实现本项目预期目标已具备的条件

鉴于稀土金属有机化合物的特殊化学性质,实验需要在无水无氧的条件下进行,并且需要特殊的进样、取样分析方式。本研究组的手套箱、GC-MS 等设备以及标准 Shlenk 技术的使用,可以充分满足这些要求。另外,实验室已经拥有方便、高效率的合成环戊酮、环戊二烯及其衍生物的方法,也有方便快捷的获取高质量进口商业试剂的途径,是完成本项目的有力保障。

案例 11 全同手性碳纳米管的制备

11.1 背景、目的和原理

本实验的目的是制备全同手性碳纳米管。采用化学气相沉积技术,制备可控的蜿蜒形碳纳米管(serpentine carbon nanotubes),利用其特殊结构可以得到源于同一根碳管的平行碳纳米管片段,由此可以获得全同手性碳纳米管材料,并构筑其相关器件。

11.2 目标、实验内容

实验的主要内容为:首先选取合适的生长基底,摸索合适的生长条件,在实验室的化学气相沉积系统中制备蜿蜒形碳纳米管。随后通过可控的生长条件调控,探索各种生长条件的改变对制备得到的蜿蜒形碳纳米管的调控作用,最终达到可以可控制备形貌合适的蜿蜒形碳纳米管的目标。最后基于这种特殊形貌的碳纳米管材料,制备具有一定特殊性能的电学器件。

同时通过对蜿蜓形碳纳米管的生长条件探究,希望能够确认和完善其生长机理,从理论层面上对其可控生长提供解释。

11.3 拟采取的研究方法和技术路线

(1) 制备蜿蜓形碳纳米管:使用 CVD 方法,即化学气相沉积系统,利用已经比较成熟的两种制备机理的协同作用,制备具有这种特殊蜿蜓形貌的碳纳米管材料。

(2) 形貌调控:通过改变基底制备条件,调控基底的晶格作用;通过调控温度、气流等因素来调节气流状态的影响,同时协同其他有可能对结果造成影响的因素,系统研究各因素对这种蜿蜓形碳纳米管的形貌的影响,最终可控得到各种满足特殊需求的蜿蜓形碳纳米管材料。

(3) 蜿蜓形碳纳米管全同手性验证:利用原子力显微镜和拉曼光谱技术表征获得的蜿蜓形碳纳米管的直径和手性。

(4) 制备器件:首先利用研究室独有的碳纳米管转移技术,将得到的材料转移至适于制备器件的各种基底上,随后利用涂胶、电子束曝光、蒸镀金属、剥离这一成熟的电极制备技术,位置可控地在得到的蜿蜓形碳纳米管材料上制备电极,最终得到相关电学器件。

可能遇到的问题就是如何筛选合适的生长条件,同时各种生长条件对蜿蜓形碳纳米管的形貌的调控作用也尚不清晰。需要通过大量的尝试实验来确定,而且很多调控因素在现有条件下无法做到可控处理(例如:程序降温的基底退火系统、程序减小的气流控制系统)。对于准备尝试的几种生长条件,也不确定它们对结果是否有定量且可观的影响。这些问题需要在实验进行过程中发现、分析研究和解决。

11.4 实验计划

实验安排基本按照 11.3 中所述的几个部分和顺序,但也有几个部分同时平行进行的可能性。各部分需要的时间安排大致如下:第 2~5 周制备蜿蜓形碳纳米管,摸索碳纳米管生长条件;第 6~10 周进行形貌调控与表征;第 11~14 周进行器件制备;第 15~16 周进行补充、完善实验工作,完成总结报告。

11.5 实现本项目预期目标已具备的条件

本研究组具备:数套化学气相沉积(CVD)碳管生长系统;扫描电镜(SEM)表征系统;原子力显微镜(AFM)表征系统;拉曼(Raman)表征系统;各种所需气源、基底、催化剂等耗材;电子束曝光系统;电极蒸镀系统;电学性质测量系统。

案例 12 关于碳纳米管复合物的电化学研究

12.1 背景、目的和原理

电分析是分析溶液中物质的最好方法之一,具有成本低、易于操作以及分析结果可靠等优点。许多电分析系统中要使用到通过金属材料修饰的电极。与宏观金属材料不同，纳米尺度下的金属颗粒具有独特的光学、磁学、电学、化学性质。具有各种微结构的金属，如纳米球、纳米点、纳米棒与宏观金属材料相比，具有四个优点：高效的表面、质量输送、催化性、微环境的有效控制。尺度的减小使得金属比表面积增大，金属表面活性中心相应增加，进而可以提高信噪比，达到同样的分析效果所需贵金属用量减少。

纳米颗粒的微环境很大程度上受其载体的影响。改变载体有时能够大大提升分析的性能。碳纳米管已被证明是一种具有独特结构及电学性质、力学性质的纳米材料。自从其发现以来吸引了众多化学家的关注。过去十多年的研究发现，碳纳米管在许多领域都可以有广泛应用，包括能量转化与储存、机电马达、化学传感器等等。在电化学领域，由于其独特的结构和电学性质，碳纳米管优于现在已广泛使用的其他碳基材料，如玻碳、石墨、金刚石等等。有许多将碳纳米管用于电化学相关研究的工作，包括电分析、蛋白质直接电化学应用如电化学传感器已经被报道。

12.2 目标、实验内容

找到一种比较合适的碳纳米管复合物的电化学应用体系。

12.3 拟采取的研究方法和技术路线

首先，将结合电分析课程的学习，熟悉一些常见的电分析方法以及操作技巧等等。然后，将结合实验室已有条件，尝试发展出一个利用碳纳米管复合物的操作简便、价格低廉的电分析体系。

12.4 实验计划

第2~4周，通过文献调研以及初步尝试，找到一个适于实验室已经制备的碳纳米管复合物进行电化学分析。第5~15周，对该体系进行优化，试图提高检测限和灵敏度。

12.5 实现本项目预期目标已具备的条件

本研究组已制备出碳纳米管担载多种金属纳米颗粒的复合物，包括铂、钌、铱、金等等，目前制备条件已经成熟。实验室配备有电化学工作站，可以进行常见的电分析操作。

案例13 磁性微球的制备、功能化及应用

13.1 背景、目的和原理

磁性微米粒子体积微小，能够通过外加磁场作用被传送至细胞等生物体系中，也能方便地从复杂的反应体系中分离出来，因此近年来越来越多地被应用于生物分析中。

壳聚糖是甲壳素(chitin)的部分脱乙酰产物，也是迄今所发现的唯一天然碱性多糖。甲壳素广泛存在于蟹、虾等低等动物以及藻类、真菌等植物中，含量极其丰富，是仅次于纤维素的第二大多糖。壳聚糖因为具有良好的生物相容性，能被生物降解，降解产物无毒性等特点，近年来越来越多地被运用于分析领域。本实验需在磁性微球外层包裹壳聚糖，形成复合型磁

性粒子,利用壳聚糖来物理吸附或者共价连接酶,完成催化反应后利用磁性粒子的分离特性,在外加磁场下将磁性粒子从体系中分离出来,实现重复利用。

13.2 目标、实验内容

本实验拟通过一定方法合成 Fe_3O_4 磁性微球,再在其表面包裹上壳聚糖。由于壳聚糖本身结构疏松,故可以用来物理吸附生物分子,如血红蛋白和辣根过氧化物酶(HRP)。另外,壳聚糖结构中又有活性较大的氨基和羟基,可以用来共价连接生物分子。将连有酶的复合型小球应用于某一体系进行催化,反应完成后可以利用磁场将微球从体系中分离,从而达到重复利用的目的。

13.3 拟采取的研究方法和技术路线

(1) 在溶液中有两种主要合成 Fe_3O_4 微球的方法:一是在碱和氧化剂存在下,使 Fe^{2+} 氧化得到 Fe_3O_4;二是在碱性条件下共沉淀 Fe^{3+} 和 Fe^{2+} 离子混合物,Fe^{3+} 和 Fe^{2+} 的摩尔比为 2∶1。

(2) 在已经合成的磁性微球表面包裹壳聚糖。在一定溶剂中加入磁性粒子和壳聚糖的乙酸溶液,搅拌反应数小时,使壳聚糖较好地包裹在磁球外面。这里溶剂的选择、搅拌时间的选择以及包裹效果的优化等都需要进行一定程度的探索。

(3) 壳聚糖具有良好的疏松结构,故可以用来物理吸附特定的酶。另外,壳聚糖结构中还有多余的羟基、氨基,可以利用交联剂等试剂使其与酶进行共价连接。

(4) 酶活性的表征。可以采用传统的 TMB(四甲基联苯胺)-HRP-H_2O_2 体系进行测定;或者在含有 KI 的 PBS 缓冲介质中,使用 HRP 催化 H_2O_2 氧化二(4-二甲氨基苯基)甲烷进行测定。

(5) 分析应用。将 HRP 固定在磁性纳米粒子表面,在具有易分离、易测定、易回收的优点的同时并不影响其本来活性。可以使用粒子催化氧化的方法直接或间接测定五氯酚、维生素 C 等物质。还可以用来标记抗体,检测特定抗原。

13.4 实验计划

第 2~4 周主要进行 Fe_3O_4 磁性小球的合成以及合成条件的探索。第 5~6 周,主要进行包裹壳聚糖的条件探索工作。第 7~10 周,主要进行连接血红蛋白的条件探索工作。第 11~14 周,将上述探索条件用于辣根过氧化物酶,探索适宜条件。第 15~16 周,总结、提交结题报告。

13.5 实现本项目预期目标已具备的条件

本研究组具备本实验所需要的试剂(包括壳聚糖、血红蛋白和辣根过氧化物酶以及其他一些常用试剂),同时具备微球表征所要用的显微镜、紫外-可见分光光度计等。

案例 14 有机锂试剂与六羰基金属络合物的反应

14.1 背景、目的和原理

通过对有机锂试剂与六羰基金属化合物反应的研究,了解这两种化合物的性质,发展新的反应与合成方法,并对反应机理进行具体的探索。

1827年,Zeise盐的发现标志着过渡金属化学的开始,但是之后很长一段时间却没有得到人们太多的重视。直到1951年,二茂铁的合成及其结构的确定,才引起人们对金属有机化学的重视。随之,金属有机化学开始了爆炸性的发展,很多传统有机化学中无法实现甚至无法想象的反应在金属的参与下都得到了实现。金属有机化合物在有机合成、制药、催化等各方面都起了很重要的作用。有机化学发展的五大里程碑分别是:Grignard反应(1912年诺贝尔奖)、Diels-Alder反应(1950年诺贝尔奖),Wittig反应(1979年诺贝尔奖),金属Pd催化的碳链生成反应,烯烃复分解反应(2005年诺贝尔奖)。

金属有机化学中,较为重要的一部分是过渡金属的有机化学。过渡金属有未填满的d(有的有f)价层轨道,它们可以接受孤对电子、π电子体系的配位,价态变化范围大,可以发生多种氧化还原反应,所以在有机反应中使用范围很广,如Pd催化的Kumada反应、Suzyki反应和Herk反应等。

一氧化碳作为配位体与金属络合生成金属羰基化合物,几乎所有过渡金属都能形成金属羰基化合物。在这种配合物中,羰基既是σ电子对给予体,又是π电子对接受体。这类配合物无论是理论研究还是实际应用上,在近代无机化学中都占有特殊的地位。利用金属羰基化合物合成吡喃基卡宾络合物已经有较多报道,例如,$M(CO)_5 \cdot L$(M=Cr、Mo、W; L=THF、NEt_3)和β-乙炔基α,β-不饱和羰基化合物反应,可以用于制备三取代的吡喃络合物。

有机锂化合物是金属有机化合物中较为重要的一类化合物。早在1929年K. Ziegler采用一种简易的方法,用有机卤化物与金属锂制取获得成功,1930年它应用于有机合成以来,人们对它进行了长期、深入的研究。有机锂化合物在一些有机合成中具有独特的性能,使得它在有机合成中具有广泛的应用价值和重要的意义。

既然$M(CO)_5 \cdot L$(M=Cr、Mo、W; L=THF、NEt_3)可以用于三取代的吡喃络合物的合成,那么能否通过$M(CO)_6$直接参与反应实现多取代吡喃络合物的制备?另外,由于吡喃络合物可以通过还原得到环戊烯酮或其衍生物,是否可以通过$M(CO)_6$代替一氧化碳与Li试剂反应,经处理得到环戊烯酮或其衍生物?

14.2 目标、实验内容

研究1-锂-1,3-丁二烯与$M(CO)_6$反应,生成Fischer型卡宾的反应机理;研究生成的Fischer型卡宾去金属化的反应机理;尝试使用其他金属羰基化合物与1-锂-1,3-丁二烯进行反应,以期得到其他产物;尝试其他的去金属化方式,以期发现这种亚吡喃基Fischer型卡宾络合物新的独特的反应。

14.3 拟采取的研究方法和技术路线

预计反应按以下机理进行:

存在问题：虽然从理论上预测反应机理按此方式进行，但未能寻找到合适的实验方法证明是按此过程进行。

对于以下反应

将 $LiAlH_4$ 用 $LiAlD_4$ 代替，并用 D_2O 代替 H_2O 进行反应。另外，考虑将 H_2O 换成 HCl 进行反应，观察产物情况。同样，分别用 $LiAlD_4$、DCl 代替 $LiAlH_4$、HCl 反应，观察产物被 D 取代的情况，从而研究反应的机理。

存在问题：其他去金属化的试剂大多为氘代试剂，或者使用氘代试剂对研究反应的机理并无太大意义。因此还需在实验中摸索合适的方法。

14.4 实验计划

第 2~4 周，用氘代试剂进行去金属化反应机理的研究，并摸索反应机理的实验方法。第 5~8 周，去金属化反应机理研究，摸索证明 1-锂-1,3-丁二烯与 $M(CO)_6$ 反应机理的实验方法。第 9~15 周，进行 1-锂-1,3-丁二烯与 $M(CO)_6$ 反应机理的实验并尝试与其他金属羰基化合物反应。

14.5 实现本项目预期目标已具备的条件

本研究组具备各种所需的实验仪器，保证实验在无水无氧条件下进行，并且有研究生指导进行课题研究。本组已经具有建立在 1-锂-1,3-丁二烯、1,4-二锂-1,3-丁二烯基础上的一系列实验基础。对于 1-锂-1,3-丁二烯试剂与六羰基金属络合物 $M(CO)_6$ 反应在本组的研究下已经取得了具体的成果，为本实验的展开打下了良好的基础。

案例15 二维纳米网络结构的制备与性质

15.1 背景、目的和原理

金属氧化物作为反应前驱物,在适当温度及还原气体氛围下,被还原为低价态气体物质或单质蒸气,在载气运输下到达阳极氧化铝(AAO)模板表面,利用界面反应生长,合成复合氧化物及金属氧化物并复制模板的结构特征,得到相应的有序纳米网材料。还可以进一步利用该纳米网结构为模板,合成其他纳米结构。

二维有序结构具有独特的光学、磁学、压电等方面的性质,也可以作为模板合成其他材料或复合结构。本实验基于本研究组在此前发展的界面反应生长(interfacial reaction growth,IRG)合成法(J. Am. Chem. Soc. 2005,127:9686),进一步探索二维有序纳米网的界面反应生长合成法;以界面反应生长方法为基础,探索二次模板制备二维纳米网结构,并研究其电致发光与磁性性质。

15.2 目标、实验内容

探索应用界面反应生长合成二维有序纳米网的方法。以AAO为模板,探索合成GaN、铁基复合氧化物纳米网的合成方法、条件。

15.3 拟采取的研究方法和技术路线

将AAO切成小块,经预处理后掩埋在反应前驱物粉末(CuO、ZnO)中,在适当温度及气体氛围下,合成相应的纳米网结构。进而利用该结构,合成GaN、铁基复合氧化物纳米网。具体操作过程为:1)两步氧化法合成AAO模板。以草酸为电解液,室温下电解。一次氧化、去一次氧化层,约8小时。二次氧化、去蔽障层,约24小时。2)界面反应生长合成Cu、ZnO纳米网结构。AAO模板预处理,约10小时。界面反应生长及后处理,约24小时。3)基于合成出来的ZnO纳米网结构,在NH_3氛围中合成GaN;基于合成出来的Cu纳米网,在H_2氛围中合成铁的复合氧化物纳米网结构同上。

15.4 实验计划

首先制备AAO模板,条件允许的情况下,两项界面反应生长实验内容可以同时进行,也可以先后进行。在对实验条件探索的过程中,不断制备作为模板需要大量消耗的AAO。总体来讲,大约每周可以完成一批次实验。

15.5 实现本项目预期目标已具备的条件

本研究组已经成功合成$ZnAl_2O_4$纳米管/纳米网一体化结构,并在此基础上外延生长ZnO纳米网结构,研究了该结构作为光子晶体激光器的性质。而GaN也是很好的半导体材料,本组此前已合成$Ga_2O_{11} \cdot Al_2O_3$纳米网以及GaN单晶纳米线,如果能够成功合成GaN相似结构,可以对其电致发光进行进一步研究。

合成的铁基复合氧化物纳米网则可以进一步研究其磁学性质。如果本工作的预期目标能够实现,则可以大大拓展 IRG 方法的使用范围。

实验室具备制备 AAO 所需仪器、CVD 设备等。

案例 16　电纺纳米纤维膜荧光传感器性能及其分析应用

16.1　背景、目的和原理

共轭聚合物是一类结构中存在单双键交替的共轭体系贯穿其碳链骨架结构的特殊聚合物。共轭体系的存在使聚合物中 π 键能级间隔变小,具有较高的吸光系数和荧光量子效率,并可通过"分子导线效应"在整个分子中传递激子而放大荧光信号,在高灵敏度荧光传感器发展方面具有应用前景。

静电纺丝技术(简称电纺)是纳米材料制备领域研究的热点。其原理为在高压电场下使聚合物溶液射流发生拉伸、劈裂,经溶剂挥发后制得形貌均匀的纳米纤维无纺布膜(nonwoven mat)。电纺过程溶剂的快速挥发能将共轭聚合物"冻结"于基质结构中,有效防止共轭聚合物探针因自聚集导致的共振能量转移(FRET)和荧光光谱改变。

基质聚合物掺杂电纺构建纳米纤维膜荧光传感器存在的一个问题是,电纺纤维结构内部的探针分子被基质包围,无法与待测物充分接触而发生荧光猝灭,使纤维膜猝灭后仍具有一定(30%～50%)荧光基底,对提高传感器检测限及灵敏度均有不利影响。本实验拟采用改变电纺纤维结构、更换基质聚合物、掺杂活性物质等手段研究基质聚合物性质及电纺纤维形貌对荧光传感膜响应速度及灵敏度的影响,发展制备高灵敏度电纺纤维膜荧光传感器的构建方法。

16.2　目标、实验内容

以共轭聚合物为荧光探针,采用基质聚合物掺杂电纺方法制备纳米纤维膜荧光传感器;研究电纺纤维形貌和基质聚合物性质对荧光传感膜响应速度及灵敏度的影响;探索提高电纺纤维膜荧光传感器响应性能的通用性方法。

16.3　拟采取的研究方法和技术路线

(1) 研究新型共轭聚合物分子 P 荧光性质:考察共轭聚合物 P 于有机溶剂中溶解性能;配制 P 于适当溶剂中的溶液,测量荧光激发和发射波长;研究不同浓度 DNT 对溶液荧光猝灭效果,Stern-Volmer 拟合计算 P 与 DNT 结合常数。

(2) P 掺杂聚苯乙烯(PS)基质电纺构建芳香硝基化合物 DNT 荧光传感器:选择合适溶剂,配制 P 掺杂 PS 基质合适浓度电纺液;优化电纺条件,选择合适外加电压及接收距离,制备形貌均一、荧光性质保持良好的电纺纤维膜传感器;研究气相中 DNT 对纤维膜的荧光猝灭效果,作荧光强度-猝灭时间曲线。

(3) 改变电纺基质聚合物,研究电纺基质性质对传感性能的影响:改变聚合物基质 PS 为聚甲基丙烯酸(PMMA)、聚醋酸纤维素(CA)、硅胶等,按步骤(2)分别制备电纺纤维膜传感器;研究气相中 DNT 对纤维膜的荧光猝灭效果,作荧光强度-猝灭时间曲线;比较不同基质电纺纤维膜猝灭响应性能。

(4) 对电纺纤维进行表面改性,研究电纺纤维表面性质对传感性能的影响:向上述电纺液中添加表面活性剂,摸索改性电纺液的电纺条件;选择适当洗脱条件,获得除去表面活性剂、纤维中具微孔结构的电纺纤维膜;研究气相中 DNT 对微孔结构电纺纤维膜荧光猝灭效果,作荧光强度-猝灭时间曲线;比较微孔结构的引入对不同基质电纺纤维膜猝灭响应性能的影响。

(5) 探索掺杂活性物质对电纺纳米纤维膜传感性能的影响:选择合适的与 DNT 具亲和作用的物质,掺杂于基质-共轭聚合物体系中电纺;研究气相中 DNT 对加入亲和物质电纺纤维膜的荧光猝灭效果,作荧光强度-猝灭时间曲线;比较亲和物质加入对电纺纳米纤维膜传感性能的影响。

16.4 实验计划

第 2~5 周,完成实验步骤(1)。第 5~9 周,完成步骤(2)。第 10~13 周,完成步骤(3)。第 14~15 周,撰写结题报告,补充缺少数据,如有时间尝试探索步骤(4)和(5)。

16.5 实现本项目预期目标已具备的条件

空白 PS、PMMA、CA 电纺条件已经过摸索;本研究组有其他电纺纤维膜传感器研究经验;实验需要的原料,如 PS、PMMA、CA 等试剂组内已有。另外,组内具备电纺装置和荧光仪,其他性能测试可在化学院公用仪器平台完成。

案例 17 新型电纺材料的制备和传感性能研究

17.1 背景、目的和原理

纳米纤维织物以其精细的结构,特征的光泽和颜色,极高的孔隙度,极好的柔韧性、吸附性、过滤性、粘和性和保温性等诸多优异的性质而被广泛应用于国防、医药、化工和电子等许多领域。目前,虽然有多种制作纳米纤维的物理或化学方法,但总的来说,纳米纤维的制造技术还不是很完善,这在很大程度上阻碍了纳米纤维的实际应用。因此,开发和完善纳米纤维的制造技术一直是人们关注的问题,其中电纺丝技术以其高效低耗等诸多优点而受到了人们的青睐。

电纺丝技术的发展基于高压静电场下导电流体产生高速喷射的原理。在喷射熔体或溶液上通入几伏至几万伏的高压,在喷丝头和接地极间瞬时产生一个极不均匀的电场。喷丝头处的电场力用以克服溶液本身的表面张力和粘弹性力,随着电场强度的增加,喷丝头末端呈半球状的液滴被拉成圆锥状,此即 Taylor 锥。电场强度超过某一临界值后,电场力将克服液滴的表面张力形成射流(其流速约几米/秒)。经过溶剂的挥发或熔体冷却,最终在接收电极得到直径在亚微米甚至纳米数量级的纤维。到目前为止,电纺丝技术是为数不多的几种有希望连续生产纳米纤维的有效途径。

用电纺丝的方法制作的电纺纤维膜与普通的连续膜相比,最突出的优点是有很高的比表面积,比普通的连续薄膜高2~3个数量级,所以,将电纺纤维膜应用到传感器后,使得被检测分子与电纺纤维膜有更大的接触面积,这样结合在电纺纤维膜上的探针分子就有更多的机会捕获目标分子,从而提高传感器检测灵敏度,加快检测速率。

17.2 目标、实验内容

利用电纺纤维膜的高比表面的特性,在其表面修饰上适当的探针分子,使之可以对蛋白质或者金属离子等目标分子进行特异性的高灵敏度的检测。另外,还要探究传感器的重现性等问题。

17.3 拟采取的研究方法和技术路线

鉴于电纺纤维膜的高比表面积是提高其检测灵敏度的关键因素,我们将首先探究实验条件对电纺丝比表面的影响,例如电纺液的浓度、所用溶剂种类、电纺速度、电压、温度、环境湿度等条件都需要进行优化,以找到最有利于获得高比表面的实验条件。

接下来是选择合适的方法将探针分子固定在电纺纤维膜上,这方面文献中也有不少报道,常用的有化学键合的方法。另外,还有许多其他方法,针对不同的体系需要相应地采取不同的结合方式。

为了延长传感器的使用寿命,要求传感器有良好的重现性,即目标分子不仅要能与探针分子发生特异性结合,还要能够通过适当的方式被洗脱下来,以使传感器复原,这就需要对电纺纤维膜进行特殊的处理,例如,疏水化等。

17.4 实验计划

第2~3周,查阅电纺在生物传感领域的文章,确定几个比较可行的具体的研究体系。第4~5周,探索电纺条件,并对几个研究体系进行初步筛选。第6~8周,完成电纺条件的优化,选定研究的具体体系。第9~13周,集中精力对所选体系进行各种手段的表征,并根据实验结果对实验体系进行适当处理,提高检测灵敏度及结果的重现性。第14~15周,完善实验并完成结题报告。

17.5 实现本项目预期目标已具备的条件

本研究组致力于电纺丝技术在生物传感领域的应用,对电纺条件对电纺纤维形态的影响已有了很好的掌握,完成了一系列荧光物质电纺的研究并取得了比较满意的成果,这为在此基础上开展其他生物传感领域的研究奠定了坚实的基础。

第 5 章　技术服务指南

第 1 节　常用有机溶剂纯化处理

一、丙酮

沸点 56.2℃，折光率 1.3588，相对密度 0.7899。

普通丙酮常含有少量的水及甲醇、乙醛等还原性杂质。其纯化方法有：

方法一：于 250 mL 丙酮中加入 2.5 g 高锰酸钾回流，若高锰酸钾紫色很快消失，再加入少量高锰酸钾继续回流，至紫色不褪为止。然后将丙酮蒸出，用无水碳酸钾或无水硫酸钙干燥，过滤后蒸馏，收集 55～56.5℃的馏分。用此法纯化丙酮时，须注意丙酮中含还原性物质不能太多，否则会过多消耗高锰酸钾和丙酮，使处理时间增长。

方法二：将 100 mL 丙酮装入分液漏斗中，先加入 4 mL 10％硝酸银溶液，再加入 3.6 mL 1 mol/L 氢氧化钠溶液，振摇 10 分钟，分出丙酮层，再加入无水硫酸钾或无水硫酸钙进行干燥。最后蒸馏收集 55～56.5℃馏分。此法比方法一要快，但硝酸银较贵，只宜做小量纯化用。

二、二氧六环

沸点 101.5℃，熔点 12℃，折光率 1.4424，相对密度 1.0336。

二氧六环能与水任意混合，常含有少量二乙醇缩醛与水，久贮的二氧六环可能含有过氧化物（鉴定和除去参阅乙醚）。纯化方法：在 500 mL 二氧六环中加入 8 mL 浓盐酸和 50 mL 水的溶液，回流 6～10 小时，在回流过程中，慢慢通入氮气以除去生成的乙醛。冷却后，加入固体氢氧化钾，直到不能再溶解为止，分去水层，再用固体氢氧化钾干燥 24 小时。然后过滤，在金属钠存在下加热回流 8～12 小时，最后在金属钠存在下蒸馏，压入钠丝密封保存。精制过的 1,4-二氧环己烷应当避免与空气接触。

三、吡啶

沸点 115.5℃，折光率 1.5095，相对密度 0.9819。

分析纯的吡啶含有少量水分，可供一般实验用。如要制得无水吡啶，可将吡啶与粒状氢氧化钾（钠）一同回流，然后隔绝潮气蒸出备用。干燥的吡啶吸水性很强，保存时应将容器口用石蜡封好。

四、石油醚

石油醚为轻质石油产品,是低分子量烷烃类的混合物。其沸程为 30~150℃,收集的温度区间一般为 30℃ 左右。有 30~60℃,60~90℃,90~120℃ 等沸程规格的石油醚。其中含有少量不饱和烃,沸点与烷烃相近,用蒸馏法无法分离。

石油醚的精制通常将石油醚用等体积的浓硫酸洗涤 2~3 次,再用 10% 硫酸加入高锰酸钾配成的饱和溶液洗涤,直至水层中的紫色不再消失为止。然后再用水洗,经无水氯化钙干燥后蒸馏。若需绝对干燥的石油醚,可加入钠丝(与制备无水乙醚相同)。

五、甲醇

沸点 64.96℃,折光率 1.3288,相对密度 0.7914。

普通未精制的甲醇含有 0.02% 丙酮和 0.1% 水。而工业甲醇中这些杂质的含量达 0.5%~1%。

为了制得纯度达 99.9% 以上的甲醇,可将甲醇用分馏柱分馏。收集 64℃ 的馏分,再用镁去水(与制备无水乙醇相同)。甲醇有毒,处理时应防止吸入其蒸气。

六、乙酸乙酯

沸点 77.06℃,折光率 1.3723,相对密度 0.9003。

乙酸乙酯一般含量为 95%~98%,含有少量水、乙醇和乙酸。纯化方法:于 1000 mL 乙酸乙酯中加入 100 mL 乙酸酐、10 滴浓硫酸,加热回流 4 小时,除去乙醇和水等杂质,然后进行蒸馏。馏液用 20~30 g 无水碳酸钾振荡,再蒸馏。产物沸点为 77℃,纯度可达 99% 以上。

七、乙醚

沸点 34.51℃,折光率 1.3526,相对密度 0.71378。

普通乙醚常含有 2% 乙醇和 0.5% 水。久藏的乙醚常含有少量过氧化物。

(1) 过氧化物的检验和除去:在干净的试管中放入 2~3 滴浓硫酸、1 mL 2% 碘化钾溶液(若碘化钾溶液已被空气氧化,可用稀亚硫酸钠溶液滴到黄色消失)和 1~2 滴淀粉溶液,混合均匀后加入乙醚,出现蓝色即表示有过氧化物存在。除去过氧化物可用新配制的硫酸亚铁稀溶液(配制方法是 60 g $FeSO_4 \cdot 6H_2O$、100 mL 水和 6 mL 浓硫酸)。将 100 mL 乙醚和 10 mL 新配制的硫酸亚铁溶液放在分液漏斗中洗数次,至无过氧化物为止。

(2) 醇和水的检验和除去:乙醚中放入少许高锰酸钾粉末和一粒氢氧化钠。放置后,氢氧化钠表面附有棕色树脂,即证明有醇存在。水的存在用无水硫酸铜检验。先用无水氯化钙除去大部分水,再经金属钠干燥。其方法是:将 100 mL 乙醚放在干燥锥形瓶中,加入 20~25 g 无水氯化钙,瓶口用软木塞塞紧,放置一天以上,并间断摇动,然后蒸馏,收集 33~37℃ 的馏分。用压钠机将 1 g 金属钠直接压成钠丝放于盛乙醚的瓶中,用带有氯化钙干燥管的软木塞塞住。或在木塞中插一末端拉成毛细管的玻璃管,这样,既可防止潮气浸入,又可使产生的气体逸出。放置至无气泡发生即可使用;放置后,若钠丝表面已变黄变粗时,须再蒸一次,然后再压入钠丝。

八、乙醇

沸点 78.5℃,折光率 1.3616,相对密度 0.7893。

制备无水乙醇的方法很多,根据对无水乙醇质量的要求不同而选择不同的方法。由于乙醇具有非常强的吸湿性,所以在操作时,动作要迅速,尽量减少转移次数以防止空气中的水分进入,同时所用仪器必须事前干燥好。

1. 制备 98%~99% 的乙醇

方法一:利用苯、水和乙醇形成低共沸混合物的性质,将苯加入乙醇中,进行分馏,在 64.9℃时蒸出苯、水、乙醇的三元恒沸混合物,多余的苯在 68.3℃与乙醇形成二元恒沸混合物被蒸出,最后蒸出乙醇。工业多采用此法。

方法二:用生石灰脱水。于 100 mL 95% 乙醇中加入新鲜的块状生石灰 20 g,回流 3~5 小时,然后进行蒸馏。

2. 制备 99% 以上的乙醇

方法一:在 100 mL 99% 乙醇中,加入 7 g 金属钠,待反应完毕,再加入 27.5 g 邻苯二甲酸二乙酯或 25 g 草酸二乙酯,回流 2~3 小时,然后进行蒸馏。

金属钠虽能与乙醇中的水作用,产生氢气和氢氧化钠,但所生成的氢氧化钠又与乙醇发生平衡反应,因此单独使用金属钠不能完全除去乙醇中的水。须加入过量的高沸点酯,如邻苯二甲酸二乙酯与生成的氢氧化钠作用,抑制上述反应,从而达到进一步脱水的目的。

方法二:在 60 mL 99% 乙醇中,加入 5 g 镁和 0.5 g 碘,待镁溶解生成醇镁后,再加入 900 mL 99% 乙醇,回流 5 小时后,蒸馏,可得到 99.9% 乙醇。

九、二甲基亚砜(DMSO)

沸点 189℃,熔点 18.5℃,折光率 1.4783,相对密度 1.100。

二甲基亚砜能与水混合,可用分子筛长期放置加以干燥。然后减压蒸馏,收集 76℃/1600 Pa(12 mmHg)馏分。蒸馏时,温度不可高于 90℃,否则会发生歧化反应生成二甲砜和二甲硫醚。也可用氧化钙、氢化钙、氧化钡或无水硫酸钡来干燥,然后减压蒸馏。也可用部分结晶的方法纯化。二甲基亚砜与某些物质混合时可能发生爆炸,例如氢化钠、高碘酸或高氯酸镁等,应予注意。

十、N,N-二甲基甲酰胺(DMF)

沸点 149~156℃,折光率 1.4305,相对密度 0.9487。

无色液体，与多数有机溶剂和水可任意混合，对有机和无机化合物的溶解性能较好。

N,N-二甲基甲酰胺含有少量水分。常压蒸馏时有些分解，产生二甲胺和一氧化碳。在有酸或碱存在时，分解加快。所以加入固体氢氧化钾（钠）在室温放置数小时后，即有部分分解。因此，最常用硫酸钙、硫酸镁、氧化钡、硅胶或分子筛干燥，然后减压蒸馏，收集 76℃/4800 Pa（36 mmHg）的馏分。其中如含水较多时，可加入其 1/10 体积的苯，在常压及 80℃ 以下蒸去水和苯，然后再用无水硫酸镁或氧化钡干燥，最后进行减压蒸馏。纯化后的 N,N-二甲基甲酰胺要避光贮存。

N,N-二甲基甲酰胺中如有游离胺存在，可用 2,4-二硝基氟苯产生颜色来检查。

十一、二氯甲烷

沸点 40℃，折光率 1.4242，相对密度 1.3266。

使用二氯甲烷比氯仿安全，因此常常用它来代替氯仿作为比水重的萃取剂。普通的二氯甲烷一般都能直接作萃取剂用。如需纯化，可用 5% 碳酸钠溶液洗涤，再用水洗涤，然后用无水氯化钙干燥，蒸馏收集 40~41℃ 的馏分，保存在棕色瓶中。

十二、二硫化碳

沸点 46.25℃，折光率 1.6319，相对密度 1.2632。

二硫化碳为有毒化合物，能使血液神经组织中毒，且具有高度的挥发性和易燃性，因此，使用时应避免与其蒸气接触。

对二硫化碳纯度要求不高的实验，在二硫化碳中加入少量无水氯化钙干燥几小时，在水浴 55~65℃ 下加热蒸馏、收集。如需要制备较纯的二硫化碳，在试剂级的二硫化碳中加入 0.5% 高锰酸钾水溶液洗涤三次。除去硫化氢再用汞不断振荡以除去硫。最后用 2.5% 硫酸汞溶液洗涤，除去所有的硫化氢（洗至没有恶臭为止），再经氯化钙干燥，蒸馏收集。

十三、氯仿

沸点 61.7℃，折光率 1.4459，相对密度 1.4832。

氯仿在日光下易氧化成氯气、氯化氢和光气（剧毒），故氯仿应贮于棕色瓶中。市场上供应的氯仿多用 1% 酒精作稳定剂，以消除产生的光气。氯仿中乙醇的检验可用碘仿反应；游离氯化氢的检验可用硝酸银的醇溶液。

为除去乙醇，可将氯仿用其 1/2 体积的水振摇数次分离下层的氯仿，用氯化钙干燥 24 小时，然后蒸馏。另一种纯化方法：将氯仿与少量浓硫酸一起振荡两三次。每 200 mL 氯仿用 10 mL 浓硫酸，分去酸层以后的氯仿用水洗涤，干燥，然后蒸馏。

除去乙醇后的无水氯仿应保存在棕色瓶中并避光存放，以免光化作用产生光气。

十四、苯

沸点80.1℃,折光率1.5011,相对密度0.87865。

普通苯常含有少量水和噻吩,噻吩的沸点84℃,与苯接近,不能用蒸馏的方法除去。

噻吩的检验:取1 mL苯加入2 mL溶有2 mg吲哚醌的浓硫酸,振荡片刻,若酸层呈蓝绿色,即表示有噻吩存在。噻吩和水的除去:将苯装入分液漏斗中,加入其1/7体积的浓硫酸,振摇使噻吩磺化,弃去酸液,再加入新的浓硫酸,重复操作几次,直到酸层呈现无色或淡黄色并检验无噻吩为止。将上述无噻吩的苯依次用10%碳酸钠溶液和水洗至中性,再用氯化钙干燥,然后蒸馏,收集80℃的馏分,最后用金属钠脱去微量的水得无水苯。

十五、四氢呋喃

沸点67℃(64.5℃),折光率1.4050,相对密度0.8892。

四氢呋喃与水能混溶,常含有少量水分及过氧化物。如要制得无水四氢呋喃,可用氢化铝锂在隔绝潮气下回流(通常1000 mL约需2~4 g氢化铝锂)除去其中的水和过氧化物,然后蒸馏,收集66℃的馏分(蒸馏时不要蒸干,将剩余少量残液倒出[①])。精制后的液体加入钠丝并应在氮气氛中保存。

处理四氢呋喃时,应先用小量进行试验,在确定其中只有少量水和过氧化物,作用不致过于激烈时,方可进行纯化。

四氢呋喃中的过氧化物可用酸化的碘化钾溶液来检验。如过氧化物较多,应另行处理为宜。

第2节 常用仪器技术服务指南

一、FT-NMR 试样制备

一个好的 ^{1}H NMR 样品约含有10 mg左右化合物。样品溶液中不应存在固体或顺磁性的杂质。氘代NMR溶剂中不能含有水分,测得的NMR谱图中不应出现溶剂峰。

1. NMR溶剂

典型的氘代溶剂有氘代氯仿($CDCl_3$)、重水(D_2O)、氘代苯(C_6D_6)、氘代丙酮($CD_3C(O)CD_3$)、氘代乙腈(CD_3CN)和氘代四氢呋喃(C_4D_8O)。氘代氯仿是至今最为常用的溶剂,由助教准备。在瓶装 $CDCl_3$ 用作NMR溶剂之前,必须完成三个重要的步骤:1)需要你自己事先准备,在 $CDCl_3$ 中加入数滴标准物TMS(四甲基硅烷);2)加入经活化的4Å活性分子筛脱水,

---

[①] 所有的醚类溶剂重蒸都不可蒸干,切记!!!

确保溶剂中没有剩余的水;3) 必要的话,加入无水 K_2CO_3 颗粒(一种弱碱),以中和 $CDCl_3$ 和分子筛带来的酸性。由于一般不会用到对酸敏感的物质,所以可不用加入 K_2CO_3。注意:不要让水进入氯仿,尽量缩短盛氯仿的瓶子敞开的时间。因为只要瓶子敞开,空气中的水就会溶进 NMR 溶剂中。

2. 在准备试样之前

(1) 检查 NMR 样品管中的深度测量器,确定所需样品的最低高度。

(2) 做一次标准测试,以确定待测样品中含有足够的溶剂(提示:将 NMR 管放在 10 mL 的量筒中,在量筒外壁用记号笔在最低检测高度处作上标记)。

3. 准备液体 NMR 样品

(1) 干燥,去除化合物中的溶剂。

(2) 取一支洁净干燥的 NMR 管,放置于 10 mL 的量筒中。

(3) 取一支吸管,将尖端插入样品中,毛细管效应可使约 10 mg 样品进入管中。

(4) 检查溶剂是否足够。

(5) 盖上 NMR 管的盖子,如果需要完成多张谱图,请记录样品号(在彩色的 NMR 盖上直接书写编号是最方便的)。

(6) NMR 测试完毕后,将样品回收到原来的容器中,浓缩除去溶剂。

4. 准备固体 NMR 样品

(1) 重复以上的(1)~(3)步骤。

(2) 将 10 mg 左右的样品放在一个小瓶中。

(3) 用 1 mL 左右的氘代试剂溶解样品。

(4) 用吸管将液体通过吸管过滤器移入 NMR 管。

(5) 重复以上的(4)~(6)步骤。

5. 清洗 NMR 管

(1) 用丙酮彻底清洗 NMR 管。

(2) 把 NMR 管放入烘箱中,干燥 1 小时左右。

(3) 将 NMR 管放入室温下的保干器中保存。

(材料来源:MIT 实验手册)

二、气相色谱(GC)试样制备

制备一个标准的气相色谱检测试样,内容包括挥发性化合物稀溶液的制备和使用气相色谱检测其纯度。

1. 液体样品制备

(1) 将吸管的尖端插入液体中,毛细管现象将使约 10 mg 的液体进入吸管中。

(2) 用 1 mL 挥发性溶剂(如乙醚、乙酸乙酯和戊烷等)将其洗入一个小瓶中。

(3) 将吸管的尖端插入液体中。
(4) 用 1 mL 相同的溶剂将吸管中的试样通过吸管过滤器洗入另一个小瓶中。
(5) 现在你的样品可以直接进样了!

2. 固体样品制备

(1) 将 10 mg 的化合物溶入 1 mL 上述任一种挥发性溶剂中。
(2) 重复以上的(3)~(5)步骤。

(材料来源:MIT 实验手册)

三、薄层色谱(TLC)的使用

薄层色谱是一种非常有用的跟踪反应的手段,还可以用于柱色谱分离中合适溶剂的选择。薄层色谱常用的固定相有氧化铝或硅胶,它们是极性很大(标准)或者是非极性的(反相)。流动相则是一种极性待选的溶剂。在大多数实验室实验中,都使用标准硅胶板。将溶液中的反应混合物点在薄板上,然后利用毛细作用使溶剂(或混合溶剂)沿板向上移动进行展开。根据混合物中组分的极性,不同化合物将会在薄板上移动不同的距离。极性强的化合物会"粘"在极性的硅胶上,在薄板上移动的距离比较短,而非极性的物质将会在流动的溶剂相中保留较长的时间从而在板上移动较大的距离。化合物移动的距离大小用比移值 R_f 来表达。这是一个位于 0~1 之间的数值,它的定义为:化合物前沿距基线(开始点样时已经确定)的距离除以溶剂前沿距基线的距离。

1. 展开剂的选择

选择适当的展开剂是首要任务。一般常用溶剂按照极性从小到大的顺序排列大概为:石油醚<己烷<苯<乙醚。

强极性溶剂:甲醇、乙醇、异丙醇;

中等极性溶剂:乙腈、乙酸乙酯、氯仿、二氯甲烷、乙醚、甲苯;

非极性溶剂:环己烷、石油醚、己烷、戊烷。

常用混合溶剂:

乙酸乙酯/己烷体系:常用浓度 0~30%。但有时较难在旋转蒸发仪上完全除去溶剂。

乙醚/戊烷体系:常用浓度 0~40%。在旋转蒸发仪上非常容易除去溶剂。

乙醇/己烷或戊烷体系:对强极性化合物 5%~30%比较合适。

二氯甲烷/己烷或戊烷体系:常用浓度 5%~30%,当其他混合溶剂失败时可以考虑使用。

展开剂的比例要靠尝试。一般根据文献中报道的该类化合物用什么样的展开剂,就首先尝试使用该类展开剂,然后不断尝试比例,直到找到一个分离效果好的展开剂。展开剂的选择条件:1) 对所需成分有良好的溶解性;2) 可使成分间分开;3) 待测组分的 R_f 在 0.2~0.8 之间,定量测定在 0.3~0.5 之间;4) 不与待测组分或吸附剂发生化学反应;5) 沸点适中,粘度较小;6)展开后组分斑点圆且集中;7)混合溶剂最好现用现配。

很多时候,要靠不断变换展开剂的组成来达到最佳分离效果。在实验中,为了实现一个配体与其他杂质有效分离,常需尝试很多种溶剂组合。一般把两种溶剂混合时,采用高极性/低极性的体积比为 1/3 的混合溶剂,如果有分开的迹象,再调整比例(或者加入第三种溶剂),达到最佳效果;如果没有分开的迹象(斑点较"拖"),最好换溶剂。

一般来说,弱极性溶剂体系由正己烷和水基本两相组成,再根据需要加入甲醇、乙醇、乙酸乙酯来调节溶剂系统的极性,以达到好的分离效果,适合于生物碱、黄酮、萜类等的分离;中等极性的溶剂体系由氯仿和水基本两相组成,由甲醇、乙醇、乙酸乙酯等来调节极性,适合于蒽醌、香豆素,以及一些极性较大的木脂素和萜类的分离;强极性溶剂体系,由正丁醇和水组成,也靠甲醇、乙醇、乙酸乙酯等来调节极性,适合于极性很大的生物碱类化合物的分离。

分离在硅胶等酸性介质上易分解的样品时,在展开剂里往往加一点点三乙胺、氨水、吡啶等碱性物质来中和硅胶的酸性(选择所添加的碱性物质,还必须考虑容易从产品中除去,氨水无疑是较好的选择)。分离效果的好坏与所用硅胶和溶剂的质量很有关系:不同厂家生产的硅胶可能含水量以及颗粒的粗细程度、酸性强弱均不同,从而导致产品在某个厂家的硅胶中分离效果很好,但在另一个厂家的就不行。溶剂的含水量和杂质含量对分离效果都有明显的影响。温度、湿度对分离效果影响也很明显,在实验中有时同一展开条件,上下午的 R_f 截然不同。

2. 薄层色谱实验步骤

(1) 切割薄板。通常,买来的硅胶板都是方形的玻璃板,必须用钻石头玻璃刀和引导尺按照模板的形状进行切割。在切割玻璃之前,先用尺子和铅笔在薄板的硅胶面上轻轻地标出基线的位置(注意不要损坏硅胶面),然后进一步将其分成若干独立的小块。目前市售的硅胶板已有不同大小的,可以根据要求选用。

(2) 选取合适的溶剂体系。化合物在薄板上移动距离的多少取决于所选溶剂的不同。在戊烷和己烷等非极性溶剂中,大多数极性物质不会移动,但是非极性化合物会在薄板上移动一定距离;相反,极性溶剂通常会将极性化合物推到溶剂的前端而仅将非极性化合物推离基线。一个好的溶剂体系应该使混合物中所有的化合物都离开基线,但并不使所有化合物都到达溶剂前端,R_f 值最好在 0.15~0.85 之间。虽然这个条件不一定都能满足,但应该作为薄层色谱分析的目标(在柱色谱中,合适的溶剂应该满足 R_f 在 0.2~0.3 之间)。

(3) 将 1~2 mL 选定的溶剂体系倒入展开池中。

(4) 将化合物在薄板标记过的基线处点样。在跟踪反应进行时,一定要点上起始反应物、反应混合物以及两者的混合物。

(5) 展开:将已点样的薄板放入展开池,让溶剂向上展开约 90% 的薄板长度。

(6) 从展开池中取出薄板并且马上用铅笔标注出溶剂到达的前沿位置。

(7) 让薄板上的溶剂挥发掉。

(8) 用非破坏性技术观察薄板。最好的非破坏性方法就是用紫外灯进行观察。将薄板放在紫外灯下，用铅笔标出所有有紫外活性的点。

(9) 根据初始薄层色谱结果修改溶剂体系的选择。如果想让 R_f 变得更大一些，可使体系极性更强些；如果想让 R_f 变小，就应该使溶剂体系的极性减小些。如果在薄板上点样变成了条纹状而不是一个圆圈状，则表明样品浓度可能太高了。稀释样品后再进行一次薄板层析，如果还是不能奏效，就应该考虑换一种溶剂体系。

(10) 做好 TLC 标记，计算每个斑点的 R_f 值，并且在笔记本上画出图样。

（材料来源：MIT 实验手册）

四、无氧操作

1. 真空箱操作

参照具体真空箱型号，按使用说明要求操作。

2. 溶剂脱气

脱除溶剂中水和氧气的最好办法是用合适的干燥剂（比如金属钠）处理后进行蒸馏。有时，精馏操作可能比较繁杂（还可能比较危险）。如果在实验中仅需要用到少量的无氧溶剂，采用惰性气体（如 N_2）来吹洗溶剂是更为有效的方法。

(1) 在一个热的圆底烧瓶中加入活性分子筛，用氮气吹洗直至降至室温。分子筛就像海绵一样不断吸附溶在溶剂中的水分。由于玻璃很容易吸附空气中的水汽，因此必须在烘箱中（或火焰上）使所有的玻璃仪器彻底干燥。

(2) 当圆底烧瓶冷至室温后，加入溶剂并用橡皮膜封住瓶口。

(3) 将一只干净的针头刺透橡皮膜，直接伸入溶剂中，鼓入气体。用另一只针头，使圆底烧瓶通大气（有气泡产生），持续 15~20 分钟。

另一种溶液脱气的方法是"冰冻—抽气—解冻"法。先使溶液冰冻成固体（比如使用液氮），再用真空泵抽真空几分钟，然后关闭真空系统，使溶液缓慢升至室温。重复此操作至少两次以上。注意：有的极性溶剂，如水、甲醇和乙腈在凝固时会膨胀，有可能引起玻璃容器破裂。在一般实验中，不采用这种方法脱气，但在将来的实验中有可能会用上。

3. 过滤溶液

过滤装置由三部分组成：装有样品的施兰克（Schlenk）瓶、施兰克接头和接收用的施兰克瓶。

(1) 趁热在玻璃仪器接头的两端涂上油脂。把接头的一端接上接收瓶（别忘了加入搅拌棒！），另一端接上另一只 14/20 开口的小烧瓶，用医用夹子夹紧。抽真空，充入氮气（注意不要将油从鼓泡器中吸入真空箱中）。重复抽真空—充入氮气至少三次。

(2) 准备开始过滤时，将样品瓶及接收瓶均处于正压的氮气流氛围中。迅速将作为盖子用的小瓶从接头处移走，同时将样品瓶上的隔膜迅速移去，然后连接两部分，并把装置倒转过来。

（3）关闭原料瓶的氮气，并且在接收瓶内稍微抽真空（注意在真空系统上装上冷却装置，以防止溶剂蒸发破坏贵重的真空泵!）。然后，可将真空泵关闭，因为在微小真空度下过滤可以顺利进行。

（4）当溶液转移结束后，在接收瓶中充入氮气，将接收瓶中接头取下，再用橡皮隔膜封住瓶口。

（材料来源：MIT 实验手册）

五、蒸馏操作

蒸馏在提纯试剂及分离粗产品时非常有用。蒸馏可分为两类：常压蒸馏和减压蒸馏。常压蒸馏操作比较简单，而减压蒸馏涉及一些较复杂的技术。蒸馏需用到一些专用于这一技术的特殊玻璃仪器。蒸馏装置有多种类型。

1. 常压蒸馏操作步骤

（1）收集必要的玻璃仪器：蒸馏头、温度计及温度计接头、接收瓶（至少两只）、蒸馏柱（可根据具体情况选择）。

（2）预热油浴或加热套。如果蒸馏物的沸点未知，此步骤应该略去。多数情况下，热源的温度需比蒸馏物的沸点高 20～30℃。注意：由于热分解极可能着火，只在加热温度低于 200℃时使用油浴。

（3）记录贴有标签的接收瓶的重量。

（4）将要蒸馏的物料放入带搅拌子的圆底烧瓶（搅拌子用于防止爆沸）。选择圆底烧瓶的大小非常重要。液体装至烧瓶容积的 1/2～2/3 为好，液面太高将过早沸腾，液面过低则要花费太长的时间来蒸馏。

（5）装配玻璃仪器，确保所有接口密闭性良好。如果拿不准要用多少夹子，记住组装一套玻璃仪器应至少使用两个夹子。对于常压蒸馏，不需要用油脂来密封接口。注意：对空气或水敏感的化合物，蒸馏装置应用加热法干燥过，并在氮气或氩气保护下蒸馏。

（6）蒸馏柱的保温。当用蒸馏柱时，柱子应该用玻璃棉或铝箔来包裹。如果不进行隔热保温处理，蒸馏时要花费很长的时间。

（7）将冷凝管连上水管，打开水龙头，检漏。

（8）升起搅拌台及加热装置使之与圆底烧瓶接触，开始加热。注意：调压器的刻度表与温度并不一一对应。将刻度表设置在 70 并不意味着将油浴加热到 70℃，事实上，通常会升到更高的温度。另外，不同的油浴或加热套在相同的电压下得到的温度也不同。

（9）放下通风橱挡板。这样可以避免意外伤害，同时也可以使蒸馏装置不受实验室空调的影响。空调将使蒸馏装置温度降低，并延长蒸馏时间。

（10）不要加热过快！！！耐心是蒸馏成功的关键。

(11) 缓慢升高加热器的温度,直到溶液开始回流。

(12) 等待并观察蒸馏温度计的变化。如果10分钟后观察不到温度变化,则应稍微调高温度。

(13) 重复步骤(12),直到能观察到温度计有变化。一旦有变化,即准备收集馏分。

(14) 使蒸馏装置保持恒定的温度。使记录的蒸馏温度至多在5℃范围内波动。

(15) 收集馏分直至温度发生突变。通常,当一种馏分蒸馏完成时,蒸馏温度计显示的温度将下降。此时,应该更换接收瓶,或完全停止蒸馏。

(16) 当已经收集到所有需要的产品时,关掉加热电源,并让整个装置冷却下来。

(17) 称量接收瓶的重量,计算产物重量。

2. 减压蒸馏操作步骤

(1) 收集玻璃仪器:与常压蒸馏相同,不同之处在于减压蒸馏需要用一只三口或四口转接头。

(2) 按常压蒸馏的(2)～(4)步操作。

(3) 装配所有玻璃仪器,确保在所有接头上涂上真空油脂。注意:不要让油脂进入产品中。

(4) 按常压蒸馏的(6)～(7)步操作。

(5) 不要开始加热!!!

(6) 缓慢地将蒸馏装置抽真空,可以看到液体开始起泡(不要担心,一切正常)。在室温和减压条件下,残留的溶剂及低沸点的杂质将很快被蒸走(将冷阱放在液氮中,否则这些化合物将直接进入泵油中!)。

(7) 一旦泡沫减少,或减慢到几乎停止,就可以开始加热了。

(8) 按常压蒸馏的(9)～(15)步操作。

(9) 卸去真空。当已经收集到所需产品时,还不能将加热装置降温。首先,必须先卸去真空,但在做此之前,需确保所有接收瓶都用夹子、接口夹或手等方法固定在装置上,否则卸去真空后产品接收瓶可能摔得粉碎!如果一切准备就绪,向装置中通入氮气,然后移走热源,并让装置冷至室温。

(10) 所有物品都冷却后,称量接收瓶的重量,计算产物重量。

3. 减压蒸馏特别说明

液体的沸点是指它的蒸气压等于外界压力时的温度,因此液体的沸点是随外界压力的变化而变化的。如果借助于真空泵降低系统内压力,就可以降低液体的沸点,这便是减压蒸馏操作的理论依据。减压蒸馏是分离可提纯有机化合物的常用方法之一。它特别适用于那些在常压蒸馏时未达沸点即已受热分解、氧化或聚合的物质。

(1) 装置:主要由蒸馏、抽气(减压)、安全保护和测压四部分组成。蒸馏部分由蒸馏瓶、克氏蒸馏头、毛细管、温度计及冷凝管、接收器等组成。克氏蒸馏头可减少由于液体暴沸而溅入冷凝管的可能性;而毛细管的作用,则是作为气化中心,使蒸馏平稳,避免液体过热而产生暴沸冲出现象。毛细管口距瓶底约 1~2 mm,为了控制毛细管的进气量,可在毛细玻璃管上口套一段软橡皮管,橡皮管中插入一段细铁丝,并用螺旋夹夹住。蒸出液接收部分,通常用多尾接液管连接两个或三个梨形或圆形烧瓶,在接收不同馏分时,只需转动接液管。在减压蒸馏系统中切勿使用有裂缝或薄壁的玻璃仪器,尤其不能用不耐压的平底瓶(如锥形瓶等),以防止内向爆炸。抽气部分用减压泵,最常见的减压泵有水泵和油泵两种。安全保护部分一般有安全瓶,若使用油泵,还必须有冷阱,以及分别装有粒状氢氧化钠、块状石蜡及活性炭或硅胶、无水氯化钙等的吸收干燥塔,以避免低沸点溶剂,特别是酸和水汽进入油泵而降低泵的真空效能。所以,在油泵减压蒸馏前必须在常压或水泵减压下蒸除所有低沸点液体和水以及酸、碱性气体。测压部分采用常用的测压计。

(2) 操作方法:仪器安装好后,先检查系统是否漏气。方法是:关闭毛细管,减压至压力稳定后,夹住连接系统的橡皮管,观察压力计水银柱有否变化,无变化说明不漏气,有变化即表示漏气。为使系统密闭性好,磨口仪器的所有接口部分都必须用真空油脂润涂好。检查仪器不漏气后,加入待蒸的液体,量不要超过蒸馏瓶容积的 1/2。关好安全瓶上的活塞,开动油泵,调节毛细管导入的空气量,以能冒出一连串小气泡为宜。当压力稳定后,开始加热。液体沸腾后,应注意控制温度,并观察沸点变化情况。待沸点稳定时,转动多尾接液管接收馏分,蒸馏速度以 0.5~1 滴/秒为宜。蒸馏完毕,除去热源,慢慢旋开夹在毛细管上的橡皮管的螺旋夹,待蒸馏瓶稍冷后再慢慢开启安全瓶上的活塞,平衡内外压力(若开得太快,水银柱很快上升,有冲破测压计的可能),然后才关闭抽气泵。

4. 水蒸气蒸馏特别说明

水蒸气蒸馏是分离和纯化与水不相混溶的挥发性有机物的常用方法。适用范围:1) 从大量树脂状杂质或不挥发性杂质中分离有机物;2) 除去不挥发性的有机杂质;3) 从固体多的反应混合物中分离被吸附的液体产物;4) 常用于蒸馏那些沸点很高且在接近或达到沸点温度时易分解、变色的挥发性液体或固体有机物,除去不挥发性的杂质。但是对于那些与水共沸腾时会发生化学反应或在 100 ℃ 左右时蒸气压小于 1.3 kPa 的物质,这一方法不适用。

(1) 装置:常用的水蒸气蒸馏装置,包括蒸馏、水蒸气发生器、冷凝和接收器四个部分。水蒸气导出管与蒸馏部分导管之间由一 T 形管相连接。T 形管用来除去水蒸气中冷凝下来的水,有时在操作发生不正常的情况下,可使水蒸气发生器与大气相通。蒸馏的液体量不能超过其容积的 1/3。水蒸气导入管应正对烧瓶底中央,距瓶底约 8~10 mm,导出管连接在一直形冷凝管上。

(2) 操作方法:在水蒸气发生瓶中,加入约占容器 3/4 的水,待检查整个装置不漏气后,旋开 T 形管的螺旋夹,加热至沸腾。当有大量水蒸气产生并从 T 形管的支管冲出时,立即旋紧螺旋夹,水蒸气便进入蒸馏部分,开始蒸馏。在蒸馏过程中,通过水蒸气发生器安全管中水面的高低,可以判断水蒸气蒸馏系统是否畅通,若水平面上升很高,则说明某一部分被堵塞了,这时应立即旋开螺旋夹,然后移去热源,拆下装置进行检查(通常是由于水蒸气导入管被树脂状物质或焦油状物堵塞)和处理。如由于水蒸气的冷凝而使蒸馏瓶内液体量增加,可适当加热蒸馏瓶。但要控制蒸馏速度,以 2~3 滴/秒为宜,以免发生意外。当馏出液无明显油珠、澄清透明时,便可停止蒸馏。其顺序是先旋开螺旋夹,然后移去热源,否则可能发生倒吸现象。

(材料来源:MIT 实验手册)

六、旋光仪操作

有机化合物分子因为结构的不对称而具有手性。手性分子能改变平面偏振光的振动方向,这种性质称为对映异构的光学活性(或旋光性)。具有光学活性的物质称为光学活性物质(或旋光性物质)。偏振面被旋光性物质所旋转的角度称为旋光角,用 α 表示。偏振面被旋转的方向有右旋(顺时针)和左旋(逆时针)的区别,符号(+)表示右旋,符号(-)表示左旋。方向向右偏转的称右旋物质;反之,向左偏转的称为左旋物质。

旋光角是旋光物质的一种物理性质。它不仅决定于这种物质本身的结构与配制溶液时所用的溶剂,而且还与溶液的浓度、厚度以及实验的温度、光源的波长等有关。在实际工作中,通常是先测出旋光物质的旋光度,再利用下式计算出旋光物质的比旋光度。比旋光度与物质的熔点、沸点或折射率一样,也是化合物的一种物理常数。

$$[\alpha]_D^t = \alpha/l \cdot \rho_B$$

式中,$[\alpha]_D^t$ 为比旋光度,它是旋光性物质在 t℃,钠光谱 D 线即 589.3 nm 时的旋光度;α 为从旋光仪读出的物质旋光度数;l 为旋光管的长度,单位为 dm;ρ_B 为旋光物质 B 的质量浓度,单位为 $g \cdot mL^{-1}$。

实验操作步骤如下:

(1) 开机:将仪器电源接入 220 V 交流电源,打开开关,让钠光灯开启,预热 5 分钟使之稳定发出黄色钠光。

(2) 零点校正:将被测溶剂装入盛液管内并放入旋光仪的镜筒中,盖上箱盖,调节按钮、归零。

(3) 测定被测溶液的旋光度:将样品管取出,倒掉溶剂,用待测溶液冲洗 2~3 次,将待测溶液注入盛液管,盛液管内注入液体时不能有气泡。将盛液管放入旋光仪的镜筒中,盖上箱盖,读出数值,即为该溶液的实际旋光度。按公式计算比旋光度。

(4) 关机:仪器使用完毕后关闭光源并切断电源。

七、柱色谱操作

柱色谱又称柱层析,是一种物理分离方法,分为吸附柱色谱和分配柱色谱,一般多用前者。柱色谱根据混合物中各组分对吸附剂(即固定相)的吸附能力,以及对洗脱剂(即流动相)

的溶解度不同将各组分分离。通常在玻璃柱中填入表面积很大、经过活化的多孔物质或颗粒状固体吸附剂(如氧化铝或硅胶)。当混合物的溶液流经吸附柱时,即被吸附在柱的上端,然后从柱顶加入溶剂(洗脱剂)洗脱。由于各组分吸附能力不同,即发生不同程度的解吸附,从而以不同速度下移,形成若干色带。若继续再用溶剂洗脱,吸附能力最弱的组分随溶剂首先流出。整个色谱过程进行反复的吸附→解吸附→再吸附→再解吸附。分别收集各组分,再逐个进行鉴定。

柱色谱操作一般分以下几个过程。

1. 装柱

色谱柱的大小规格由待分离样品的量和吸附难易程度来决定。一般柱管的直径为 $0.5\sim10\ cm$,长度为直径的 $10\sim40$ 倍。填充吸附剂的量约为样品重量的 $20\sim50$ 倍,柱体高度应占柱管高度的 3/4。柱子过于细长或过于粗短都不好。装柱前,柱子应干净、干燥,并垂直固定在铁架台上。将少量洗脱剂注入柱内,取一小团玻璃毛或脱脂棉用溶剂润湿后塞入管中,用一长玻璃棒轻轻送到底部,适当捣压赶出棉团中的气泡,但不能压得太紧,以免阻碍溶剂畅流(如管子带有筛板,则可省略该步操作)。再在上面加入一层约 0.5 cm 厚的洁净细砂,轻叩击柱管,使砂面平整(有时不使用)。常用的装柱方法有干装法和湿装法两种。

(1) 干装法:在柱内装入 2/3 容积的溶剂,在管口上放一漏斗,打开活塞,让溶剂慢慢地滴入锥形瓶中。接着把干吸附剂经漏斗以细流状倾泻到管柱内,同时用套在玻璃棒上的橡皮塞轻轻敲击管柱,使吸附剂均匀地向下沉降到底部。填充完毕后,用滴管吸取少量溶剂把粘附在管壁上的吸附剂颗粒冲入柱内,继续敲击管子直到柱体不再下沉为止。柱面上再加盖一薄层洁净细砂,把柱面上液层高度降至 $0.1\sim1\ cm$,再把收集的溶剂反复循环通过柱体几次,便可得到沉降得较紧密的柱体。

(2) 湿装法:基本方法与干装法类似,所不同的是,装柱前吸附剂需要预先用溶剂调成淤浆状,在倒入淤浆时,应尽可能连续均匀地一次完成。如果柱子较大,应事先将吸附剂泡在一定量的溶剂中,并充分搅拌后过夜(排除气泡),然后再装柱。

无论是干装法,还是湿装法,装好的色谱柱应充填均匀,松紧适宜一致,没有气泡和裂缝。否则会造成洗脱剂流动不规则而形成"勾流",引起色谱带变形,影响分离效果。

2. 加样

将干燥待分离固体样品称重后,溶解于极性尽可能小的溶剂中使之成为浓溶液。将柱内液面降到与柱面相齐时,关闭柱子。用滴管小心沿色谱柱管壁均匀地加到柱顶上。加完后,用少量溶剂把容器和滴管冲洗净并全部加到柱内,再用溶剂把粘附在管壁上的样品溶液淋洗下去。慢慢打开活塞,调整液面和柱面相平为止,关好活塞。如果样品是液体,可直接加样。

3. 洗脱与检测

将选好的洗脱剂沿柱管内壁缓慢地加入柱内,直到充满为止(任何时候都不要冲起柱面覆盖物)。打开活塞,让洗脱剂慢慢流经柱体,洗脱开始。在洗脱过程中,注意随时添加洗脱剂,以保持液面的高度恒定,特别应注意不可使柱面暴露于空气中。在进行大柱洗脱时,可在柱顶上架一个装有洗脱剂的带盖塞的分液漏斗,让漏斗颈口浸入柱内液面下,这样便可自动加液。

如果采用梯度溶剂分段洗脱,则应从极性最小的洗脱剂开始,依次增加极性,并记录每种溶剂的体积和柱子内滞留的溶剂体积,直到最后一个成分流出为止。

洗脱的速度也是影响柱色谱分离效果的一个重要因素。大柱一般调节在每小时流出的毫升数等于柱内吸附剂克数,中小柱一般以 1~5 滴/秒的速度为宜。对洗脱液接收时,有色物质,按色带进行收集,但色带之间两组分会有重叠;无色物质,一般采用分等份连续收集,每份流出液的体积毫升数等于吸附剂克数。如洗脱剂的极性较强,或者各成分结构很相似时,每份收集量就要少一些,具体数额的确定,要通过薄层色谱检测,视分离情况而定。现在,多数用分步接收器自动控制接收。洗脱完毕,采用薄层色谱法对各收集液进行鉴定,把含相同组分的收集液合并,除去溶剂,便得到各组分的较纯样品。

(材料来源:MIT 实验手册)

八、凝胶渗透色谱(GPC)操作

1. 高聚物的分子量及分子量分布

对于小分子化合物,无论有机的或无机的,都有固定的分子量,并且可以通过分子式直接计算出来。但对于高聚物来说,除了少数几种蛋白质之外,分子大小都是不一样的,它是由许多具有相同链节结构,但不同链长即不同分子量的各种大小分子所组成的混合物。所以,高聚物的分子量实际上是各种大小不同高分子的分子量的统计平均值。高聚物的分子量具有多分散性,每一个高聚物都有它的分子量分布。

常用的高聚物的平均分子量有四种表示方法:数均分子量、重均分子量、Z 均分子量和粘均分子量。

(1) 数均分子量 M_n:数均分子量被定义为在一个高聚物体系中,高聚物的总质量(以 g 为单位)除以高聚物中所含各种大小分子的总摩尔数,即数均分子量是高聚物体系中各种分子量的摩尔分数与其相应的分子量的乘积所得的总和。它是按分子数的统计平均的。

$$\overline{M}_n = \frac{\sum m_i}{\sum n_i} = \frac{\sum n_i M_i}{\sum n_i} = \sum N_i M_i$$

式中,n 为摩尔数,m 为质量,N 为摩尔分数,M 为分子量。

(2) 重均分子量 M_w:在一个高聚物体系中,各种大小分子的质量分数与其相应的分子量相乘,所得的各个乘积的总和,定义为重均分子量。它是按质量统计平均的。

$$\overline{M}_w = \frac{\sum n_i M_i^2}{\sum n_i M_i} = \frac{\sum w_i M_i}{\sum w_i} = \sum W_i M_i$$

式中,w 为质量分数。

(3) Z 均分子量 M_Z：Z 均分子量是按 Z 量的统计平均的。Z 的定义为 $Z=w_iM_i$。Z 均分子量的定义为：一个高聚物试样中，各分子量的 Z 值的分数及其相当的分子量的乘积的总和。

$$\overline{M}_Z = \frac{\sum Z_iM_i}{\sum Z_i} = \frac{\sum w_iM_i^2}{\sum w_iM_i} = \frac{\sum n_iM_i^3}{\sum n_iM_i^2}$$

由于 $Z=w_iM_i$ 没有具体的物理意义，因此 Z 均分子量也没有具体的物理意义。

(4) 粘均分子量 M_η：用溶液粘度法测得的平均分子量为粘均分子量。定义为

$$\overline{M}_\eta = \left(\sum W_iW_i^\alpha\right)^{\frac{1}{\alpha}}$$

式中，α 为 $[\eta]=kM^\alpha$ 公式中的指数。

对于同一高聚物样品，采用不同的统计平均方法进行数据处理时，所得到的平均分子量数值是不相同的。一般情况下，$M_n < M_\eta < M_w < M_Z$。

高聚物分子量分布宽度是高聚物分散程度的定量描述，用多分散指数 M_w/M_n 来表征分子量分布宽度。M_w/M_n 比值愈大，说明分子量分布愈宽。M_w/M_n 又称为高聚物分子量分布系数或分散度。

2. 凝胶渗透色谱仪

凝胶渗透色谱是液相分配色谱的一种，它是按溶液中溶质分子体积（确切地说是按流体力学体积）大小进行分离的。其固定相为化学惰性多孔物质——聚苯乙烯型交联共聚物凝胶。凝胶内具有一定大小的孔穴，体积大的分子不能渗透到孔穴中去而被排阻，较早地被淋洗出来；中等体积的分子部分渗透；小分子可完全渗透入内，最后洗出色谱柱。这样，样品分子基本上按其分子大小、排阻先后由柱中流出，而不是依赖于试样、流动相和固定相三者之间的相互作用。凝胶渗透色谱可用来测定高聚物的分子量及分子量分布。

凝胶渗透色谱仪主要由进样系统、高压泵、色谱柱、检测器及计算机组成。中级仪器实验室凝胶渗透色谱的配置为：Waters 515 HPLC Pump，Waters 2410 Differential Refractometer，Waters Styragel Columns（THF 系统），Waters 2487 Dual λ Absorbance Detector，Millennium[32] 操作系统，窄分布聚苯乙烯标样。

(1) 进样器：7725 手动进样器为六通式进样器，在 LOAD 位置时装样，此时进样环与流动相的流路断开。在 INJECT 位置，进样环与流路相通，样品被带入到色谱柱中进行分离。

(2) 515 泵：流速范围在 0.00～10.00 mL/min，但对于 GPC 柱子，流速不能超过 1.0 mL/min。

(3) 色谱柱：Waters Styragel 柱填充物为多孔的交联苯乙烯-二乙烯基苯共聚物颗粒。适用于中等范围分子量的高分子，是分子量测定的最通用的柱子。

目前，中级仪器实验室使用的柱子为 THF 系统：Waters Styragel HT4，分子量可分离范围 5000～600 000；HT3，分子量可分离范围 500～300 000；HT2，分子量可分离范围 100～

10 000。

(4) 2410 示差折光检测器：示差折光检测器是通过连续地测定淋出液的折光指数变化来测定样品浓度。只要被测样品与淋洗剂折光指数不同均能检测。它是一种通用型的，也是凝胶色谱中必备的检测器。

(5) 2487 双波长紫外-可见检测器：工作波长为 190～700 nm，可选择单波长检测或双波长检测。

3. 溶剂和样品的准备

(1) 溶剂

除水：GPC 系统应使用色谱纯的溶剂，以保证测试结果的重现性，更保证整个系统良好运转。所以，对于分析纯的 THF(四氢呋喃)，均需严格的除水处理。处理方法如下：先在溶剂中加入适量 CaH_2，观察气泡情况，若有大气泡冒起，表明此溶剂中含水较多，需先用分子筛脱水后再加 CaH_2 回流；若冒起的气泡较小，表明含水较少，可直接加 CaH_2 回流。需回流 8 小时以上，然后再蒸馏。注意蒸馏溶剂时，绝对不能蒸干，否则会引起爆炸！

THF 很容易在贮存时生成过氧化物，特别在日光的作用下生成更快。因此，溶剂应随用随蒸，蒸馏后封好口存放到保干器中。但放置时间过长，仍需重新蒸馏。

脱气：不管哪一种溶剂都溶有一定量的空气，因此，流动相溶剂在进入高压输液泵之前，必须预先脱气，以免由于柱后压力下降使溶解在流动液中的空气自动脱出而形成气泡，从而影响检测器的正常工作。而且，溶剂中的气体不脱除，还会导致在泵、色谱柱或检测系统内产生气泡。气泡一经形成，往往很难排除，结果造成泵压波动，特别是进入色谱柱的气泡会严重影响柱分离效率，使实验无法进行。为此，GPC 所用溶剂均必须进行脱气处理。

本实验室采用真空抽滤脱气，用 $0.45~\mu m$ 的滤膜真空过滤，脱除溶剂内的气泡，同时滤除溶剂中的微量杂质。

加液：经以上处理后的溶剂，方可加入到仪器的贮液瓶中。加溶剂时，应将泵的流速调为 0.0 mL/min，使用漏斗加液，防止溶剂洒到仪器和台面上。同时，随时注意贮液瓶中的砂滤头不能脱离液面(应留下适量溶剂用于清洗样品进样注射器、样品过滤注射器及过滤头)。

(2) 样品

凝胶色谱中浓度检测器常用的是示差折光检测器，这种检测器虽然通用性较好，但是检测灵敏度并不太高，与紫外吸收检测器相比在灵敏度上大约低 2 个数量级左右，所以试样的浓度不能配制太稀。但另一方面，色谱柱的负载不能过高，浓度太大容易发生淋出体积后移的所谓"超载"现象。所以实验时进样浓度在检测器灵敏度允许的范围内应尽可能低。对分子量比较大的试样，更应该在低浓度下测试。理论上，进样浓度按分子量大小的不同在 0.05%～0.3% 范围内配制，实际上，常按 10 mg/mL 配制，但分子量较大或粘度较大的试样，溶液浓度应降低。

由于高分子样品溶解性能特殊(个别样品在溶解后可能出现凝聚现象),所以应在测试前一天将样品溶液配好(须使用经除水处理的溶剂),待完全溶解后,室温下静置过夜,第二天观察溶液情况,确认无沉淀、凝絮或增稠等现象,方可过滤、测试。

样品溶液的过滤使用 0.45 μm 注射器过滤头。在装有过滤头的注射器内倒入样品溶液,缓慢推动注射器,将样品溶液通过过滤头滤到干净的小试管中。然后用干净的溶剂清洗过滤头及注射器数次。

需要注意的是:注射器过滤头为易耗品,使用中须密切注意滤头状态,随时可能会出现穿滤或堵塞。若发现过滤时压力明显减小或过滤速度加快,即为滤头穿滤;若过滤阻力很大,很有可能是滤头堵塞。无论是穿滤还是堵塞,都必须马上更换滤头重新过滤!

(3) 为规范 GPC 测样,请准备以下物品:2 mL 注射器配上注射器过滤头,过滤样品用;2 mL 注射器配上长针头,取干净溶剂专用;具磨口塞的小锥形瓶一个,盛放适量干净溶剂,清洗样品进样注射器、过滤注射器及过滤头;与样品数相对应的干净小试管,存放过滤后的样品溶液,并用密封胶条封口。

4. 仪器启动

(1) 将经脱水处理及真空抽滤的溶剂倒入溶剂存贮瓶中(注意:加溶剂时泵流速必须为零,砂滤头必须在液面下),检查确认溶剂的流路已正确连接,两根出口管路插入到废液瓶中。

(2) 打开总电源(空气开关)、泵及示差检测器(或紫外-可见检测器)的电源开关,将泵的流速设置为 0.0 mL/min,按 RUN/STOP 打开泵,将泵的流速调到 0.1 mL/min,再打开柱温箱开关(只能在有流量时才能打开柱温箱!)。

(3) 以 0.1 mL/min 递增调节泵的流速至 1.0 mL/min。注意:必须缓慢地增加或降低流速,使色谱柱所受压力缓慢变化;另外,泵的流速不能超过 1.0 mL/min,否则会损坏色谱柱中的凝胶。

流速调节方法:按 EDIT/ENTER 钮两次,将光标打到小数点后第一位上,按▲或▼将流速提高或降低 0.1 mL/min,确认流速数值正确后,按 MENU 确定。重复此操作,将泵的流速调节到所需流速。

(4) 在示差检测器的面板上,按 2nd/Func 钮+Purge/9 钮,显示 Purge,此时示差检测器为 Purge 流路,冲洗示差检测器的样品池及参比池。Purge 时间 0.5~1 小时。

(5) 再按 2nd/Func 钮+Purge/9 钮,结束 Purge 过程,回到正常测样流路。

(6) 打开计算机,双击 Millennium^{32} 快捷键,出现 Login Window;单击 Login,输入 Password:manager,OK;从 Project 框中,选择自己课题组的 Project。

5. 测试样品

(1) 在 Millennium^{32} 主窗口,双击 Run Samples,选择 R-THF(THF 系统)进入 QuickSet 窗口。

(2) 单击 Single,输入样品名,选择 Inject broad samples,选择 Method Set(与 Project 同

名),输入进样体积及样品测试时间(THF 系统,3 根柱子,35 分钟)。

(3) 在 Instrument Method 中,选择 410.instr。

(4) 待示差检测器流路为正常测样流路时,单击 Monitor 观察基线。待基线稳定后,单击 Abort 钮(红钮),停止基线显示。

(5) 进样:1) 将进样阀扳到 Load 位置,在 QuickSet 窗口单击 Inject 钮,待窗口底栏出现 Single inject-waiting。2) 用 GPC 专用进样注射器(针头平圆,不能使用尖针头注射器!)缓慢抽取样品溶液,将针口朝上排出气泡(注意针头上不要有液珠,否则会污染进样口,必要时用镜头纸轻轻擦拭一下),将进样注射器插入进样器内并插到底,然后进样,进样时要确保没有气泡进入进样环。进样量与所配溶液的浓度有关。3) 装完样品后,扳动进样阀扳手从 Load 位→Inject 位→Load 位→Inject 位,共扳三下,动作要利落,否则会带来保留时间的误差。此时,窗口底栏显示 Single inject-running。4) 到设定的运行时间后,仪器自动停止数据采集,窗口底栏显示 Single inject-complete。5) 若有必要,单击 Abort 钮可中途停止数据采集,但也应等到此样品流出检测器后,才能进行下一个样品的测试。

6. 数据处理

(1) 在 Millennium^{32} 主窗口,双击 Review Data 或 Browse Project,选择自己的 Project。

(2) 在 Channels 页,选择要处理的样品通道,单击 Review 钮,调出谱图。

(3) 单击 File—Open—Method—方法名(选择有最近日期的工作曲线)—Open。

(4) 单击 Wizard 钮(处理方法向导钮),选择 Edit Existing GPC Processing Method and Keep the Calibration,OK,选择要积分的峰来确定峰宽(Peak Width);选择一段基线(或要排除的杂质峰)作为积分阈值(Threshold);选定积分区间,单击 Next 直至 Finish,最后选择 Copy Curves。

(5) 在 Review 窗口,单击 Integrate 钮,确认积分区域合适后,单击 Quantitate 钮。单击 Results 钮,可以看到计算结果。

(6) 退出时需先保存处理方法和处理结果:File-Save-All,然后关闭 Review 窗口。

7. 打印结果

(1) 在 Millennium^{32} 主窗口,双击 Review Data,选择 Preview 和 Results,OK。

(2) 选择已保存处理结果的样品通道,双击。

(3) 选择报告方式(与自己的 Project 同名)。

(4) 若报告合适,单击 Print 打印。

8. 关机

对 GPC 仪器和色谱柱而言,最好不要时开时停。为此,建议第二天的测试者在上一位同学测试结束后,将溶剂过滤并加入到溶剂贮存瓶中,以 0.1 mL/min 走 Purge 流路。

不停机过夜时,需要注意以下几点:

(1) 每次 0.1 mL/min 递减,将泵流量从 1.0 mL/min 降至 0.1 mL/min。
(2) 溶剂贮存瓶中的溶剂必须不低于黑线。
(3) 废溶剂接收瓶有足够的空间且两根流路出口管均插入到废溶剂瓶中。

否则关机,关机步骤如下:
(1) 先关闭柱温箱开关。
(2) 在样品测试结束后,必须在 1.0 mL/min 流速下让流动相继续走半小时。
(3) 每次 0.1 mL/min 递减,将泵流量从 1.0 mL/min 降至 0.0 mL/min。
(4) 关闭泵及示差检测器的电源开关。
(5) 在计算机上关闭各活动窗口,单击 Logout 直至主菜单窗口隐色,用鼠标右键单击屏幕右下角"小桶",出现 Shutdown,单击 Shutdown,关闭操作程序。
(6) 单击屏幕左下角 Start—Shutdown,关闭计算机。
(7) 关闭稳压电源开关。

(材料来源:章斐提供)

九、差热热重联合分析仪(SDT)的原理及操作

1. 差热热重联合分析仪的基本结构和原理

热重分析(thermogravimetric analysis,TGA)是在控制的气氛(如氮气、氩气、空气或氧气等)下,记录样品质量随样品温度的增加(通常是线性增长)所引起的变化。所得谱图称为热重曲线或热分解曲线。在一定温度下,物质失去重量,这种失重表明样品中某些组分的分解或挥发。

差热分析法(differential thermal analysis,DTA)记录样品与参比之间的温度差随温度的变化关系。利用差热分析可以研究样品的分解或挥发,这类似于热重分析,但是它还可以研究那些不涉及重量变化的物理变化,例如结晶过程、相变、固态均相反应以及降解等。

差热热重联合分析仪(simultaneous differential technique analyzer,SDT)是在程序控制温度条件下,同时进行物质的热重分析和差热分析,是 TGA 与 DTA 的叠加。

SDT 的热重分析仪为指零型结构,通过光敏二极管检测天平梁离开零位的偏差,再通过电动装置使天平梁恢复原位,即在加热过程中天平梁始终处于零位,而回位力与质量变化成正比,记录这种回位力随温度或时间的变化可得到加热过程中样品的质量变化。在天平梁中有一对热电偶,随时测定样品盘和参比盘的温度差,记录样品的差热曲线。

从理论上说,所有有质量和热量变化参与的过程都可以用热分析方法加以研究,但某些过程需要用特殊的容器和样品支持器,才能保证结果的可靠性和保证仪器的安全,对此,使用者必须引起足够的重视。

2. 热分析准确度和误差来源

（1）仪器因素

①	升温速度	可变因素	高：结果偏高、偏大，降低分辨率；但高的速率有利于检测慢速率不能检测出的热过程
②	炉中气氛		气氛：分解气，反应气，"惰气"，不同气氛实验结果可能完全不同； 流速："惰气"流速越大，热效应的起始温度越低
③	炉子的尺寸和形状	固定因素	主要是影响热传导
④	热电偶的材料和形状		
⑤	热电偶在样品中的位置		
⑥	样品支持器的材料和形状		
⑦	记录笔的响应速率		

（2）样品因素

①	样品量	人为因素	适量，少，以提高准确度和分辨率
②	装填密度		无分解反应时密装，有分解反应时松装
③	粒度大小		不确定
④	结晶度		
⑤	稀释效应		
⑥	热容	非人为因素	这些因素的本质是相同的——影响热的传递
⑦	样品的膨胀和收缩		
⑧	热传导率		

3. 保护热分析仪正常使用应当注意的问题

与其他谱学分析最大不同之处是，在热分析过程中样品的性状发生很大的变化，如熔化、分解等等。如果在热分析过程中不能正确处理，那么上述变化就可能对热分析仪的正常使用产生不利的影响。其原因在于，在热分析过程中记录的是样品的质量变化和热量变化，如果有样品污染了检测元件，那么污染物的存在将干扰其他样品的热分析。

为确保 SDT 正常使用，请不要测试含易升华组分的样品。常见的易升华物质有：1）某些氧化物，如氧化锌、氧化铅、碱金属氧化物、氧化钼、氧化锑、氧化砷、氧化铋等。2）某些卤化物，如氯化铝、氯化铵等。3）某些有机物，如萘等。4）某些金属，如 Zn、Pb 等。

气氛及气氛流量问题：进行 SDT 测试时，都必须通气氛，且流量不能太小。使用卧式天平时流量更要大些，以确保蒸气及分解产物不逆向扩散凝结在天平梁上。如果发生这种凝结将导致天平基线漂移，温度越高漂移越大，而且实验无法重复。

4. 差热热重联合分析仪操作步骤

（1）开机

依次打开变压器、接线板的电源开关，再打开仪器主机（Power 及 Heater）、计算机、显示器、打印机电源开关(注意:目前除计算机主机的连接电源为 220 V,仪器主机、打印机及显示器的连接电源为 110 V。所以,请不要擅自拔动电源插头!!!)。

打开氮气,使氮气流量稳定、合适(一般为 100 mL/min)。

计算机新启动时,需按 Ctrl+Alt+Delete,OK。

(2) 加样

按 Furnace 打开炉子,打上挡盘至称盘下。参比坩埚放在靠里侧(远离操作者)的称盘上,参比样品为白色的三氧化二铝,一般情况下不要更换,若发现参比物的颜色有变,请及时与实验室老师联系。将空坩埚轻轻放在外侧(靠近操作者)称盘的中央位置,按 Furnace 关上炉子。

按 Tare,将空坩埚的重量置零,此时液晶显示屏显示 Tare,这期间不要按控制面板上的任何钮,直到 Tare 过程结束(显示 Temp)。

按 Furnace 打开炉子,打上挡盘,取出空坩埚放在干净的纸上加样品,样品量以不超过 5 mg 为宜,但比重轻的样品,样品量应不超过坩埚容积的一半。轻轻顿实样品,确认坩埚底部、外侧均无沾附样品后,将坩埚轻轻放入称盘上。注意一定不能污染称盘!

按 Furnace 关上炉子,仪器自动显示并记录样品重量,加样过程完毕。

(3) 数据采集

在计算机桌面上,双击 Instrument Control 快捷键,进入仪器控制系统。

① 编辑实验方法

单击 Method Editor 图标,进入实验方法编辑页。可以直接编辑新的实验方法,从 Segment Types(程序段类型)表中选择要运行的程序段(如 Ramp),输入有关参数(如 20℃/min,600℃),单击 Add,加到 Segment Description 中。重复以上步骤,编辑合适的方法。然后单击 Save Method 钮,保存方法。方法文件的路径:C:\TA\SDT\METHOD\课题组子目录\自己的方法文件。

也可以单击 Open 调出以前的方法进行修改,然后单击 Save as 保存。

一般来讲,每个操作者只要有一个方法文件名即可。

保存后,关闭此窗口。

② 输入实验参数

单击 Experimental Parameters 图标,输入样品名称、操作者、氮气流速等信息。

在 Methods File 栏中调出已保存的实验方法(注意:若对目前使用的方法作了修改并保存,在此栏中必须重新再调一次,否则按修改前的方法运行)。

输入数据文件名,保存路径为 C:\TA\SDT\DATA\课题组子目录\自己的文件名. 后缀,其中文件名不超过 8 个字符,后缀不超过 3 个字符。建议后缀为序列号,如从 001 开始累加。连续测样时,仪器按第一次输入的序列号对以后的文件自动累加序列号。

③ 测样

检查无误后,单击 Start 钮,仪器按设定的方法进行实验,Instrument Control 窗口实时显示测试结果。程序运行完毕后,仪器自动终止实验并开始降温。

若需中途终止实验且保留已收集的数据,单击 Stop 钮;若需中途终止实验且放弃已收集的数据,单击 Reject 钮。

(4) 数据处理

在计算机桌面上,单击 Universal Analysis 快捷键,进入数据文件分析窗口。

① 调出数据文件

单击 Open 钮,按文件路径选定文件后,单击 Open,出现 Data File Information 窗口。Parameter 栏列出了该文件的有关参数(若样品名等输入有误,可在此处修改)。单击 OK,进入信号选择屏。单击 Signals 钮,选择所需 X、Y 轴的 Single 及 Type,如热重曲线、差热曲线等,单击 OK 确认并退出。若单击 Save—OK,以后每次打开文件时,默认此 X、Y 轴参数而显示谱图。单击 Units 钮,可以选择 X、Y 轴信号的单位。以上参数均确定后,单击 Data File Information 窗中的 OK,即调出图谱。

② 改变坐标区间和分析范围

选择 Rescale 菜单。Manual Rescale:输入所需的坐标起始、终止值。Full Scale All:回到最初完整的坐标。Stack Axes:当同一文件有两个以上 Y 坐标时,可将各图谱互不重叠地显示。

需局部放大时,可用鼠标在图谱区要放大的部分拉出一个虚框,左击虚框内部,框内图谱即放大。单击 Full Scale All,恢复初始图谱。

在 Graph 菜单,Signals:选择 X、Y 轴信号;Units:选择坐标信号的单位。

数据分析:Analyze,进行有关数据处理。若同时选择了几个 Y 轴的图谱,单击 $\boxed{Y-1}$,对 Y_1-X 谱图进行处理;单击 $\boxed{Y-2}$,对 Y_2-X 谱图进行处理,以此类推。不同图谱对应不同的分析菜单。举例:对热重曲线,如选择 Step Transition,将两个光标分别移到台阶的两个平台的合适位置上,鼠标右键单击图谱区的空白处,在快捷菜单中选择 Accept Limits,出现 Transition Label(可输可不输),单击 OK,处理结果便标在热重谱图上。若要删除分析结果,可用鼠标右键单击要删除的数据,在出现的快捷菜单中选择 Delete Result,即删除这项分析结果。可根据需要自行选择合适的分析方法进行数据处理。

谱图标注:Edit—Annotate—输入标注内容—OK,将光标移至所需位置,鼠标右键单击谱图区空白处,在快捷菜单中选择 Accept Limits。

打印谱图:单击 Print,打印显示的谱图及处理结果。

谱图叠加:逐个调出要叠加的文件,Graph—Overlay—Auto Configure,选择要叠加的 Y 轴信号,单击 OK 即显示叠加的谱图。或 Graph—Overlay—Manual Setup,单击 Add Curves,确定要叠加的文件及 Y 轴类型,在 Curve Overlay Options 窗口有 Curves、Axes 等菜

单页供选择叠加条件。对叠加的谱图,若要移动某一图线,可左击该图线,再按住鼠标左键拖动至合适位置。

(5) 关机步骤

关闭各活动窗口后,Start—Shutdown—Shut down the computer,然后关闭计算机、仪器主机、打印机及接线板、变压器的电源,最后关闭氮气。

注意:待炉温低于 300℃以下再关机!

(材料来源:章斐提供)

十、气相色谱(GC)的使用方法及守则

在气相色谱使用前要注意对色谱各衔接部件进行检查,确保各部件安装正常;选择适合实验的色谱柱,特别是对含硫物质的测定要选择对含硫物质有较好分离度的色谱柱;载气、氢气及空气在使用前要观察其是否可以用于分析并且确保充足的气体供应;由于以上三种气体可能含有一些杂质和水分,为了去除上述物质,在气体进行色谱前均由气体净化装置进行了处理,而气体净化装置会因水分的积累而失效,因而要对其进行观察,以便更换。待上述各部分检查完毕并且正常方可进行后续的使用。

1. 载气钢瓶的使用规程

(1) 钢瓶必须分类保管,直立固定,远离热源,避免暴晒及强烈震动,氢气室内存放量不得超过两瓶。

(2) 氧气瓶及专用工具严禁与油类接触。

(3) 钢瓶上的氧气表要专用,安装时螺扣要上紧。

(4) 操作时严禁敲打,发现漏气须立即修好。

(5) 用后气瓶的剩余残压不应少于 980 kPa。

(6) 氢气压力表系反螺纹,安装拆卸时应注意防止损坏螺纹。

2. 减压阀的使用及注意事项

(1) 在气相色谱分析中,钢瓶供气压力在 9.8~14.7 MPa。

(2) 减压阀与钢瓶配套使用,不同气体钢瓶所用的减压阀是不同的。氢气减压阀接头为反向螺纹,安装时需小心。使用时需缓慢调节手轮,使用后必须旋松调节手轮和关闭钢瓶阀门。

(3) 关闭气源时,先关闭减压阀,后关闭钢瓶阀门,再开启减压阀,排出减压阀内气体,最后松开调节螺杆。

3. 微量注射器的使用及注意事项

(1) 微量注射器是易碎器械,使用时应多加小心,不用时要洗净放入盒内,不要随便玩弄、来回空抽,否则会严重磨损,损坏气密性,降低准确度。

(2) 微量注射器在使用前后都须用丙酮等溶剂清洗。

(3) 对 10~100 μL 的注射器,如遇针尖堵塞,宜用直径为 0.1 mm 的细钢丝耐心穿通,不能用火烧的方法。

(4) 硅橡胶垫在几十次进样后,容易漏气,需及时更换。

(5) 用微量注射器取液体试样,应先用少量试样洗涤多次,再慢慢抽入试样,并稍多于需要量。如内有气泡则将针头朝上,使气泡上升排出,再将过量的试样排出,用滤纸吸去针尖外所沾试样。注意切勿使针头内的试样流失。

(6) 取好样后应立即进样,进样时,注射器应与进样口垂直,针尖刺穿硅橡胶垫圈,插到底后迅速注入试样,完成后立即拔出注射器,整个动作应进行得稳当、连贯、迅速。针尖在进样器中的位置、插入速度、停留时间和拔出速度等都会影响进样的重复性,操作时应注意。

4. FPD 检测器的使用及注意事项

(1) 开启 FPD 电源前,必须先通载气;实验结束时,先关闭热导电源,最后关闭载气。

(2) 稳压阀、针形阀的调节须缓慢进行。稳压阀不工作时,必须放松调节手柄;针形阀不工作时,应将阀门处于"开"的状态。

(3) 各室升温要缓慢,防止超温。

(4) 更换汽化室密封垫片时,应将热导电源关闭。若流量计浮子突然下落到底,也应首先关闭该电源。

5. GC 的一般使用程序

(1) 检查电路、气路连接是否正常。

(2) 接上电源。

(3) 开启载气、空气,并调节好压力。

(4) 设定主机升温程序,检查无误后开机加热,使主机处于准备状态。

(5) 设定处理机各项参数,并检查无误。

(6) 开启氢气,调节压力,用点火器点火,并进行确认。

(7) 确认基线走平,快速进样并迅速按下处理机"开始"键,进行记录。

(8) 分析完毕后,按下处理机"停止"键。

(9) 实验结束后,先关闭氢气并燃烧完毕,继续通入载气,至柱温箱温度下降至室温左右,然后关闭载气、空气。

(10) 关闭所在电源。

(11) 清理台面,认真做好实验使用记录。

6. Angilent 6890N 型气相色谱的使用程序

(1) 开机前的准备:打开氮气、氧气瓶,并调节分压表分压,接通电源。

(2) 打开氢气开关。

(3) 检查各气路是否漏气。

(4) 开启主机与工作站,并使两者通讯。

确定各种气体(N_2、H_2、空气),打开 HP6890 开关后,打开 PC 机并进入 Windows,在 HP Configuration Editor 打开 Configure 里选择 Instrument;

选择 6890GC,单击 OK,则需选择主机的 HPIB 卡的地址,按主机键盘上的 Options 键,选择 Communication,可查到 HP6890 的 HPIB 卡的地址,输入工作站;

再先择工作站的 HPIB 卡的地址:同上方法,打开 Configure 选择 HPIB Card,给出本机的 HPIB 卡地址;

做好上述工作后,打开 File。保存上述的 Configure,退出此画面;

在 pH Chemstations 里选择 Instrument 1 Online 进入工作站,并可使 HP6890 与工作站顺利通讯。

(5) 编辑整个方法。

从 View 里选择 Method and Run Control 画面,单击 Show Toptoolbar、Show Side Toolbar、Command Line,并从 Oline Signal 处选择 Signal Window 1;

打开 Method 菜单,单击 Edit Entiremethod,进入方法编辑;

写出方法的信息,编辑进样品类型和位置;

进入整个参数设定:1) 进样口参数的设置;2) 色谱柱参数的设置;3) 炉温的设定;4) 检测器参数的设置;5) 输出信号的设置;6) 以上参数编辑好后,单击 OK;

编好仪器参数后,即会进入积分参数设定的画面,积分参数可不作修改,单击 OK,即进入报告的设定,选择报告单击 OK;

打开 Method 菜单,保存方法:Save as Method,给一个新的文件名。

(6) 做样品分析。

在菜单中打开 Run Control,选择 Sample Info,将会进入填写样品信息表,填好后单击 OK,再从此菜单中选择 Run Method,运行方法;

从进样品注入样品,同时按主机键盘上的 Strat 键进行样品分析;

填写或打印出分析原始记录。

(7) 实验结束后,退出化学工作站,退出 Windows,关闭 PC 机,在主机键盘上将各个部件位置降温,关闭 FPD 支持气体,待各处温度全部降下来后,关掉气相色谱仪电源,最后关掉气源,关闭总电源。

(8) 检查好后,填写仪器使用记录,清理检测完毕的样品和周围环境。

7. 气相色谱仪操作规程及注意事项

(1) 检漏:先将载气出口处用螺母及橡胶堵住,再将钢瓶输出压力调到 $3.9\times10^5\sim5.9\times10^5$ Pa($4\sim6$ kgf/cm^2)左右,继而再打开载气稳压阀,使柱前压力约 $2.9\times10^5\sim3.9\times10^5$ Pa($3\sim4$ kgf/cm^2),并察看载气的流量计。若流量计无读数,则表示气密性良好,这部分可投入使用;若流量计有读数,则表示有漏气现象,可用十二烷基硫酸钠水溶液探漏(切忌用强碱性皂水,以免管道受损),找出漏气处,并加以处理。

(2) 载气流量的调节:气路检查完毕后在密封性能良好的条件下,将钢瓶输出气压调到 $2\times10^5\sim3.9\times10^5$ Pa($2\sim4$ kgf/cm²),调节载气稳压阀,使载气流量达到合适的数值。注意:钢瓶气压应比柱前压(由柱前压力表读得)高 4.9×10^4 Pa(0.5 kgf/cm²)以上。

(3) 恒温:在通载气之前,将所有电子设备开关都置于"关"的位置;通入载气后,按一下仪器总电源开关,主机指示灯亮,层析室鼓风马达开始运转。

(4) 打开温度控制器电源开关,调节层析室温控调节器向顺时针方向转动,层析室的温度升高。主机上加热指示灯亮表示层析室在加温,升温情况可以由测温毫伏表(根据测温毫伏表转换开关的位置)读得,还可以由插入的玻璃温度计读得;当加热指示灯呈暗红或闪动则表示层析室处于恒温状态。调节层析室温控调节器,使层析室的温度恒定于所要求的温度上。层析室的温度可根据需要在室温至250℃之间自由调节。

(5) 开汽化加热电源开关,汽化加热指示灯亮,调节汽化加热调节器,分数次调到所要求的温度上。升温情况可由测温毫伏表读得。

(6) 汽化器(样品进入处)加热温度的调节由温度控制器内汽化加热电路直接控制,其调节范围为 0~200 V。汽化器及氢焰离子室所需温度应逐步升高,以防止温度升得过高而损坏。氢焰离子室温度由钮子开关控制,可高于、低于汽化器温度或不加热。测温的显示仪表为一测温毫伏计。层析室、汽化器、氢焰离子室合用同一测温仪表,其显示方法是用一单刀三掷的波段开关予以切换完成的。

(7) 层析室的温度、汽化器及氢焰离子室的温度、气体流量和进样量等,应根据被测物质的性质、所用色谱柱的性能、分离条件和分析要求而定。

(8) FPD检测器的使用:层析室温度恒定一段时间后,将热导、氢焰转换开关置"氢焰"上,并打开热导电源及氢焰离子放大器的电源开关,稍等片刻后,再打开记录器电源开关。将氢焰灵敏度选择调节器和讯号衰减调节器分别置于合适值上,把基始电流补偿调节器按逆时针方向旋到底。调放大器零点调节旋钮使记录仪指针指示在"0"mV 处,这时观察放大器工作是否稳定,基线漂移是否在 0.05 mV/h 内。调节空气针形阀及氢气稳压阀分别使空气、H_2 的流量达到所需值。在空气和 H_2 调节稳定的条件下,可开始点火,将点火开关拨至"点火处",约 10 秒钟后就把开关扳下,这时若记录仪指针已不在原来位置,则说明氢火焰已点燃(也可用改变 H_2 流量的大小或切换氢焰灵敏度选择调节器后指针是否有反应,来确定火是否点燃。若指针随着 H_2 流量改变而移动或指针随着氢焰灵敏度选择调节器切换而明显变动,都说明火已点燃,反之,则没有点燃)。再调节基始电流补偿粗调和细调调节器,使记录指针回到零位。然后打开记录纸开关,待基线稳定后即可进样分析。如果基线一直不稳定,需找出原因,并加以处理,直到基线稳定后才可进行分析。记录纸速的调节,根据试样分离情况而定。

(9) 停机:使用完毕后,先关记录纸开关,再关记录仪电源开关,使记录笔离开记录纸。然后关热导电源及氢焰离子放大器的电源开关,如为氢火焰离子化检测器,须先关闭氢气稳压阀和空气针形阀,使火焰熄灭。接着关温度控制器开关和切断主机电源,最后关闭高压气瓶和载气稳压阀。

8. 其他注意事项

(1) 仪器应在规定的环境条件下工作,在某些环境条件不符合或不具备时,必须采取相应的措施。严格按操作规程认真细心地进行操作。

(2) 用任意一种检测器,启动仪器前应先通上载气,特别是在开热导池电源开关时,必须检查气路是否接在热导上,否则当打开开关时,就有把钨丝烧断的危险。

(3) 仪器的汽化加热电路接线内直接接有 220 V 电压,因此只有在主机关闭时才能装接插头座,否则将烧毁接线及电子元件。

(4) 使用"氢焰"时在氢火焰已点燃后,必须将点火开关拨至下面,不然放大器将无法工作。

(5) 由于仪器出厂时,层析柱内担体所涂固定液为邻苯二甲酸二壬酯,其使用温度不得超过 130℃。因此在开机测试时,应特别注意,防止温度过高使固定液蒸发而影响检测器工作。

(6) 仪器测温是用镍铬-铐铜热电偶和测温毫伏表完成的,层析室或汽化器的实际温度应为毫伏表指示温度加上室温的和。由于环境温度的变化及仪器壁板温度的变化,会造成测温的误差,仪器在高温工作时,误差就较大。仪器长期工作时,由于仪器内部温度的升高,也会造成误差。为此,在仪器的左边侧面备有测温孔,以便用水银温度计直接测得层析室精确温度。

(7) 稳压阀和针形阀的调节须缓慢进行。稳压阀只有在阀前后压差大于 4.9×10^4 Pa (0.5 kgf/cm^2)的条件下才能起稳压作用。在稳压阀不工作时,必须放松调节手柄(顺时针转动),以防止波纹管因长期受力疲劳而失效。针形阀不工作时则相反,应将阀门处于"开"的状态(逆时针转动),防止阀针密封圈粘贴在阀门口上。

(8) 气体钢瓶压力低于 1.47×10^6 Pa(15 kgf/cm^2)时,应停止使用。氢气和氮气是检测器常用的载气,它们的纯度应在 99.9% 以上。

(9) 主机及记录仪要接地良好,记录笔走动时,不要改变衰减,以免线路过载。仪器使用完毕要用仪器罩罩好。

(10) 仪器的预热、稳定时间约为 4 小时,能适应 24 小时连续工作,一般在正常情况下,能连续工作一周以上。

9. 一般液相色谱的使用程序

(1) 开机前先配好试剂、流动相,并做好流动相的超声脱气工作。

(2) 接通电源,以新配制的流动相抽气赶走管路中的气泡。

(3) 打开泵,用流动相平衡柱;打开检测器灯进行基线的校正。

(4) 编方法,主要设定各泵流动相流速、压力的记录方法、测定时间、检测时间、检测频率等,并进行方法保存以备后用。

(5) 编样品表,主要包括样品信息、样品用量、检测条件、检测温度、检测时间等。

(6) 运行样品表,并对检测数据进行自动记录。

(7) 进样,保存打印结果。
(8) 结束时先关闭检测器灯。
(9) 将泵的流速调至"0"。
(10) 关闭电源;洗进样器(微量注射器);洗垫圈;用甲醇洗进样口。
注意:所有进入色谱柱的液体均需经微孔滤膜过滤。

(材料来源:魏雄辉提供)

十一、扫描电子显微镜(SEM)使用指南

1. SEM 的工作原理

扫描电镜是用聚焦电子束在试样表面逐点扫描成像。试样为块状或粉末颗粒,成像信号可以是二次电子、背散射电子或吸收电子。其中二次电子是最主要的成像信号。由电子枪发射的能量为 5~35 keV 的电子,以其交叉斑作为电子源,经二级聚光镜及物镜的缩小形成具有一定能量、一定束流强度和束斑直径的微细电子束,在扫描线圈驱动下,于试样表面按一定时间、空间顺序作栅网式扫描。聚焦电子束与试样相互作用,产生二次电子发射(以及其他物理信号),二次电子发射量随试样表面形貌而变化。二次电子信号被探测器收集转换成电讯号,经视频放大后输入到显像管栅极,调制与入射电子束同步扫描的显像管亮度,得到反映试样表面形貌的二次电子像。

2. SEM 的特点

(1) 可以观察直径为 0~30 mm 的大块试样(在半导体工业可以观察更大直径),制样方法简单。

(2) 场深大,三百倍于光学显微镜,适用于粗糙表面和断口的分析观察;图像富有立体感、真实感,易于识别和解释。

(3) 放大倍数变化范围大,一般为 15~200 000 倍,对于多相、多组成的非均匀材料便于低倍下的普查和高倍下的观察分析。

(4) 具有相当高的分辨率,一般为 3.5~6 nm。

(5) 可以通过电子学方法有效地控制和改善图像的质量,如通过调制可改善图像反差的宽容度,使图像各部分亮暗适中。采用双放大倍数装置或图像选择器,可在荧光屏上同时观察不同放大倍数的图像或不同形式的图像。

(6) 可进行多种功能的分析。与 X 射线谱仪配接,可在观察形貌的同时进行微区成分分析;配有光学显微镜和单色仪等附件时,可观察阴极荧光图像和进行阴极荧光光谱分析等。

(7) 可使用加热、冷却和拉伸等样品台进行动态试验,观察在不同环境条件下的相变及形态变化等。

3. SEM 的主要结构

(1) 电子光学系统:电子枪,聚光镜(第一、第二聚光镜和物镜),物镜光阑。

(2) 扫描系统:扫描信号发生器,扫描放大控制器,扫描偏转线圈。

(3) 信号探测放大系统：探测二次电子、背散射电子等电子信号。

(4) 图像显示和记录系统：早期 SEM 采用显像管、照相机等；数字式 SEM 采用电脑系统进行图像显示和记录管理。

(5) 真空系统：真空度高于 10^{-4} Torr。常用：机械真空泵、扩散泵、涡轮分子泵。

(6) 电源系统：高压发生装置，高压油箱。

4. SEM 主要指标

(1) 放大倍数 $M=L/l$。

(2) 分辨率(本领)：影响分辨本领的主要因素有入射电子束斑的大小、成像信号(二次电子、背散射电子等)。

(3) 扫描电镜的场深：是指电子束在试样上扫描时，可获得清晰图像的深度范围。当一束微细的电子束照射在表面粗糙的试样上时，由于电子束有一定发散度，除了焦平面处，电子束将展宽、场深与放大倍数及孔径光阑有关。

5. 试样制备

(1) 对试样的要求：试样可以是块状或粉末颗粒，在真空中能保持稳定，含有水分的试样应先烘干除去水分，或使用临界点干燥设备进行处理。表面受到污染的试样，要在不破坏试样表面结构的前提下进行适当清洗，然后烘干。新断开的断口或断面，一般不需要进行处理，以免破坏断口或表面的结构状态。有些试样的表面、断口需要进行适当的侵蚀，才能暴露某些结构细节，则在侵蚀后应将表面或断口清洗干净，然后烘干。对磁性试样要预先去磁，以免观察时电子束受到磁场的影响。试样大小要适合仪器专用样品座的尺寸，不能过大，样品座尺寸各仪器不均相同，一般小的样品座为 $\Phi 3\sim 5$ mm，大的样品座为 $\Phi 30\sim 50$ mm，以分别用来放置不同大小的试样。样品的高度也有一定的限制，一般在 $5\sim 10$ mm 左右。

(2) 扫描电镜的块状试样制备是比较简便的。对于块状导电材料，除了大小要适合仪器样品座尺寸外，基本上不需进行什么制备，用导电胶把试样粘结在样品座上，即可放在扫描电镜中观察。对于块状的非导电或导电性较差的材料，要先进行镀膜处理，在材料表面形成一层导电膜，以避免电荷积累，影响图像质量，并可防止试样的热损伤。

(3) 粉末试样的制备：先将导电胶或双面胶纸粘结在样品座上，再均匀地把粉末样撒在上面，用洗耳球吹去未粘住的粉末，再镀上一层导电膜，即可上电镜观察。

(4) 镀膜：镀膜的方法有两种，一种是真空镀膜，另一种是离子溅射镀膜。离子溅射镀膜的原理是：在低气压系统中，气体分子在相隔一定距离的阳极和阴极之间的强电场作用下电离成正离子和电子，正离子飞向阴极，电子飞向阳极，二电极间形成辉光放电。在辉光放电过程中，具有一定动量的正离子撞击阴极，使阴极表面的原子被逐出，称为溅射。如果阴极表面为用来镀膜的材料(靶材)，需要镀膜的样品放在作为阳极的样品台上，则被正离子轰击而溅射出来的靶材原子沉积在试样上，形成一定厚度的镀膜层。离子溅射时常用的气体为惰性气体氩，要求不高时，也可以用空气，气压约为 5×10^{-2} Torr。离子溅射镀膜与真空镀膜相比，其主要优点是：1) 装置结构简单,使用方便,溅射一次只需几分钟,而真空镀膜则要半个小时以上。2) 消耗贵金属少,每次仅约几毫克。3) 对同一种镀膜材料,离子溅射镀膜质量好,能形成颗粒更细、更致密、更均匀、附着力更强的膜。

十二、扫描隧道显微镜(STM)的原理与使用方法

1. STM 的工作原理

扫描隧道显微镜是根据量子力学中的隧道效应原理,通过探测固体表面原子中电子的隧道电流来分辨固体表面形貌的新型显微装置。那么什么是隧道效应？根据量子力学原理,由于粒子存在波动性,当一个粒子处在一个势垒之中时,粒子越过势垒出现在另一边的概率不为零,这种现象称为隧道效应。由于电子的隧道效应,金属中的电子并不完全局限于金属表面之内,电子云密度并不在表面边界处突变为零。在金属表面以外,电子云密度呈指数衰减,衰减长度约为 1 nm。用一个极细的、只有原子尺度的金属针尖作为探针,将它与被研究物质(称为样品)的表面作为两个电极,当样品表面与针尖非常靠近(距离<1 nm)时,两者的电子云略有重叠。若在两极间加上电压 V,在电场作用下,电子就会穿过两个电极之间的势垒,通过电子云的狭窄通道流动,从一极流向另一极,形成隧道电流 I。隧道电流 I 的大小与针尖和样品间的距离 s 以及样品表面平均势垒的高度 φ 有关。隧道电流 I 对针尖与样品表面之间的距离 s 极为敏感,如果 s 减小 0.1 nm,隧道电流就会增加一个数量级。当针尖在样品表面上方扫描时,即使其表面只有原子尺度的起伏,也将通过其隧道电流显示出来。借助于电子仪器和计算机,在屏幕上即显示出与样品表面结构相关的信息。

常用的 STM 针尖安放在一个可进行三维运动的压电陶瓷支架上,L_x、L_y、L_z 分别控制针尖在 x、y、z 方向上的运动。在 L_x、L_y 上施加电压,便可使针尖沿表面扫描；测量隧道电流 I,并以此反馈控制施加在 L_z 上的电压 V_z；再利用计算机的测量软件和数据处理软件将得到的信息在屏幕上显示出来。

2. STM 的两种工作方式

(1) 恒流模式：如图 1(a)所示,利用一套电子反馈线路控制隧道电流 I,使其保持恒定。再通过计算机系统控制针尖在样品表面扫描,即使针尖沿 x、y 两个方向作二维运动。由于要控制隧道电流 I 不变,针尖与样品表面之间的局域高度也会保持不变,因而针尖就会随着样品表面的高低起伏而作相同的起伏运动,高度的信息也就由此反映出来。这就是说,STM 得到了样品表面的三维立体信息。这种工作方式获取图像信息全面,显微图像质量高,应用广泛。

(2) 恒高模式：如图 1(b)所示,在对样品进行扫描过程中保持针尖的绝对高度不变。于是针尖与样品表面的局域距离 s 将发生变化,隧道电流 I 的大小也随着发生变化。通过计算机记录隧道电流的变化,并转换成图像信号显示出来,即得到了 STM 显微图像。这种工作方式仅适用于样品表面较平坦且组成成分单一(如由同一种原子组成)的情形。从 STM 的工作原理可知：STM 工作的特点是利用针尖扫描样品表面,通过隧道电流获取显微图像,而不需

要光源和透镜。这正是得名"扫描隧道显微镜"的原因。

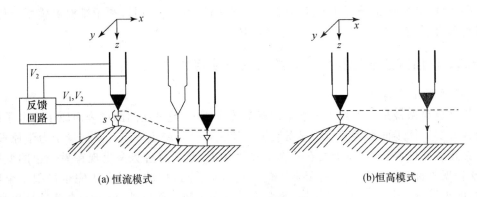

图 1　STM 的两种工作方式

s 为针尖与样品间距，I、V_b 为隧道电流和偏置电压，V_z 为控制针尖在 z 方向高度的反馈电压(屏幕上显示)

3．STM 的基本操作

（1）开启稳压器及水循环系统。

（2）开启扫描电镜及能谱仪控制系统。

（3）样品室放气，将已处理好的待测样品放入样品支架上。

（4）当真空度达到要求后，在一定的加速电压下进行微观形貌的观察。

（5）对于样品上感兴趣的区域进行能谱微区成分分析。

4．STM 的应用

（1）STM 作为新型的显微工具与以往的各种显微镜和分析仪器相比有明显的优势：首先，STM 具有极高的分辨率。它可以轻易地"看到"原子，这是一般显微镜甚至电子显微镜所难以达到的。我们可以用一个比喻来描述 STM 的分辨本领：用 STM 可以把一个原子放大到一个网球大小的尺寸，这相当于把一个网球放大到我们生活的地球那么大。其次，STM 得到的是实时的、真实的样品表面的高分辨率图像。而不同于某些分析仪器是通过间接的或计算的方法来推算样品的表面结构。

（2）STM 的使用环境宽松。电子显微镜等仪器对工作环境要求比较苛刻，样品必须安放在高真空条件下才能进行测试。而 STM 既可以在真空中工作，又可以在大气中、低温、常温、高温，甚至在溶液中使用。因此 STM 适用于各种工作环境下的科学实验。

（3）STM 的应用领域是宽广的。无论是物理、化学、生物、医学等基础学科，还是材料、微电子等应用学科都有它的用武之地。

（4）STM 的价格相对于电子显微镜等大型仪器来讲是较低的。这对于 STM 的推广是有好处的。

5．STM 的局限性

由于 STM 领域天生就是交叉科学，其根深埋于量子力学、固体物理、化学物理、电子物理、机械工程和控制论之中,所以尽管 STM 有着许多优点,发展迅速并在很多领域得到应用,但由仪器本身的工作方式所造成的局限性也是显而易见的,主要表现在以下三个方面:

(1) STM 在恒流工作模式下,有时它对样品表面微粒之间的某些沟槽不能够准确探测,与此相关的分辨率较差。

(2) STM 所观察的样品必须具有一定程度的导电性,对于半导体,观测的效果就差于导体,对于绝缘体则根本无法直接观察。如果在样品表面覆盖导电层,则由于导电层的粒度和均匀性等问题又限制了图像对真实表面的分辨率。

(3) STM 的工作条件受限制,如运行时要防震动,探针材料在南方应选铂金,而不能用钨丝,因为钨探针易生锈。

十三、原子力显微镜(AFM)使用指南

1. AFM 基本原理

原子力显微镜的工作原理就是将探针装在一弹性微悬臂的一端,微悬臂的另一端固定,当探针在样品表面扫描时,探针与样品表面原子间的排斥力会使得微悬臂轻微变形,这样,微悬臂的轻微变形就可以作为探针和样品间排斥力的直接量度。一束激光经微悬臂的背面反射到光电检测器,可以精确测量微悬臂的微小变形,这样就实现了通过检测样品与探针之间的原子排斥力来反映样品表面形貌和其他表面结构。

原子力显微镜系统可分成三个部分:力检测部分、位置检测部分、反馈系统(图2)。

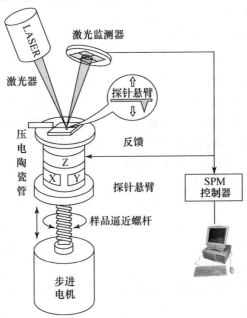

图 2 原子力显微镜(AFM)系统结构

(1) 力检测部分：在原子力显微镜的系统中，所要检测的力是原子与原子之间的范德华力。所以在本系统中是使用微悬臂来检测原子之间力的变化量。微悬臂通常由一个一般 100～500 μm 长和大约 500 nm～5 μm 厚的硅片或氮化硅片制成。微悬臂顶端有一个尖锐针尖，用来检测样品-针尖间的相互作用力。微悬臂有一定的规格，例如：长度、宽度、弹性系数以及针尖的形状，而这些规格的选择是依照样品的特性，以及操作模式的不同，而选择不同类型的探针。图 3 是一种典型的 AFM 微悬臂和针尖。

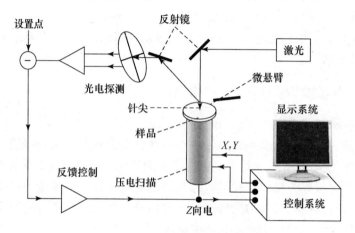

图 3　原子力显微镜的工作原理图

(2) 位置检测部分：在原子力显微镜的系统中，当针尖与样品之间有了交互作用之后，会使得微悬臂摆动，所以当激光照射在微悬臂的末端时，其反射光的位置也会因为微悬臂摆动而有所改变，这就造成偏移量的产生。在整个系统中是依靠激光光斑位置检测器将偏移量记录下来并转换成电的信号，以供 SPM 控制器作信号处理。

聚焦到微悬臂上的激光反射到激光位置检测器，通过对落在检测器四个象限的光强进行计算，可以得到由于表面形貌引起的微悬臂形变量大小，从而得到样品表面的不同信息。

(3) 反馈系统：在原子力显微镜的系统中，将信号经由激光检测器取入之后，在反馈系统中会将此信号当作反馈信号，作为内部的调整信号，并驱使通常由压电陶瓷管制作的扫描器作适当的移动，以使样品与针尖保持一定的作用力。

原子力显微镜系统使用压电陶瓷管制作的扫描器精确控制微小的扫描移动。压电陶瓷是一种性能奇特的材料，当在压电陶瓷对称的两个端面加上电压时，压电陶瓷会按特定的方向伸长或缩短。而伸长或缩短的尺寸与所加电压的大小成线性关系。也就是说，可以通过改变电压来控制压电陶瓷的微小伸缩。通常把三个分别代表 X, Y, Z 方向的压电陶瓷块组成三角架的形状，通过控制 X, Y 方向伸缩达到驱动探针在样品表面扫描的目的，通过控制 Z 方向压电陶瓷的伸缩达到控制探针与样品之间距离的目的。

2. AFM 工作模式

原子力显微镜的工作模式是以针尖与样品之间的作用力的形式来分类的。主要有以下三种操作模式：接触模式(contact mode)、非接触模式(non-contact mode)和敲击模式(tapping mode)。

(1) 接触模式：从概念上来理解，接触模式是 AFM 最直接的成像模式。正如名字所描述的那样，AFM 在整个扫描成像过程之中，探针针尖始终与样品表面保持亲密的接触，而相互作用力是排斥力。扫描时，悬臂施加在针尖上的力有可能破坏试样的表面结构，因此力的大小范围在 $10^{-10} \sim 10^{-6}$ N。若样品表面柔嫩而不能承受这样的力，便不宜选用接触模式对样品表面进行成像。

优点：扫描速度快，是唯一能够获得"原子分辨率"图像的 AFM。垂直方向上有明显变化的质硬样品，有时更适于用此模式扫描成像。

缺点：横向力影响图像质量。在空气中，因为样品表面吸附液层的毛细作用使针尖与样品之间的粘着力很大，横向力与粘着力的合力导致图像空间分辨率降低，而且针尖挂擦样品会损坏软质样品（如生物样品、聚合体等）。

(2) 非接触模式：非接触模式探测试样表面时悬臂在距离试样表面上方 $5 \sim 10$ nm 的距离处振荡。这时，样品与针尖之间的相互作用由范德华力控制，通常为 10^{-12} N，样品不会被破坏，而且针尖也不会被污染，特别适合于研究柔嫩物体的表面。这种操作模式的不利之处在于要在室温大气环境下实现这种模式十分困难。因为样品表面不可避免地会积聚薄薄的一层水，它会在样品与针尖之间搭起一小小的毛细桥，将针尖与表面吸在一起，从而增加尖端对表面的压力。

优点：没有力作用于样品表面。

缺点：由于针尖与样品分离，横向分辨率低；为了避免接触吸附层而导致针尖胶粘，其扫描速度低于另外两种模式。通常仅用于非常怕水的样品，吸附液层必须薄。如果太厚，针尖会陷入液层，引起反馈不稳，刮擦样品。由于上述缺点，此模式的使用受到限制。

(3) 敲击模式：敲击模式介于接触模式和非接触模式之间，是一个杂化的概念。悬臂在试样表面上方以其共振频率振荡，针尖仅仅是周期性地短暂地接触/敲击样品表面。这就意味着针尖接触样品时所产生的侧向力被明显地减小了。因此当检测柔嫩的样品时，敲击模式是最好的选择之一。一旦开始对样品进行成像扫描，装置随即将有关数据输入系统，如表面粗糙度、平均高度、峰谷峰顶之间的最大距离等，用于物体表面分析。同时，还可以完成力的测量工作，测量悬臂的弯曲程度来确定针尖与样品之间的作用力大小。

优点：很好地消除了横向力的影响。降低了由吸附液层引起的力，图像分辨率高，适于观测软、易碎或胶粘性样品，不会损伤其表面。

缺点：比接触模式的扫描速度慢。

3. AFM 的功能

(1) 表面形貌的表征：通过检测探针-样品作用力可表征样品表面的三维形貌，这是 AFM 最基本的功能。由于表面的高低起伏状态能够准确地以数值的形式获取，对表面整体图像进行分析，可得到样品表面的粗糙度、颗粒度、平均梯度、孔结构和孔径分布等参数。对小范围表面图像分析，还可得到表面物质的晶形结构、聚集状态、分子的结构、面积和表面积及体积等。通过一定的软件也可对样品的形貌进行丰富的三维模拟显示，如等高线显示法、亮度-高度对应法等，亦可转换不同的视角，让图像更适于人的直观视觉。

(2) 表面物化属性的表征：AFM 的一种重要的测量方法是力-距离曲线，它包含了丰富的针尖-样品作用信息。在探针接近甚至压入样品表面又随后离开的过程中，测量并记录探针所受到的力，就得到针尖和样品间的力-距离曲线。通过分析针尖-样品作用力，就能够了解样品表面区域的各种性质，如压弹性、粘弹性、硬度等物理属性。若样品表面是有机物或生物分子，还可通过探针与分子的结合拉伸了解物质分子的拉伸弹性、聚集状态或空间构象等物理化学属性。若用蛋白受体或其他生物大分子对探针进行修饰，探针则会具有特定的分子识别功能，从而了解样品表面分子的种类与分布等生物学特性。

(3) AFM 的功能拓展：根据针尖与样品材料的不同及针尖-样品距离的不同，针尖-样品作用力可以是原子间斥力、范德华吸引力、弹性力、粘附力、磁力和静电力以及针尖在扫描时产生的摩擦力。目前，通过控制并检测针尖-样品作用力，AFM 已经发展成为扫描探针显微镜家族(SPM Family)，不仅可以高分辨率表征样品表面形貌，还可分析与作用力相应的表面性质。摩擦力显微镜可分析研究材料的摩擦系数；磁力显微镜可研究样品表面的磁畴分布，成为分析磁性材料的强有力工具；电力显微镜可分析样品表面电势、薄膜的介电常数和沉积电荷等。另外，AFM 还可对原子和分子进行操纵、修饰和加工，并设计和创造出新的结构和物质。

十四、圆二色谱(CD 谱)使用指南

圆二色谱是一种特殊的吸收谱，它对手性分子的构象十分敏感，因此它是最重要的光谱实验之一。手性是物质结构中的重要特征，即具有不能重叠的三维镜像对映异构体，它们的分子式完全相同，但其中原子或原子基团在空间的配置不同，互为镜像。凡手性分子都具有光学活性，即可使偏振光的振动面发生旋转。许多有机物和络合物都具有手性，它们的对映异构体的物理化学性质(如熔点、沸点、旋光度、溶解度等)几乎完全相同，但它们的旋光方向相反，生理作用大不相同。

利用法拉第效应，在外加磁场作用下，许多原来没有光学活性的物质也具有了光学活性，原来可测出 CD 谱的在磁场中 CD 信号将增大几个数量级。这种条件下即可测得磁圆二色谱(MCD 谱)。CD 和 MCD 是特殊的吸收谱，它们比一般的吸收谱弱几个数量级，但由于它们对分子结构十分敏感，因此，从 20 世纪 80 年代开始，CD 和 MCD 已成为研究分子构型和分子

间相互作用的最重要的光谱实验之一。利用 CD 和 MCD 研究生物大分子和药物分子,具有重要的科学意义和实用价值。

1. 基本定义和原理

一束平面偏振光通过光学活性分子后,由于左、右旋圆偏振光的折射率不同,偏振面将旋转一定的角度,这种现象称为旋光,偏振面旋转的角度称为旋光度。朝光源看,偏振面按顺时针方向旋转的,称为右旋,用"+"号表示;偏振面按逆时针方向旋转的,称为左旋,用"-"号表示。

为了揭示物质的旋光性,菲涅耳作了如下假设:线偏振光在旋光晶体中沿光轴传播时,分解成左旋和右旋圆偏振光,它们的传播速度略有不同,或者说它们的折射率不同,经过旋光晶片后产生了附加的相位差,从而使出射的合成线偏振光的振动面有了一定角度的偏转。

如果旋光物质对特定波长的入射光有吸收,而且对左旋和右旋圆偏振光的吸收能力不同,那么在这种情况下,不仅左旋和右旋圆偏振光的传播速度不同,而且振幅也不同。于是,随着时间的推移,左右旋圆偏振光的合成光振动矢量的末端,将循着一个椭圆的轨迹移动。这就是说,由速度不同振幅也不同的作右旋圆偏振光叠加所产生的不再是线偏振光,而是椭圆偏振光,这种现象称为圆二色性。

$$\alpha = [\alpha]lc$$

式中 α 为旋光度;$[\alpha]$ 是旋光物质的比旋光率,单位是度·厘米^2·10 克$^{-1}$。对同一物质,$[\alpha]$ 值与波长有关,旋光率与波长的关系称为旋光色散(optical rotatory dispersion,ORD)。旋光色散常用摩尔比旋 $[\Phi]$ 表示:

$$[\Phi] = [\alpha]M/100$$

圆二色性可用吸收率差 $\Delta\varepsilon$ 和椭圆度 θ 来表示:

$$\Delta\varepsilon = \varepsilon_L - \varepsilon_R, \quad \Delta A = A_L - A_R$$
$$\theta = 2.303(A_L - A_R)/4$$
$$[\theta] = 3298(\varepsilon_L - \varepsilon_R) \approx 3300(\varepsilon_L - \varepsilon_R)$$

式中 ΔA 为圆二色值,$[\theta]$ 为摩尔椭圆度。

旋光色散和圆二色是同时产生的,它们包括同样的分子结构信息,并且可以由 Kronig-Krammers 转换方程相互转换。

2. 圆二色仪原理

光弹调制器由调制头和控制器组成,调制头主要由一块适当的透光材料(如熔石英或氟化钙等)附着在压电传感器上组成。利用光弹效应,它能使线偏振光变成高频振荡的左旋圆偏振光和右旋圆偏振光。这样,当同步辐射线偏振光由单色器单色化后,进入样品室通过光弹调制器的调制头时,就变成了高频振荡(如 50 kHz)的左旋和右旋圆偏振光,会聚于样品中心。若是手性样品,则对左、右旋圆偏振光的吸收不同。为了检测到这种非常微弱的圆二色信号,设计制造微弱信号前置放大器,采用多级选频,交、直流分路放大的原理,使 CD 信号由拜 V 级提高到 mV 级,信噪比大大改善,再通过相位放大器采集稳定的 CD 信号。对不同波长,样品的 CD 值也不同,由步进电机控制单色器进行波长扫描,得到该样品的 CD 谱。利用计算机数据自动采集系统,可将所需数据采集存储起来,也可实时在记录仪上画出 CD 曲线,供进一步分析用。

圆二色光谱仪操作模式:圆二色谱(CD)、旋光色散谱(ORD)、线二色谱(LD)、圆偏振发光谱(CPL)、荧光圆二色谱(FDCD)、停流圆二色谱(SFCD)、停流吸收/荧光谱(Stopped Fow Abs/Fluorescence)、液相色谱手性检测(LCCD)、磁圆二色谱(MCD)、近红外圆二色谱(NIRCD)、总荧光谱(TF)、扫描荧光谱(SF)、自动滴定(Auto-Titration)、双光束紫外光谱(Double Beam UV)。

3. 圆二色光谱分区

圆二色光谱紫外区段(190~240 nm),主要生色团是肽链,这一波长范围的 CD 谱包含着生物大分子主链构象的信息。在近紫外区(240~300 nm),占支配地位的生色团是芳香氨基侧链,这一区域可以给出"局域"侧链间相互作用的信息。在波长大于 300 nm 的区域,包括可见区域,对 CD 的贡献来自含有金属离子的生色团,这一波段的 CD 谱对金属离子的氧化态、配位态及链-链相互作用均是敏感的。

圆二色光谱对全 α、α/β 和变性蛋白质的准确度为 100%,对 $\alpha+\beta$ 的准确度为 85%,对全 β 的准确度为 75%。对多肽的判断较差。

圆二色谱技术发展得较早,成为立体化学研究的重要手段之一。但此项技术是以可见及近紫外作为入射光源,这就要求被研究的手性分子要具有发色基团,通过对发色基团的研究来获得分子结构信息,因此它只能提供分子局部的结构信息。这一缺点大大地限制了此项技术的应用范围。

第 3 节 后处理常用方法

后处理根据反应目的有不同的解决办法。如果在实验室中,只是为了发表论文,得到纯化合物的目的就是为了作各种光谱,那么问题就简单了,得到纯化合物的方法不外就是柱色谱、TLC、制备色谱等方法,不用考虑太多的问题,而且得到的化合物还比较纯。如果是为了工业生产的目的,则问题就复杂了,尽量用简便、成本低的方法,实验室中的那一套就不行了,如果还是采用实验室中的方法则企业就会亏损了。

后处理过程优劣的检验标准是:1) 产品是否最大限度地回收了,并保证质量;2) 原料、中间体、溶剂及有价值的副产物是否最大限度地得到了回收利用;3) 后处理步骤,无论是工艺还是设备,是否足够简化;4) 三废量是否达到最小。

后处理的几种常用而实用的方法如下:

1. 有机酸碱性化合物的分离提纯

碱性基团包括氨基，酸性基团包括：酰胺基、羧基、酚羟基、磺酰胺基、硫酚基、1,3-二羰基等等。值得注意的是，氨基化合物一般为碱性，但是在连有强吸电子基团时就变为酸性化合物，例如酰胺基和磺酰胺基化合物，这类化合物在氢氧化钠、氢氧化钾等碱作用下容易失去质子而形成盐。一般情况下，分子中酸碱性基团分子量所占整个分子的分子量比例越大，则化合物的水溶性就越大；分子中含有的水溶性基团（例如羟基）越多，则水溶性越大。因此，以上性质适用于小分子的酸碱化合物；对于大分子的化合物，则水溶性就明显降低。

具有酸碱性基团的有机化合物，可以得失质子形成离子化合物，而离子化合物与原来的母体化合物具有不同的物理化学性质。碱性化合物用有机酸或无机酸处理得到铵盐，酸性化合物用有机碱或无机碱处理得到钠盐或有机盐。有机、无机酸一般为甲酸、乙酸、盐酸、硫酸、磷酸，碱为三乙胺、氢氧化钠、氢氧化钾、碳酸钠、碳酸氢钠等。一般情况下，离子化合物在水中具有相当大的溶解性，而在有机溶剂中溶解度很小，同时活性炭只能够吸附非离子型的杂质和色素。利用以上的这些性质可对酸碱性有机化合物进行提纯。

（1）中和吸附法：将酸碱性化合物转变为离子化合物，使其溶于水，用活性炭吸附杂质后过滤，则除去了不含酸碱性基团的杂质和机械杂质，再加酸碱中和回母体分子状态，这是回收和提纯酸碱性产品的方法。由于活性炭不吸附离子，故由活性炭吸附造成的产品损失忽略不计。

（2）中和萃取法：是工业过程和实验室中常见的方法。它利用酸碱性有机化合物生成离子时溶于水而母体分子溶于有机溶剂的特点，通过加入酸碱使母体化合物生成离子溶于水实现相的转移；而用非水溶性的有机溶剂萃取非酸碱性杂质，使其溶于有机溶剂从而实现杂质与产物分离。

（3）成盐法：对于非水溶性的大分子有机离子化合物，可使有机酸碱性化合物在有机溶剂中成盐析出结晶，而非成盐的杂质依然留在有机溶剂中，从而实现有机酸碱性化合物与非酸碱性杂质分离。酸碱性有机杂质的分离，可通过将析出的结晶再重结晶来实现。其中小分子的有机酸碱化合物的盐，可以采用水洗涤除去。对于水溶性的有机离子化合物，可在水中成盐后，将水用共沸蒸馏或直接蒸馏除去，残余物用有机溶剂充分洗涤几次，从而将杂质与产品分离。

以上三种方法并不是孤立的，可根据化合物的性质和产品质量标准的要求，采用相结合的方法，尽量得到相当纯度的产品。

2. 萃取的方法

几种特殊的有机萃取溶剂如下：

正丁醇：大多数的小分子醇是水溶性的，例如甲醇、乙醇、异丙醇、正丙醇等。大多数的高分子量醇是非水溶性的，而是亲脂性的，能够溶于有机溶剂。但是中间的醇类溶剂例如正丁醇是一个很好的有机萃取溶剂。正丁醇本身不溶于水，同时又具有小分子醇和大分子醇的共同特点。它能够溶解一些能够用小分子醇溶解的极性化合物,而同时又不溶于水。利用这个性质可以采用正丁醇从水溶液中萃取极性的反应产物。

丁酮:性质介于小分子酮和大分子酮之间。不像丙酮能够溶于水,丁酮不溶于水,可用来从水中萃取产物。

乙酸丁酯:性质介于小分子和大分子酯之间,在水中的溶解度极小,不像乙酸乙酯在水中有一定的溶解度,可从水中萃取有机化合物,尤其是氨基酸的化合物,因此在抗生素工业中常用来萃取头孢、青霉素等大分子含氨基酸的化合物。

异丙醚与特丁基叔丁基醚:性质介于小分子和大分子醚之间,两者的极性相对较小,类似于正己烷和石油醚,二者在水中的溶解度较小。可用作极性非常小的分子的结晶溶剂和萃取溶剂,也可用作极性较大的化合物的结晶和萃取溶剂。

做完反应后,应该首先采用萃取的方法,首先除去一部分杂质,这是利用杂质与产物在不同溶剂中溶解度不同的性质。

(1) 稀酸的水溶液洗去一部分碱性杂质。反应物为碱性,而产物为中性,可用稀酸洗去碱性反应物。例如氨基化合物的酰化反应。

(2) 稀碱的水溶液洗去一部分酸性杂质。反应物为酸性,而产物为中性,可用稀碱洗去酸性反应物。例如羧基化合物的酯化反应。

(3) 用水洗去一部分水溶性杂质。例如,低级醇的酯化反应,可用水洗去水溶性的反应物醇。

(4) 盐析法:如果产物要从水中结晶出来,且在水溶液中的溶解度又较大,可尝试加入氯化钠、氯化铵等无机盐,降低产物在水溶液中的溶解度。

(5) 有时可用两种不互溶的有机溶剂作为萃取剂,例如反应在氯仿中进行,可用石油醚或正己烷作为萃取剂来除去一部分极性小的杂质,反过来可用氯仿萃取来除去极性大的杂质。

(6) 两种互溶的溶剂有时加入另外一种物质可变得互不相溶,例如,在水作溶剂的情况下,反应完毕后,可往体系中加入无机盐氯化钠、氯化钾使水饱和,此时加入丙酮、乙醇、乙腈等溶剂可将产物从水中提取出来。

3. 结晶与重结晶的方法

基本原理是利用相似相溶原理。即极性强的化合物用极性溶剂重结晶,极性弱的化合物用非极性溶剂重结晶。对于较难结晶的化合物,例如油状物、胶状物等有时采用混合溶剂的方法,但是混合溶剂的搭配有时只能根据经验。一般采用极性溶剂与非极性溶剂搭配,搭配的原则一般根据产物与杂质的极性大小来选择两种溶剂的比例。若产物极性较大,杂质极性较小,则溶剂中极性溶剂的比例大于非极性溶剂的比例;若产物极性较小,杂质极性较大,则溶剂中非极性溶剂的比例大于极性溶剂的比例。较常用的搭配有:醇-石油醚,丙酮-石油醚,醇-正己烷,丙酮-正己烷等。但是如果产物很不纯或者杂质与产物的性质极其相近,得到纯化合物的代价就是多次重结晶。有时经多次重结晶也无法提纯,这时一般较难除去的杂质肯定与产物的性质与极性极其相近,除去杂质只能从反应上去考虑了。

4. 水蒸气蒸馏、减压蒸馏与精馏的方法

这是提纯低熔点化合物的常用方法。一般情况下,减压蒸馏的回收率相对较低,这是因为随着产品的不断蒸出,产品的浓度逐渐降低,要保证产品的饱和蒸气压等于外压,必须不断提高温度,以增加产品的饱和蒸气压。显然,温度不可能无限提高,即产品的饱和蒸气压不可能为零,也即产品不可能蒸净,必有一定量的产品留在蒸馏设备内被设备内的难挥发组分溶解,大量的釜残即是证明。

水蒸气蒸馏对可挥发的低熔点有机化合物来说,有接近定量的回收率。这是因为在水蒸气蒸馏时,釜内所有组分加上水的饱和蒸气压之和等于外压,由于大量水的存在,其在100℃时饱和蒸汽压已达到外压,故在100℃以下时,产品可随水蒸气全部蒸出,回收率接近完全。对于有焦油的物系来说,水蒸气蒸馏尤其适用。因为焦油对产品回收有两个负面影响:一是受平衡关系影响,焦油能够溶解一部分产品使其不能蒸出来;二是焦油的高沸点使蒸馏时釜温过高从而使产品继续分解。水蒸气蒸馏能够接近定量地从焦油中回收产品,又在蒸馏过程中避免了产品过热聚合,收率较减压蒸馏提高3%～4%左右。虽然水蒸气蒸馏能提高易挥发组分的回收率,但是,水蒸气蒸馏难于解决产物提纯问题,因为挥发性的杂质随同产品一同被蒸出来,此时配以精馏的方法,则不但保障了产品的回收率,也保证了产品质量。应该注意,水蒸气蒸馏只是共沸蒸馏的一个特例,当采用其他溶剂时也可。

共沸蒸馏不仅适用于产品分离过程,也适用于反应物系的脱水、溶剂的脱水、产品的脱水等。它比分子筛、无机盐脱水工艺具有设备简单、操作容易、不消耗其他原材料等优点。例如:在生产氨噻肟酸时,由于分子中存在几个极性的基团如氨基、羧基等,它们能够和水、醇等分子形成氢键,使氨噻肟酸中存在大量的游离及氢键联系的水,如采用一般的真空干燥等干燥方法,不仅费时,也容易造成产物的分解,这时可采用共沸蒸馏的方法将水分子除去。具体的操作为将氨噻肟酸与甲醇在回流下搅拌几小时,可将水分子除去,而得到无水氨噻肟酸。又比如,当分子中存在游离的或氢键联系的甲醇时,可用另外一种溶剂,例如正己烷、石油醚等,进行回流,可除去甲醇。可见,共沸蒸馏在有机合成的分离过程中占有重要的地位。

5. 超分子的方法

利用分子的识别性来提纯产物。

6. 脱色的方法

一般采用活性炭、硅胶、氧化铝等。活性炭吸附非极性的化合物与小分子的化合物;硅胶与氧化铝吸附极性强的与大分子的化合物,例如焦油等。对于极性杂质与非极性杂质同时存在的物系,应将两者同时结合起来。比较难脱色的物系,一般用硅胶和氧化铝就能脱去。对于酸碱性化合物的脱色,有时比较难,当将酸性化合物用碱中和形成离子化合物而溶于水中进行脱色时,除了在弱碱性条件下脱色一次除去碱性杂质外,还应将物系逐渐中和至弱酸性,再脱色一次除去酸性杂质,这样就能将色素完全脱去。同样,当将碱性化合物用酸中和至弱碱性并溶于水进行脱色时,除了在弱酸性条件下脱色一次除去酸性杂质外,还应将物系逐渐中和至弱碱性,再脱色一次除去碱性杂质。

7. 羟基保护方法

保护醇类 ROH 的方法一般是制成醚类(ROR′)或酯类(ROCOR′),前者对氧化剂或还原剂都有相当的稳定性。

(1) 形成甲醚类 $ROCH_3$:可以用碱脱去醇 ROH 质子,再与合成子 CH_3^+ 作用,如使用试剂 NaH/Me_2SO_4。也可先做成银盐 RO^-Ag^+ 并与碘甲烷反应,如使用 Ag_2O/MeI;但对三级醇不宜使用这一方法。醇类也可与重氮甲烷 CH_2N_2,在 Lewis 酸(如 $BF_3 \cdot Et_2O$)催化下形成甲醚。

脱去甲基保护基,回复到醇类,通常使用 Lewis 酸,如 BBr_3 及 Me_3SiI,也就是引用硬软酸碱原理,使氧原子与硼或硅原子(较硬的共轭酸)结合,而以溴离子或碘离子(较软的共轭碱)将甲基(较软的共轭酸)除去。

(2) 形成叔丁基醚类 $ROC(CH_3)_3$:醇与异丁烯在 Lewis 酸催化下制备。叔丁基为一巨大的取代基,脱去时需用酸处理。

(3) 形成苄醚 $ROCH_2Ph$:制备时,使醇在强碱下与苄溴反应,通常以加氢反应或锂金属还原,使苄基脱除,并回复到醇类。

(4) 形成三苯基甲醚 $ROCPh_3$:制备时,以三苯基氯甲烷在吡啶中与醇类作用,而以4-二甲氨基吡啶(DMAP)为催化剂。

(5) 形成甲氧基甲醚 $ROCH_2OCH_3$:制备时,使用甲氧基氯甲烷与醇类作用,并以三级胺吸收生成的 HCl。甲氧基甲醚在碱性条件下和一般质子酸中有相当的稳定性,但此保护基团可用强酸或 Lewis 酸在激烈条件下脱去。

(6) 形成四氢吡喃 ROTHP:制备时,使用二氢吡喃与醇类在酸催化下进行加成作用。欲回收恢复到醇类时,则在酸性水溶液中进行水解,即可脱去保护基团。有机合成中常引入这种保护基团。其缺点是增加一个不对称碳(缩酮上的碳原子),使得 NMR 谱的解析较复杂。

(7) 形成叔丁基二甲硅醚 $ROSiMe_2(t\text{-}Bu)$:制备时,用叔丁基二甲基氯硅烷与醇类在三级胺中作用,此保护基比三甲基硅基稳定,常运用在有机合成反应中,一般以 F^- 离子脱去。

(8) 形成乙酸酯类 $ROCOCH_3$:脱去乙酸酯保护基可使用皂化反应水解。乙酯可与大多数的还原剂作用,在强碱中也不稳定,因此很少用作有效的保护基团。但此反应的产率极高,操作也很简单,常用来帮助决定醇类的结构。

(9) 形成苯甲酸酯类 ROCOPh:制备时,用苯甲酰氯与醇类在吡啶中作用。苯甲酸酯较乙酯稳定,脱去苯甲酸酯需要较激烈的皂代条件。

第 4 节 双溶剂重结晶指南

对于双溶剂重结晶,其中的一种溶剂应能使目标化合物在溶剂沸点时完全溶解;另一种溶剂在加入到目标化合物在第一种溶剂的饱和溶液时,能够诱导该化合物结晶。

1. 重结晶步骤

(1) 除去不溶性杂质。

(2) 将原料转入一只装有搅拌子的一定大小的锥形瓶中。加入过量的第一种溶剂,然后磁力搅拌加热至沸腾。用过量的溶剂是为了防止目标化合物在过滤过程中沉淀析出。

(3) 在预热好的漏斗中,通过折叠滤纸过滤除去不溶性杂质(在过滤前,先用热溶剂预热漏斗,以防原料残留在滤纸上造成损失)。

(4) 用 2 mL 热溶剂洗涤锥形瓶和滤纸。

(5) 蒸发除去过量溶剂,使溶液体积缩减至希望达到的体积。

(6) 将溶液冷至室温,此时溶液可能还不是饱和溶液,晶体可能不会析出。

(7) 逐滴加入第二种溶剂,直到溶液刚出现浑浊。再次加热溶液至沸腾(注意需搅拌!),继续加入第二种溶剂。每加入一滴第二种溶剂,会观察到出现浑浊又溶解的情况,一直加第二种溶剂到溶液饱和。如果再多加一滴第二种溶剂,浑浊将不再消散,此时溶液达到过饱和。如果达到这样的状态,加入一滴第一种溶剂使溶液再次澄清。

(8) 将烧瓶从热源上移开,用磁铁将搅拌子取出,静置使之冷至室温,再放入冰水浴中。

(9) 冷却一份双组分溶剂(其比例与配制上述饱和溶液时所用混合溶剂的比例相同)。此冷却溶剂将用于晶体的洗涤。

(10) 在布氏漏斗上减压抽滤晶体,并用冷混合溶剂洗涤。

(11) 滤饼先用空气吹干,然后置于真空下彻底干燥,称重并计算产率。干燥产物的办法之一是将产物放入一个预先称重的小瓶中,然后将小瓶放入真空保干器中。可以用面巾纸封住瓶口并用橡皮筋扎紧。

2. 结晶和重结晶操作的注意事项

(1) 在溶解预纯化的化学试剂时要严格遵守实验室安全操作规程。加热易燃、易爆溶剂时,应在没有明火的环境中操作,并应避免直接加热。因为在通常的情况下,溶解度曲线在接近溶剂沸点时陡峭地升高,故在结晶和重结晶时应将溶剂加热到沸点。为使结晶和重结晶的收率高,溶剂的量尽可能少,故在开始加入的溶剂量不足以将欲纯化的化学试剂全部溶解,在加热的过程中可以小心地补加溶剂,直到沸腾时固体物质全部溶解为止。补加溶剂时要注意,溶液如被冷却到其沸点以下,防爆沸石就不再有效,需要添加新的沸石。

(2) 为了定量地评价结晶和重结晶操作,以及为了便于重复实验,固体和溶剂都应予以称量和计量。

(3) 在使用混合溶剂进行结晶和重结晶时,最好将欲纯化的化学试剂溶于少量溶解度较大的溶剂中,然后趁热慢慢地分小份加入溶解度较小的第二种溶剂,直到它触及溶液的部位有沉淀生成但旋即又溶解为止。如果溶液的总体积太小,则可多加一些溶解度大的溶剂,然后重复以上操作。有时也可用相反的程序,将欲纯化的化学试剂悬浮于溶解度小的溶剂中,慢慢加入溶解度大的溶剂,直至溶解,然后再滴入少许溶解度小的溶剂加以冷却。

(4) 如有必要,可在欲纯化的化学试剂溶解后加入活性炭进行脱色(用量约相当于欲纯化的物质重量的 1/50~1/20),或加入滤纸浆、硅藻土等使溶液澄清。加入脱色剂之前要先将溶剂稍微冷却,因为加入的脱色剂可能会自动引发原先抑制的沸腾,从而发生激烈的、爆炸性的暴沸。活性炭内含有大量的空气,故能产生泡沫。加入活性炭后可煮沸 5~10 分钟,然后趁热抽滤除去活性炭。在非极性溶剂如苯、石油醚中,活性炭脱色效果不好,可试用其他办法,如用氧化铝吸附脱色等。

(5) 欲纯化的化学试剂为有机试剂时,形成过饱和溶液的倾向很大,要避免这种现象,可加入同种试剂或类质同晶物的晶种。用玻璃棒摩擦器壁也能形成晶核,此后晶体即沿此核心生长。

(6) 结晶的速度有时很慢,冷溶液的结晶有时要数小时才能完全。在某些情况下,数星期或数月后还会有晶体继续析出。所以不应过早将母液弃去。

(7) 为了降低欲纯化试剂在溶液中的溶解度,以便析出更多的结晶、提高产率,往往对溶液采取冷冻的方法。可以放入冰箱中或用冰、混合制冷剂冷却。

(8) 制备好的热溶液必须经过过滤,以除去不溶性的杂质,而且必须避免在抽滤的过程中在过滤器上结晶出来。若是一切操作正规,确实由于该试剂太易析出结晶而阻碍抽滤时,则可将溶液配制得稍微稀一些,或者采用保温或加热过滤装置(如保温漏斗)过滤。

(9) 欲使析出的晶体与母液有效地分离,一般用布氏漏斗抽滤。为了更好地使晶体和母液分离,最好用清洁的玻璃塞将晶体在布氏漏斗上挤压,并随同抽气尽量地去除母液。晶体表面的母液,可用尽量少的溶剂来洗涤。这时应暂时停止抽气,用玻璃棒或不锈钢刀将已压紧的晶体挑松,加入少量溶剂润湿,稍待片刻,使晶体能均匀地被浸透,然后再抽干,这样重复一两次,使附于浸透表面的母液全部除去为止。

(10) 晶体若遇热不分解时,可采用在烘箱中加热烘干的方法干燥。若晶体遇热易分解,则应注意烘箱的温度不能过高,或放在真空保干器中在室温下干燥。若用沸点较高的溶剂重结晶时,应用沸点低的且对晶体溶解度很小的溶剂洗涤,以利于干燥。易潮解的晶体应将烘箱预先加热到一定的温度,然后将晶体放入;但是极易潮解的晶体,往往不能用烘箱烘,必须迅速放入到真空保干器中干燥。用易燃的有机溶剂重结晶的晶体在送入烘箱前,应预先在空气中干燥,否则可能引起溶剂的燃烧或爆炸。

(11) 小量及微量物质的重结晶:小量物质的结晶或重结晶的基本要求同上所述,但均采用与该物质的量相适应的小容器。微量物质的结晶和重结晶可在小的离心管中进行。热溶液制备后立即离心,使不溶的杂质沉于管底,用吸管将上层清液移至另一个小的离心管中,令其结晶。结晶后,用离心的方法使晶体和母液分离。同时可在离心管中用小量的溶剂洗涤晶体,用离心的方法将溶剂与晶体分离。

(12) 母液中常含有一定数量的所需要的物质,要注意回收。如将溶剂除去一部分后再让其冷却使结晶析出,通常其纯度不如第一次析出来的晶体。若经纯度检查不合要求,可用新鲜溶剂结晶,直至符合纯度要求为止。

(材料来源:MIT 实验手册等)

第 5 节 培养单晶指南

培养单晶不仅需要耐心,而且还需要一双灵巧的双手。结晶过程对温度和其他轻微的扰动都非常敏感。因此,应该在相似的条件下多尝试几个不同的实验温度,并为单晶的生长寻找一个没有干扰的安静环境。

方案 1

有时好的单晶仅需冷却溶液即可生长。也可以尝试加热溶液至所有物质完全溶解,达到过饱和,再慢慢地使其冷却。

方案 2

(1) 选取一种可以溶解目标化合物的溶剂,制成饱和溶液。

(2) 如果有必要,可以通过过滤除去其中的不溶性杂质。对于少量溶液,可使用一种有效的过滤器,其制备方法是:将玻璃毛(甚至可以用面巾纸)塞入一根一次性滴管中,然后填入 1 cm 左右助滤物(如硅藻土类)。用新鲜溶剂湿润硅藻土,然后用球形压力器将溶液压过该管进行过滤。

(3) 寻找另一种溶剂,使目标化合物在其中不溶解(或仅微量溶解),而且这种溶剂能够和前一种溶剂混溶,并具有较低的密度。

(4) 将第二种溶剂小心地铺在小瓶中饱和溶液的上面。在两相界面上可看到一些混浊物,单晶将会沿着这个界面生长。

方案 3

将盛有饱和溶液的小瓶放置在另外一个较大的瓶中。在外面的大瓶中加入第二种溶剂并且盖紧盖子。第二种溶剂将会慢慢地扩散到饱和溶液中,晶体就出现了!为了进一步减慢这个过程,可将这个扩散装置放在冰箱中。

可以尝试的溶剂系统:CH_2Cl_2/乙醚或戊烷;THF/乙醚或戊烷;甲苯/乙醚或戊烷;水/甲醇 $CHCl_3$/正庚烷。

(材料来源:MIT 实验手册)

第6节 实验技术与方法网页

本教材主要参考了如下网页：
（1）比较好的实验方法网页：http://www.protocol-online.org
（2）有近三百种经典实验方法的生物学网页：http://iprotocol.mit.edu/
（3）比较完美的生物技术收集网页：http://www.bioprotocol.com，包括动植物、果蝇、分子生物学、细胞生物学等等。
（4）生物实验方法网页：www.jingmei.com/site/site/practice/practice.htm
（5）分子生物学实验方法大全网页：www.bioon.com/bioengineering/moletech.htm
（6）美国BD公司的中文网页：http://www.bd.com/china/

编　后　语

在结束本教材时,本想向即将进入实验室进行本科毕业论文实验和希望进一步深造读研究生的同学谈一下初进实验室时如何开展实验、实验过程中注意事项、实验安全、研究成果等,然而准备动笔时作者在 2008 年 2 月 16 日的科学网上看到了一篇匿名、与作者准备要写的内容基本相符的文章。作者阅此全文后感到已没有必要再写了,摘录其中相关部分提供给准备或初进实验室的同学,希望他们能认真阅读、深刻领会其中的含义。值得一提的是,此"经验"对实验室安全教育与培养高素质研究生应该是非常好和实用的。

说明:为了便于阅读与增加可读性,以下"经验"作了少许文字修饰,引进了部分段落,基本保持了原文的实体与风貌。在此,对该文的"无名"作者表示衷心感谢!如果此经验对初踏入研究室的同学有一点启发、帮助,正是作者、也是原作者所希望看到的!

一、实验操作经验

进入实验室时首先学习目的要明确。如果你在上研究生一年级的时候不知道为什么要上学可以原谅,如果在研二结束时,还不知道学的这些东西有什么用,将来应用于社会有什么价值的话,那么就不要再继续进行博士的深造了。因为经过两年时间的锻炼,应该非常清楚所学专业的长处和应用切入点。如果用两年时间没有看出来,那么有两种可能:第一,自己不适合本专业研究生的学习;第二,本专业不适合当今社会的发展。早点出来,找个工作,也是非常好的选择。如果目标明确,那么学习的方向就明确了,这样有针对性的培训和学习就会使人成长得更快一些。

勤奋:无论如何,勤奋是做任何事情的一个基础。不管你聪明也好、迟钝也好,勤奋的学习态度奠定学术大厦的基石。勤奋体现在生活、学习、锻炼等方面的行动上,但是更重要的是保持思想上的勤奋。

虚心踏实:无论何时、无论何地,也无论碰到何人,他们的见识总有某一个方面比你厉害,他们在你熟悉的领域中发表的言论不全面、不客观、不正确,或者和你的知识有悖时,请不要嘲笑他们,而应该谦虚踏实地和他们一起探讨。"正确"这两个字永远都是相对的。学术是一个动态变化着的东西,今天被捧为权威、主流和真理的东西总有一天会被新的知识所湮没而成为历史,这就是发展。同时,踏实还体现在做实验、做学问上。做老实人、办老实事、说老实话,或许你做了这些后发现在某些方面会比别人吃亏多了,但是时间长了,你就会发现你是对的,至少,你的心灵深处会非常坦然,做人能做到这一点,那是多么的幸福啊。

第一时间把握最新信息的能力:国际、国内的名声大小,很多都和介入本专业、从事本研究、得到结果的时间先后有非常大的关系。要想在国际或国内脱颖而出,必须要"人无我有,人有我精"。跟踪最新动态,可以启发自己很多的思维,找到别人的破绽。建议经常到一些检索版上去学习。

充满自信和希望:在你周围的研究生也许有很多非常自卑,感到生活无望、前途渺茫。其实这是没有必要的。静下心来好好干,总有腾飞的一天。说到自信,千万不要盲目迷信国外教授的东西,也不要觉得国外教授在 SCI 上发表的东西有多好,其实,SCI 上的东西差劲的也有很多。相信自己的眼睛和脑子,客观、自信和踏实。当遇到阻力的时候,说明人家也将你放到了竞争对手的行列。

以下几点需要特别清醒的认识:

科研工作:1)探索未知的科学规律;2)研究无止境;3)每个人做不同的事情;4)无标准答案。主观能动性在科研中很重要。

科研中的误区:1)花很多时间专门学习一门功课或者方法;2)总觉得自己倒霉,导师分了个很难的课题;3)好高骛远,嫌课题太小;4)不关心和自己研究方向没有直接联系的领域的发展情况;5)对权威专家的论点深信不疑;6)期望看一篇论文就能马上用上;7)光看论文,不动手实验;8)对国内学者的论文不屑一顾;9)走到哪算哪;10)不停地变换研究方向;11)当实验结果和预想不符时就马上放弃原来想法。

创新的几个层次:1)基础创新,这个很难。2)方法创新:巧妙地利用基础的东西,提出一个新的方法或者概念。概念来源于基础。3)应用创新:大多数都是应用创新,巧妙地组合新方法,实验结果证明其有效性。

二、怎样选择研究课题

1. 如何科学选题

(1)课题选择和国际接轨。想在国际核心期刊发表文献,就必须了解国际研究动态,选择与国际学术研究合拍的课题。

(2)课题要有可发展性。课题的可发展性对高水平论文的持续产出具有极大作用。

(3)借助工具选题:1)查阅有关领域的检索工具,这些工具各高校都有;2)了解 SCI 收录期刊所反映的科技动态;3)利用 ISI 提供的选题工具了解有关最杰出人物研究状况、有关领域研究热点和发展趋向;4)利用网上数据库了解国际学术研究动态及有关资料。只要有心参与国际学术竞争,选择与国际学术研究接轨的课题并不存在难以克服的障碍。

2. 如何获得好的 idea

无论是应用还是基础科研,最关键的是 idea,idea 的出台决定了科研水平和档次。高水平的科学家一听你的科研课题和方向,就能判断你的科研水平。

(1)优秀科学家要具备敏锐的科研嗅觉,而这种敏锐性是经过长期的思考和实践获得的。通过几天或半个月的冥思苦想得到了一个自以为很好的 idea,很可能是别人十几年前就做过的工作。但新手上路时重复一些经典实验以获得经验是很正常的。此外,科研要注重质量,千万不要为单纯地追求数量而令懂行的人嘲笑。

(2) 如何获得 idea 呢? 1) 大量地、仔细地阅读文献,多听学术报告,多与同行探讨,从中获得启示,不能急于求成;2) 总结感兴趣领域内尚未探讨过但很有意义的课题;3) 总结争论性很强的问题,反复比较研究方法和结论,从中发现切入点;4) 善于抓住科研过程中遇到的难以解释的问题,它往往会成为思维的闪光点;5) 细致地拟订方案,论证可行性。获得 idea 的传统途径是先阅读大量科研论文,弄清目前的研究现状和要解决的问题等;非传统的途径是自己先冥思苦想一段时间,有了自己的 idea 后再去查文献。这样不会让以往的研究限制你的思维,不失为一个很好的方法。但也许别人没做过的东西,不是因为别人没想到,而是因为没有意义或者没有可能性。

(3) 获得良好 idea 的基础前提:

在科研前必须弥补基础知识,这是看懂文献的基础,经典基础性书籍必须精读。

广泛阅读文献是支撑,并始终关注国际动态,同时 SCI 3 分以上期刊应该耳熟能详!

学会阅读文献,读懂文章。建议先 review 再 article,先中文后英文。拿到一篇研究性论文,先看标题,立即停住,问自己几个问题:1) 想想别人这篇文章是怎么做的(可参考材料方法)? 会做哪些内容来说明其标题? 2) 明白他为什么要做这个吗? 3) 若文章是近半年内发表的,该文章解决了什么问题? 引出了什么问题(结合你看的综述)? 接下来仔细看摘要,就知道你的想法是否与别人吻合。4) 看完实验结果,再思考有什么地方不完善,有没有深入或拓展到底。关键是你自己要思考,去发现。

(4) 长期作战,持之以恒。做好上面所述要求,肯定会有所谓 idea,但过程艰辛,需长时间磨炼,需要耐心和热情。

三、选定课题后怎样做实验

选题目:许多情况下,导师定好之后,题目也就基本定了。这时就需要向导师请教,尽快熟悉题目,开始实验。如果可以自己选题目,这时最好不要着急,先看一些本领域近一年的文章,看看别人正在研究什么,再结合具体的实验条件确定一个相对容易上手、容易出结果的题目。从比较简单的工作入手,尽快入门,运气好的话,一年左右就可以有一些初步的成果。之后经过前期的积累,心态上会比较平和,这时可以经常和别人讨论,多看好文章,产生一些自己的想法并记下来。过段时间再把这些想法回顾一下,从中选几个比较好的,开始下一阶段的工作。

做实验:刚开始的阶段很难,一定要多向师兄师姐求教,不要不好意思,只有这样才能尽快上手。做实验有时也要看状态,包括设备的状态和人的状态,状态好时就抓紧时间多做一些,状态不好时就休息调整一下。实验过程中一定要细心,安全第一。另外,平时有机会多学习一些实验设备,哪怕多看一看也好。

与导师沟通：多数导师都很忙，如何与他们打交道自然是一门学问。平时要随时整理数据，不要等到导师来讨论时拿不出东西。找导师之前一定要做好准备，把需要汇报的工作整理清楚，和导师讨论时要做好记录，不要左耳进右耳出，讨论完什么也不记得。一定要弄明白下一步要做什么。

　　在做每一个实验之前，不要查到一篇文献，就马上按照文献方法去试。反复调研文献，看一看要得到目标产物有哪些方法，每种方法的优点和缺点是什么，经过反复比较，选择最方便的开始。这不但是提高工作效率的捷径，而且是在培养你的判断能力，也是在积累你的经验和知识。这样，一个实验你就可以积累一系列资料，一个学期下来，你将有多大的收获！这种方法累，但是绝对有效。只要坚持，毕业的时候，你会脱胎换骨。

　　对于你所采用方法的文献，实验步骤的每一个细节，要问问为什么这么做？如果不这样做，后果是什么？能不能用其他方法代替？参考其他合成相同产物的文献，看看别人的实验步骤又是如何？他们作了什么改动？为什么要这样改动？因为实验是相通的，这些问题你一旦掌握了，坚持一个月的时间，其他问题也就迎刃而解了。有很多人一直到要博士毕业了，这些问题都没有解决。

　　新入科研之门的年轻学生最不该做的，就是大量下载所有与其领域有关的文献，而且努力去读所有的文献。一个科研新手往往很难判断所得信息的可信度及其意义，已存在的大量信息难免造成不必要的困惑。事实上，科学界泛滥成灾的文献，可能会对年轻科学家富有创造力的心智造成窒息性的伤害。知识累积愈多，脑中各式各样的框架也愈多，而这些已知的框架正是创新的主要障碍。因此，对知识极谨慎、有抵制地选择吸收，可能是保持创造力的重要一环。

四、怎么面对失意

　　即将进入研究室或即将进入研究生阶段的同学，必须在思想上做好准备，研究生活中总会有林林总总的挑战，之前生活中积累的不服输的习惯，使得你们必须懂得面对失意。只要每天能看到自己的长进，哪怕是微不足道的一点长进，其他具体的物质的输赢标准也就都不那么重要了。

五、导师到底有多重要

　　有的同学很幸运，有一位经验丰富的导师细致地指点方向，全面地传授方法，并且在导师所在的领域里研究和发展。因此可以在很短的时间里迅速入门，并且迅速取得成就。但是作为一名合格的、有所作为的研究生，应该更加满意自己的成长经历——在导师的鼓励下，自己选择研究方向，自己确定每个研究的题目，同时最大限度地向各种人请教，最大限度地全面锻炼自己。

　　导师的重要性体现在：以全面的人生经验为学生细致着想的态度，以非常精炼的话一针见血地指出问题和解决思路的能力。总的来说，要从导师身上学习"做人"，比学习"做学问"更重要，甚至重要得多。